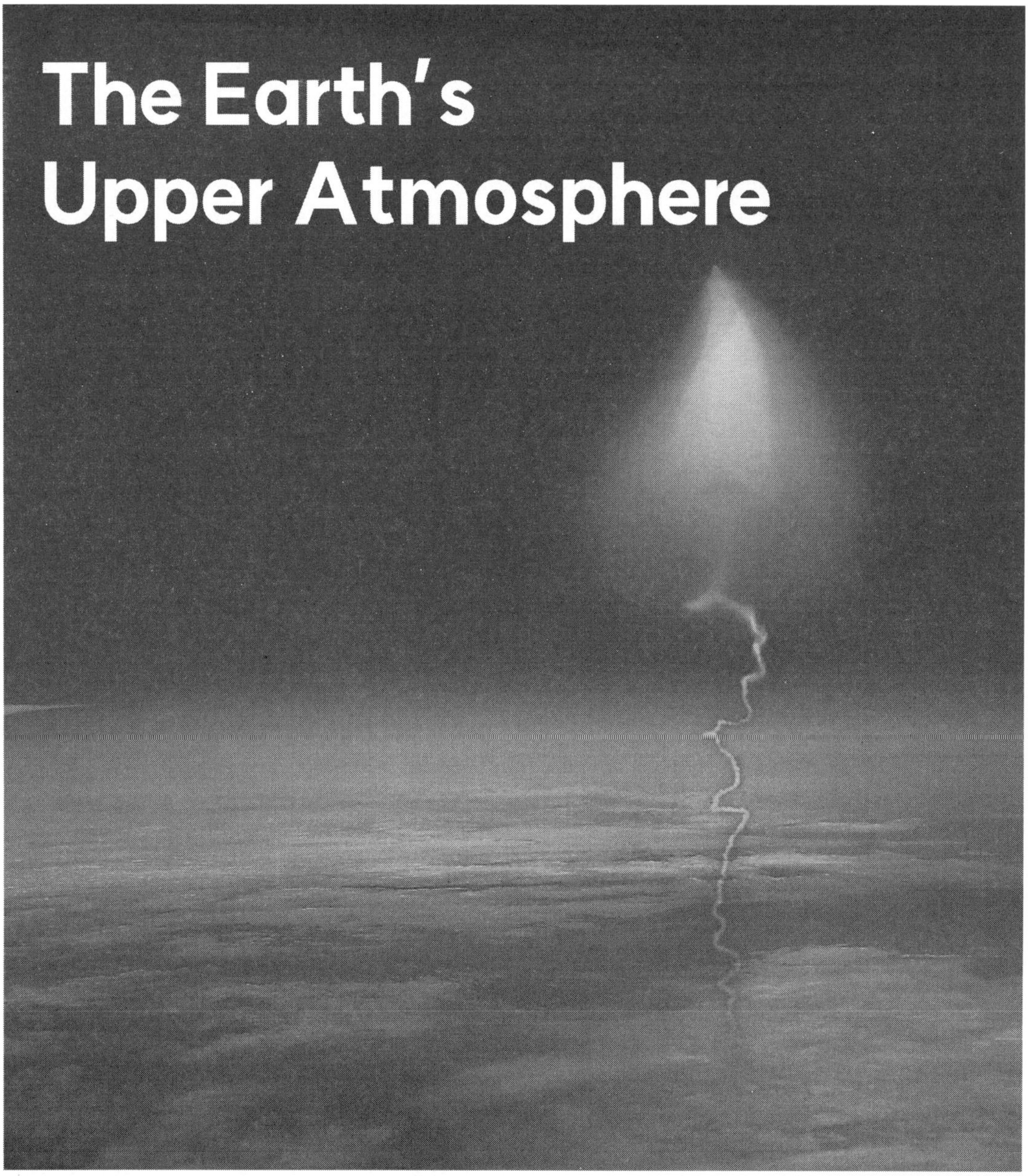

지구의 고층대기

김용하

충남대학교출판문화원

지구의 고층대기

지은이 김용하
발행일 2023년 12월 1일
발행인 이진숙
펴낸곳 충남대학교출판문화원 주소 대전광역시 유성구 대학로 99
전화 042-821-6045 홈페이지 http://www.cnupress.co.kr E-mail cnupress@cnu.ac.kr

ISBN 979-11-6503-218-0 93440
정가 30,000원

지구의 고층대기

김용하 지음

서 문

자연엔 경계가 없다. 다만, 사람들이 구획을 지을 뿐이다. 지식의 탐구와 전달이 학문으로 체계화되면서 자연과학이 대분류, 중분류, 소분류 등으로 점점 더 세분화된다. 기상학은 20세기 초에 일기예보가 가능해지며 비약적으로 발전하며, 지구 대기 전체를 대상으로 하는 대기과학으로 확장되었다. 이와는 독자적으로 1950 년대에 인공위성이 개발되며 우주공간에 대한 실용적 관심에 힘입어 우주공간물리학(space physics)이 물리학의 한 분야로 시작했다. 대기과학과 우주공간물리학은 각각 독자적으로 시작했으나, 두 분야의 영역에 걸쳐 일어나는 자연 현상들이 많이 발견되면서 경계 영역의 중요성이 최근 부각되었다. 대기과학자의 주 관심은 대류권과 성층권까지의 저층 대기에 있다면, 우주공간물리학의 관심은 가장 낮은 고도로 내려와도 열권/전리권의 초고층대기에 머물러 있다. 최근에 저층 대기의 파동이 고층 대기에 영향을 주고, 반대로 태양/태양풍 및 자기권 현상이 저층 대기에 영향을 끼칠 수 있음이 인식되기 시작했다. 그러나 아직도 분야의 경계를 넘는 연구 시도는 미흡하고, 각 분야의 주류적 관심에서 벗어나 있다. 한 예로, 대기과학이나 우주공간물리학에 관한 전문 서적은 각각 많이 출판되었으나, 두 분야를 아우르는 전문 서적은 심지어 영어로도 거의 없다. 두 분야에 걸친 자연현상을 본격적으로 연구하려면, 두 분야 전문서적을 따로 학습해야 하는 어려움을 겪는다. 따라서 이 어려움을 덜기위해 본 교재를 집필하게 되었다.

지구의 중간권과 열권 하부 (mesosphere and lower thermosphere. MLT)는 대기과학에서는 너무 높아서 우주공간물리학에서는 너무 낮아서 관심의 대상에서 그동안 소외되어 왔다. 또한 이 영역은 기구나, 인공위성으로 직접 탐사가 불가능하여 과학 측정 자료가 상대적으로 부족했다. 그러나 최근에 원격 탐사 기술이 발전하면서, 지상과 위성에서 이 영역에 대한 관측 자료가 활발히 축적되고 있다. 더구나, “new space age” 로 대표되는, 우주의 상업적 활용 시대가 열리면서, 우주선의 재진입(re-entry)과 준궤도 비행 (sub-orbital flights)을 위해 중간 대기 변화에 대한 실용적 관심이 부각되고 있다. 한편, 전리권의 각종 현상은 지상 및 우주 전파 통신에 영향을 끼침으로 인해, 20세기 초부터 실용적 관심을 끌었다. 최근 연구 결과들은 전리권 변화의 상당한 부분이 저층 대기로부터 전파된 파동에 기인한다고 보고하고 있다. 따라서 중간권, 열권, 전리권을 연구하기 위해서는 대기 과학의 파동 동역학 및 복사 전달 과정과 우주공간물리학의 전기역학(electro-dynamics) 및 대기 광화학 과정(aeronomy processes)을 함께 이해하여야 한다. 본 교재는 이런 과정들을 체계적으로 기술함으로서, 국내 연구자들에게 이 대기 영역의 필수적 전문지식을 전달하고자 한다.

본 교재의 전반부 (2장 – 5장)는 대기과학에서 다루는 파동 동역학과 복사 전달의 물리적 개념과 방정식을 구체적으로 소개한다. 후반부 (6장 - 11장)는 열권과 전리권 현상의 이해에 필수적인 광화학 과정과 플라즈마 전기역학 과정을 기술한다. 마지막 장에서는 고층 대기를 측정하는 장비들을 간략하게 소개한다. 본 교재의 내용은 여러 종의 대기과학과 우주공간물리학 전공 교재들을 중심으로 저자가 지난 10여년 간 충남대학교 우주과학 전공 대학원생들에게 강의해온 노트를 기반으로 하였다. 추가적인 학습을 돕기 위해 교재 내용에 대한 참고 문헌을 최대한 빠짐없이 수록하였다. 또한 교재의 수식은 될수록 알기 쉽게 유도과정의 중간단계를 많이 포함시켰으나, 양이 많은 수식 유도과정은 부록에 담아두었다.

본 교재의 교정에 도움을 준 충남대학교 우주과학 대학원생들(감호식, 김정현, 김재민, 이원석, 이용호, 이재욱, 홍준석, 황준영 등)과 어려운 여건에서도 출판해주신 충남대학교출판문화원에 감사드린다.

2023. 12. 1.

충남대학교 교정에서 저자 **김 용 하**

차 례

1.
서 론

1.1. 대기권의 수직구조

대기는 행성의 중력에 잡혀 있는 기체, 즉 공기를 말한다. 일반적으로 행성은 구형이며 중력이 행성 중심 방향으로 작용하여 대기는 행성의 바깥 부분에 구형으로 분포하게 되어, 구형을 뜻하는 권(圈)을 붙여 대기권(大氣圈)이란 용어가 쓰인다.

행성의 대기는 일반적으로 태양 가시광선을 행성표면이나 구름층까지 투과시켜서, 대부분의 태양에너지를 직접 흡수하지 못한다. 지구의 경우, 태양 가시광선의 절반 정도가 지표에 흡수되고, 이에 상응하는 양이 지표에서 적외선으로 방출되어 이를 흡수하는 과정에서 대기의 온도가 주로 결정된다. 따라서 대기 온도는 지표에서 멀어질수록 온도가 감소하는 경향을 기대할 수 있다. 그러나 태양 가시광선보다 짧은 태양 자외선(100 - 300 nm)이나 극자외선(100 nm 이하)은 대기에 직접 흡수될 수 있기 때문에 고도에 따라 온도가 상승하는 구간이 나타날 수 있다.

1.1.1. 대기권 수직 온도 분포

지구의 대기권은 그림 1.1과 같이 온도 경사에 따라 **대류권(troposphere)**, **성층권(stratosphere)**, **중간권(mesosphere)**, **열권(thermosphere)**으로 구분한다.

대류권은 대기 중 주로 온실 기체 (greenhouse gas)로 불리는 이산화탄소와 메탄이 지표 적외선을 흡수하고 방출하는 과정에서 온도가 결정된다. 즉, 고도가 높을수록 흡수할 지표 적외선 양이 감소하는 대신, 방출되는 적외선은 더 효율적으로 우주 공간으로 손실되므로, 온도가 낮아진다. 결과적으로 낮은 고도에 상대적으로 따뜻한 공기가 존재하는 온도 경사는 수직 방향으로 대류 현상을 일으킨다. 대류권이라는 우리말 용어는 이에 걸 맞는 표현이나, 영어 용어 troposphere는 적도 지역 (tropic region)에서 유난히 대류 현상이 강하다는 연유로 선택된 것으로 이해된다. 대류권에서는 대류 현상으로 인해 구름이 생기고 이에 따라 강수로 대표되는 다양한 기상현상이 발생한다. 기상현상은 실생활에 매우 중요한 영향을 끼침으로, 대류권은 기상학(meteorology)의 주요 연구 대상이다. 특히 요즘 인간 활동으로 인한 온실기체 증가가 대류권의 온도를 상승시킬 수 있다는 기상기후학자들의 주장이 사회 전 분야에 경각심을 일으키고 있다.

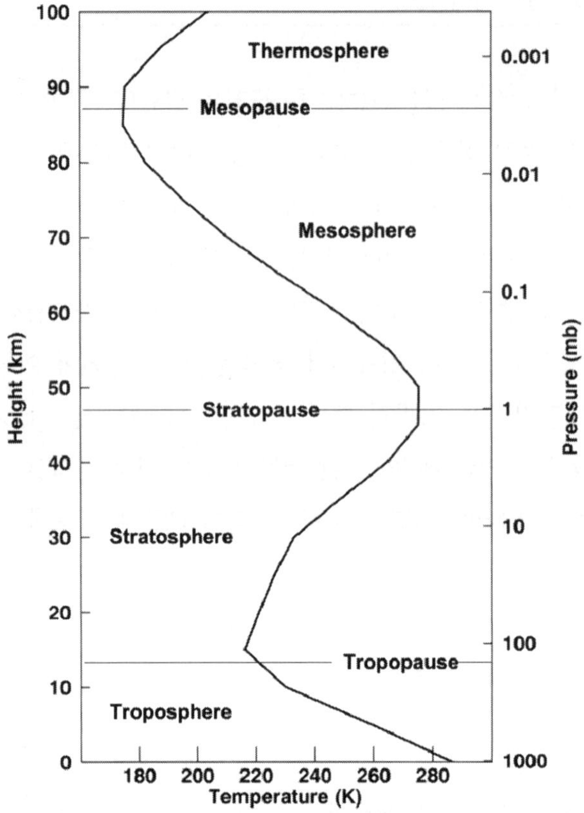

그림 1.1 중위도 지역 평균 온도 프로파일 (NRLMSISE-00)

성층권은 오존(O_3)에 의한 태양 자외선 흡수로 생긴, 지구 대기에만 존재하는 독특한 대기층이다. 오존은 지구에 풍부한 광합성 생명체가 만들어낸 산소 분자(O_2)가 태양자외선에 의해 **광해리(photo-dissociation)** 되면서 생긴 산소 원자(O)가 산소 분자와 결합해서 생성된다. 광합성 생명체가 없는 다른 행성에는 오존이 생길 수 없으며, 따라서 성층권도 없다. 지구에서도 극지방 겨울에 때때로 성층권이 돌변하는 현상이 나타나서, 최근 대기과학자들의 주목을 받고 있다. 이에 대해 추후, **성층권 돌연 승온 (sudden stratospheric warming)** 현상을 설명하며 살펴보겠다. 성층권에서 고도에 따른 온도의 증가는 수직방향 대류가 억제되어 대기의 안정도가 증가한다. 따라서 대류권과 같이 구름이 생길 수 없으며 고도에 따라 대기가 안정된 층을 이룬다는 의미로 영어 stratosphere라는 용어가 붙여졌다. 참고로, 우리말 용어, 성층권(星層圈)은 이 고도권역에서 낮에도 별을 볼 수 있을 만큼 공기가 희박하다는 데에서 왔다.

중간권은 **성층권계면(stratopause)** 위에서 온도가 다시 고도에 따라 감소하는 권역을 말한다. 이 권역에서는 대기 중에 존재하는 이산화탄소가 적외선을 우주공간으로 효율적으로 방출하면서, 대기를 냉각시키기 때문에 온도가 감소한다. 이산화탄소는 지표에서 오는 적외선을 잘 흡수하기도 하지만, 이 권역에서는 지표로 되돌려 보내는 양보다 우주로 더 잘 방출한다. **중간권계면(mesopause)**의 온도는 대기권 전체 고도 중에서 가장 낮아, 약 영하 100°C (~180 K) 에 달한다. 화석 연료 사용으로 대기 중 이산화탄소의 증가는 대류권에서는 온난화 현상을 일으키지만, 중간권에서는 반대로 냉각화 현상이 예상된다. 실제로, 최근의 중간권 온도 변화 추세 분석 연구들이 중간권계면 온도의 감소를 발표하고 있다 (Bittner et al., 2002; Kim et al., 2017).

열권은 중간권계면 상부에서 다시 온도가 증가하는 권역을 말한다. 이 권역에서는 태양의 극자외선이 대기의 질소 분자, 산소 분자, 산소 원자 등에 의해 흡수되어 온도가 고도에 따라 상승한다. 열권의 온도는 태양 활동에 따라 태양 극자외선 세기 변화가 심해서, 변동 폭이 500 K – 2000 K 로 매우 크다. 열권의 대기 밀도는 인공위성의 궤도 운동이 가능할 만큼 희박하지만, 태양활동 최대기간에 열권 온도가 상승하면, 밀도 역시 증가하여 인공위성 궤도 운동에 저항력으로 작용하여 궤도 강하를 촉진시키기도 한다. 열권에서의 태양 극자외선 흡수는 대부분은 **광이온화(photoionization)** 과정으로 일어나는데, 이 때 생성된 이온과 전자가 열권 고도에 전리권을 만든다. 전기적 중성인 열권과 달리 전리권의 이온과 전자(플라즈마)는 전기적인 힘을 서로 작용함으로서, 전파(radio waves)의 전달 과정에 장애를 주기도 한다. 전리권에 대한 자세한 과정은 이 책의 후반부에 다루도록 한다.

열권보다 더 높은 공간을 **외기권(exosphere)**이라 부르고, 이 공간에도 매우 희박하나마 물질이 존재하기는 한다. 엄밀히 말하면, 외기권은 대기권 밖의 공간인데, 앞에서처럼 온도 경사로 구분할 수 없어, 정확히 경계를 특정하기 어렵다. 대기권에서는 분자들 간의 상호 충돌이 빈번히 일어나서 지표와 함께 자전하지만, 외기권에서는 상호 충돌이 무시될 수 있어 이 영역의 물질은 더 이상 유체 운동이 아니라 인공위성처럼 개개 분자가 지구 중력에 따라 궤도운동을 하게 된다. 이런 외기권이 시작되는 고도는 분자의 **평균자유거리(mean free path)**와 대기의 **높이척도(scale height)**가 같아지는 고도로 정의하는데, 이를 **외기권 바닥(exobase)**이라 부른다. 외기권 바닥 고도는 태양 활동에 따라 대략 500 – 1000 km 에 형성된다.

마지막으로 대기권 영역을 구분 짓는 현상으로 대기 조성의 균질성을 들 수 있다. 고도 약 100 km 이하에서는 대기가 미세한 **난류(turbulence)**에 의해 잘 섞여서 대기 **혼합비**

(mixing ratio)가 고도에 따라 변하지 않는다. 이렇게 혼합비가 균질한 영역을 **균질권 (homosphere,** 또는 **turbosphere)**이라 부른다. **균질권계면 (homopause** 또는 **turbopause)** 위에서는 희박한 밀도로 인해 난류 현상보다는 **분자 확산 (molecular diffusion)**이 더 지배적이라 조성 물질들의 질량에 따라 수직 분포가 일정하지 않게 된다. 이는 조성 분자의 질량에 따라 분자 확산이 다르기 때문이다. 이 권역을 **비균질권(heterosphere)**이라 부른다.

기상학이 다루는 대류권 위의 영역을 다시 중층 대기와 고층 대기로 나누기도 한다. 보통 **중층 대기 (middle atmosphere)**는 대류권계면에서부터 균질권계면, 즉 성층권, 중간권, 하부 열권이 중층 대기에 속하고, 그 위 열권과 전리권을 고층대기라 부른다. 혹자는 열권과 전리권 영역을 초고층대기라 부르기도 한다. 본 교재는 중층대기와 초고층대기를 전반과 후반에서 각각 다루기에, 전체 교재명을 지구의 고층대기라 정했다.

1.1.2. 대기의 정역학 평형

대기를 이루는 개개의 분자는 행성의 중력을 수직 아래 방향으로 항상 받고 있으나, 이에 저항하는 힘이 없다면 대기 분자는 행성의 고체 표면 붙어 버려 더 이상 기체 상태를 유지할 수 없을 것이다. 그러나 기체 분자는 온도에 비례하는 무질서한 운동으로 인해 압력을 가지고 있으므로, 수직 방향의 압력의 차이가 있다면 중력을 대항하여 평형을 이룰 수 있다. 이를 **정역학 평형 (hydrostatic equilibrium)**이라 하고, 수식으로 나타내면,

$$\partial p / \partial z^{*} = -\rho g \tag{1.1}$$

이상 기체의 경우, 기체 압력은 온도와 밀도의 곱에 비례한다는 **이상 기체 방정식**

$$p = \rho R T \tag{1.2}$$

을 만족한다. 여기서 p : 압력 (Pa), ρ : 밀도 (kg/m^3), T : 온도 (K), R : 기체 상수 (= 287 J K^{-1} kg^{-1}), g : 중력 가속도 (9.8 m/s^2), z^*: 고도 (m) 이다. 만약 온도가 고도에 따라 변하지 않는다면 (isothermal condition), 위 두 식을 조합하여 대기 압력의 고도 분포를 다음 수식으로 나타낼 수 있다.

$$p = p(0)\exp(-gz^*/RT) \tag{1.3}$$

식 (1.3)은 대기압이 고도에 따라 지수적으로 감소함을 표현한다. 지표면에서 평균 대기압은 1 bar 로 정의되는데, 이를 MKS 표준계로 나타내면 1013 hPa 이다. 이 식을 밀도에 대해 표현하면, 대기 밀도 역시 고도에 따라 지수적으로 희박해짐을 알 수 있다. 예를 들어, 히말라야 등산의 베이스캠프 고도 약 5 km 에서 대기밀도가 반으로 줄어들어 일반인은 적응하기 힘들어진다.

1.1.3. 지위 고도 (Geopotential Height)

정역학 평형식을 조금 간편하게 표현하기 위해, 지구 중력에너지 **지위** 또는 **지오포텐셜 (geopotential)**을 다음과 같이 정의 한다: 단위질량을 해수면 고도에서 고도 z^* 까지 올리는데 필요한 에너지. 즉

$$\Phi \equiv \int_0^{z^*} g\,dz^* \tag{1.4}$$

이를 이용해서 정역학 평형식을 표현하면,

$$\partial\Phi / \partial z^* = g \tag{1.5}$$

$$\frac{\partial p}{p} = -\frac{\rho g \partial z^*}{\rho R T} = -\frac{\partial z^*}{RT}\frac{\partial\Phi}{\partial z^*} = -\frac{\partial\Phi}{RT}$$

$$\partial \ln p = -\frac{\partial\Phi}{RT}$$

$$\partial\Phi / \partial \ln p = -RT \tag{1.6}$$

위 식에서 고도 변수가 기압변수로 바뀌어 있음을 주목하고, 좌변을 기압에 대해 적분하면,

$$\int_{p_1}^{p_2} d\Phi = \int_{p_1}^{p_2} g\,dz^* = g_0\int_{p_1}^{p_2} dz^* = -\int_{p_1}^{p_2} RT\,d\ln p = R\int_{p_2}^{p_1} T\,d\ln p$$

표 1.1 기하학적 고도, 지위 고도, 로그기압 고도, 대기압 (US standard atmosphere model, 1976)

z* (km)	Z (km)	z (km)	p (mb)
0	0.00	-0.09	1.01325×10^{3}
10	9.98	9.30	2.6499×10^{2}
20	19.94	20.27	5.5293×10^{1}
30	29.86	30.98	1.1970×10^{1}
40	39.75	40.98	2.8714×10^{0}
50	49.61	49.94	7.9779×10^{-1}
60	59.44	58.97	2.1958×10^{-1}
70	69.24	69.02	5.2209×10^{-2}
80	79.01	80.25	1.0524×10^{-2}
90	88.74	92.46	1.8359×10^{-3}
100	98.45	104.68	3.2011×10^{-4}

이다. 여기서 **지위 고도(geopotential height)**를 $Z \equiv \Phi / g_0$, ($g_0 = 9.80665\, m\, s^{-2}$: 평균 해수면에서의 중력가속도) 정의하여 다시 표현하면,

$$Z_2 - Z_1 = \frac{R}{g_0}\int_{p_2}^{p_1} T d\ln p$$

$$Z = -\frac{R<T>}{g_0}\ln(p/p(0)) \tag{1.7}$$

이다. 또한, 여기서 고도에 대한 평균 온도를 사용하여 **높이척도(scale height)**, $H \equiv R<T>/g_0$ 로 정의하면, 지위 고도가 기압의 로그 값에 $\boldsymbol{H}$ 의 곱으로 나타낼 수 있다. 편의상의 이유로 기준이 되는 기압을 해수면 평균기압(1013 hPa)이 아닌, 표준 참조 기압, $p_s = 1000\, hPa = 1000\, mb = 10^5\, Pa$ 와 참조온도, T_s 를 사용한 높이 척도 ($H \equiv RT_s/g_0$)로 **로그기압 고도 (log-pressure height)**,

$$z \equiv -H\ln(p/p_s) \tag{1.8}$$

를 정의하기도 한다. 표 1.1은 일반적 (기하학적) 고도 (z^*), **지위 고도** (Z), **로그기압 고도** (z)를 미국표준대기(1976)을 사용하여 비교한 값을 보여준다. 저층 대기에서는 이 세 고도

값의 차이를 무시할 수 있으나, 상층대기로 갈수록 실제 중력가속도가 지표에 비해 감소하므로, 세 고도의 차이를 무시할 수 없다. 따라서 고층대기 연구에서 이들 고도간의 변환을 주의 깊게 다루어야 할 것이다. 참고로 중층대기에서 높이척도, ***H*** 는 약 7 km 이고, 참조 온도는 약 240 K 이다.

1.1.4. 온위 (Potential Temperature)

공기 덩어리가 주변과 열을 주고받지 않고 (단열과정) 단순히 주변 압력에 의해 팽창 혹은 수축해도 온도가 변한다. 따라서 공기가 수직으로 이동하면 주변 압력에 따라 온도가 변하는데, 기상학에서는 공기의 온도를 기준 고도의 값으로 환산하는 **온위(potential temperature)**라는 개념을 사용한다. 구체적으로 건조한 공기를 **단열(adiabatic)** 과정으로 기준 고도(또는 기준 압력, p_s = 1000 hPa)로 옮겼을 때의 공기 덩어리의 온도

$$\theta \equiv T(p_s/p)^{\kappa} \tag{1.9}$$

를 **온위(potential temperature)**라 정의한다. 여기서 $\kappa \equiv R/c_p \approx 2/7$, c_p 는 **정압 비열 (specific heat at constant pressure)**이라 한다. 공기는 열전도율이 매우 낮기 때문에, 공기 덩어리가 이동할 때 단열과정에 따라 온위는 거의 변하지 않는다. 따라서 대기의 수직 수평 이동을 분석할 때, 온도가 압력에 따라 변화하는 정도(온위는 일정)를 편리하게 계산할 수 있다. 대기압의 수직 분포를 적용하면, 주어진 온도에 대해 고도에 따른 온위는

$$\theta \equiv T\exp(\kappa z/H) \tag{1.10}$$

표현된다. 온위에 로그를 취해 고도에 따라 미분하면,

$$\frac{\partial \ln\theta}{\partial z^*} = \frac{\partial \ln T}{\partial z^*} + \frac{\partial(\kappa z/H)}{\partial z^*} = \frac{1}{T}\frac{\partial T}{\partial z^*} - \frac{\kappa\,\partial \ln(p/p_s)}{\partial z^*}$$

$$T\frac{\partial \ln\theta}{\partial z^*} = \frac{\partial T}{\partial z^*} - \frac{\kappa T}{p}\frac{\partial p}{\partial z^*} = \frac{\partial T}{\partial z^*} + \frac{\kappa T}{p}\rho g = \frac{\partial T}{\partial z^*} + \frac{\kappa g}{R}$$

$$T\partial \ln\theta/\partial z^* = g/c_p + \partial T/\partial z^* \tag{1.11}$$

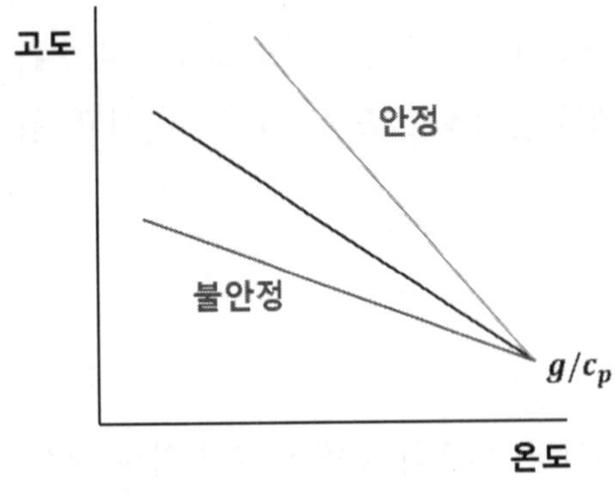

그림 1.2 기온경사와 대기의 안정도

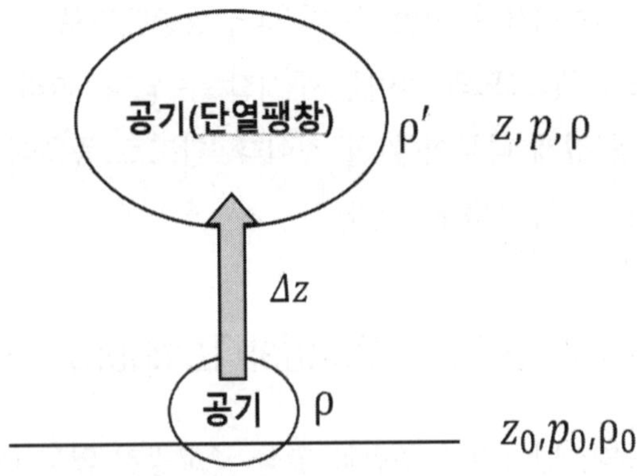

그림 1.3 수직이동으로 인한 공기 덩어리와 주변 대기의 밀도 차 변화

로 유도되고, 기온-고도 경사에 따라 우변이 양수 또는 음수가 될 수 있다. 양수일 경우, 대기는 안정하고, 음수일 경우, 불안정하다.

1.1.5. 안정도(Static Stability)와 부력 진동수(Buoyancy Frequency)

안정된 대기는 수직으로 섭동을 주었을 때 원래 고도로 복구하려 하나, 불안정한 대기는 섭동 방향으로 계속 운동하게 된다. 원래 고도로 복원되는 힘은 주변 대기와의 밀도차이에 기인한 **부력(buoyancy force),** $F = -(\rho' - \rho)g$ 이며, 이를 Taylor 전개하면

$$\rho = \rho_0 + \frac{\partial \rho}{\partial z^*}\Big|_{z_0} \Delta z^* = \rho_0 + \rho_0 \left(\frac{1}{p}\frac{\partial p}{\partial z^*} - \frac{1}{T}\frac{\partial T}{\partial z^*} \right) \Delta z^*$$

$$\rho' = \rho_0 + \left(\frac{\partial \rho}{\partial z^*} \right)_{ad} \Delta z^* = \rho_0 + \rho_0 (1-\kappa) \frac{\partial \ln p}{\partial z^*} \Delta z^*$$

$$F = -(\rho' - \rho) g = -\rho_0 g \left(-\kappa \frac{\partial \ln p}{\partial z^*} + \frac{\partial \ln T}{\partial z^*} \right) \Delta z^* = -\rho_0 g \frac{\partial \ln \theta}{\partial z^*} \Delta z^* \qquad (1.12)$$

로 쓸 수 있다. 여기서 단열과정 동안 공기압과 밀도의 관계, $p \propto \rho^\gamma = \rho^{1/(1-\kappa)}$ 를 사용했다. 참고로 $\gamma \equiv C_p / C_V$ 이고, $C_p = R + C_V$ 의 관계가 있음을 상기하자. 수직 이동 변위의 가속도, $(\Delta z^*)''$ 가 복원력에 의해 결정되고, 복원력 F 가 Δz^* 에 비례하므로, 이는 전형적

인 용수철 진동 운동에 해당한다. 이 용수철 진동의 진동수를 $N_*^2 \equiv g\dfrac{\partial \ln\theta}{\partial z^*}$ 로 정의하면,

$$\rho(\Delta z^*)'' = -N_*^2\rho\Delta z^* \quad \rightarrow \quad \Delta z^* \propto \sin(N_*\theta)$$

로 표현되어, N_*^2 가 양수일 때, 수직 이동 변위는 사인 함수 형태로 기준점에 대해 위 아래로 진동하게 된다. 이 경우 공기 덩어리는 제자리로 돌아오므로, 대기가 안정적이라 할 수 있고, 또한 위아래 진동이 대기 파동을 발생시킬 수 있다. N_*^2 가 음수이면, 공기 덩어리는 제자리로 돌아오지 못하므로, 대기는 불안정하다. N_*는 **부력 진동수 (Buoyancy Frequency)** 또는 **Brunt-Väisälä 진동수**라 칭한다.

로그기압 고도, z 와 일반고도, z^* 사이에는 $dz = (T_s/T)dz^*$ 관계가 있으므로, 이런 좌표계에서는 **부력 진동수**가

$$\begin{aligned} N^2 &= N_*^2(T/T_s) = g(T/T_s)\frac{\partial \ln\theta}{\partial z^*} = g\frac{\partial \ln\theta}{\partial z} \\ &= \left(g\frac{\partial \ln T}{\partial z} + \kappa g\frac{\partial \ln(p_s/p)}{\partial z}\right) \\ N^2 &= \frac{R}{H}\left(\frac{\partial T}{\partial z} + \frac{\kappa T}{H}\right) \qquad (1.13) \end{aligned}$$

로 표현된다.

1.2. 동서 평균 온도와 바람 분포

대기 온도는 위도에 따라 태양 빛의 입사량이 달라 민감하게 영향을 받지만, 경도에 따라서는 대륙 분포 정도의 영향만을 받는다. 따라서 같은 위도에 대한, 즉 동서 평균 (zonal mean)으로 대기의 특성을 분석하는 것이 편리하다. 동서 평균 온도와 바람을 위도에 따라 표현하면, 전지구의 3차원 공간을 2차원으로 줄여 분석이 가능하다. 특히 계절에 따라 대기의 전지구 순환을 도식적으로 이해하는데, 동서 평균 온도와 바람의 분포가 유용하다.

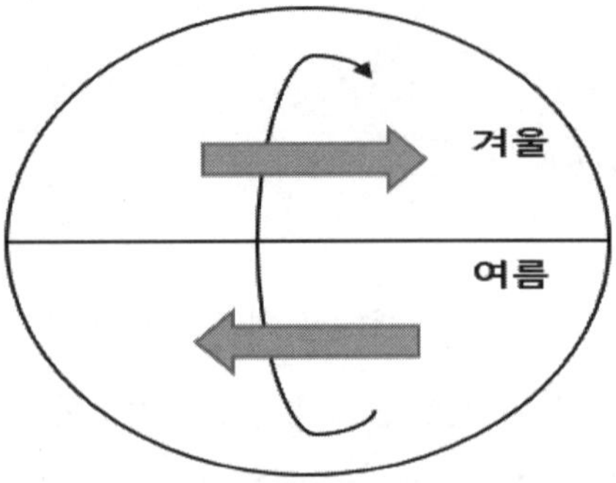

그림 1.4 중층대기의 동서 바람과 남북 대순환 도식

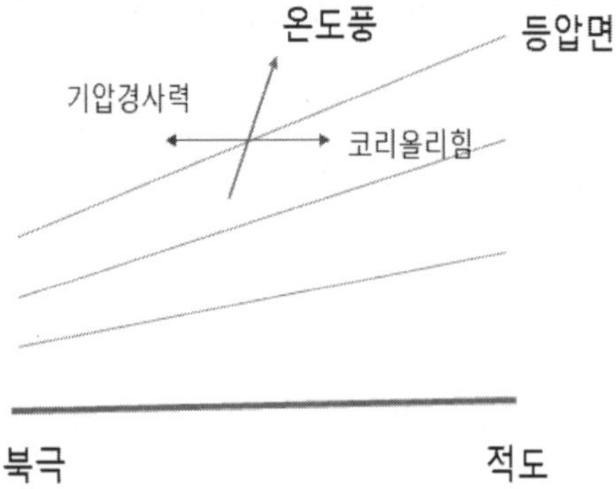

그림 1.5 온도 차이로 인한 온도풍의 생성

단순하게 생각하면, 대기의 온도와 바람은 태양 복사 에너지의 흡수와 방출이 균형을 이루는 **복사 평형 (radiative equilibrium)**으로 결정될 것이다. 그러나 실제로는 대기 온도와 바람에는 복사 평형과 동역학적 열전달 과정이 함께 작용한다. 특히 남북 방향의 **열 순환 (diabatic circulation)**이 대기 온도와 바람에 크게 영향을 미친다. 하지나 동지에는 여름 반구에서 최대 가열이 있고, 겨울 반구에서 최대 냉각이 일어나므로, 이를 연결하려면, 여름 반구 극 지역에서 공기가 상승하여 남북 방향으로 이동하여 겨울 반구에 가라앉는 패턴을 상정할 수 있다. 이런 적도를 넘어서 반구간의 남북 방향 바람에 **코리올리 힘 (Coriolis Force, 전향력)**이 작용하여 그림 1.4와 같이 동서 방향 바람이 생길 수 있다. 즉 하지나 동지에 여름반구에 동풍이 겨울반구에 서풍이 지배적으로 불 수 있는데, 이는 성층권에서 관측된 바람을 어느 정도 설명한다.

그러나 춘분과 추분에는 태양 복사 가열이 적도에서 최대가 되므로 적도에서 남북극으로 열 순환이 일어나면서, 다른 바람 패턴이 생긴다. 가장 간단한 대기 온도와 바람의 관계는 그림 1.5와 같이 저위도 지방의 따뜻한 대기와 고위도 지방의 차가운 대기를 **등압선(isobar line)**으로 표현하면, 특정 고도를 기준으로 기압의 차이가 코리올리 힘과 균형을 이루는 방향으로 바람이 불게 되는데, 이를 **온도풍(thermal wind)**이라 부른다. 이와 같이 온도풍은 대기 온도 차이에 기인하는 것으로, 남북반구 모두 저위도가 온도가 높고 고위도가 낮으므로, 중위도 지방에서는 서풍(westerlies) 현상이 나타난다.

지표에 가까운 대기, 즉 대류권에서는 태양 복사에너지의 지표 흡수가 지배적으로 대기 온도를 결정하므로, 저위도와 고위도의 온도 차이에 의한 온도풍은 편서풍으로 대류권에 국한된다.

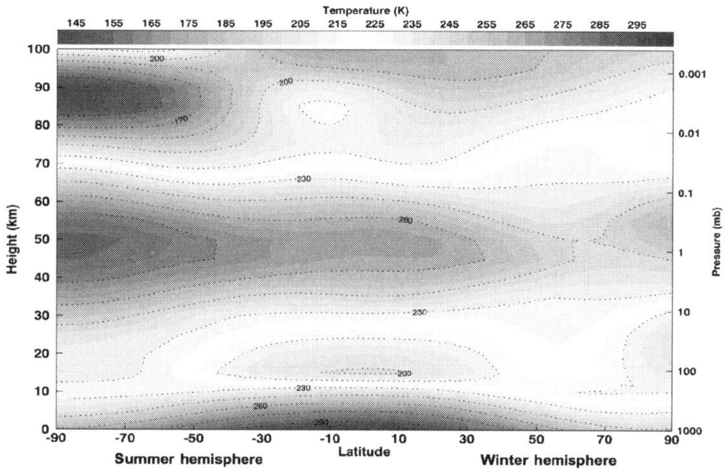

그림 1.6 1월 평균 온도 분포 (NRLMSISE-00)

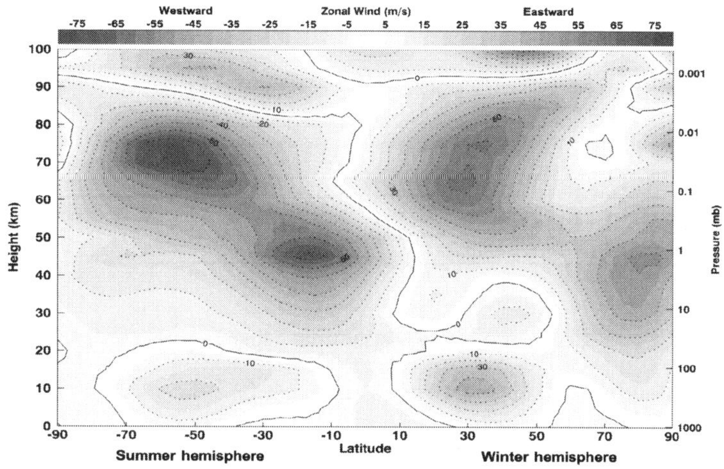

그림 1.7 1월 평균 동서바람 분포 (HWM14)

중층 대기에서는 앞서 언급한 남북 방향으로의 열 순환이 주로 대기 온도를 결정한다. 따라서 여름 반구 성층권에서 오존에 의해 태양자외선 흡수가 대기를 최대로 가열하면, 공기가 상승하면서 **단열 팽창 (adiabatic expansion)**으로 중간권 온도가 낮아지고, 반대로 겨울 반구 극지역에서 공기가 가라앉으면서 **단열 압축 (adiabatic compression)** 으로 중간권 온도가 높아지는 경향을 나타낸다. 이런 중간권의 온도 현상은 복사 평형만을 가정한 온도 분포와 정반대되는 것으로, 이런 관측이 처음 알려졌을 때 많은 연구자들을 놀라게 했다.

그림 1.6과 1.7은 고도 100 km 까지의 동서 평균 온도와 바람 분포를 나타낸다. 온도의

위도 분포가 대류권과 성층권/중간권에서 확연히 다름을 볼 수 있고, 이런 분포는 대류권에서는 복사 평형 (radiative equilibrium)이 중층대기에서는 **열 순환 (diabatic circulation)**이 지배적이라고 해석할 수 있다. 이런 온도 분포에 공조하는 바람의 분포도 대류권에서는 온도풍이 중층대기에서는 남북 순환에 작용하는 코리올리 힘에 의한 바람이 주도적임을 알 수 있다. 즉, 중층대기의 여름 반구에서는 동풍이 겨울 반구에서는 서풍이 강하게 불지만, 대류권에서는 중위도 지방에서 양반구 모두 편서풍이 강하다. 중층대기에서 여름과 겨울에 바람이 정반대로 바뀜에 따라, 이를 통과할 수 있는 대기 파동의 방향도 바뀌게 되어 중간권 상부에서 이 파동이 운동량을 전달하여 생길 수 있는 바람 패턴도 달라진다.

이렇듯 중층대기에서 바람과 온도에 대한 대략적인 모습은 이해되었으나, 실제로 북반구와 남반구간에 상당한 차이가 있으며, 또한 년도 별로도 상당한 변화를 보인다. 현재 성층권 관측 자료는 비교적 많이 축적되어 있으나, 중간권 관측 자료는 상당히 부족하여 자세한 연구를 하기 어려운 실정이다. 중층대기의 동역학에 대한 토의는 대기 파동에 대한 장에서 자세히 다룰 것이다.

1.3 대기 파동과 난류의 수직 분포

대기는 유체이므로, 순순한 흐름인 **층류(laminar flow)** 외에 규모에 따라 각종 파동(waves)과 **소용돌이(eddy)** 그리고 **난류(turbulence)** 운동을 한다. 대기 파동은 관성력과 복원력이 평형점 주위로 서로 작용하여 발생한다. 대기 파동은 그 규모에 따라 행성 규모의 **행성파(planetary waves)**와 국지적 규모의 **중량파(gravity waves)**로 크게 나눌 수 있다. 행성파는 대기의 **와도(vorticity)**가 극으로 갈수록 커지는 경향을 복원력으로 삼아 발생한다. 즉, 지구 자전으로 인해 코리올리 힘이 극으로 갈수록 강해지기 때문에 대기의 와도가 증가하고, 이에 따라 남북방향으로 대기가 요동하면 파동의 형태로 지속되게 한다. 이와 달리 중량파는 대기의 상대적 밀도 차이가 부력을 발생시키고, 이를 복원력으로 대기의 요동이 파동으로 지속되게 한다.

대기 파동을 여러 가지 모드(mode)로 구분하기도 한다. 첫째, 전지구적 모드 (extra-tropical mode or global mode)와 적도에 국한된 모드 (equatorially trapping mode)로 구분할 수 있다. 둘째, **수직 방향 제한된 모드 (vertically trapped or decaying mode)**와 **수직 전파 모드 (vertically propagating mode)**로 구분할 수 있다. 셋째, 정확한 요인 없이 공명현상으로 생길

수 있는 **자유 정규 모드 (free normal mode)**와 태양이나 기타 외부에서 주기적으로 가하는 강제 요인으로 생기는 **조석 모드 (tidal mode)**로 구분할 수 있다. 여기서 모드라는 용어 대신에 파동(waves)으로 대체해서 부르기도 한다. 특히, **조석파(tidal waves)**는 전 행성 규모에 걸쳐 나타는데, 자전 주기의 정수 분의 1을 주기, 일일 조석파 (diurnal tide), 반일 조석파 (semi-diurnal tide), 등으로 다양한 파생 모드가 알려져 있다. 조석파도 중량파와 같이 대기 부력을 복원력으로 유지되지만, 중량파와 달리 주기적으로 외부에서 강제하는 원천을 가진다.

행성파는 때로 **로스비 파(Rossby waves)**라 불리기도 하는데, 이 중에서 중위도 대류권에서 편서풍 흐름이 남북 방향으로 진동하고 동서 방향 약 1000 km (종관 규모, synoptic scale)의 파장을 가지는 파동은 기상예보의 주요 관심 대상이다. 이런 종관 규모 로스비 파는 대류권에 한정되어 있으나, 그보다 큰 행성규모의 **로스비 파**가 평균 바람을 기준으로 서쪽으로 진행될 경우, 수직으로 전파될 수 있어 중층대기에 영향을 준다. 일반적으로 행성파는 대륙과 대양의 분포나 지표의 지형 차이로 발생하기 때문에 지표 좌표계에서는 정지되어 보인다. 그러나 중층 대기에서 겨울에 동쪽 방향 평균 바람이 존재하므로 행성파는 상대적으로 서쪽으로 진행하게 되어 중층대기로 전파될 수 있다. 이와 반대로 여름에는 평균바람이 0 이 되는 선 (zero wind line) 이 고도 약 20 km 에 형성되므로 행성파가 하부 성층권 이상으로 전파되지 못 한다 (그림 1.8 참조). 행성파가 수직으로 전파될 경우, 그 파동의 진폭은 고도에 따라 증가하기 때문에, 중층대기의 바람과 온도에 상당한 변화를 초래할 수 있다.

중량파는 대류권에서 국지적인 요동에 의해 동서남북 전방향으로 무작위하게 발생한다. 이 중에서 일부는 수직으로 전파되어 중층대기에 영향을 준다. 중고위도 지역에서는 중량파의 수직 전파 플럭스가 보통 겨울에 여름보다 더 강하다고 관측된다. 이는 아마도 대류권에서 중량파 발생 정도와 성층권 바람에 의한 **필터링(filtering)** 효과의 계절적 변화에 기인하는 것으로 추정된다. 즉 여름철에는 성층권 바람이 서쪽 방향이므로 서쪽 방향 중량파가 흡수되어 통과하기 못하는 필터링 효과가 나타난다. 이 경우 중간권에 도달하는 중량파는 동쪽 전파이므로, 이 파동들이 중간권의 바람에 동쪽 강제력을 준다. 이런 중량파에 의한 강제력은 중간권 동역학 막대한 영향을 주어, 중간권 온도가 복사 평형과 전혀 다른 분포를 갖도록 하는 요인이다. 중량파의 진폭 역시 고도에 따라 증가하는데 ($\rho_0^{-1/2}$, ρ_o: 대기밀도), 너무 커지게 되면 **대류 전복 (convective overturning)**이나 **시어 불안정 (shear instability)**이 발생하여 파동이 파쇄 된다. 중량파가 파쇄 되면 운동량을 배경대기에 전달하여 배경 바람의 속도를 가속 또는 감속시킨다.

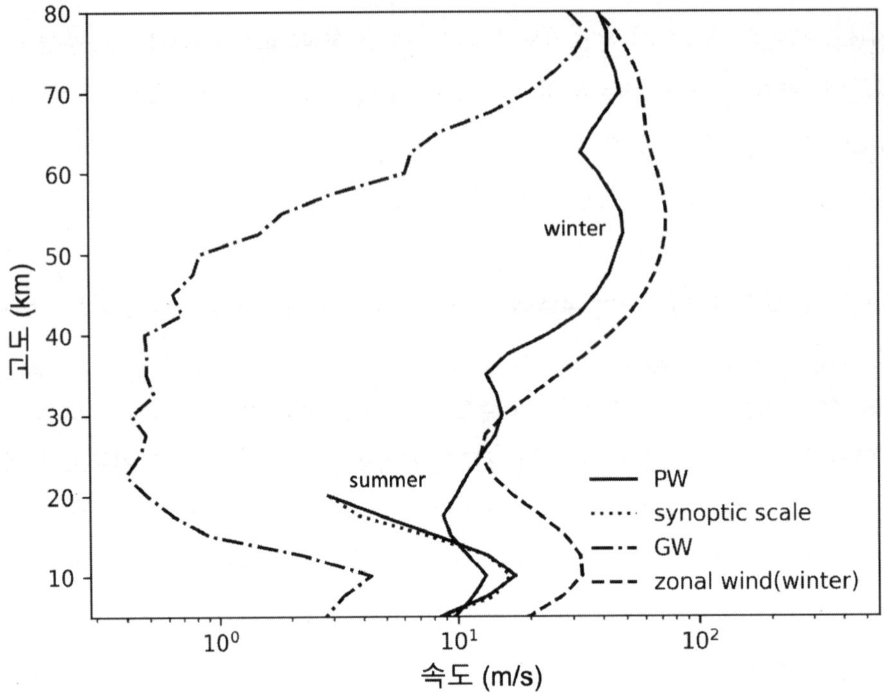

그림 1.8 대기운동에 따른 수평 바람 크기의 도식적 프로파일. 실선: 행성파, 쇄선: 동서평균 바람, 점선: 종관규모 바람, 쇄점선: 중량파 (이원석 제공)

또한 중량파가 파쇄 되면 파동의 운동에너지가 작은 규모의 맴돌이(eddy)나 미세 규모의 난류(turbulence)를 대기에 발생시킨다. 지구 대기의 난류가 고도 약 110 km 까지 지배적으로 유지되는데, 이런 중량파의 역할이 작용하는 것으로 추정하고 있다. 그 보다 위 고도에서는 난류 현상보다 대기 분자의 확산과정이 더 지배적으로 되어 대기 성분이 섞이지 못하고, 질량에 따라 층화되는 현상이 나타난다. 즉 대기 성분의 균질 여부를 기준으로 한 균질권과 비균질권의 구분이 생긴다.

그림 1.8은 각종 대기 파동의 수평 바람 진폭을 고도에 따라 나타내준다. 행성파의 진폭은 겨울에 중간권에서 상당히 커지지만, 여름에는 중간권까지 도달하지 못함을 보여준다. 반면 중량파의 진폭은 중간권 상부까지 지속해서 증가함을 알 수 있다. 또한 종관 규모의 행성파는 성층권 하부에서 급격히 감소함을 보여준다.

1.4 대기 성분의 수직 분포

지구 대기는 주지하다시피 질소 분자와 산소 분자가 대략 4:1 로 구성되어 있다. 주성분인 질소와 산소 구성비는 대류권 성층권 중간권 및 열권 하부까지 균질권으로 불릴 만큼 일정하다. 이렇게 일정한 혼합비를 유지하게 하는 이유로는 대기의 **소용돌이 섞임(eddy mixing)** 때문이라고 알려져 있다. 높은 고도의 비균질권에서는 밀도가 희박해서 **분자 확산 (molecular diffusion)**이 소용돌이 섞음 보다 빠르게 대기 성분들을 퍼지게 한다. 이때 분자 확산 속도는 분자질량이 작으면 더 빠르기 때문에 질량이 작은 분자들이 더 높은 고도로 퍼질 수 있어서, 대기 성분의 혼합비가 고도에 따라 달라진다. 그림 1.9에서 보듯이 고도 약 100 km 까지 질소, 산소, 아르곤, 헬륨의 밀도가 동일한 **높이 척도**, $H = kT/\langle m\rangle g$ ($\langle m\rangle$: 평균 분자량)를 가지며 지수적으로 감소하지만, 그 위 고도에서는 각 성분의 질량에 맞는 높이 척도, $H = kT/m_i g$ 를 가진 지수 함수로 감소한다. 결과적으로 질량이 작은 산소 원자가 열권 상부에서 질소 분자보다 더 많이 분포하는 주성분이 됨을 보여준다.

위에 설명한 대기 성분의 밀도 분포는 수직방향으로 2개의 1차원 방정식으로 표현할 수 있다. 첫 번째 식(1.14)은 **광해리**나 화학반응으로 생성되는 율, P_i 와 소멸되는 율, L_i 의 차이가 수직방향으로 확산되는 플럭스(Φ_i)의 차이와 같다는 1차원 연속 방정식이다. 두 번째 식(1.15)에서 확산 플럭스는 평형 분포에서 벗어나는 양이 분자확산과 소용돌이 확산으로 퍼져나감을 표현하고 있다. 여기서 D_i 는 **분자 확산 (molecular diffusion)** 계수이고, K 는 **소용돌이 확산 (eddy diffusion)** 계수이다. 균질권에서는 K 값이 D_i 값보다 월등히 크므로, 앞의 괄호 부분을 무시할 수 있고, 따라서 대기 성분들은 공통으로 평형 분포, 즉 평균 높이 척도, H_a를 가지는 지수 함수로 감소한다. 반대로 비균질권에서는 뒤의 괄호 부분이 무시될 수 있어 각 성분의 높이척도에 따라 감소하는 지수분포를 가진다.

$$\frac{d\Phi_i}{dz} = P_i - L_i \,(= 0,\ \text{비활성 성분}) \tag{1.14}$$

$$\Phi_i = n_i\left[-D_i\left(\frac{1}{n_i}\frac{dn_i}{dz} + \frac{1}{H_i} + \frac{1}{T}\frac{dT}{dz}\right) - K\left(\frac{1}{n_i}\frac{dn_i}{dz} + \frac{1}{H_a} + \frac{1}{T}\frac{dT}{dz}\right)\right] \tag{1.15}$$

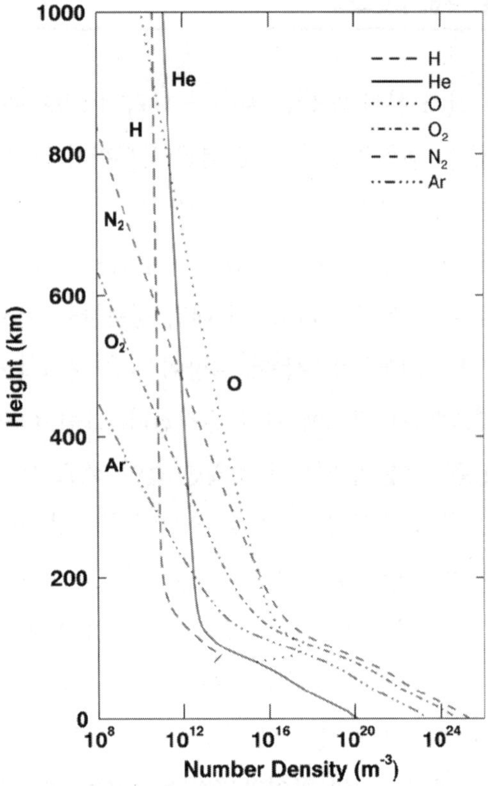

그림 1.9 모델 NRLMSISE-00의 대기 구성 성분 프로파일

균질권과 비균질권의 경계는 로켓의 화학물질 방출 궤적을 관측함으로서 확인할 수 있다. 표지 그림은 로켓으로부터 직선으로 방출된 화학물질의 궤적이 조석 바람을 따라 나선형으로 분포됨을 보여준다. 그림의 궤적 하단 부분은 **난류(turbulence)** 또는 **소용돌이(eddy)**에 의해 무질서하게 퍼져나가는 반면, 상단부분은 분자확산에 의해 균일하게 퍼지고 있음을 보여준다. 즉, 하단부분은 균질권에서 소용돌이 확산이 상단 부분은 비균질권에서 분자 확산이 지배적임을 나타낸다.

대류권에서는 기상현상을 좌우하는 수증기(H_2O)가 최대 4% 까지 분포한다. 그러나 수증기는 대류권계면에서 낮은 온도로 거의 대부분 응결하고 그 위 고도에서는 매우 소량만 존재한다. 성층권에서는 태양 자외선으로 생성된 오존(O_3) 함량이 고도 35 km 에서 최대로 분포한다. 오존 절대량의 최대 고도는 20 km 로서 이보다 높은 고도에서 생성된 오존이 하향 이동하여 축적됨을 보여준다.

이렇듯 **광화학(photochemistry)** 종 (O_3, NO, OH, 등)들은 태양 자외선에 의한 **광해리(photo-dissociation)**로 생성되므로 대기의 소용돌이 섞음에도 불구하고 고도별로 그 혼합비가 뚜렷하게 변화한다. 즉, **광해리**로 인해 생성률, P_i 가 특정 고도에서 최대가 되면, 여기서 생성된 종들이 소용돌이 확산을 통해 수직으로 이동하여 보다 넓은 고도에 분포하게 된다. 최근에 위성탑재 분광기들은 궤도상에서 지평선 방향으로 관측하여 이런 광화학 종의 수직 분포를 효과적으로 측정하고 있다.

1.5 전리권

전리권은 전파가 처음 발명되어 장거리 통신 수단으로 사용될 때, 고도 약 300 km 에 전파를 반사하는 층으로 인지되었다. 20세기 초반, **단파(HF)**가 무선통신으로 활발히 활용되면서, 전리권의 성질이 밤과 낮, 계절, 그리고 태양 활동에 따라 다양하게 변화함이 알려지게 되었다. 또한, 전리권이 전파를 반사되는 과정에 전자 (electron) 밀도가 중요한 변수임이 밝혀지고, 반사되는 전파의 주파수가 고도에 따라 다르다는 것도 알려졌다. 이런 실용적인 이유로 전리권을 고도에 따른 전자밀도 층인 F_2, F_1, E, D-층으로 구분하게 되었다.

전리권 전자는 중간권과 열권에서 태양 **극자외선(Extreme Ultraviolet, EUV)**이 대기 성분을 **광이온화(photoionization)**시켜 생성된다. 특히, 열권에서는 산소 원자, 산소 분자, 질소 분자를 **문턱 파장 (threshold wavelength)**보다 짧은 태양 극자외선이 광이온화시켜 다음과 같은 이온과 전자들이 만들어진다.

$$O + EUV(< 91.2\ nm) \rightarrow O^+ + e \qquad (R1.1)$$

$$O_2 + EUV(< 102.7\ nm) \rightarrow O_2^+ + e \qquad (R1.2)$$

$$N_2 + EUV(< 79.6\ nm) \rightarrow N_2^+ + e \qquad (R1.3)$$

열권 상부에서 산소 원자가 질소 분자나 산소 분자보다 더 많이 분포하므로 산소 원자 이온이 가장 많이 발생한다.

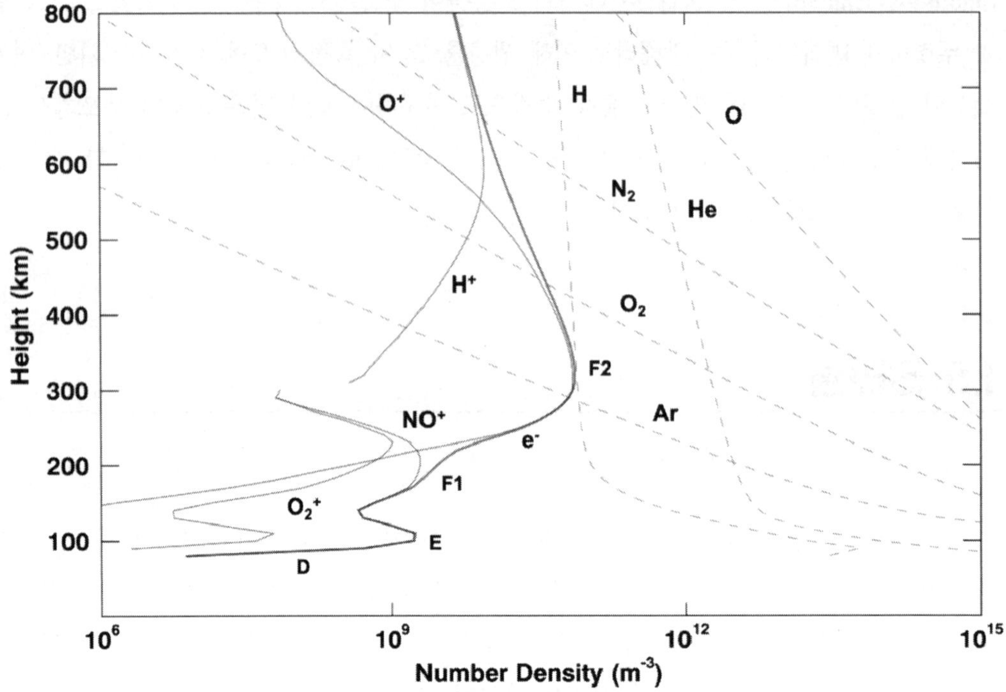

그림 1.10 모델 NRLMSISE-00의 중성 대기 성분 프로파일(쇄선)과 모델 IRI-2016의 전자 및 이온 밀도 프로파일

그러나 생성된 이온은 주변의 중성 원소들과 빠르게 **이온-중성 반응 (ion-neutral reaction)** 하여 다른 종류의 이온으로 바뀐다. 이온-중성 반응은 전기적인 끌림에 의해 중성끼리의 화학 반응보다 10~100 배 빠르게 일어난다. 다음은 전리권에서 일어나는 대표적인 이온 중성 반응들이다.

$$O^+ + (O_2, N_2) \rightarrow (O + O_2^+), (N + NO^+) \quad \text{(R1.4)}$$

$$N_2^+ + O_2 \rightarrow N_2 + O_2^+ \quad \text{(R1.5)}$$

$$N_2^+ + O \rightarrow N + NO^+ \quad \text{(R1.6)}$$

이런 반응은 여전히 전하를 유지하기 때문에 플라즈마의 총량을 변화시키지 못한다. 플라즈마의 소멸은 이온이 전자와 재결합할 때 일어난다. 그런데, **분자이온**(N_2^+, O_2^+, NO^+ 등)은

원자이온(O^+, H^+, He^+) 보다 **재결합 반응 (recombination reaction)**이 빠르게 일어나므로, 원자이온이 더 오래 남아있을 수 있다.

F_2-층 고도에서는 질소분자나 산소분자의 밀도가 산소원자에 비해 낮으므로, 위에 보인 이온-중성 화학 반응이 잘 일어나지 않고, 원자이온으로 유지되므로 재결합으로 소멸되는 율이 작다. 따라서 그림 1.10에서 보듯이 F_2-층은 O^+ 이온이 주성분이며, 전리권에서 플라즈마 밀도가 가장 높게 된다. F_2-층 아래의 F_1-층은 질소분자와 산소분자가 상대적으로 많아지면서, 광이온화로 생성된 산소원자 이온이 이온-중성 반응 (R1.4)으로 분자이온으로 효율적으로 변환된 후, 분자이온의 빠른 재결합 반응으로 소멸된다. 따라서 F_1-층은 F_2-층과 같이 O^+가 주성분이지만, 밀도가 상대적으로 낮다. 태양빛이 없는 밤에도 O^+ 이온은 소멸되지 않고 유지되는데, 다만 F_2-층과 F_1-층 하나의 층으로 된다. 이렇게 F-층의 이온과 전자는 오래 유지되기 때문에, 다양한 전자기적 동역학에 반응하여 복잡한 현상을 유발한다. 자세한 전리권 동역학 과정은 후반부 장들에서 다룬다.

더 아래 고도인 E-층에서는 광이온화로 생성된 N_2^+가 NO^+로 바뀌어 O_2^+와 함께 주이온을 이룬다. 이 분자 이온들은 빠른 재결합 반응으로 소멸되므로, 밤에는 E-층이 없어진다. 제일 아래 고도의 D-층은 주로 태양의 Ly-α 방출선이나 X-선 의해 NO가 광이온화 되어 생성된다. 이곳에서는 대기밀도가 매우 높기 때문에 위에 언급한 이온-중성 반응 외에 매우 다양한 화학 반응들이 일어난다. 여기서 파생된 분자 이온들 역시 빠르게 재결합으로 소멸하므로, D-층 역시 밤에는 사라진다. 그러나 태양 플레어 폭발로 인해서 막대한 X-선 플럭스가 입사하면 D-층이 갑자기 증가하여 전파 통신에 장애를 주기도 한다.

2.

중성대기 동역학 기초

2.1 로그 기압 좌표계에서의 원형 방정식 (Primitive Equations)

지구 대기의 운동을 자전하는 지표가 반경 a 인 구형으로 간주하여 표현할 때, 동서 방향 (zonal direction)으로 경도각, λ, 남북 방향 (meridional direction) 으로 위도각, ϕ, 그리고 수직 방향의 $z^* \equiv r - a$ 좌표로 기술한다. 대기의 운동은 **뉴턴의 제 2 법칙**, 즉 $F = ma$ 를 따라야 함이 **운동방정식(Equation of Motion)**으로 표현된다. 지구가 자전하고 구형임을 고려할 때 각종 힘 (X, Y)에 의해 대기 운동속도 (풍속) (동서 방향, u, 와 남북 방향, v) 의 가속은 다음과 같이 표현될 수 있다 (Andrews et al., 1987).

$$\frac{Du}{Dt} - \left(f + \frac{u\tan\phi}{a}\right)v + \frac{\Phi_\lambda}{a\cos\phi} = X \tag{2.1}$$

$$\frac{Dv}{Dt} + \left(f + \frac{u\tan\phi}{a}\right)u + \frac{\Phi_\phi}{a} = Y \tag{2.2}$$

(부록 1 참조) 여기서 사용된 가속을 나타내는 미분형태,

$$\frac{D}{Dt} = \frac{\partial}{\partial t} + \frac{u}{a\cos\phi}\frac{\partial}{\partial\lambda} + \frac{v}{a}\frac{\partial}{\partial\phi} + w\frac{\partial}{\partial z} \tag{2.3}$$

은 유체의 이동을 따라 가면서 시간에 따라 변화하는 양을 뜻한다. 이는 유체 역학에서 사용하는 **라그란지 미분 (Lagrange differential)**의 개념으로서, 물리량을 유체를 따라 서술하면 방정식이 상당히 간소화되는 장점을 가진다. 이 식에서 지구 자전 때문에 생기는 가상의 힘인 코리올리 힘이 $f \equiv 2\Omega\sin\phi$ ($\Omega = 2\pi\,(sidereal\,day)^{-1} = 7.292 \times 10^{-5}s^{-1}$ 는 지구의 자전각속도)로 표현되어 있다. 코리올리 계수, f 는 적도에서 0 이고, 고위도로 갈수록 커짐을 주목하자. **지오포텐셜**의 경도 방향과 위도 방향으로의 미분이, 각각 Φ_λ 와 Φ_ϕ 로 표시되었다. 우변에 있는 X 와 Y 는 마찰력이나 기타 비보존적인 모든 힘에 의한 동서 방향과 남북 방향의 가속도를 뜻한다.

수직 방향의 운동 방정식은 **정역학 평형** 조건을 **지오포텐셜**의 **로그기압 고도**, z 의 미분

형태로 다음과 같이 나타낼 수 있다.

$$\Phi = \int_0^{z^*} g\,dz^*, \quad \frac{\partial \Phi}{\partial \ln p} = -RT, \quad \frac{\partial \Phi}{\partial z} = \frac{RT}{H}$$

$$\Phi_z = \frac{R}{H}\theta e^{-\kappa z/H} \tag{2.4}$$

대기를 이루는 물질은 이동 중에 생성이나 소멸될 수 없기 때문에, **연속 방정식**을 만족해야 한다.

$$\frac{\partial \rho}{\partial t} = -\nabla \cdot (\rho \vec{v}) \tag{2.5}$$

대기의 평균밀도가 시간에 따라 변하지 않는다고 가정(steady state)하면, $\frac{\partial \rho}{\partial t} = 0$ 이고, 평균 밀도에 대해서는 다음의 구면 다이버전스가 0 으로 표현할 수 있다.

$$\nabla \cdot (\rho_0 \vec{v}) = \frac{\partial(\rho_0 w)}{\partial z} + \frac{1}{a\cos\phi}\frac{\partial(\rho_0 v\cos\phi)}{\partial\phi} + \frac{1}{a\cos\phi}\frac{\partial(\rho_0 u)}{\partial\lambda} = 0 \tag{2.6}$$

여기에 수평 방향의 평균밀도 변화는 수직 방향보다 항상 상당히 작으므로, 간단하게

$$\frac{u_\lambda + (v\cos\phi)_\phi}{a\cos\phi} + \frac{(\rho_0 w)_z}{\rho_0} = 0 \tag{2.7}$$

로 근사할 수 있다.

마지막으로 대기의 온도 변화는 가열률 Q 에 의존하므로, 에너지 방정식은 다음과 같이 나타낼 수 있다.

$$\frac{D\theta}{Dt} = Q \tag{2.8}$$

여기서 $Q \equiv (J/c_p)e^{\kappa z/H}$ 로 정의되는데, J 는 단위 질량당 **비단열 가열률 (diabatic heating rate)**으로 중층대기에서는 주로 태양 복사에너지의 흡수율과 열전도율로 이루어져 있다. J/c_p 는 K/day 단위로 나타낼 수 있다. 즉 하루에 얼마의 온도가 상승할 수 있는지를 가열률로 정의한다. 이를 온위가 아닌 온도로 바꾸어 표현하면,

$$\frac{DT}{Dt} + \frac{\kappa Tw}{H} = \frac{J}{c_p} \tag{2.9}$$

이다.

정리하면, 운동방정식 2개 (2.1, 2.2), 정역학 평형식 (2.4), 연속방정식 (2.7), 그리고 에너지 방정식 (2.8)을 합하여 대기의 **원형 방정식 (primitive equations)**이라 한다. 여기서 풍속에 대한 정확한 정의가 다음과 같음을 주목하자.

$$(u, v, w) \equiv \left[(a\cos\phi)\frac{D\lambda}{Dt}, a\frac{D\phi}{Dt}, \frac{Dz}{Dt} \right] \tag{2.10}$$

풍속의 수평성분은 평균 흐름을 따르는 공기 덩어리의 경도 및 위도 변화율에 곡률 반경을 곱한 식인데, 이는 지상에서 측정한 풍속과 같은 개념이다. 풍속의 수직 성분은 로그 기압 고도의 변화율로 표현되므로, **등압면 고도 (isobaric height)**의 변화를 뜻한다.

수평 바람의 가속을 일으키는 X 와 Y 는 주로 대기 **점성(viscosity**, ν)에 의해 풍속간의 차이 (바람시어)에 의해서 발생하는 **마찰력**이다 ($\nu\nabla^2 u$, $\nu\nabla^2 v$). 공기의 분자 점성 계수는 $\eta \sim 2\times10^{-4}\,gm/cm/\sec$ 이고, 이를 공기 밀도로 나누면 운동 점성계수는 $\nu \sim 0.15\ cm^2/\sec$ 로 매우 작은 마찰력을 일으킨다. 하지만, 소용돌이 운동에 의한 **소용돌이 점성 (eddy viscosity)** 계수는 $\nu_E \sim \nu\ell \sim 5\times10^4\,cm^2/\sec$ (혼합거리, mixing length, $\ell \sim 3\times10^3\,cm$) 로, 고도 수 km 내의 대기에서는 중요하다. 즉, 지표에서 풍속이 0 이지만, 수 km 상공에서는 수 m/s 이므로,

$$\Delta u/\Delta z \sim \Delta v/\Delta z \sim 5m/\sec/km \rightarrow \nabla^2 u \sim \nabla^2 v \sim 5\times10^{-8}cm^{-1}\sec^{-1}$$
$$\nu_E\nabla^2 u \sim 3\times10^{-3}cm/\sec^2$$

로 무시할 수 없는 가속력을 준다. 그러나 그보다 높은 고도에서는 지표 근처보다 바람 시어가 훨씬 작기 때문에 이 마찰 가속도를 종종 무시한다.

행성 규모 ($a \sim 10^8 cm$)에서 보면, 수평 바람 속도는 수십 m/s 이고 수직 바람은 거의 0 이므로 곡률 항들과 마찰력 *X*, *Y*를 무시하여, 수평 운동 방정식은 다음과 같이 매우 간단히 근사된다.

$$\frac{Du}{Dt} = f - \frac{1}{\rho}\frac{\partial p}{\partial x} \tag{2.11}$$

$$\frac{Dv}{Dt} = -f - \frac{1}{\rho}\frac{\partial p}{\partial y} \tag{2.12}$$

위 식은 기상학에서 많이 쓰이는 고기압이나 저기압의 등압선을 따라 부는 **지균풍 (geostrophic wind)** 방정식이다.

어텔(Ertel, 1942)은 마찰력과 비단열 가열이 없는 경우($X=Y=0$, diabatic heating, $Q=0$), $P \equiv \rho^{-1}\overrightarrow{w_a} \cdot \nabla\theta$ 로 정의된 **잠재 와도 (potential vorticity)**가 보존됨을 보였다. 여기서, **절대 와도 (absolute vorticity)**, $\overrightarrow{w_a} = \nabla \times \vec{v} + \vec{\Omega} \times \vec{v}$ 는 **상대 와도 (relative vorticity**, 지표에서 측정된 바람의 컬)에 지구 자전에 의한 와도를 더한 값이다. 이 잠재 와도는 대기의 흐름에 따라 변화하지 않음을 다음과 같이

$$\frac{DP}{Dt} = 0 \tag{2.13}$$

나타낸다. 이는 바람이 남북으로 이동할 때, **절대 와도**가 보존되므로, **상대 와도**($\nabla \times \vec{v}$, 즉 원운동 속도)가 커지거나 작아질 수 있음을 뜻한다.

2.2 베타-면 근사와 지균풍

행성 반경보다 작은 면에서는 구면좌표계 (λ, ϕ) 를 특정 위도 주위의 카테시안 좌표계

(x, y)로 근사할 수 있다. 즉, x, y를 기준점 (λ_0, ϕ_0) 로부터 동쪽과 북쪽 방향 거리로 정의하면, 위의 원형 방정식 5개는

$$\frac{Du}{Dt} - fv + \Phi_x = X \tag{2.14}$$

$$\frac{Dv}{Dt} + fu + \Phi_y = Y \tag{2.15}$$

$$\Phi_z = H^{-1} R\theta e^{-\kappa z/H} \tag{2.16}$$

$$u_x + v_y + \frac{(\rho_0 w)_z}{\rho_0} = 0 \tag{2.17}$$

$$\frac{D\theta}{Dt} = Q \tag{2.18}$$

로 표현된다. 여기에 기준점에서 남북 방향으로 약간 이동할 경우, 코리올리 계수, $f = 2\Omega \sin\phi$ 를 위도에 대해 Taylor 전개하여,

$$f = f_0 + \beta y$$
$$f_0 \equiv 2\Omega \sin\phi_0 \ , \ \beta \equiv 2\Omega a^{-1} \cos\phi_0$$

로 쓸 수 있는데, 이를 **베타-면 근사 (beta-plane approximation)**라 한다.

적도 외 (extra-tropical) 지역에서 종관 규모의 완만한 흐름을 상정하면, 콜리올리 힘이 **지오포텐셜**의 경사에 균형을 이루는 바람을 생각할 수 있다. 즉, $\Phi_x = f v_g$, $\Phi_y = -f u_g$ 을 만족하는 바람을 **지균풍(geostrophic wind)**이라 부른다. 지균풍을 $(u_g, v_g) \equiv (-\psi_y, \psi_x)$ 로 표현하면,

$$\psi \equiv f_o^{-1} (\Phi - \Phi_0) \tag{2.19}$$

즉, 지오포텐셜의 수평 차이를 기준점 코리올리 계수로 나눈 함수로 간단히 기술된다. 또한, 지오포텐셜의 수직 경사를 기준점과의 차이로 나타내면,

$$\Phi_z = H^{-1} R\theta e^{-\kappa z/H}, \quad \Phi_{0z} = H^{-1} R\theta_0 e^{-\kappa z/H} \tag{2.20}$$

$$\theta_e \equiv \theta - \theta_0 = HR^{-1} e^{\kappa z/H} (\Phi - \Phi_0)_z = HR^{-1} e^{\kappa z/H} f_0 \psi_z \tag{2.21}$$

이다. 이를 온도의 차이로 전환하면,

$$T - T_0(z) = HR^{-1} f_0 \psi_z \tag{2.22}$$

이다. **지균풍**을 수직 방향으로 미분하면,

$$\frac{\partial u_g}{\partial z} = -\frac{\partial \psi_y}{\partial z} = -\frac{\partial \psi_z}{\partial y} = -\frac{R}{Hf_0} e^{-\kappa z/H} \frac{\partial \theta}{\partial y} = -\frac{R}{Hf_0} \frac{\partial T}{\partial y} \tag{2.23}$$

$$\frac{\partial v_g}{\partial z} = \frac{R}{Hf_0} e^{-\kappa z/H} \frac{\partial \theta}{\partial x} = \frac{R}{Hf_0} \frac{\partial T}{\partial x} \tag{2.24}$$

로 표현된다. 이 식은 지균풍의 수직 방향 증가율은 온도의 수평방향 경사로 결정됨을 나타내는데, 이는 남북 (동서) 방향의 온도 경사가 동서 (남북) 방향의 바람을 생성함을 뜻한다. 이렇게 대기 온도 차이에 의한 바람을 **온도풍(thermal wind)**이라 하며, 중위도 지역의 편서풍이 대표적인 예이다. 그림 1.5는 남북 방향의 온도차이가 등압선 고도의 경사를 만들고 이로 인한 압력 차이 힘이 코리올리 힘과 균형을 이루어 서풍이 만들어짐을 보여준다.

또한 지균풍은 $\partial u_g / \partial x + \partial v_g / \partial y = 0$ 을 만족하므로, 연속방정식에 의해 $(\rho_0 w_g)_z = 0$ 도 만족한다. 이는 밀도가 고도에 따라 지수적으로 감소함에도 성립하려면, 수직 방향 지균풍(w_g)은 0이 됨을 뜻한다.

2.3 준 지균풍 근사

실제 대기의 흐름은 당연히 지균풍에서 벗어나는 **비지균(ageostrpohic)** 운동을 할 것이다. 지균풍에서 벗어난 흐름을 **비지균 류 (ageostrpohic flow)**라 하고 다음과 같이

$$u_a = u - u_g,\ v_a = v - v_g,\ w_a = w \tag{2.25}$$

표현한다. 이런 표현은 **비지균 류**의 크기가 지균풍보다 매우 작을 때 유효하다. 따라서 **지균풍** 조건을 자세히 검토해보면, 1) 베타-면 근사식에서, D/Dt 항이 작고, 2) 코리올리 계수의 변화가 작고 ($\beta L \ll f_0$), 3) 마찰력 ($X,\ Y$)이 작아 무시할 수 있어야 한다. 그러려면, $D/Dt = \partial/\partial t + \vec{u} \cdot \nabla$ 의 $\partial/\partial t \ll f_0$ 이고 코리올리 계수와 $\vec{u} \cdot \nabla(u,v) \ll f_o u, f_o v$ 이어야 한다. 즉 대기 흐름의 시간적 변화가 자전 주기 이상으로 완만해야 (저주파) 하고, 공간적 변화 규모 (L)도 $U/f_0 L \equiv R_o \ll 1$ 만족해야 한다. **로스비 수 (Rossby number, R_o)**가 1 보다 작은 유체는 지구 대기에서 약 1000 km 이상의 규모에 해당한다.

이런 시간적 공간적 규모의 변화를 고려하는 대기 흐름은 다음과 같은 **준-지균류 근사**로 표현할 수 있다. 다음은 준-지균류 근사로 표현한 **운동방정식, 연속 방정식, 에너지 방정식**이다.

$$D_g u_g - f_o v_a - \beta y v_g = X \tag{2.26}$$

$$D_g v_g + f_o u_a + \beta y u_g = Y \tag{2.27}$$

$$u_{ax} + v_{ay} + \rho_0^{-1}(\rho_0 w_a)_z = 0 \tag{2.28}$$

$$D_g \theta_e + w_a \theta_{0z} = Q \tag{2.29}$$

(부록 2 참조) 여기서 w_g는 0 이므로

$$D_g \equiv \frac{\partial}{\partial t} + u_g \frac{\partial}{\partial x} + v_g \frac{\partial}{\partial y} \tag{2.30}$$

로 정의되었다. 또한 θ_e 는 평형 온위 θ_o 로부터 벗어난 양으로, $|\theta_{ez}| \ll |\theta_{oz}|$ 이므로, $w_a\theta_z$ 는 $w_a\theta_{0z}$ 로 대체했다.

지균풍은 $\vec{u}_{gx} \cdot \nabla v_g = 0$, $\vec{u}_{gy} \cdot \nabla u_g = 0$, $D_g(f_0 + \beta y) \equiv \beta v_g$ 를 만족한다. 또한 지균풍의 절대 와도는

$$\zeta_g \equiv f_0 + \beta y - u_{gy} + v_{gx} = f_0 + \beta y + \psi_{xx} + \psi_{yy} \tag{2.31}$$

임을 사용하고, 식 (2.26)과 식 (2.27)을 y 와 x 에 대해 미분해서 빼주고 식 (2.28)을 이용하면, **준-지균류 근사방정식**의 3개를 다음과 같이 한꺼번에 묘사할 수 있다.

$$D_g\zeta_g = f_0\rho_0^{-1}(\rho_0 w_a)_z - X_y + Y_x \tag{2.32}$$

또한 에너지 방정식에 ρ_0/θ_{0z} 를 곱해주면

$$D_g(\rho_0\theta_e/\theta_{0z}) + \rho_0 w_a = \rho_0 Q/\theta_{0z} \tag{2.33}$$

인데, 다음의 관계를 사용하면

$$\theta_e/\theta_{0z} = f_0\psi_z(HR^{-1}e^{\kappa z/H})/\theta_{0z} = f_0\psi_z/N^2$$
$$H^{-1}Re^{-\kappa z/H}\theta_{0z} = H^{-1}RT_0\frac{\partial \ln\theta_0}{\partial z} = g(T_0/T_s)\frac{\partial \ln\theta}{\partial z} = N^2(z) \tag{2.34}$$

유익하다. 이를 이용하여 식 (2.32)와 (2.33)을 함께 쓰기 위해 **준-지균류 잠재 와도**를

$$q_g \equiv f_0 + \beta y + \psi_{xx} + \psi_{yy} + \rho_0^{-1}(\rho_0\epsilon\psi_z)_z, \quad \epsilon \equiv f_0^2/N^2(z)$$

로 정의하면, **준-지균 잠재 와도 방정식 (quasi-geostrophic potential vorticity equation)**

$$D_g q_g = -X_y + Y_x + f_0 \rho_0^{-1} (\rho_0 Q / \theta_{0z})_z \tag{2.35}$$

을 구할 수 있다. 이 식을 자세히 보면, 비지균류 풍속 항(u_a v_a w_a)이 없이 마찰력과 비단열 가열률에 의해 잠재 와도가 결정될 수 있음을 알 수 있다. 따라서 잠재 와도가 마찰력과 가열이 없을 때 준-지균 흐름에서 보존됨을 뜻한다. 이는 어텔(Ertel)의 **잠재 와도**가 일반적 흐름에서 보존되는 것과 유사한 특성이다. 때로는 준-지균 잠재 와도를 **유사 잠재 와도 (pseudo potential vorticity)** 또는 **잠재 와도(potential vorticity)**라 부르기도 한다.

2.4 오일러-평균 방정식 (The Eulerian-Mean Equation)

중층 대기에서는 평균류와 **섭동(disturbances)**의 상호작용이 중요하다. 섭동은 파동("waves") 또는 와류("eddies") 형태를 가지는데, 밀도가 큰 저층 대기에서는 섭동에 의한 영향보다 평균류에 의한 영향이 월등히 크다. 그러나 고도가 높아짐에 따라 대기 밀노가 감소하는 중층 대기에서는 섭동에 의한 영향이 커져, 섭동과 평균류 사이의 상호작용이 중요해진다.

중층 대기의 섭동을 고려할 때 **동서 평균류 (zonal mean flow)**를 주로 사용한다. 이는 위도가 일정하므로 온도나 바람의 경도 방향 변화가 시간에 따른 변화에 비하면 매우 완만하여 평균의 무게감이 높기 때문에 유용하다. 고정된 지표를 기준으로 하는 함수의 평균을 **오일러-평균 (Eulerian-Mean)** 이라 하고, 이를 위도를 따라 평균한 **동서류(zonal flow)**는

$$\overline{u}(\phi, z, t) = (2\pi)^{-1} \int_0^{2\pi} u(\lambda, \phi, z, t)\, d\lambda \tag{2.36}$$

와 같이 표현된다. 이 평균류에서 벗어난 바람은 섭동으로 간주하고,

$$u'(\lambda, \phi, z, t) = u - \overline{u} \tag{2.37}$$

로 표현한다. 오일러-평균과 대비되는 **라그란지 평균 (Lagrange mean)**은 흐름의 방향에 따

라 평균하는 방식으로서, 수식으로 나타내기 복잡하다. 또한 시간에 대한 평균은 대류권 즉 저층 대기에서 기후값 (보통 30년 평균)과 비교하는 방식으로 유용하게 사용된다.

위와 같이 위도 방향의 오일러-평균을 구하기 위해, 원형 방정식의 양변에 $\frac{1}{2\pi}\int_0^{2\pi} d\lambda$ 를 취하여 정리하면,

$$\begin{aligned}&\overline{u}_t + \overline{v}\,[(a\cos\phi)^{-1}(\overline{u}\cos\phi)_\phi - f\,] + \overline{w}\,\overline{u}_z - \overline{X}\\ &\quad = -(a\cos^2\phi)^{-1}(\overline{v'u'}\cos^2\phi)_\phi - \rho_0^{-1}(\rho_0\overline{w'u'})_z\end{aligned} \tag{2.38}$$

$$\begin{aligned}&\overline{v}_t + a^{-1}\overline{v}\,\overline{v}_\phi + \overline{w}\,\overline{v}_z + \overline{u}(f + \overline{u}\,a^{-1}\tan\phi) + a^{-1}\overline{\Phi}_\phi - \overline{Y}\\ &\quad = -(a\cos\phi)^{-1}(\overline{v'^2}\cos\phi)_\phi - \rho_0^{-1}(\rho_0\overline{w'v'})_z - \overline{u'^2}\,a^{-1}\tan\phi\end{aligned} \tag{2.39}$$

$$\overline{\Phi}_z - H^{-1}R\overline{\theta}\,e^{-\kappa z/H} = 0 \tag{2.40}$$

$$(a\cos\phi)^{-1}(\overline{v}\cos\phi)_\phi + \rho_0^{-1}(\rho_0\overline{w})_z = 0 \tag{2.41}$$

$$\begin{aligned}&\overline{\theta}_t + a^{-1}\overline{v}\,\overline{\theta}_\phi + \overline{w}\,\overline{\theta}_z - \overline{Q}\\ &\quad = -(a\cos\phi)^{-1}(\overline{v'\theta'}\cos\phi)_\phi - \rho_0^{-1}(\rho_0\overline{w'\theta'})_z\end{aligned} \tag{2.42}$$

(부록 참조) 여기서 좌변은 평균 항들만을 우변은 섭동 항들만을 모아 놓았다. 이를 물리적으로 해석하면 우변의 섭동들이 좌변의 평균류의 변화를 유발하는 **구동자(driver)**로 볼 수 있다. 즉 섭동 (파동 또는 소용돌이)의 강제(eddy forcing)가 평균류를 가속 또는 감속시킬 수 있음을 의미한다.

베타-면 근사에서 오일러-평균은

$$\overline{u}_g(y,z,t) \equiv a_0^{-1}\int_0^{a_0} u_g(x,y,z,t)\,dx,\ \ a_0 \equiv 2\pi a\cos\phi_0 \tag{2.43}$$

$$\overline{v}_g \equiv a_0^{-1}\int_0^{a_0}\psi_x\,dx = 0 \tag{2.44}$$

로 같은 위도로 한 바퀴 도는 적분으로 계산할 수 있다. 여기에 지균풍을 평균과 평균에서 벗어난 양, $u_g = \overline{u}_g + u'$, $v_g = \overline{v}_g + v' = v'$, $\theta_e = \theta - \theta_0 = \theta - \overline{\theta} = \theta'$ 으로 표현하고, 지균풍 조건, $\partial u_g / \partial x + \partial v_g / \partial y = 0$ 을 사용하여, 정리하면 오일러-평균 준-지균 방정식은

$$\overline{u}_t - f_0 \overline{v}_a - \overline{X} = -(\overline{v'u'})_y \tag{2.45}$$

$$\overline{\theta}_t + \overline{w}_a \theta_{0z} - \overline{Q} = -(\overline{v'\theta'})_y \tag{2.46}$$

$$\overline{v}_{ay} + \rho_0^{-1} (\rho_0 \overline{w}_a)_z = 0 \tag{2.47}$$

$$f_0 \overline{u}_z + H^{-1} R e^{-\kappa z/H} \overline{\theta}_y = 0 \tag{2.48}$$

(부록 참조) 로 표현된다. 여기서 지균풍에 해당하는 아래 첨자 g를 편의상 생략하였다. 첫째 식은 평균 지균풍은 남북풍이 없고 섭동에 의해 동서풍만 가감속될 수 있음을 보여준다. 이 식에서 마찰력과 비단열 가열항이 없고 ($\overline{X} = \overline{Q} = 0$), **평균 동서풍과 평균온위가 시간에 따라 변하지 않는 평형 상태의 평균 비지균풍이** $\overline{w}_a = -(\overline{v'\theta'/\theta_{0z}})_y$, $\overline{v}_a = \rho_0^{-1}(\rho_0 \overline{v'\theta'/\theta_{0z}})_z$ **로 존재함을 알 수 있다.** 이는 외부에서 평균 가열 없이 단지 소용돌이 가열(eddy heating)만으로 비지균풍이 남북 방향으로 순환한다는 중요한 함의가 있다. 즉 동서풍이 일정할 때 소용돌이 가열 (또는 파동에 의한 가열) 이 있어도 평형 남북순환이 존재하고, 이 평형에서 벗어나려면 다른 섭동 (파동)이 있어야 함을 뜻한다. 이것이 다음에 다룰 **전환 오일러-평균 방정식 (transformed Eulerian Mean Equation)**의 근거이다.

동서평균 **준-지균 잠재 와도 방정식**은

$$\overline{q}_t + (\overline{v'q'})_y = -\overline{X}_y + f_0 \rho_0^{-1} (\rho_0 \overline{Q} / \theta_{0z})_z \tag{2.49}$$

로 정리된다. 외부에서 마찰력과 가열이 없다면, $\overline{X}_y = \overline{Q} = 0$ 이고, 따라서

$$\overline{q}_t + (\overline{v'q'})_y = 0 \tag{2.50}$$

이 성립한다. 이는 이런 조건에서도 소용돌이 강제에 의해 잠재 와도가 증가 또는 감소할 수 있음을 뜻한다.

2.5 동서 평균류에 선형 섭동 분석

대기의 평균류에 섭동(파동 또는 소용돌이)의 진폭이 작을 경우, 이를 선형으로 표현하는 것이 가능하다. 여기에 보통 평균류의 남북 및 수직 속도가 작으므로 이를 무시하고 ($\overline{v}_0 = \overline{w}_0 = 0$), 마찰력의 위도방향 평균 $\overline{X} = \overline{Y} = 0$ 이라 가정하면, 순전히 비강제적이면서 지속적이고 동서 대칭인 기본 흐름(a steady zonally symmetric basic flow)을 상정할 수 있다. 그러면 시간에 대한 미분 항은 모두 0이 되므로, **원형 방정식 (primitive equations)**이 다음과 같이 간단히 표현된다.

$$\left(f + \frac{\overline{u}_0 \tan\phi}{a}\right)\overline{u}_0 + \frac{\overline{\Phi}_{0\phi}}{a} = 0 \tag{2.51}$$

$$\overline{\Phi}_{0z} = H^{-1} R \overline{\theta}_0 e^{-\kappa z/H} \tag{2.52}$$

위 식에 $\partial/\partial z$, $\partial/\partial\phi$ 를 각각 취하여 정리하면,

$$\left(f + \frac{2\overline{u}_0 \tan\phi}{a}\right)\frac{\partial \overline{u}_0}{\partial z} = \frac{-R}{aH}\frac{\partial \overline{\theta}_0}{\partial \phi} e^{-\kappa z/H} = \frac{-R}{aH}\frac{\partial \overline{T}_0}{\partial \phi} \tag{2.53}$$

이 식은 동서류의 수직방향 시어가 남북방향 온도 경사에 의해 유발됨을 보여준다. 앞서 토의했던 **온도풍**이 남북온도 차이에 기인함을 다시 확인할 수 있다.

이런 평형류에서 벗어난 섭동이 작다고 가정하면,

$$u = \overline{u}_0 + u' + O(\alpha^2),\ v = v' + O(\alpha^2) \tag{2.54}$$

로 2차 섭동 항, $(u' \times v')$은 무시할 수 있다. 이를 **원형 방정식**에 적용하여 다시 써보면 다

음과 같다.

$$\overline{D}u' + [(a\cos\phi)^{-1}(\overline{u}\cos\phi)_\phi - f]v' + \overline{u}_z w' + (a\cos\phi)^{-1}\Phi'_\lambda = X' \tag{2.55}$$

$$\overline{D}v' + (f + 2\overline{u}a^{-1}\tan\phi)u' + a^{-1}\Phi'_\phi = Y' \tag{2.56}$$

$$\Phi'_z = H^{-1}R\theta' e^{-\kappa z/H} \tag{2.57}$$

$$(a\cos\phi)^{-1}[u'_\lambda + (v'\cos\phi)_\phi] + \rho_0^{-1}(\rho_0 w')_z = 0 \tag{2.58}$$

$$\overline{D}\theta' + a^{-1}\overline{\theta}_\phi v' + \overline{\theta}_z w' = Q' \tag{2.59}$$

여기서 아래 첨자 0을 생략하고, $\overline{D} \equiv \frac{\partial}{\partial t} + \frac{\overline{u}}{a\cos\phi}\frac{\partial}{\partial\lambda}$ 로 정의했다. (부록 참조) **이 식은 마찰 및 가열 섭동,** X', Y', Q' **에 의해 선형 섭동 바람과 선형 섭동 온위가 생기거나 변화할 수 있음을 뜻한다. 또한, 마찰 및 가열 섭동이 없어도 정상 선형 섭동 (steady linear disturbance),** $u', v', w', \theta', \Phi'$ **이 존재 또는 유지될 수 있음을 보인다.** 따라서 선형 섭동이 동서 평균류에 영향을 주지 않고 지속적으로 존재하는 경우에 대해 다음 절에서 심도있게 살펴본다.

마찬가지로 준-지균 잠재 와도 방정식은 **지균류**를 평균으로 보고, 섭동 항을 넣어

$$\begin{aligned}
Dq &= \left(\frac{\partial}{\partial t} + (\overline{u} + u')\frac{\partial}{\partial x} + v'\frac{\partial}{\partial y}\right)(\overline{q} + q') \\
&= \left(\frac{\partial}{\partial t} + \overline{u}\frac{\partial}{\partial x}\right)\overline{q} + \left(\frac{\partial}{\partial t} + \overline{u}\frac{\partial}{\partial x}\right)q' + \left(u'\frac{\partial}{\partial x} + v'\frac{\partial}{\partial y}\right)(\overline{q} + q') \\
&= \overline{D}\overline{q} + \overline{D}q' + u'\frac{\partial\overline{q}}{\partial x} + v'\frac{\partial\overline{q}}{\partial y} + u'\frac{\partial q'}{\partial x} + v'\frac{\partial q'}{\partial y} \\
&\simeq \overline{D}\overline{q} + \overline{D}q' + v'\frac{\partial\overline{q}}{\partial y}
\end{aligned}$$

이므로,

$$\overline{D}q' + v'\overline{q}_y = -X_y' + Y_x' + f_0\rho_0^{-1}(\rho_0 Q'/\theta_{0z})_z \tag{2.60}$$

로 정리된다. 여기서

$$q' \equiv \psi'_{xx} + \psi'_{yy} + \rho_0^{-1}(\rho_0 \epsilon \psi'_z)_z \tag{2.61}$$

$$\overline{q}_y \equiv \beta - \overline{u}_{yy} - \rho_0^{-1}(\rho_0 \epsilon \overline{u}_z)_z \tag{2.62}$$

로 정의했다. 섭동 잠재와도, q' 은 마찰력과 가열의 섭동이 없어도 평균 잠재 와도의 북쪽 방향 경사, $\overline{q}_y$ 가 있다면 유지된다. 그런데 $\overline{q}_y$ 는 코리올리 힘 때문에 항상 양의 값을 가진다.

2.6 전환 오일러-평균 방정식 (The transformed Eulerian-Mean Equations)

베타-면 오일러-평균 방정식의 우변을 살펴보면, $\overline{v'u'}$ 과 $\overline{v'\theta'}$ 가 존재하면, 평균 동서풍과 평균 온위가 시간에 따라 변할 것처럼 보인다. 그러나 앞서 언급했듯이 이 양들에는 변하지 않는 평형 남북 순환이 존재하므로, 이로부터 벗어난 **잔류 남북 순환 (residual mean meridional circulation)** 양, $(0, \overline{v}^*, \overline{w}^*)$를 다음과 같이 정의할 수 있다.

$$\overline{v}^* = \overline{v}_a - \rho_0^{-1}(\rho_0 \overline{v'\theta'}/\overline{\theta}_{0z})_z, \quad \overline{w}^* = \overline{w}_a + (\overline{v'\theta'}/\overline{\theta}_{0z})_y \tag{2.63}$$

이 정의를 사용하여 **베타-면 오일러-평균 방정식**을 다시 쓰면,

$$\overline{u}_t - f_0 \overline{v}^* - \overline{X} = \rho_0^{-1} \nabla \cdot F \tag{2.64}$$

$$\overline{\theta}_t + \overline{w}^* \theta_{0z} - \overline{Q} = 0 \tag{2.65}$$

$$\overline{v}^*_y + \rho_0^{-1}(\rho_0 \overline{w}^*)_z = 0 \tag{2.66}$$

$$f_0\overline{u}_z + H^{-1}Re^{-\kappa z/H}\overline{\theta}_y = 0 \tag{2.67}$$

이다. 여기서 F 는 처음 주창자의 이름을 따서 **엘리슨-팜 플럭스 (Eliassen-Palm flux, EP flux)**라고 한다.

$$\vec{F} \equiv (0, -\rho_0\overline{v'u'},\ \rho_0 f_0\overline{v'\theta'}/\theta_{0z}) \tag{2.68}$$

위 식은 잔류 순환 $(\overline{v}^*, \overline{w}^*)$과 평균 동서풍 및 평균 온위의 변화는 소용돌이 섭동으로 생긴 EP 플럭스의 다이버전스에 의해 영향을 뜻한다. 이를 바꾸어 말하면, **어떤 대기 파동에 의한 섭동이 동서 평균류에 영향을 주기 위해서는 EP 플럭스의 다이버전스가 0이 아니어야 한다.** 또한 비 마찰, 비가열 정상 $(\partial/\partial t = 0,\ X = Y = Q = 0)$ 동서류 상의 **정상 선형 섭동 (steady linear disturbance)** 은 EP 플럭스의 다이버전스가 0 임이 증명된다. 이는 베타-면 근사에서 뿐만 아니라, 전구면 방정식에서도 성립한다. 앞 절에서 정상 선형 섭동이 **동서 평균류**에 영향을 주지 않고 지속될 수 있다고 언급한 것을 상기하면, 이런 섭동은 EP 플럭스의 다이버전스가 0을 만족하는 성질을 가짐을 알 수 있다.

위 식은 4개의 변수 $(\overline{u}, \overline{\theta}, \overline{v}^*, \overline{w}^*)$에 대한 4개의 식으로 초기조건과 경계조건이 주어지면 풀릴 수 있다. **동서 평균류**의 시간변화와 **잔류 남북풍**에 대해서 4개의 식을 2개로 축약을 하면,

$$\rho_0\left(\frac{\partial^2}{\partial y^2} + \rho_0^{-1}\frac{\partial}{\partial z}(\rho_0\epsilon\frac{\partial}{\partial z})\right)\overline{u}_t = (\nabla \cdot F + \rho_0\overline{X})_{yy} - (\rho_0 f_0\overline{Q}/\theta_{0z})_{yz} \tag{2.69}$$

$$\rho_0\left(\frac{\partial^2}{\partial y^2} + \rho_0^{-1}\frac{\partial}{\partial z}(\rho_0\epsilon\frac{\partial}{\partial z})\right)f_0\overline{v}^* = -(\rho_0\epsilon(\rho_0^{-1}\nabla \cdot F + \overline{X})_z)_z - (\rho_0 f_0\overline{Q}/\theta_{0z})_{yz} \tag{2.70}$$

로 표현 된다 (부록 참조). 이 두 식은 각각 우변 항들이 주어졌을 때, 경계조건만 주면 풀릴 수 있다. 자세히 보면 이 식들이 남북과 수직 방향(y, z)에 대해 두 번 미분 형태이기 때문에 전지구 남북 단면에 대해 연결되는 해를 가진다. 즉 어느 한 곳에서의 동서 평균류의 변화나, 잔류 남북류는 전지구적으로 연결 (tele-connection)되어있는 형태이다.

마지막으로 **EP 플럭스**의 다이버전스는 식 (2.60)에 사용된 **잠재 와도**의 섭동과 다음의 관

계가 있다.

$$\begin{aligned} -\rho_0^{-1}\nabla \cdot F &= -(\overline{v'u'})_y + \rho_0^{-1}(\rho_0 f_0 \overline{v'\theta'}/\theta_{0z})_z \\ &= (\overline{v'\psi_y{}'})_y + \rho_0^{-1}(\rho_0 f_0^2 \overline{v'\psi_z{}'}/N^2)_z \\ &= (\overline{v'\psi_y{}'})_y + \rho_0^{-1}(\rho_0 \epsilon \overline{v'\psi'{}_z})_z \\ &= (\overline{v'\psi_{yy}{}'}) + (\overline{\psi_{xy}{}'\psi_y{}'}) + \rho_0^{-1}(\rho_0 \epsilon \overline{v'\psi'{}_z})_z \\ &= (\overline{v'\psi_{yy}{}'}) + (\overline{\psi_{xx}{}'v'}) + \rho_0^{-1}(\rho_0 \epsilon \overline{v'\psi'{}_z})_z \\ &= \overline{v'q'} \end{aligned} \tag{2.71}$$

$$(\overline{\psi_{xy}{}'\psi_y{}'}) = (\overline{\psi_x{}'\psi'})_y = ((\overline{1/2\,\psi'^2})_x)_y = 0$$

$$(\overline{\psi_{xx}{}'v'}) = (\overline{\psi_{xx}{}'\psi_x{}'}) = (\overline{\psi_x{}'\psi'})_x = 0$$

따라서 **EP 플럭스**의 다이버전스는 잠재 와도의 북쪽 소용돌이 플럭스 (northward eddy flux of potential vorticity) 로 해석될 수 있다. 달리 말하면, **잠재 와도** 섭동과 남북풍 섭동의 곱이 동위도 방향으로 평균한 값이 존재하면, **EP 플럭스**의 다이버전스로 작용해서 동서 평균류를 변화시킬 수 있음을 뜻한다.

2.7 Charney-Drazin 비가속 정리 (Charney-Drazin Nonacceleration Theorem)

앞 절에서 **EP 플럭스**의 다이버전스는 임의적인 소용돌이 섭동과 달리, **동서 평균류** 및 **평균 온위**의 변화와 **잔류 남북 순환**에 영향을 줄 수 있는 소용돌이 섭동만을 정리한 것이다. 이 점이 전환 오일러-평균 방정식의 효용을 말해준다. 일반적인 소용돌이 섭동 중에서 대기 파동으로 인한 섭동일 경우, 순수한 동서류 상에서의 선형적이고 보존적인 파동은 **EP 플럭스**의 다이버전스가 0이 됨을 에리슨-팜이 증명하였다 (Eliassen and Palm, 1961). 그 후, 일반적인 경우에 대해, 즉 $\partial/\partial t \neq 0$, X', Y', $Q' \neq 0$, 확장된 EP 정리가 다음과 같이 밝혀졌다 (Andrews and McIntyre, 1976, 1978).

$$\frac{\partial A}{\partial t} + \nabla \cdot F = D + O(\alpha^3) \tag{2.72}$$

여기서, A 와 D 는 섭동 양의 2번 곱 함수인데, A는 **파동 활동 밀도 (wave activity density)** 라 하고, D 는 마찰력 (X', Y')과 비단열 가열 (Q') 효과를 포함하는 양이다. 이 형태는 **준-지균 근사**의 경우, **섭동 와도 방정식** (식 2.60)에 $\rho_o q'/\bar{q}_y$를 곱하여 동서 방향(x)으로 평균하여 다음과 같이 유도할 수 있다.

$$\bar{D}q' + v'\bar{q}_y = -X_y{}' + Y_x{}' + f_0\rho_0^{-1}(\rho_0 Q'/\theta_{0z})_z \tag{2.73}$$

$$\frac{\partial}{\partial t}(\rho_0 q'q'/\bar{q}_y) + \bar{u}\frac{\partial}{\partial x}(\rho_0 q'q'/\bar{q}_y) + (\rho_0 q'v') = (\rho_0 Z'q'/\bar{q}_y)$$

$$\frac{\partial}{\partial t}(\frac{1}{2}\rho_0\overline{q'^2}/\bar{q}_y) + (\rho_0\overline{q'v'}) = (\rho_0 Z'q'/\bar{q}_y) + O(\alpha^3)$$

$$\frac{\partial}{\partial t}(\frac{1}{2}\rho_0\overline{q'^2}/\bar{q}_y) + \nabla \cdot F = (\rho_0 Z'q'/\bar{q}_y) + O(\alpha^3)$$

$$A \equiv \frac{1}{2}\rho_0\overline{q'^2}/\bar{q}_y$$

만약 $\bar{q}_y > 0$ 이면, 파동 활동 밀도, A 는 양수로 자연스럽게 파동폭의 제곱에 비례하는 양이다. 우변의 Z'은 식 (2.72)의 D 에 상응하는 마찰력과 비단열 가열에 의한 비보존 양이다. 또한 대기 덩어리의 북쪽 섭동 변위, η'가 변하는 율이

$$\bar{D}\eta' = v' + O(\alpha^2)$$

남북풍의 섭동으로 간주할 수 있으므로, 이를 식 (2.60)에 대입하면

$$\bar{D}q' + \bar{D}\eta'\bar{q}_y = Z' + O(\alpha^2) \equiv 0 \tag{2.74}$$

$$q' + \eta'\bar{q}_y = 0$$

$$A = \frac{1}{2}\rho_0\overline{q'^2}/\overline{q_y} = \frac{1}{2}\rho_0\overline{\eta'^2}\overline{q_y}$$

여기서 $Z' = 0$ 을 가정했다. 이는 확장된 EP 정리에 의해 대기의 섭동 변위로부터 바로 EP 플럭스의 다이버전스를 추산할 수 있는 데 사용할 수 있다.

원래 엘리슨과 팜 (Eliassen and Palm, 1961)은 구면 기하를 적용한 전환 오일러-평균 방정식을 구했다. 즉 잔류 남북 순환류를

$$\overline{v}^* \equiv \overline{v} - \rho^{-1}(\rho_0 \overline{v'\theta'} / \overline{\theta}_z)_z \tag{2.75}$$

$$\overline{w}^* \equiv \overline{w} + (a\cos\phi)^{-1}(\cos\phi \overline{v'\theta'} / \overline{\theta}_z)_\phi \tag{2.76}$$

로 정의하면,

$$\overline{u}_t + \overline{v}^*[(a\cos\phi)^{-1}(\overline{u}\cos\phi)_\phi - f] + \overline{w}^*\overline{u}_z - \overline{X} = (\rho_0 a\cos\phi)^{-1}\nabla \cdot \vec{F} \tag{2.77}$$

$$\overline{u}(f + \overline{u}a^{-1}\tan\phi) + a^{-1}\overline{\Phi}_\phi = C \tag{2.78}$$

$$\overline{\Phi}_z - H^{-1}R\overline{\theta}e^{-\kappa z/H} = 0 \tag{2.79}$$

$$(a\cos\phi)^{-1}(\overline{v}^*\cos\phi)_\phi + \rho_0^{-1}(\rho_0\overline{w}^*)_z = 0 \tag{2.80}$$

$$\overline{\theta}_t + a^{-1}\overline{v}^*\overline{\theta}_\phi + \overline{w}^*\overline{\theta}_z - \overline{Q} = -\rho_0^{-1}[\rho_0(\overline{v'\theta'}\,\overline{\theta}_\phi / a\overline{\theta}_z + \overline{w'\theta'})]_z \tag{2.81}$$

이고, **EP 플럭스**, $\vec{F} \equiv (0, F^{(\phi)}, F^{(z)})$는

$$F^{(\phi)} \equiv \rho_0 a\cos\phi(\overline{u}_z\overline{v'\theta'} / \overline{\theta}_z - \overline{v'u'}) \tag{2.82}$$

$$F^{(z)} \equiv \rho_0 a\cos\phi\{[f - (a\cos\phi)^{-1}(\overline{u}\cos\phi)_\phi]\,\overline{v'\theta'} / \overline{\theta}_z - \overline{w'u'}\} \tag{2.83}$$

$$\nabla \cdot \vec{F} \equiv (a\cos\phi)^{-1}\frac{\partial}{\partial\phi}(F^{(\phi)}\cos\phi) + \frac{\partial F^{(z)}}{\partial z} \tag{2.84}$$

로 표현된다. 위 식은 앞 절에서 유도한 베타면 근사의 전환 오일러-평균 방정식과 유사하나 대단히 복잡하다. 특히 두 번째 식 (2.78)의 C 는 온도풍 균형 (2.5절 참조)에서 벗어난 양들을 모아놓은 것으로 실제 기상 상황에서 매우 작아 무시할 수 있다. 세 번째 식 (2.79)

은 단순히 수직방향 정역학 평형을 나타내는 식으로 섭동과 무관하다. 다섯 번째 식 (2.81)의 우변에 복잡한 섭동 항들이 포함되어 있어 해석을 다소 어렵게 한다. 이 전환 오일러-평균 방정식에서도 비마찰, 비단열 가열의 동서류에서 정상 선형 파동(steady linear waves)에 의한 섭동 양은 **EP 플럭스**의 다이버전스가 0 임을 상기하자. 또한 이 경우 다섯 번째 식의 우변 항들도 모두 사라짐을 보였다. 그러면,

$$\overline{u}_t = \overline{\theta}_t = \overline{v}^* = \overline{w}^* = 0$$

인 순환이 존재한다 (2.4 절 참조). 이를 비가속 정리라 하고, 챠니-드레진 (Charney and Drazin, 1961)이 이런 사례를 처음으로 주목하였다. 즉, 앞서 언급한 조건하에 정상 선형 파동은 동서류를 가속 시킬 수 없음을 보였는데, 이는 오일러-평균 방정식에서는 자명하게 보이지 않는다. 따라서 복잡하게 보이는 대기에도 평형 상태의 남북 순환($\overline{v}$, $\overline{w}$)이 존재하고, 여기서 벗어난 잔류 남북 순환이라는 개념은 향후 대기 파동이 중간권의 동서 평균류와 작용해서 동서류를 가감속 시키는 사례를 연구할 때 중요한 도구가 된다.

결론적으로 잔류 남북 순환이 대기 파동의 EP 플럭스 다이버젼스로부터 발생하고, 이로 인해 동서 평균류와 온위가 시간에 따라 변화한다고 정리할 수 있다.

2.8 중간권에서 파동 섭동에 의한 동역학적 가열 해석

중간권의 온도 분포가 위성 관측으로 측정되기 시작하면서, 태양 에너지 흡수에 의해 예상되는 복사 온도 분포와 매우 다르게 나타남으로 대기과학자들을 놀라게 하였다. 단순하게 생각하면 성층권과 중간권에 많이 존재하는 오존이 태양 자외선을 흡수하기 때문에 여름 반구의 중간권 온도가 겨울 반구보다 높다고 예상되었으나, 그 반대의 분포임이 그림 1.6에 보였다. 이를 설명하기 위해 대기 파동 섭동에 의한 **동역학적 가열 (dynamic heating)**을 도입하게 되었다. 즉 저층 대기에서 발생한 대기 파동이 밀도가 희박한 중간권으로 전파되면 그 진폭이 매우 커지는데, 파동에 의한 섭동량이 **EP 플럭스**의 다이버전스를 발생시키고, 이로써 잔류 남북 순환과 동서류와 온도를 변화시키는 동역학적 가열을 상정할 수 있다.

이런 해석을 확인하기 위해 **준-지균 전환 오일러-평균 방정식**에 온위를 온도

$(\overline{T} = \overline{\theta}\, e^{-\kappa z/H})$ 로 바꾸어 다시 쓰면,

$$\overline{u}_t - f_0 \overline{v}^* = \rho_0^{-1} \nabla \cdot F + \overline{X} \equiv \overline{G} \tag{2.85}$$

$$\overline{T}_t + N^2 H R^{-1} \overline{w}^* = \overline{J}/c_p \tag{2.86}$$

$$\overline{v}^*_y + \rho_0^{-1} (\rho_0 \overline{w}^*)_z = 0 \tag{2.87}$$

$$f_0 \overline{u}_z + H^{-1} R\, \overline{T}_y = 0 \tag{2.88}$$

로 표현된다. 여기서 **배타-면 근사**를 사용해서 규모가 크고 천천히 변하는 **행성파(planetary waves)**에 의한 **EP 플럭스**는

$$\vec{F}_{(p)} = (0, -\rho_0 \overline{v'u'},\ \rho_0 f_0 \overline{v'\theta'}/\theta_{0z}) \tag{2.89}$$

로 쓸 수 있고, 규모가 작고 빠르게 변하는 **중량파(gravity waves)**에 의한 **EP 플럭스**는

$$\vec{F}_{(g)} = (0, -\rho_0 \overline{v'u'},\ -\rho_0 \overline{u'w'}) \tag{2.90}$$

으로 표현한다. 이는 원래의 **EP 플럭스** 식에서 중량파의 경우 나머지 항들을 무시할 수 있기 때문이다. 태양에너지의 흡수와 복사 방출의 불균형 양이 비단열 가열률 J 를 제공하고, 적절한 경계 조건이 주어지면, 위 식을 풀어서 동서류와 온도 분포, 잔류 남북 순환을 구할 수 있다.

그전에 간단한 **정상 모델 (steady model)**을 생각해 보면,

$$-f_0 \overline{v}^* = \overline{G} \tag{2.91}$$

$$N^2 H R^{-1} \overline{w}^* = \overline{J}/c_p \tag{2.92}$$

이고, 이를 **연속 방정식**에 대입하면

$$-\overline{G}_y + f_0\rho_0^{-1}(\rho_0 J\kappa/N^2H)_z = 0 \tag{2.93}$$

이 된다. 여기서 $\kappa = R/c_p$ 를 사용했다. 대기 파동이나 기타 소용돌이에 의한 섭동 가속이 없다면 ($G=0$), 잔류 남북류 ($\overline{v}^*$)는 0이 되고, **연속 방정식**에 의해 잔류 수직류 ($\overline{w}^*$) 또한 0 이 되고, 결국 J 도 모든 지역에서 0이 된다. 이는 태양 에너지 흡수가 복사 방출과 평형을 이루는 온도로 전지구 중간권에 분포한다는 의미한다. 이런 온도 분포 상에서 **지균 근사**의 동서류는

$$f_0\frac{\partial}{\partial z}u_r + H^{-1}R\frac{\partial}{\partial y}T_r = 0 \tag{2.94}$$

을 만족할 것이다 (식 (2.88); 온도풍 방정식).

그 다음 대기 온도가 복사 평형 온도에서 벗어나는 경우로, 비단열 가열, J 항을

$$\overline{J}/c_p = -[\overline{T} - T_r(y,z,t)]/\tau_r(z) \tag{2.95}$$

로 표현하자. 여기서 T_r 은 시간과 장소에 따라 변하는 태양에너지 흡수에 평형을 이루는 복사 평형 온도이고, 이 평형에서 벗어난 온도가 결국 추가 복사에 의해 평형으로 돌아가는 시간, τ_r 로 나누어 비 단열 가열률 $\overline{J}/c_p$ 을 (K/day) 단위로 추산했다. 온도 변화를 나타내는 식 (2.86)에서 $\overline{w}^*$ 를 소거하는 조작을 하면,

$$\left(\frac{\partial^2}{\partial y^2} + \frac{\partial}{\partial z}(\rho_0^{-1}\frac{\partial}{\partial z}\rho_0\epsilon)\right)\overline{T_t} + \frac{\partial}{\partial z}(\rho_0^{-1}\frac{\partial}{\partial z}[\frac{\rho_0\epsilon}{\tau_r}(\overline{T} - T_r)]) = 0 \tag{2.96}$$

로 쓸 수 있다. ($\epsilon(z) = f_0^2/N^2$ 사용) 이 식은 앞서 동서 평균류와 잔류 남북 순환에 관한 식 (2.69)와 (2.70)처럼 남북과 수직으로 두 번 미분되는 양으로 표현되기에, 한 곳에서의 복사 평형 온도의 차이가 전지구적으로 영향을 줄 수 있는 구조이다. 어떤 곳에서 복사 평형

이 깨진 온도차이가 생기면 그 것이 전지구적으로 전파가 되긴 하지만 시간 차이를 가지고 복사평형 온도로 복귀한다. 복잡해 보이는 이 식을 해석하기 위해 y 미분의 L 규모가 수직 미분의 H (높이 척도) 규모가 $f_0^2 L^2 \sim N^2 H^2$ 를 만족 하는 경우, 간단히

$$\frac{\partial \overline{T}}{\partial t} \sim -[\overline{T} - T_r]/\tau_r \tag{2.97}$$

로 근사할 수 있다. 즉 실제 온도가 복사 평형 온도에서 벗어나면, 복사 이완 시간(τ_r)으로 수일 경과 후 복사 온도로 복귀하게 된다. 이는 중간권 온도가 복사평형 온도에서 크게 벗어날 수 없음을 의미한다. 그러나 중간권 상부 고도 ~80 km에서 실제 온도는 복사 평형 온도로부터 60° N 에서 ~60 K 정도, 남반구 60°S 에서 ~45 K 차이가 난다. 이 정도 차이는 복사 평형 온도의 계절 변화 (북위 60°와 남위 60°에서 온도 차이) 인 50 K 와 견줄 만큼 크다. 따라서 이런 큰 온도 차이를 발생시키는 기작이 필요하다.

추가 기작은 대기 파동에 의한 **동역학적 가열 (dynamical heating)**임이 밝혀졌다. 위 식에 대기 파동의 섭동에 의한 EP 플럭스를 포함한 항 G를 추가시키면,

$$\left(\frac{\partial^2}{\partial y^2} + \frac{\partial}{\partial z}(\rho_0^{-1}\frac{\partial}{\partial z}\rho_0\epsilon)\right)\overline{T}_t + \frac{\partial}{\partial z}(\rho_0^{-1}\frac{\partial}{\partial z}[\frac{\rho_0\epsilon}{\tau_r}(\overline{T} - T_r)]) + f_0 H R^{-1}\frac{\partial}{\partial y}\frac{\partial}{\partial z}(\overline{G}) = 0 \tag{2.98}$$

로 표현된다. 각 항의 크기를 가늠하기 위해서 $f_0^2 L^2 \sim N^2 H^2$ 를 만족하는 조건하에 미분들을 근사하면,

$$\frac{\Delta \overline{T}}{\tau} : \frac{\overline{T} - T_r}{\tau_r} : f_0 L R^{-1} \Delta \overline{G} \tag{2.99}$$

의 비를 가진다. 여기서 $\Delta \overline{T}/\tau \sim$ 50K/180일 (계절 변화)이고 $(T - \overline{T}_r)/\tau_r \sim$ 50K/3일 (실제 온도와 복사 평형 온도의 차이를 복사 이완시간으로 나눔) 이므로, 첫째 항은 둘째 항에 비해 무시할 수 있다.

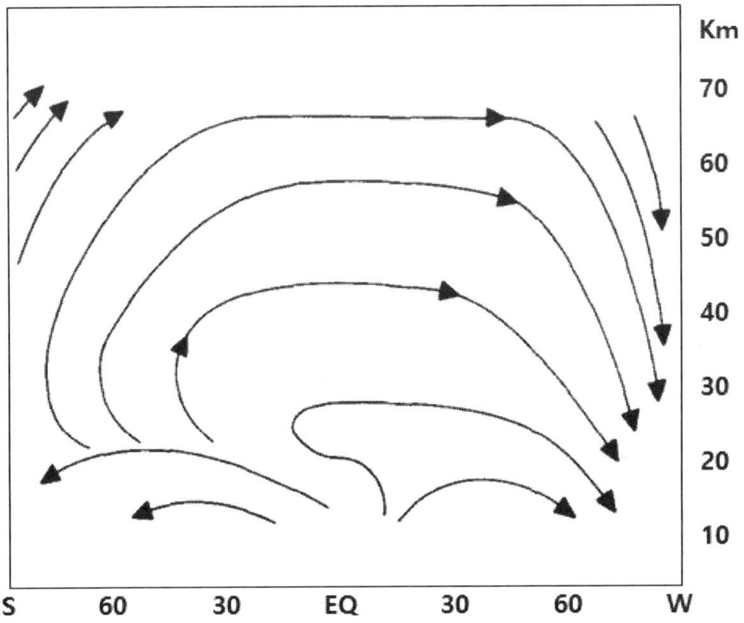

그림 2.1 라그란지 평균 (Lagrange mean) 바람의 흐름 모식도 (Dunkerton, 1978)

따라서 둘째 항이 유지가 되기 위해서는 셋째 항, 즉 파동 섭동에 의한 동역학적 가열이 대기 파동 주기 동안 생길 수 있는 차이 $(\Delta\overline{G})$ 가 그 정도의 크기를 가져야 한다. 중간권 온도가 복사 평형 온도와 전혀 다른 분포를 가지는 이유가 대기 파동 섭동에 의한 EP 플럭스의 다이버전스 때문이라면, 이에 걸맞는 잔류 남북 순환이 존재해야 한다. 앞서 2.6 절에서 **잔류 남북 순환**에 대한 방정식 (2.70)을 다시 쓰면

$$\rho_0\left(\frac{\partial^2}{\partial y^2}+\rho_0^{-1}\frac{\partial}{\partial z}(\rho_0\epsilon\frac{\partial}{\partial z})\right)f_0\overline{v}^* + (\rho_0\epsilon\,\overline{G}_z)_z + (\rho_0 f_0\kappa\,\overline{J}/N^2H)_{yz} = 0 \qquad (2.100)$$

로 표현된다. 그러면 복사평형 온도와 관측 온도 분포가 주어지면, $\overline{J}$ 를 계산할 수 있고, 이로부터 중간권의 **잔류 남북 순환** $(\overline{v}^*, \overline{w}^*)$ 를 추산할 수 있다. 그림 2.1에서 도식적으로 나타냈듯이, 중간권 잔류 남북 순환은 여름 반구 고위도에서 상승하여 겨울 반구로 이동하고 고위도에서 하강한다. 반면, 성층권에서는 적도 근처에서 상승하여 남북 반구 고위도로 이동하는 순환 패턴을 가지고 있다.

이 남북순환 패턴을 일으키게 하는 가속, G ($= \rho_0^{-1} \nabla \cdot F + \overline{X}$)의 주성분은 대기파동의 섭동에 의한 **EP 플럭스**의 다이버전스이다. 보다 구체적으로는 **중량파**에 의한 **EP 플럭스**의 다이버전스 ($\nabla \cdot \vec{F}_{(g)} \simeq -(\rho_0 \overline{u'w'})_z$) 가 주요인이다. 제1장 그림 1.7에서 보듯이 성층권의 바람은 여름반구에서 동풍(westward)이고 겨울 반구에서는 서풍(eastward)이다. 대류권에서 발생한 다양한 방향의 중량파가 위로 전파되면서 파동의 방향과 속도가 배경 대기의 바람과 같은 층에서 흡수되거나 반사된다. 즉 파동의 위상속도와 배경 바람속도가 같은 층을 한계층(critical layer)이라 하는데, 여름 (겨울) 반구에서는 서쪽 (동쪽)으로 전파되는 중량파가 한계층을 만나 그보다 더 위로 전파되지 못한다. 따라서 여름 (겨울) 반구에서는 동쪽 (서쪽)으로 전파되는 중량파만이 선택적으로 중간권으로 통과하는데 이런 현상을 필터링(filtering)이라 한다.

중간권에서 중량파가 파쇄되면서 배경대기 흐름에 모멘텀을 전달한다. 따라서 여름에는 동쪽으로 편향되는 가속이 생기므로, 식 (2.85) 에 의해 G (~$\nabla \cdot F_{(g)}$) > 0 이 된다. 가장 간단한 정상 모델 (steady state model)에서, $-f_0\overline{v}^* = \overline{G}$ 이므로, 남반구 ($f_0 < 0$) 여름일 경우, $\overline{v}^* > 0$ 이다. 반면, 북반구에서는 겨울이므로, 서쪽으로 가속이 편향되고, G < 0 이고, $f_0 > 0$ 이므로 마찬가지로 $\overline{v}^* > 0$이 되어, **남북반구 모두 잔류 남북 순환이 남풍이므로**, 결과적으로 여름 반구에서 겨울 반구로 흐르는 순환 패턴을 설명할 수 있다. 이런 중간권 남북 순환 패턴은 다양한 위성관측과 지상관측으로 확인되었다.

결론적으로 중량파의 선택적 투과가 중간권에 EP 플럭스의 다이버전스를 계절에 따라 바뀌게 하여, 잔류 남북 순환을 여름 반구에서 겨울 반구로 생성시키고, **이에 따라 여름 반구 고위도에서는 상승하며 팽창으로 기온이 낮아지며 겨울 반구에서는 하강하며 압축으로 기온이 증가하는 현상을 일으킨다.** 이렇게 동역학적 가열이 중간권 온도 분포가 복사 평형온도 분포와 매우 다르게 겨울 반구 고위도에서 높고 여름 반구의 고위도에서 낮게 관측되는 사실을 설명할 수 있다. 대기 중량파는 규모가 수십에서 수백 km 로 작아서, 초기 **전지구 대기 순환 모델 (Global Circulation Model, GCM)**에 포함되지 않아, 관측된 온도 분포를 잘 설명하지 못했음이 나중에 알려지게 되었다. 최근의 GCM 들은 대기 중량파의 동역학적 기여를 임의로 계수화(parametrization)하여 관측을 보다 잘 설명하게 되었지만, 이를 통해 중량파의 관측적 특성을 추출하고 반영하는 연구가 더 중요하게 인식되었다.

3.

대기 파동 선형 이론

3.1 대기 파동의 분류

파동은 매질의 준주기적 운동으로 매질의 실재 이동 없이 먼 거리에 정보를 전달할 수 있는 현상이다. 파동은 기본적으로 평형상태로 돌아오게 하는 복원력이 진동을 일으켜서 생긴다. 대기 파동에서 가장 중요한 복원력은 부력으로서, 층리화된 대기에서 공기 덩어리가 수직으로 이동하여 주변보다 밀도가 낮으면 부력을, 높으면 중력을 받아 진동이 발생할 수 있다. 1장에서 소개한 부력 진동수, $N^2 > 0$ 인 안정 대기에서 이 진동은 유지될 수 있고, 이로 인해 생기는 파동을 **중량파(gravity waves)**라 한다. 바다위에 출렁대는 파도는 물과 공기의 층리화된 공간에서 진동함으로서, 이를 **표면 중량파 (surface gravity waves)**라 한다. 이와 비교하여 층리화된 대기의 내부에서 진동하는 파동을 **내부 중량파 (internal gravity waves)**라 한다. 공기 덩어리가 남북으로 이동하면 코리올리 힘의 변화가 기준 위치보다 크거나 작게 되어 마찬가지로 진동을 일으킬 수 있다. 중량파의 이동 규모가 커지면, 이런 코리올리 힘까지 더해지는 파동을 **관성 중량파 (inertio gravity waves)**라 한다.

외부에서 특정 주기로 대기에 섭동을 가하면 이 주기에 파생되는 주기로 **강제 파동 (forced waves)**들이 생길 수 있다. 대표적인 예로 태양에너지의 일일 주기 흡수로 생기는 파동으로 **일주기 조석파 (diurnal tidal waves)**, **반일주기 조석파 (semidiurnal tidal waves)** 등이 있다. 이와 대비되어 특정한 외부 섭동 없이도 지구 대기의 구조 자체의 공명 진동으로 생길 수 있는 **자유 파동 (free waves)**이 있는데, 이를 **전지구 정규 모드 (global normal modes)**라 한다. 또한 **자유(롭게) 전파(되는) 파동 (freely propagating waves)**과, 반대로 특정 지역에 **갇혀있는 파동 (trapped waves)** 또는 **감쇄 파동 (evanescent waves)**도 있을 수 있다. 예를 들어 행성 규모의 파동이 수평으로는 잘 전파되지만 수직으로는 제한된 **강제 행성파 (forced planetary waves)**도 있고, 수직과 동서 방향으로는 전파되지만 남북 방향으로는 감쇄되는 **적도파(equatorial waves)**도 있다.

파동의 위상이 지표에 고정되어 있는 파동을 **정지파(stationary waves)**라 하는데, 이런 파동의 위상 속도는 당연히 0이다. 그러나 지표 위에 일정한 바람 속도를 가지는 대기에서는 이 파동은 상대 속도를 가지므로, 0이 아닌 위상 속도로 수직이나 수평으로 전파될 수 있다. 이와 유사하게 전지구 정규 모드 중에서 위상 속도가 0인 경우를 **서있는 파동 (standing waves)** 라 한다. 대부분의 파동은 0이 아닌 위상속도로 지표에 대해 이동하는데 이를 **이동 파동 (traveling waves)**라 부른다.

대기 파동의 진폭이 일정하게 유지되면 이를 **지속 파 (steady waves)**라 하고, 시간에 따라 변하는 진폭을 가진 파동은 **임시 파 (transient waves)**라 한다. 앞 절에서 비가속 정리에 의해 선형적이고 지속적이며 마찰이 없고 단열적 (linear, steady, frictionless and adiabatic) 인 파동은 배경의 평균 바람을 가속시킬 수 없다. 반면, 임시적이고 비보존적인 (transient and non-conservative) 파동은 배경 평균 바람을 가감속시킬 수 있다.

3.2 파동의 수학적 표현

파동은 물리량이 보통 공간과 시간에 대해 함께 변화하는 양상을 나타낸다. 물리량의 크고 작게 반복적으로 일어나는 양상을 수학적으로 가장 간단하게 표현하는 방법은 삼각함수 (sin(x), cos(x))를 사용하는 것이다. 물론 실제 파동이 삼각함수처럼 매끈하게 증감하는 경우는 드물 것이나, 모든 함수는 삼각함수의 급수로 표현될 수 있다는 **푸리에 정리 (Fourier theorem)**를 고려하면, 파동의 기본 식으로 삼각함수를 사용하는 것은 적절하다.

어떤 파동이 공간적 반복 거리인 파장 λ 와 시간적 반복 주기 T 를 가지면, 파동의 진폭 A 는 공간 좌표, x 와 시간 t 에

$$A = A_0 \cos(2\pi x/\lambda - 2\pi t/T) \equiv A_0 \cos(kx - \omega t) \tag{3.1}$$

로 표현할 수 있다. 여기서 k는 **파수(wavenumber)**, ω는 **진동수(frequency)**라 하고, 각각 파장의 역수 단위 (cm^{-1}) 와 주기의 역수의 단위 (s^{-1}) 를 가진다. 이런 파동은 x 방향으로 진행하는 **평면파(plane waves)**로 형상화하면 그림 3.1과 같다. 그림 3.1의 두 번째처럼 원형으로 전파되는 파동, **구면파(spherical waves)**을 표현하려면, (x, y) 평면에 원의 반경, r 에 대해 같은 식으로 표현하면 된다.

$$A = A_0 \cos(kr - \omega t) = A_0 \cos(k\sqrt{x^2 + y^2} - \omega t) \tag{3.2}$$

그림 3.1은 어떤 특정 시각 t 에 파동의 공간 분포의 스냅 샷이지만, 파동의 마루는 시간에 따라 이동한다.

그림 3.1 평면파 (plane waves), 구면파 (spherical waves), 사선으로 진행하는 평면파의 사례.

파동 마루의 이동 속도를 **위상 속도(phase velocity)**라 하고, $c = \omega/k$ 로 계산된다. 여기서 보통 진동수 ω 값을 항상 양수로 국한한다. 따라서 위상 속도가 k 값에 따라 음수를 가질 수 있는데, 이는 반대 방향으로 전파되는 것을 뜻한다. 실제로 3차원 공간의 벡터로 위치를 $\vec{r}$ 로 표시하면, **파수**도 $\vec{k}$ 벡터가 되어야 하고, 파동식은

$$A = A_0 \cos(\vec{k} \cdot \vec{r} - \omega t) \tag{3.3}$$

로 표현된다. 따라서 $\vec{k}$ 는 파동이 전파되는 방향을 나타내는 벡터로 인식해야 한나. **평면파**가 비스듬히 전파되면,

$$A = A_0 \cos(kx + ly - \omega t) \tag{3.4}$$

형태가 되는데, 이때 위상속도는 $c_x = \omega/k, c_y = \omega/l, c = \omega/\sqrt{k^2 + l^2}$ 로 계산된다. 또한 파장은 $\lambda_x = 2\pi/k, \lambda_y = 2\pi/l, \ \lambda = 2\pi/\sqrt{k^2 + l^2}$, 로 계산된다.

비슷한 **파수**와 **진동수**를 가진 2개의 파동이 합쳐지면,

$$\begin{aligned} A &= A_0 \cos((k + \Delta k)x - (\omega + \Delta\omega)t) + A_0 \cos((k - \Delta k)x - (\omega - \Delta\omega)t) \\ &= 2A_0 \cos(kx - \omega t)\cos(\Delta kx - \Delta\omega t) \end{aligned} \tag{3.5}$$

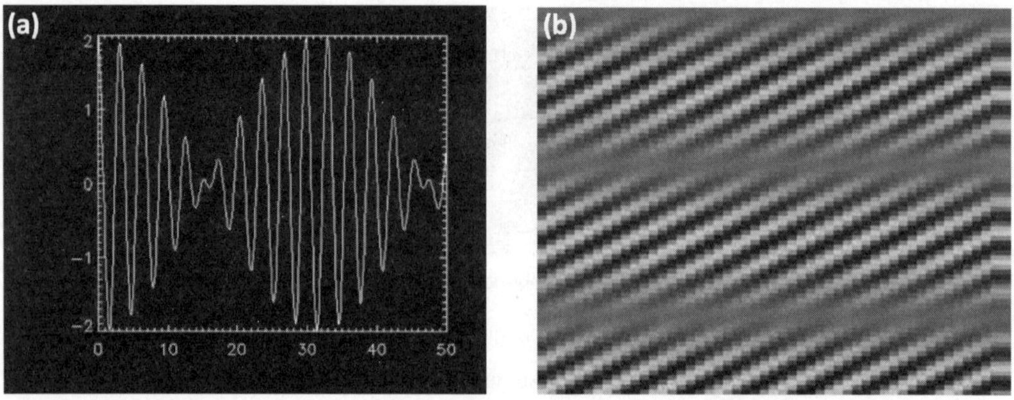

그림 3.2 a) 비슷한 파수와 진동수를 가진 두 파동을 합한 파동의 예. b) 2차원 파동의 합 또는 곱의 예.

로, 그림 3.2와 같이 두 파동의 평균에 진폭이 변동하는 양상이 된다. 평균 파동의 위상 속도는 $c = \omega / k$ 이지만, 그 위에 중첩된 진폭 변동의 전파 속도는 $c_g = \Delta\omega / \Delta k$ 로 **군 속도 (group velocity)**라 한다. 보통 **AM(amplitude modulation)** 전파 통신에서 고 주파수의 기본 파동에 진폭을 변화시켜 정보를 전달한다. **FM(frequency modulation)** 통신은 주파수를 약간 변경시켜 신호를 입힐 수 있는데, 이는 수식적으로 동일한 결과를 가진다.

때로는 두 개의 파동이 곱해지는 작용을 할 수 있는데, 이를 파동의 **비선형 파동 작용 (non-linear wave-wave interaction)**이라 한다. 간단한 예로 비스듬히 전파되는 평면파에 수직으로 전파되는 저주파의 파동이 곱해지면,

$$A = 2A_0 \cos(kx - ly - \omega t) \times \cos(\Delta lx - \Delta\omega t) \tag{3.6}$$

로 표현되는데, 그런 상호작용의 결과로 파동의 모습은 그림 3.2b와 같이 나타난다. 식 (3.6)은 식 (3.5)와 동일한 형태로서, 파동의 합과 곱이 유사한 결과를 보일 수 있음을 상기하자.

대기에는 다양한 파장과 주기를 가지는 파동이 산재해 있어, 이들 상호간에 작용을 하여 매우 복잡한 변동성을 보여준다. **푸리에 정리**에 의해 임의 함수를 삼각함수의 급수로 표현할 수 있다는 맥락에서 다양한 파동이 중첩된 변동성을 푸리에 변환하여 단일 파장 파동의 분포인 스펙트럼을 구할 수 있다. 즉 공간 변동성과 시간 변동성을 각각 다음과 같이 **푸리에 변환 (Fourier Transform)**으로

$$\hat{f}(k) = \int_{-\infty}^{\infty} f(x) e^{-ikx} dx, \ \ \hat{g}(\omega) = \int_{-\infty}^{\infty} g(t) e^{-i\omega t} dt \tag{3.7}$$

해당 변동성을 구성하는 파동수와 진동수의 스펙트럼을 구할 수 있다. 여기서 $e^{ikx} = \cos(kx) + i\sin(kx)$ 이므로 푸리에 전환도 결국 삼각함수의 급수로 표현되고, 이 전환의 적분 계산 후 실수 부분만 선택하여 실제 스펙트럼을 구함을 밝혀둔다. 더 나아가 파동식 자체도 $A_0\cos(kx-\omega t)$ 대신에 $A_0 e^{i(kx-\omega t)}$ 로 간략하게 기술하고, 이 식의 실수 부분을 뜻함을 첨언한다.

3.3 중량파 (gravity waves)

대기 파동 중에서 규모가 작은 파동으로 수십에서 수백 km의 수평 파장을 가지는 **중량파**를 먼저 알아보자. 이런 규모의 중량파는 대략 수분에서 한 시간여 정도의 주기로 진동하며, 수직 파장은 5 – 15 km 범위를 가진다. 중간권에서 대표적으로 나타나는 중량파의 사례로서 보현산 전천 대기광 카메라로 관측한 화상을 그림 3.3에 보였다. 왼쪽은 고도 ~87 km에 존재하는 OH **대기광층(airglow layer)**에 나타난 중량파이고, 오른쪽은 고도 ~95 km에 있는 OI 대기광층에 보인 파동이다. 아마도 같은 파동이 고도가 다른 두층에서 거의 동시에 관측된 영상으로서, 자세하게 분석하면 수평 파장과 수직 파장, 주기 등을 구할 수 있다.

이보다 규모가 큰 파동으로 수평 파장이 수천 km, 주기가 십여 시간되는 **관성 중량파**가 중간권에서 종종 발견된다. 관성 중량파는 규모가 너무 크므로 전천 카메라에 파동의 모습이 관측되기 어렵지만, 고도에 따른 바람 방향과 속도를 동시에 분석하면 포착될 수 있다. 그림 3.4는 보현산 전천 대기광 카메라로 2001년 사자자리 유성우 기간, 유성흔의 변화과정을 관측한 화상 시계열이다. 이 화상들에서 유성흔이 원형으로 확대되어 가는 패턴을 볼 수가 있는데, 이는 유성흔이 **관성 중량파**가 반영된 바람에 실려 가고 있음을 규명할 수 있다. 그림 3.4b에서 유성흔의 이동 모습을 3차원 모델로 모사하고 있는데, 특정 파장(2500 km)과 주기(15시간)의 관성 중량파가 이 유성흔 궤적에 부합함이 보고되었다 (Kim et al., 2004).

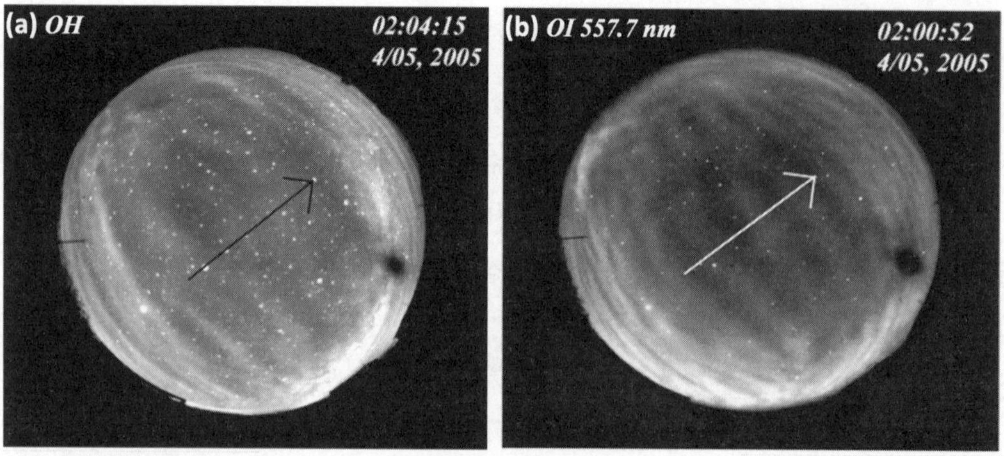

그림 3.3 대기광 전천 카메라로 관측한 중량파 사례. a) OH 대기광층 (~87 km) 에 나타난 중량파. b) OI 557.7nm 대기광층 (~95 km) 의 중량파. 화살표는 중량파가 전파되는 방향 (정종균, Chung et al., 2003).

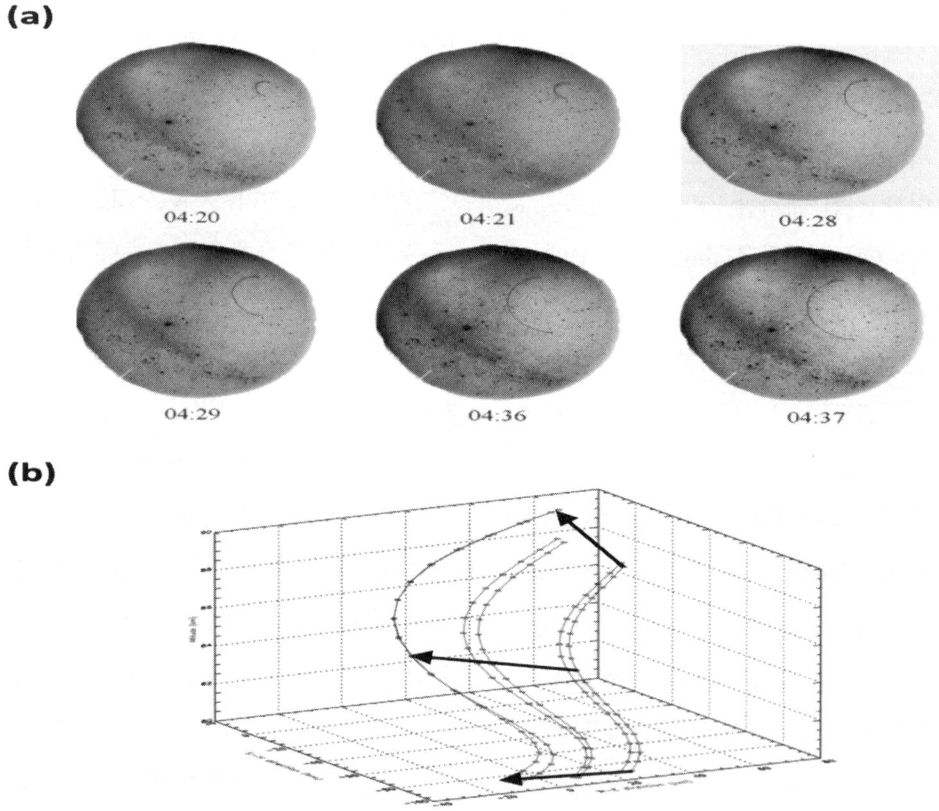

그림 3.4 (a) 2001 년 사자자리 유성우 기간 중 보현산 전천 카메라로 관측한 유성흔의 궤적. (b) 유성흔 진화의 3차원 모델. 유성흔이 관성 중량파에 의해 나선으로 변형됨을 보여준다 (Kim et al, 2004).

3.3.1 순수 중량파 (pure internal gravity waves)

대기 파동 중에서 가장 간단한 **순수 중량파**를 수식으로 나타내기 위해서 2.5 절에서 유도한 선형화 방정식으로부터 시작하자. 이 식에 평균 동서 바람이 없는 경우를 적용하고 ($\bar{u} = 0$), 수직 정역학 평형식 (식 2.57)을 이용하여 에너지 방정식 (식 2.59)에 대입하여 θ'을 소거하면서, $N^2(z) = H^{-1}Re^{-\kappa z/H}\bar{\theta}_z$ 관계 (식 2.34) 를 적용하여 정리하면,

$$u_t' - fv' + (a\cos\phi)^{-1}\Phi_\lambda' = X' \tag{3.8}$$

$$v_t' + fu' + a^{-1}\Phi_\phi' = Y' \tag{3.9}$$

$$(a\cos\phi)^{-1}[u_\lambda' + (v'\cos\phi)_\phi] + \rho_0^{-1}(\rho_0 w')_z = 0 \tag{3.10}$$

$$\Phi'_{zt} + N^2 w' = \kappa J'/H \tag{3.11}$$

로 표현된다. 순수 중량파가 작은 규모이므로 지구 곡률과 코리올리 힘을 무시할 수 있고, 외부의 섭동이 없는 경우($X' = Y' = J' = 0$)로 단순화하면,

$$u_t' + \Phi_x' = 0, \quad v_t' + \Phi_y' = 0,$$
$$u_x' + v_y' + \rho_0^{-1}(\rho_0 w')_z = 0, \quad \Phi'_{zt} + N^2 w' = 0$$

로 축약된다. 더 간단한 경우로, N이 상수라 가정하고, 다음의 파동식을 대입하여

$$(u', v', w', \Phi') = e^{z/2H}Re[(\hat{u}, \hat{v}, \hat{w}, \hat{\Phi})\exp(i(kx + ly + mz - \omega t))] \tag{3.12}$$

정리하면,

$$\hat{u} = \frac{k}{\omega}\hat{\Phi}, \quad \hat{v} = \frac{l}{\omega}\hat{\Phi}, \quad \hat{w} = -\frac{\omega}{N^2}(m - \frac{i}{2H})\hat{\Phi} \tag{3.13}$$

의 관계를 얻는다. 여기에 $\overleftrightarrow{A} \cdot (\hat{u}, \hat{v}, \hat{w}, \hat{\Phi})^T = 0$ 로 표현되는 행렬식이 해를 가지려면, 행렬, $\overleftrightarrow{A}$의 디터미넌트가 0이 되어야 하는 조건에서 다음의 **분산 관계식 (dispersion relation)**을 구할 수 있다.

$$\omega^2 = \frac{N^2(k^2 + l^2)}{m^2 + 1/4H^2} \tag{3.14}$$

분산 관계식은 어떤 파동에 대해 **파수**와 **진동수**(또는 파장과 주기)의 관계를 맺어 주는 식으로 파동의 특성을 이해하는데 필수적이다. 이 분산 관계식의 전제에는 **정역학 평형**과 대기가 **비압축(incompressible)** 기체를 가정했기 때문에 파동이 **부력 진동수**보다 빠르게 진동할 수 없음을 주목해야 한다. (뒤 절에서 이런 가정이 없는 경우에 대해 종합적으로 알아볼 것이다.) 따라서, 보통 중간권에서 **부력 진동수**에 해당하는 주기 $(2\pi N^{-1})$ 가 대략 5분 정도이기 때문에, 이 분산 관계식에 해당하는 중량파의 주기는 5분이상이 된다. 또한 중량파의 수직 파장이 보통 15 km (~2*H*) 보다 작기 때문에 $(m^2 \gg 1/4H^2)$ 중량파의 주기는 부력 주기에 수평과 수직 파장의 비를 곱한 값으로 근사할 수 있다. 여기에 **부력 진동수**보다 더 빠르게 진동할 수 없음을 상기하면 중량파의 수평 파장은 수직 파장보다 항상 커야한다는 특성을 알 수 있다. 실제로 대기광 전천카메라로 수평 파장과 주기를 관측할 수 있으므로 이 근사 분산 관계식을 이용하여 수직 파장을 추정한다.

중량파 진폭의 수직 바람 성분 $\hat{w}$ 에서 수직 파장이 충분히 작으면 둘째 항($i/2H$)을 무시할 수 있다. 그러면, $(\hat{u}, \hat{v}, \hat{w}) \cdot (k, l, m) = 0$ 이 성립하는데, 이는 중량파의 바람 방향이 파동의 전달 방향과 수직임을 뜻한다. 즉 중량파의 바람은 파동전파의 수직인 $kx + ly + mz = const$ 면에서 운동한다.

이해를 돕기 위해 파장이 전파되는 방향을 *x* 축으로 잡으면 $(l = 0,\ \hat{v} = 0)$, 근사적인 분산 관계식은 $\omega = \pm Nk/m$ 으로 축약된다. 여기서 진동수는 항상 양의 값을 가져야 하므로 $k > 0$ 으로 잡았으므로 (즉 +*x* 방향으로 전파되는 파동), 파동이 아래 방향으로 전파되는 경우, **군속도** 벡터는

$$\vec{c}_g = (\frac{\partial\omega}{\partial k}, 0, \frac{\partial\omega}{\partial m}) = \frac{N}{m^2}(-m, 0, k) \tag{3.15}$$

로 표현된다. **군속도** 벡터는 파동수 벡터, $(k, 0, m)$에 수직임을 알 수 있다. 따라서 아래로 위상이 전파되는 파동($m < 0$)이 군속도 벡터가 위를 향하며 이를 통해 위쪽으로 정보 즉 에너지를 전달할 수 있다. 이는 중량파의 경우뿐 만아니라 나중에 다룰 **조석파**와 **행성파**에서도 같은 성질을 가진다.

군속도의 방향이 수평과 이루는 각의 탄젠트는 $\left|\vec{c}_g^{(z)} / \vec{c}_g^{(x)}\right| = |k/m| = |\omega/N|$ 로서, 중량파의 진동수와 **부력 진동수**의 비(또는 파동 주기와 부력진동 주기)로 결정된다. 중간권에서 중량파의 주기가 5분보다 길어질수록 군속도의 방향이 수평과 이루는 각이 45° 보다 더 작아지고, 따라서 파동이 45° 보다 점점 더 수직으로 전파됨을 알 수 있다. 이는 중량파의 수평 파장이 수직 파장보다 항상 길다는 조건과 일치한다. 이와 대조적으로 **위상 속도**는 **파수** 벡터 방향으로 $c_p = \omega/(k^2 + m^2)^{1/2}$ 이다. 여기서 수평 방향과 수직 방향 위상 속도는 각각, $c_p^{(x)} = \omega/k$, $c_p^{(z)} = \omega/m$ 으로 계산됨을 상기하자. 즉 파장이 긴 방향이 **위상 속도**가 빠르다는 직관과 일치한다.

3.3.2 관성 중량파 (inertlo gravity waves)

규모가 큰 시간과 공간을 차지하는 (수 시간과 ~1000 km) 중량파는 지구 자전 영향을 받을 것이다. 이런 대규모 파동은 코리올리 힘과 지구 곡률을 무시할 수 없지만, 단순한 수식 전개를 위해 지구 곡률만을 무시한 베타면 근사식으로 앞 절의 관계식에 코리올리 항을 포함하면 다음과 같다.

$$u_t{}' - fv' + \varPhi_x{}' = 0, \tag{3.16}$$

$$v_t{}' + fu' + \varPhi_y{}' = 0, \tag{3.17}$$

$$u_x{}' + v_y{}' + \rho_0^{-1}(\rho_0 w')_z = 0, \tag{3.18}$$

$$\varPhi'_{zt} + N^2 w' = 0 \tag{3.19}$$

여전히 부력 주파수, N 은 고도에 무관한 상수라고 가정하고, 파동 표현식을 대입해서 정리하면

$$\hat{u} = (\omega^2 - f^2)^{-1}(\omega k + ilf)\,\hat{\Phi}, \tag{3.20}$$

$$\hat{v} = (\omega^2 - f^2)^{-1}(\omega l - ikf)\,\hat{\Phi}, \tag{3.21}$$

$$\hat{w} = -\frac{\omega}{N^2}(m - \frac{i}{2H})\hat{\Phi} \tag{3.22}$$

이고, 분산 관계식은

$$\omega^2 = f^2 + \frac{N^2(k^2 + l^2)}{m^2 + 1/4H^2} \tag{3.23}$$

로 표현된다. 이들 식은 $f = 0$ 일 때, 순수 중량파 식으로 수렴된다. 이 분산 관계식을 만족하는 파동의 주파수 ω는 항상 코리올리 계수 f보다 크지만, 이 파동 역시 정역학 평형을 만족하므로 부력주파수, N 보다 빠르게 진동할 수는 없다. 즉, **관성 중량파**는 $f \ll \omega \ll N$ 범위의 진동수를 가진다.

앞 절에서 하듯이, 파동의 전파 방향을 x로 잡고 ($k > 0, l = 0$), 수직 파장이 작다고 가정하면 ($m^2 \gg 1/4H^2$),

$$\omega = (f^2 + N^2k^2/m^2)^{1/2} \tag{3.24}$$

$$\vec{c}_g = (\frac{\partial\omega}{\partial k},\, 0,\, \frac{\partial\omega}{\partial m}) = \frac{N^2}{m^3}\frac{k}{\omega}(m,\, 0,\, -k) \tag{3.25}$$

이 유도된다. 여기서 진동수는 항상 양수라는 전제를 사용했다. 군속도 벡터는 순수 중량파의 경우처럼 파동의 전파 방향에 수직이다. 또한, 군속도 벡터의 방향은 수평에 대해 다음과 같이 표현되므로,

$$\left|\vec{c}_g^{(z)} / \vec{c}_g^{(x)}\right| = |k/m| = (\omega^2 - f^2)^{1/2}/N \tag{3.26}$$

순수 중량파에 비해 수평 방향에 더 가깝게 정렬된다. 이는 관성 중량파의 수평 파장이 순수 중량파보다 훨씬 크고, 에너지는 더 수평적으로 전파됨을 의미한다.

관측으로부터 관성 중량파의 에너지가 상향 또는 하향으로 전파되는지를 파악하기 위해, 파동의 수평 바람 벡터 $(u', v', 0)$의 고도에 따른 회전 방향을 사용한다. 파동 전파 방향을 여전히 $+x$ 방향으로 잡고 $(k > 0, l = 0)$, 어떤 특정 시각에 수평 바람 성분의 비, 즉 수평 바람이 $+x$ 에 대해 가지는 각도 (ξ) 의 탄젠트 값은

$$\tan(\xi) = v'/u' = f\omega^{-1}\tan(kx + mz - \omega t) \tag{3.27}$$

로 표현된다. 이 탄젠트 값을 고도, z 에 대해 미분하면,

$$\sec^2(\xi)\frac{\partial \xi}{\partial z} = f\omega^{-1}m\sec^2(kx + mz - \omega t) \tag{3.28}$$

이고, 따라서 고도에 따른 각도 변화 $(\partial\xi/\partial z)$의 부호는 $f\omega^{-1}m$ 의 부호와 같다. 이를 군속도의 수직방향 성분과 비교하면, $sign(\partial\xi/\partial z) = -sign(f\vec{c}_g^{(z)})$ 이므로, 상향 전파 군속도의 경우, 북반구에서 $(f > 0)$ 수평바람의 각도가 고도가 증가함에 따라 감소하는 (즉 위에서 보았을 때 바람 방향이 시계 방향으로 회전하는) 회전을 한다. 이를 고도에 따라 **반-저기압 (anti-cyclonic)** 회전한다고 표현하기도 한다. 앞 절의 유성흔 궤적 그림 (3.4b)는 이런 전형적인 고도에 따라 시계방향 회전을 보이므로, 상향 전파하는 관성 중량파의 바람에 실려서 이동하는 모습으로 해석될 수 있다.

3.4 일반적인 대기 파동 기본방정식

제 2장에서 유도한 각종 방정식은 지구 대기가 비압축 유체라는 가정을 사용하였고, 수직 방향의 좌표를 **로그기압 고도**($z \equiv -H\ln(p/p_s)$)에 **정역학 평형**을 전제한 **지준위**

(geopotential) 개념 (2.1 절 참조)을 사용하였다. 이는 중층 대기의 역학을 표현하기에 도입한 편리한 개념과 가정임을 상기해야 한다. 기체에 대한 보다 일반적인 **연속 방정식 (continuity equation), 운동 방정식 (equation of motion), 에너지 방정식 (energy equation)**의 표현은 다음과 같다.

$$\frac{D\rho}{Dt} + \rho \nabla \cdot \vec{v} = 0 \tag{3.29}$$

$$\rho \frac{D\vec{v}}{Dt} = \rho\vec{g} - \vec{\nabla} p + \rho\vec{f} \times \vec{v} \tag{3.30}$$

$$\frac{Dp}{Dt} = c_s^2 \frac{D\rho}{Dt} \tag{3.31}$$

제 2장의 운동방정식과 비교하면 대기의 점성 때문에 생기는 마찰력을 무시하였고, 지준위를 쓰지 않고 **기압 경도력**을 직접 표현하였다. 또한 대기가 **비압축**이라는 가정을 하지 않았다. 에너지 방정식은 다음과 같이 외부의 가열이 없는 경우를 상정하였다(Hines, 1965; Nappo 2013).

$$\begin{aligned} &\frac{D\theta}{Dt} = \frac{D}{Dt}(T(p_s/p)^{\kappa}) = \frac{DT}{Dt} - \kappa \frac{T}{p}\frac{Dp}{Dt} = 0 \\ &\frac{D}{Dt}(\frac{p}{\rho R}) - \kappa \frac{T}{p}\frac{Dp}{Dt} = 0 \\ &\frac{Dp}{Dt} = \frac{p/\rho}{1 - R/c_p}\frac{D\rho}{Dt} = \frac{c_p}{c_v} p/\rho \frac{D\rho}{Dt} = \gamma RT \frac{D\rho}{Dt} = c_s^2 \frac{D\rho}{Dt} \end{aligned} \tag{3.32}$$

여기서, c_s는 음속으로 위의 에너지 방정식이 유도된다. 위 식에서 평균류가 0이라고 가정하고, 일단 코리올리 항을 무시하고 *x-z* 평면만 고려하여 선형화하면

$$\begin{aligned} &\rho_0 u'_t = -p'_x \\ &\rho_0 w'_t = -\rho' g - p'_z \\ &p'_t + u' p_{0x} + w' p_{0z} = c_s^2(\rho'_t + u' \rho_{0x} + w' \rho_{0z}) \\ &\rho'_t + u' \rho_{0x} + w' \rho_{0z} + \rho_0(u'_x + w'_z) = 0 \end{aligned} \tag{3.33a, b, c, d}$$

이 된다. 앞 절과 유사하게 파동식을

$$(u',\ w',\ \rho', p') = Re\left[\,(\hat{u},\ \hat{w}, \rho_0\hat{R}, p_0\hat{P})\exp\left(i(kx+Mz-\omega t)\right)\right] \tag{3.34}$$

을 대입하여 정리하면,

$$\begin{aligned}
&-\rho_0\hat{u}i\omega = -ikp_0\hat{P} \qquad\qquad \rightarrow\ i\omega\,\hat{u} - ikc_s^2/\gamma\hat{P} = 0\\
&-\rho_0 i\omega\,\hat{w} = -g\rho_0\hat{R} - iMp_0\hat{P} - p_{0z}\hat{P} \rightarrow\ i\omega\,\hat{w} - g\hat{R} - (iMc_s^2/\gamma - g)\,\hat{P} = 0\\
&-i\omega p_0\hat{P} + \hat{w}\,(-\rho_0 g) = c_s^2(-\rho_0\hat{R}i\omega - \hat{w}\,g\gamma/c_s^2\rho_0)\\
&\qquad\qquad\qquad\qquad\qquad \rightarrow\ i\omega\,c_s^2/\gamma\hat{P} - i\omega\,c_s^2\hat{R} + (1-\gamma)g\,\hat{w}\\
&-\rho_0\hat{R}i\omega - \hat{w}\,g\gamma/c_s^2\rho_0 + \rho_0(ik\hat{u} + iM\hat{w}) = 0\\
&\qquad\qquad\qquad\qquad\qquad \rightarrow ik\ \hat{u} - i\omega\hat{R} + (iM - g\gamma/c_s^2)\,\hat{w}
\end{aligned}$$

(3.35a, b, c, d)

이 된다. 위 식은 행렬식 $\overleftrightarrow{A}\ \cdot\ (\hat{u},\ \hat{w}, \hat{R}, \hat{P})^t = 0$ 형태이므로 해를 가지려면, 행렬 A의 디터미넌트가 0이 되어야 한다. 이 조건을 풀어쓰면,

$$\omega^4 - \omega^2 c_s^2 k^2 - (ig\gamma\,M + c_s^2 M^2)\omega^2 + (\gamma - 1)g^2k^2 = 0 \tag{3.36}$$

로 표현된다. 여기서 M이 실수이면 위식으로부터 실수인 진동수 ω를 구할 수 없다. 따라서 M이 복소수로 $M = m - i\gamma g/2c_s^2$ 이면 허수 항이 없어지고 따라서 실수인 진동수를 구할 수 있게 된다. 그런데, $\gamma g/c_s^2 = g/RT = 1/H$ 이므로, 이 절에서 정의한 파동식이 앞 절에서 정의한 파동식과 같이 $e^{z/2H}$ 을 계수로 뽑아낸 것과 동일하게 된다. 만약에 M 이 순수 허수라면 $(m=0)$, 수직으로 전파되지 않는 표면파(surface wave)로 수면 위의 물결파를 나타낸다. 이와 대비되어 대기 속으로 수직으로 전파되는 파동은 **내부파(internal waves)**라 부르기도 한다. 이런 내부파는 수직으로 전파될수록 진폭이 $e^{z/2H}$ 로 증가하는데, 이는 대기의 밀도에 $1/\rho_0^{1/2}$ 로 증가함을 상기하자.

위 식은 진동수와 파수를 연관시키는 분산 관계식으로 다음과 같이

$$(\omega^2 - \omega_a^2)\omega^2/c_s^2 - (k^2 + m^2)\omega^2 + \omega_g^2 k^2 = 0 \tag{3.37}$$

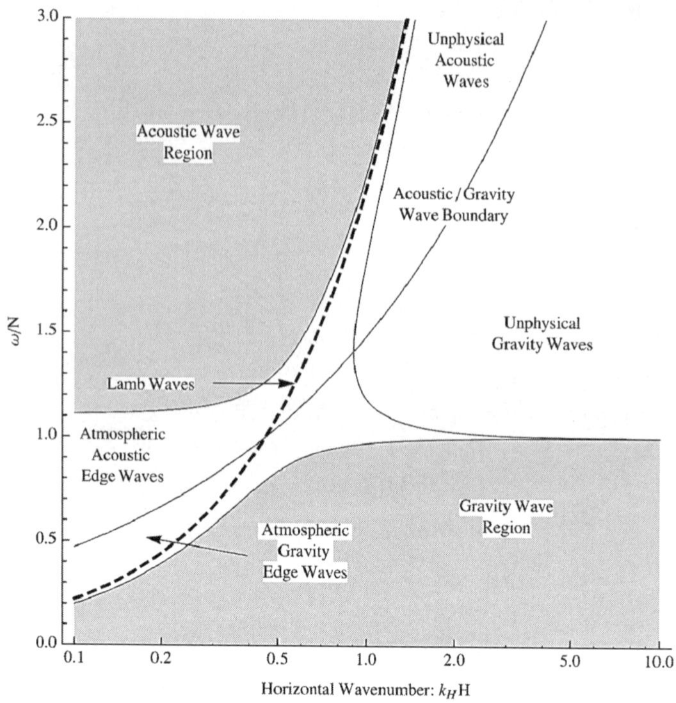

그림 3.5 대기 파동의 진동수-파수의 관계 (Dukowicz, 2013).

고쳐 쓸 수 있다. 여기서, $\omega_a \equiv \gamma g/2c_s$, $\omega_g \equiv (\gamma-1)^{1/2}g/c_s = N$ 로 정의된 진동수로서, 고주파 영역에서는 ($\omega > \omega_a$ 주기가 ~4분 이내) **음파(acoustic waves)**를 나타내고 분산 관계식은

$$\omega^2 \approx c_s^2\,(k^2+m^2) \tag{3.38}$$

로 근사된다. 반대로, 저주파 영역에서 ($\omega < N$ 주기가 ~5분 이상) 중량파를 나타내며 분산 관계식은

$$\omega^2 m^2 \approx (N^2-\omega^2)\,k^2 \approx N^2 k^2 \tag{3.39}$$

로 근사된다. 원래의 분산관계식을 도식적으로 나타내면 그림 3.5와 같다. 이 그림에서 횡축은 수평방향 **파수**에 높이척도를 곱한 값으로서 1 보다 크면 수평 파장이 $2\pi H$ 보다 작음을

뜻한다. 중량파의 경우 수평 파장이 작을수록 또는 수직 파장이 길수록 **부력 진동수**에 가까워진다. 음파의 경우 수평 파장과 수직 파장 모두 각각 길수록 저주파의 속성을 가진다.

위에서 코리올리 힘을 포함하여 선형화 식을 다시 쓰면,

$$
\begin{aligned}
&\rho_0 u'_t = -p'_x + \rho_0 f v' \\
&\rho_0 v'_t = -p'_y - \rho_0 f u' \\
&\rho_0 w'_t = -\rho' g - p'_z \\
&p'_t + u' p_{0x} + v' p_{0y} + w' p_{0z} = c_s^2 (\rho'_t + u' \rho_{0x} + v' \rho_{0y} + w' \rho_{0z}) \\
&\rho'_t + u' \rho_{0x} + v' \rho_{0y} + w' \rho_{0z} + \rho_0 (u'_x + v'_y + w'_z) = 0
\end{aligned}
\qquad \text{(3.40a, b, c, d, e)}
$$

여기에, 파동식, $(u', v', w', \rho', p') = e^{z/2H} Re[(\hat{u}, \hat{v}, \hat{w}, \rho_0 \hat{R}, p_0 \hat{P}) \exp(i(kx + ly + mz - \omega t))]$ 를 대입해서 5원 행렬식을 $\overleftrightarrow{A} \cdot (\hat{u}, \hat{v}\ \hat{w}, \hat{R}, \hat{P})^t = 0$ 로 만들어, 행렬 A 의 디터미넌트를 0으로 하는 조건을 풀면,

$$(\omega^2 - f^2)(\omega^2 - m^2 c_s^2 - \omega_a^2) - (k^2 + l^2)(\omega^2 - \omega_g^2) c_s^2 = 0 \qquad (3.41)$$

로 표현된다. 이 식은 저주파 영역 $(\omega \ll \omega_g)$ 에서 앞 절의 관성 중량파의 분산 관계식과 일치한다. (참고: $\omega_a = \gamma g / 2c_s = c_s / 2H$, $\omega_g^2 = (\gamma - 1)(g / c_s)^2 = N^2$)

3.5 평균류 상의 중량파

앞 절에서의 대기 기본 방정식의 에너지 방정식은 압력의 변화가 밀도의 변화를 초래함을 의미한다. 이 때문에 음파를 포함한 일반적인 대기 파동을 기술할 수 있었지만, 중량파를 다루는 관점에서는 수식이 복잡해졌다. 음파 이외의 대규모 파동에서는 국지적 압력의 변화에 밀도가 변하지 않는다고 가정할 수 있다. 즉 대기가 비압축성이라 가정할 수 있어 $(D\rho / Dt = 0)$ 이를 적용하면 연속방정식에서 $\nabla \cdot \vec{v} = 0$ 이 성립한다. 이런 가정을 **부시네스크 근사 (Boussinesq Approximation)**라 한다. **비압축성**이라면 고체와 같은 특성을 가진다는 뜻이므로, 어떤 섭동이 즉각 전달되므로, $c_s \to \infty$ 로 볼 수 있다. 이를 이용하면,

$$\frac{1}{\theta}\frac{d\theta}{dz} = \frac{1}{T}\frac{dT}{dz} - \frac{R}{pc_p}\frac{dp}{dz} = \frac{1}{\rho}[(\frac{\rho}{p}\frac{c_v}{c_p}\frac{dp}{dz} - \frac{d\rho}{dz})] = \frac{1}{\rho}[(\frac{1}{c_s^2}\frac{dp}{dz} - \frac{d\rho}{dz})] \cong \frac{1}{\rho}\frac{d\rho}{dz} \quad (3.42)$$

이 성립한다. 즉 온위의 변화율은 간단히 밀도의 변화율로 간주할 수 있다. 부시네스크 근사를 적용하여 **운동방정식, 연속방정식, 에너지방정식**을 다시 쓰면,

$$\rho\frac{D\vec{v}}{Dt} = \rho\vec{g} - \overrightarrow{\nabla}p + \rho\vec{f}\times\vec{v} \quad (3.43)$$

$$\nabla \cdot \vec{v} = 0 \quad (3.44)$$

$$\frac{D\rho}{Dt} = 0 \quad (3.45)$$

로 변형된다.

위 식에 동서 평균류(u_0)가 있는 경우, 코리올리 힘을 무시하고 (x, z) 평면상 중량파에 대한 방정식을 기술하면,

$$\begin{aligned} &\rho_0(u'_t + u_0 u'_x + w' u_{0z}) = -p'_x \\ &\rho_0(w'_t + u_0 w'_x) = -\rho' g - p'_z \\ &u'_x + w'_z = 0 \\ &\rho'_t + u_0\rho'_x + w'\rho_{0z} = 0 \end{aligned} \quad (3.46a,\ b,\ c,\ d)$$

로 쓸 수 있다. 여기에 $(u', w', \rho', p') = e^{z/2H}Re[(\hat{u}, \hat{w}, \hat{\rho}, \hat{p})\exp(i(kx - \omega t))]$ 을 대입해서 정리하면,

$$\frac{d^2\hat{w}}{dz^2} + [\frac{k^2N^2}{\Omega^2} + \frac{k}{\Omega}\frac{d^2u_0}{dz^2} - k^2 - \frac{k}{\Omega}\frac{1}{H}\frac{du_0}{dz} - \frac{1}{4H^2}]\hat{w} = 0 \quad (3.47)$$

이 된다. 여기서, $\Omega \equiv \omega - u_0 k$ 로 정의된 고유 진동수 개념을 사용하였다. 즉 평균류 u_0 상에서 보는 진동수는 지표 기준 진동수 ω 로부터 도플러 효과로 증가 또는 감소한다. 예를

들어 +x 방향으로 진행하는 파동($k > 0$)이 같은 방향 ($u_0 > 0$) 으로 흐르는 평균류 상에서는 진동수가 감소한다. 이식을 $\Omega \equiv ck - u_0 k$ 를 적용하여 다시 쓰면, **Taylor-Goldstein 방정식**이 된다.

$$\frac{d^2\hat{w}}{dz^2} + [\frac{N^2}{(c-u_0)^2} + \frac{1}{(c-u_0)}\frac{d^2u_0}{dz^2} - \frac{1}{(c-u_0)}\frac{1}{H}\frac{du_0}{dz} - \frac{1}{4H^2} - k^2]\hat{w} = 0 \qquad (3.48)$$

이 식의 해는 $\hat{w} = Ae^{imz} + Be^{-imz}$ 형태로, 예상했듯이 파동의 수직 성분을 의미한다. 만약 m이 허수이면 수직으로 파동이 전파되지 못하는 **감쇄파(evanescent waves)** 또는 수면 위의 물결처럼 **표면파(surface waves)**가 된다. 이를 **내부 중량파 (internal gravity waves)**의 반대인, **외부파(external waves)**라 부르기도 한다.

위 식에서 평균 바람의 시어가 없다면 ($du_0/dz = 0,\ d^2u_0/dz^2 = 0$) 중량파의 **분산 관계식**은

$$\omega_I^2 = \frac{N^2k^2}{m^2 + k^2 + 1/4H^2} \qquad (3.49)$$

로 표현된다. 여기서 $\omega_I = \Omega$ 는 고유 진동수로 평균류 상에서 가지는 파동의 진동수이다. 이 식은 앞 절에서 유도한 순수 중량파의 **분산 관계식**의 분모 항에 k^2이 추가되는 차이를 가진다. 이런 차이는 3.4 절에서 기술한 방정식은 파동에 의한 기압과 밀도의 섭동량에 정역학 평형을 가정하지 않았기 때문이다. 또한 여기서는 기하학적 고도, z를 사용한 반면, 3.4 절 전에 있는 방정식은 **로그기압 고도**를 사용하였음을 유의해야 한다. 따라서 실제 관측에 적용할 때는 파동 섭동에 정역학 평형을 가정하지 않고, 또한 기하학적 고도를 사용한 이 **분산 관계식**(3.49)이 더 적절하다. 이 식에서 수직 파장이 높이 척도(H) 보다 작으므로, $1/4H^2$ 은 무시할 수 있어서, 고유 진동수는 **부력 진동수**에 파동 벡터가 수평에 이루는 각 β의 코사인 값을 곱한 것으로 근사된다.

$$\omega_I \cong \frac{Nk}{(k^2 + m^2)^{1/2}} = N\cos\beta \qquad (3.50)$$

여기서 파동이 진행하는 방향을 +x 로 잡고, 파동의 진동수는 항상 양수라는 관습에 따라 양의 해만 취했다. 이때 파동은 m의 부호에 따라 상향 또는 하향 전파됨을 상기하자. 이식은 **전체 파장에 대한 수평 파장의 비율로** 파동의 진동수가 부력 진동수에 곱해져서 작아짐을 알 수 있다. 실제 관측에서 수직 파장을 구하기 어려우므로, 대신 파동의 진동수를 측정해서 이 식을 이용하여 수직 파장을 구한다.

위 **분산 관계식**을 이용하여 파동의 군속도를 구하면,

$$\overrightarrow{c_g} = (u_g, w_g) = (\frac{\partial\omega}{\partial k}, \frac{\partial\omega}{\partial m}) = \frac{Nm}{(k^2+m^2)^{3/2}}(m, -k) \tag{3.51}$$

로 표현된다. 위상 속도 벡터와 군속도 벡터는 수직이므로, 위상이 하향 ($m < 0$), +x 방향 ($k > 0$) 으로 전파되는 중량파의 군속도는 상향으로 에너지를 전달한다.

지표 기준으로 중량파의 위상이 +x 방향으로 위상 속도 c로 전파되면, 이에 따른 파동의 고유 진동수와 파동 벡터는 다음과 같이 표현된다.

1) 위상이 하향 전파인 경우 ($m < 0, c > u_0$)

$$\begin{aligned} &\omega = u_0 k - [\frac{N^2k^2}{m^2+k^2}]^{1/2},\ k > 0 \\ &c = u_0 + \frac{N}{k}\cos\beta,\ c_z = -u_0\frac{k}{|m|} - \frac{N}{|m|}\cos\beta \\ &u_g = u_0 + \frac{m^2}{N^2}(c-u_0)^3,\ w_g = \frac{k|m|}{N}(c-u_0)^3 \end{aligned} \tag{3.52}$$

2) 위상이 상향 전파인 경우 ($m > 0,\ c > u_0$)

$$\begin{aligned} &\omega = u_0 k + [\frac{N^2k^2}{m^2+k^2}]^{1/2},\ k > 0 \\ &c = u_0 + \frac{N}{k}\cos\beta,\ c_z = u_0\frac{k}{m} + \frac{N}{m}\cos\beta \\ &u_g = u_0 + \frac{m^2}{N^2}(c-u_0)^3,\ w_g = -\frac{km}{N}(c-u_0)^3 \end{aligned} \tag{3.53}$$

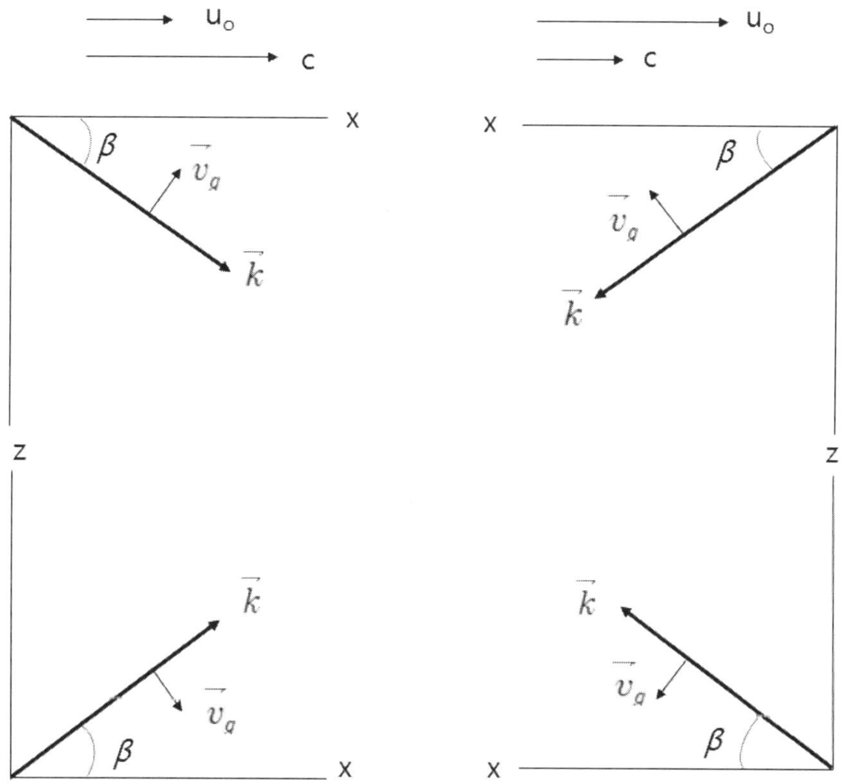

그림 3.6 평균류 상에서 대기 파동의 전파 방향, 위상 속도, 군속도 벡터의 관계.

여기서, 지표 기준으로 $+x$ 방향으로 전파되는 파동일지라도, 전파 속도가 평균 바람보다 느릴 경우, 고유 수평 **파수**, k가 음수가 됨을 상기하자. 즉 평균류 상에서는 $-x$ 방향으로 전파한다. 그림 3.6은 평균류 상에서의 파동 벡터와 군속도의 방향을 4 가지 경우에 대해 보여준다.

만약 파동의 위상 전파 속도가 평균류의 속도와 같아지면 ($c = u_0$), 식 (3.48)의 둘째 항 계수가 무한대로 발산하여 수직 방향으로 전파될 수 없음을 알 수 있다. 저층 대기에서 발생한 중량파가 수직으로 전파되면서 수평 속도와 같은 평균류를 만나면, 더 이상 전파되지 못하고 반사되거나 흡수되어 평균류에 운동량을 전달한다. 이렇게 저층대기로부터 오는 중량파가 중층 대기의 평균류를 변화시킬 수 있기 때문에, 중량파는 중층 대기 역학에 매우 중요하다. 그림 3.7은 이런 상황을 도식적으로 나타내고 있다. 그림 3.8은 세종기지 전천카메라로 관측한 OH 대기광층(~87km)에서의 단주기 (<1시간) 대기 중량파들이 중층평균류 방향 및 세기에 의존하는 것을 보여준다.

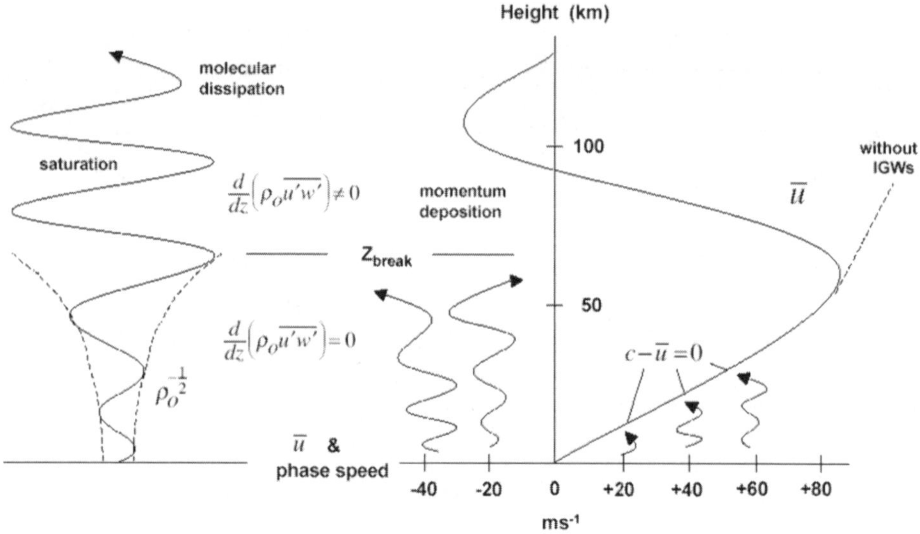

그림 3.7 중량파가 중층 대기의 평균류에 막혀 올라가지 못하는 경우와 자유롭게 올라가서 운동량을 전달하는 도식.

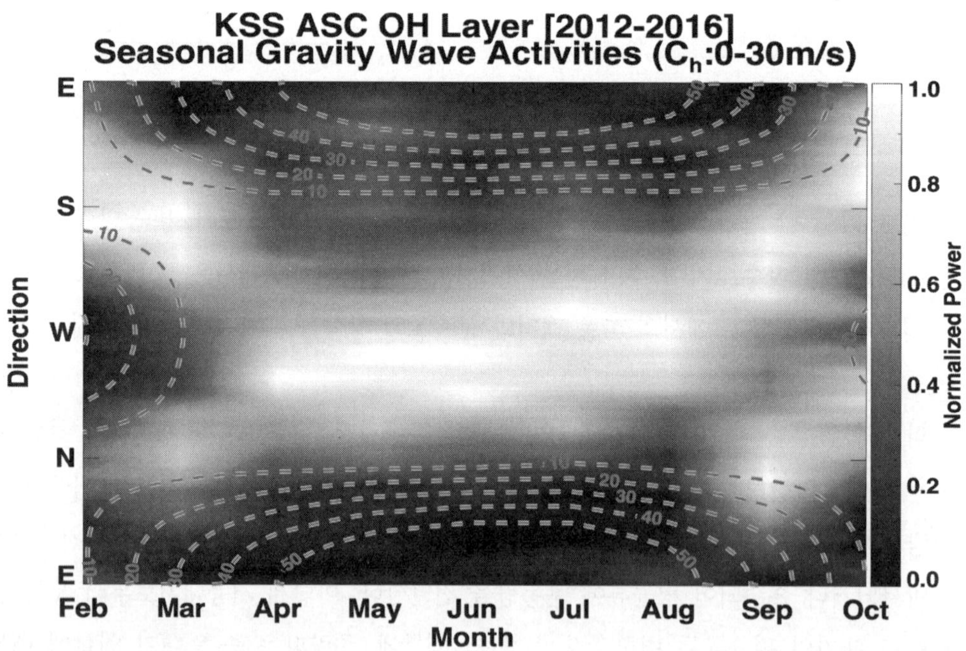

그림 3.8 남극 세종기지 전천카메라로 관측한 OH 대기광층 (~87km) 에서의 중량파의 전파 방향에 따른 활동성 (흑백-등고선). 중층 대기 평균류 (파선-등고선) 에 막히지 않는 방향으로 전파된 중량파들이 중간권 상부에 강하게 나타남 (Kam et al., 2021).

4.

조석파와 행성파

4.1 구형 대기에서의 파동들

지구처럼 자전하는 구형 행성의 대기에 작은 섭동이 주어지면, 여러 종류의 파동이 발생한다. 이런 맥락에서 19세기의 Laplace는 바다의 조석현상을 전지구적으로 분석하는 연구를 시작하였다. 이 연구로부터 대기의 **조석파(tidal waves)** 이론과 **전지구 정규 모드 (global normal modes)**라는 개념이 도출되었다.

동서 평균류에 선형 섭동을 분석하는 2.5 절에서 동서 평균류가 0으로 전제하면 ($\overline{u}$ = 0, 지표에 평균적으로 정지되어 있는 대기), 남북 방향의 평균 온위 경사, $\overline{\theta}_\phi$는 0이 되어야 한다. 다시 말하면 남북 방향의 온도 차이에 의해 항상 동서 방향 온도풍이 결정되므로, 평균적으로 동서류가 0이면 역으로 남북 방향 온도 차이가 없다는 가정이다. 이 가정을 적용하여 2.5 절의 선형 섭동 방정식을 써보면,

$$\begin{aligned} &u'_t - fv' + (a\cos\phi)^{-1}\Phi'_\lambda = X' \\ &v'_t + fu' + a^{-1}\Phi'_\psi = Y' \\ &(a\cos\phi)^{-1}[u'_\lambda + (v'\cos\phi)_\phi] + \rho_0^{-1}(\rho_0 w')_z = 0 \\ &\Phi'_{zt} + N^2 w' = \kappa J'/H \end{aligned} \qquad (4.1a,\ b,\ c,\ d)$$

여기서 식 (4.1d)는 식 (2.57)과 (2.59)를 결합하기 위해서 1장과 2장에서 나온 다음 관계식으로부터 구했다.

$$\begin{aligned} &Q' = (J'/c_p)e^{\kappa z/H} = (\kappa J'/R)e^{\kappa z/H} \\ &N^2 = H^{-1}R\overline{\theta}_z e^{-\kappa z/H} \\ &\theta' = HR^{-1}\Phi'_z e^{\kappa z/H} \end{aligned}$$

외부에서 비보존 힘이 가해지지 않고 또한 외부 가열이 없는 경우, 즉 $X' = Y' = J' = 0$인 경우, 위 방정식은 (u', v', w', Φ')에 대해 다음과 같이 보통의 대기 파동 해를 가진다.

$$\begin{aligned} (u', v', \Phi') &= e^{z/2H}U(z)[\tilde{u}(\lambda,\phi,t), \tilde{v}(\lambda,\phi,t), \tilde{\Phi}(\lambda,\phi,t)] \\ w' &= e^{z/2H}W(z)\tilde{w}(\lambda,\phi,t) \end{aligned} \qquad (4.2a,\ b)$$

이 파동 해 형태를 대입하여 정리하면,

$$\tilde{u}_t - f\tilde{v} + (a\cos\phi)^{-1}\tilde{\Phi}_\lambda = 0 \qquad (4.3a,\ b,\ c,\ d)$$
$$\tilde{v}_t + f\tilde{u} + a^{-1}\tilde{\Phi}_\phi = 0$$
$$U_z(a\cos\phi)^{-1}[\tilde{u}_\lambda + (\tilde{v}\cos\phi)_\phi] + (W_z - \frac{W}{2H})\tilde{w} = 0$$
$$(U_z + \frac{U}{2H})\tilde{\Phi}_t + N^2 W\tilde{w} = 0$$

이 된다. 여기서 식 (4.3c)를 주목해보면,

$$(a\cos\phi)^{-1}[\tilde{u}_\lambda + (\tilde{v}\cos\phi)_\phi]/\tilde{w} = -(W_z - W/2H)/U = const \equiv -1 \qquad (4.4)$$

우변은 수직 변수, 좌변은 수평 및 시간 변수로 분리가 되므로, 이 식이 성립하려면 상수이어야 한다. 이 상수를 간단하게 -1 로 놓으면, $U = W_z - W/2H$ 관계를 얻을 수 있다. 또한 식 (4.3d)도 변수 분리가 되므로

$$\tilde{\Phi}_t/\tilde{w} = -\frac{N^2 W}{(U_z + \frac{U}{2H})} = constant \qquad (4.5)$$
$$= -\frac{N^2 W}{(W_{zz} - \frac{W_z}{2H} + \frac{W_z}{2H} - \frac{W}{4H^2})} = -\frac{N^2 W}{(W_{zz} - \frac{W}{4H^2})} \equiv gh$$

로 표현될 수 있다. 이를 적용하면 식 (4.3c)와 (4.3d)는 다음과 같이 하나의 식으로 축약된다.

$$(a\cos\phi)^{-1}[\tilde{u}_\lambda + (\tilde{v}\cos\phi)_\phi] + (gh)^{-1}\tilde{\Phi}_t = 0 \qquad (4.6)$$

이를 통해 원래 네 개의 식에서 축약된 (u', v', Φ')에 대한 세 식을 Laplace는 더 축약하여 유명한 **라플라스 조석 방정식 (Laplace tidal equation)**을 구하였다. 이 식들은 구형 지구 위의 얇은 유체에 생길 수 있는 섭동을 표현한다. 여기서 h는 유체의 평균 두께이고 $\tilde{\Phi}/g$는 평균 두께에서 벗어난 섭동 두께로 볼 수 있다. 변수 분리 상수, h를 **등가 깊이 (equivalent depth)**라 부르기도 한다. 이 식들은 지구 대기의 **전지구 정규 모드**를 분석하는데도 사용된다.

수직 방향 바람, w' 에 대한 파동 진폭 변수, W는 간단한 z에 대한 2계 미분방정식으로 다음과 같이 정리된다.

$$\frac{d^2 W}{dz^2} + (\frac{N^2}{gh} - \frac{1}{4H^2}) W = 0 \tag{4.7}$$

이를 수직 구조 방정식이라 부르며, 해는 두 번째 항의 계수가 양수이면 수직 방향으로 진동하는 구조이고, 음수이면 수직 방향으로 감쇄하는 구조가 된다. 즉

$$\frac{N^2}{gh} - \frac{1}{4H^2} > 0, \qquad 0 < h < 4N^2 H^2 / g \tag{4.8}$$

일 때 수직 파장, $\lambda_z = 2\pi(N^2/gh - 1/4H^2)^{-1/2}$ 이 실수가 된다. 따라서 h 값에 따라 수직 파장이 달라지는데, 대략 8 km 이하일 때 수직 파장이 존재한다.

이 수직 구조 방정식의 하단 경계 조건은 2.1 절의 로그기압 좌표계의 원형 방정식의 경계조건으로부터 구할 수 있다. 지표가 평평하다면 ($z^* = 0$),

$$\frac{Dz^*}{Dt} = 0, \frac{D\int_0^{z^*} g dz^*}{Dt} = \frac{D\Phi}{Dt} = 0 \tag{4.9}$$

을 만족하고, 이에 대한 선형 섭동식은

$$\frac{D\Phi}{Dt} = (\frac{\partial}{\partial t} + \frac{\overline{u} + u'}{a\cos\phi}\frac{\partial}{\partial\lambda} + \frac{\overline{v} + v'}{a}\frac{\partial}{\partial\phi} + (\overline{w} + w')\frac{\partial}{\partial z})(\overline{\Phi} + \Phi') = \Phi'_t + w'\overline{\Phi}_z = 0 \tag{4.10}$$

로 표현된다. 여기서 지표가 평평하므로 $\overline{\Phi}_\lambda = \overline{\Phi}_\phi = \overline{w} = 0$ 을 가정했다. 온위와 지준위와의 관계를 사용하면, $\Phi'_t + R\overline{T}(0)w'/H = 0$ 로 표현되고, 여기에 $U \equiv W_z - W/2H$ 와 $\tilde{\Phi}_t / \tilde{w} \equiv gh$ 를 적용하면,

$$\frac{dW}{dz}+(\frac{R\overline{T}(0)}{gh}-\frac{1}{2})\frac{W}{H}=0 \tag{4.11}$$

의 하단 경계조건이 구해진다. 이 경계조건을 적용하여 수직 등온의 경우, *H/h* 에 관한 2차 방정식을 만들 수 있고, 이를 다음과 같이 풀면, *H/h* 는 대략 5/7이 됨을 알 수 있다.

$$\begin{aligned}
&W\propto e^{i\alpha z},\ \ i\alpha\, e^{i\alpha z}+(RT(0)/gh-1/2)/H\ e^{i\alpha z}=0,\\
&i\alpha = -(H/h-1/2)/H\ ,\\
&(i\alpha)^2 = -(N^2/gh-1/4H^2),\qquad N^2=\frac{R}{H}(\frac{\partial T}{\partial z}+\frac{\kappa T}{H})\approx\frac{\kappa RT}{H^2}\approx\frac{g\kappa}{H}\\
&((\frac{H}{h})^2-\frac{H}{h}+\frac{1}{4})=-(\frac{\kappa H}{h}-\frac{1}{4})\ \Rightarrow\ \therefore\ \frac{H}{h}=(1-\kappa),\ \kappa=2/7
\end{aligned}$$

H가 7.5 km 이면 h는 약 10.5 km인데, 이는 앞에서 언급한 수직파동의 조건 $(0<h<4N^2H^2/g\approx 4\kappa H=8/7\,H)$ 을 넘어서는 값으로 수직파장이 정의되지 않는다. 따라서 등온 대기에서 경계조건을 만족하는 해는

$$\begin{aligned}
&W\propto e^{i\alpha z}=e^{-(\frac{H}{h}-\frac{1}{2})z/H}=e^{(\kappa-\frac{1}{2})z/H}=e^{-\frac{3}{14}z/H}\\
&U=\frac{dW}{dz}-\frac{W}{2H}=(\kappa-1)/H\ W\propto e^{(\kappa-\frac{1}{2})z/H}
\end{aligned} \tag{4.12a, b}$$

으로 표현되어, *W*, *U* 가 지수적으로 감소함을 알 수 있다. 그러나 섭동의 진폭(식 4.2)은 지수적으로 증가한다.

$$(u',v')\propto e^{z/2H}U(z)=e^{z/2H}e^{(\kappa-\frac{1}{2})z/H}\propto e^{\kappa z/H} \tag{4.13}$$

하지만, 파동의 에너지는 다음처럼 지수적으로 감소한다.

$$\rho_0(u')^2=e^{-z/H}e^{2\kappa z/H}=e^{-(1-2\kappa)/H} \tag{4.14}$$

즉, 등온대기에서 섭동이 발생해도 에너지는 파동으로 수직으로 전파되지 않고 한정된 고도에 머문다. 이러한 파동을 **전단파(edge waves**, 또는 **Lamb waves)**라 한다. 등온이 아닌 일반적인 경우에는 성층권이나 중간권에서 발생한 파동은 수직으로 전파가 가능하다.

4.2 Laplace 조석 방정식

앞 절에서 소개된 $(\tilde{u}, \tilde{v}, \tilde{\Phi})$에 대한 세 방정식을 다음과 같이 경도 방향으로 전파되는 파동형태를 가정하면 Laplace 조석 방정식 한 개로 축약된다.

$$[\tilde{u}, \tilde{v}, \tilde{\Phi}] = Re\{[\hat{u}(\phi), \hat{v}(\phi), \hat{\Phi}(\phi)] \bullet \exp(i(s\lambda - 2\Omega\sigma t))\} \tag{4.15}$$

여기서 경도방향으로 최댓값이 개수를 뜻하는, s (zonal wavenumber, 양의 정수)와 주기를 지정하는 σ (주기 = $2\pi/(2\Omega\sigma) = (2\sigma)^{-1}$ 일) 모두 실수이다. 이 파동은 동쪽 ($\sigma > 0$) 또는 서쪽 ($\sigma < 0$) 방향으로 진행될 수도 혹은 정지($\sigma = 0$)될 수도 있다. 이를 식 (4.3a)와 (4.3b)에 대입하여 먼저 $\hat{u}, \hat{v}$ 에 대해 풀고, 이를 식(4.6)에 대입하여 $\hat{\Phi}$ 로 표현하면, 다음과 같이 축약된다. (부록 참조)

$$\mathcal{L}\hat{\Phi} + \epsilon\hat{\Phi} = 0$$

$$\mathcal{L} = \frac{d}{d\mu}\left[\frac{(1-\mu^2)}{(\sigma^2-\mu^2)}\frac{d}{d\mu}\right] - \frac{1}{\sigma^2-\mu^2}\left[\frac{-s(\sigma^2+\mu^2)}{\sigma(\sigma^2-\mu^2)} + \frac{s^2}{1-\mu^2}\right] \tag{4.16}$$

여기서 $\epsilon \equiv 4\Omega^2 a^2/gh$ 로 정의되는 **Lamb 파라미터**이며, 위도는 $\mu = \sin\phi$ 로 변수 변환하였다. 경계조건으로 양 극에서 ($\phi = \pm 90^\circ$, $\mu = \pm 1$) 상수 값을 가진다. 이 미분방정식의 해를 **Hough 함수**, Θ_n 의 급수로 표현할 수 있음이 알려져 있다. 각 Hough 함수의 정수 n 별로, **고유값(eigenvalue)**, $\epsilon_n \equiv 4\Omega^2 a^2/gh_n$ 를 가진다.

그림 4.1은 $s = 1$ 에 대해 **고유값**, $\epsilon_n \equiv 4\Omega^2 a^2/gh_n$ 을 **정규 진동수 (normalized frequency)**, σ/Ω의 함수로 나타내고 있다 (그림의 σ 정의는 앞에서 정의한 σ에 2배한 것임을 유의할 것). 왼쪽의 $\sigma/\Omega < 0$ 에 대한 그림은 서쪽으로 진행하는 파동이다 (오른쪽 그림은 동쪽으로 진행). 각 그림에서 곡선들을 두 그룹 (class I, II) 으로 나눌 수 있는데, 제 1 그룹은 **중력파 모드 (gravity mode)**로, 제 2 그룹은 **행성파 모드 (planetary mode or Rossby mode)**로 불린다. 이런 분류는 파동의 수평 속도 성분 (u, v)이 **와도(vorticity)**를 가지는지 여부에 따른 것으로, 와도가 있으면 행성파 모드, 그렇지 않으면 중력파 모드이다.

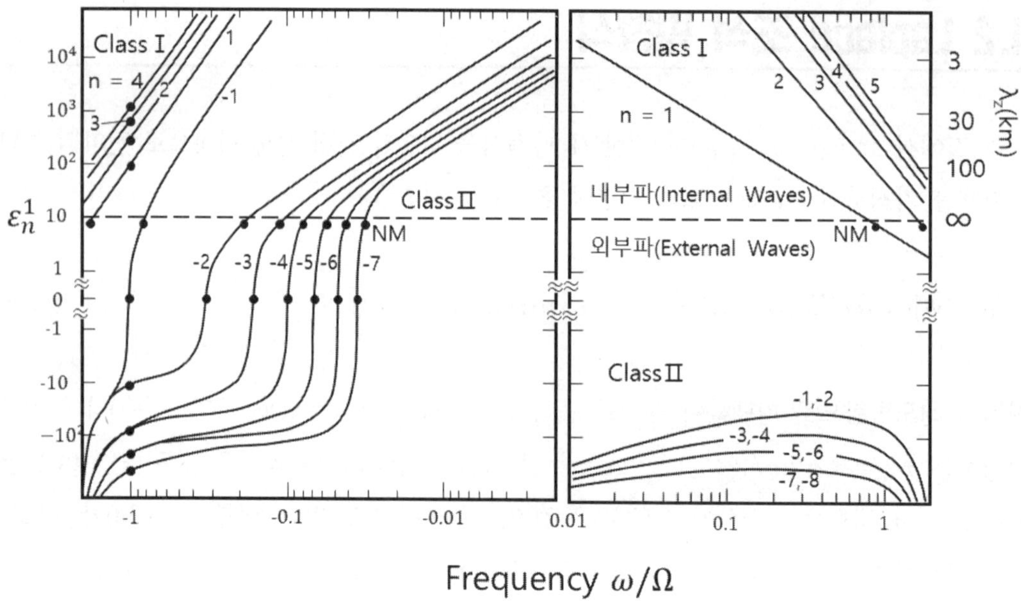

그림 4.1 라프라스 방정식의 고유해 (eigen solutions)에 대한 고유값(eigenvalues)과 정규 진동수 (normalized frequency)의 관계 (wikiwand.com/en/Atmospheric_tides) (c.f. Volland, 1988)

그러나 왼쪽 그림에서 두 그룹 중간에 있는 n = -1 경우는 혼합 모드로 여긴다. 쇄선으로 표시한 수평선은 수직파장이 무한대가 되는 경계로서 그 위쪽은 파동이 수직방향으로 전파(propagate)될 수 있으나, 그 아래는 전파될 수 없다. 수직으로 전파되지 않는 파동을 수직방향으로 **'갇혀있다' (trapped)** 거나, 또는 수직 방향으로 **'감쇄된다' (evanescent)** 라고 표현하기도 한다. 수직 전파하는 파동을 **내부파(internal waves)**, 수직 전파가 안 되는 파동을 **외부파(external waves)** 라 하기도 한다. 동쪽으로 진행하는 파동 중에서 n = 1 곡선은 저위도 지역에서 잘 보이는 **Kelvin 파**라 부른다. **Kelvin 파**의 경우는 저위도 지역이므로 전지구 좌표계를 사용한 **Laplace 방정식**보다, 코리올리 힘을 무시하고 **베타-면 근사**로 분석하는 것이 더 정확하다. 양쪽 그림 모두에서 중량파 모드는 항상 양의 ϵ_n 값을 가지는데 반해, 행성파 모드는 서쪽으로 진행하는 경우만 양의 ϵ_n 값을 가질 수 있다. **따라서 동쪽으로 진행하는 모든 행성파는 음의 ϵ_n 값을 가지므로, 수직으로 전파될 수 없음을 알 수 있다.** 또한 여기서 언급되는 중량파는 구면좌표계를 상정한 대규모 파동이므로, 전 장에서 기술된 **관성 중량파 (inertio-gravity waves)**에 해당한다.

그림 4.1에서 곡선에 지정된 n 값은 **Hough 함수**의 남북 방향 노드의 수와 남북 반구의 **대칭 (symmetry)** 또는 **비대칭 (asymmetry)**을 함의한다. 따라서 그림 4.1에서 하나의 곡선은

(s, n) 으로 지시될 수 있으며, 여기에 주기 정보가 주어지면 특정 파동을 지칭할 수 있다. 예를 들어 (1, -2) 모드는 음의 ϵ_n 값을 가지므로 **갇힌 1일 조석파 (trapped diurnal tide)**, (1, 1) 모드는 **전파하는 1일 조석파 (propagating diurnal tide)**로 불릴 수 있다. 또한 (1, -2) 모드는 **자유 모드 (free mode)** 또는 **정규 모드 (normal mode**, 그림에서 NM)로서 5일 주기 파동을 가질 수 있다. 일반적으로 지표나 대기 중에서 임의의 주기로 섭동이 강제되면, 이 주기의 섭동이 파동으로 수직 방향으로 전파 또는 감쇄되어 나간다. 반면, 섭동이 강제되지 않고 자연적으로 진동할 수 있는 주기가 존재할 수 있는데, 이를 자유모드의 주기 또는 **고유 진동수 (intrinsic frequency)**라 한다. 고유 주파수는 어떤 물체가 공명할 수 있는 주파수로서, 특히 음악 연주 악기에 이를 잘 활용하고 있다. 이와 마찬가지로 구형의 지구 대기가 공명하는 주기(또는 진동수)가 존재하는데, 이는 앞 절에서 기술된 수직 구조 방정식에 경계 조건을 만족하는 h 값을 $\epsilon_n \equiv 4\Omega^2 a^2/gh$에 대입하여 구할 수 있다. 예를 들어 T= 256 K 의 등온대기는 h = 10.5 km 이므로, ϵ_n은 8.4가 되고, 이에 해당하는 곡선 위치를 그림 4.1에서 검은 점(NM)으로 표시하였다.

4.3 대기 열적 조석파 (Atmospheric Thermal Tides)

앞 절의 **Laplace 조석 방정식**은 바다의 밀물과 썰물이 주기적으로 변화하는 것, 조수간만을 이해하기 위해 시작되었다. 바다의 조수간만은 달의 차등 중력 또는 **조력(tidal force)**이 주된 구동 힘임은 잘 알려진 바다. 마찬가지로 대기도 달의 조력에 반응을 하겠지만, 그보다 태양의 복사가 주기적으로 대기의 각층을 가열하는 기작이 대기의 조석파를 일으키는 주된 원인이다. 따라서 대기 조석파의 주성분은 지표상에서 태양과 함께 이동하는 **전이 조석파 (migrating tides)**이다. 대양과 대륙의 분포에 기인한 태양 복사 가열 비균질성이 **비전이 조석파 (non-migrating tides)** 성분을 발생시키는 하나, 그 세기는 **전이 조석파**보다 훨씬 작다. 상당 부분의 전이 조석파는 중간권에 전파되어 10 K 이상의 온도 변화를 일으키는데, 이로 인해 1일 간격의 위성 관측 자료를 해석하는데 문제를 야기 시킬 수 있다.

지구 대기에서 태양 복사 가열은 크게 세 개의 고도 영역에서 일어난다. 대류권에서는 수증기에 의해 태양의 근적외선이 흡수되어 대기가 가열된다. 대류권 수증기의 양은 기상과 지표 조건에 따라 매우 변동성이 크기 때문에, 이에 따른 가열 효과도 시간과 공간적으로 매우 불균질하다. 성층권에서는 오존이 태양 자외선을 흡수하여 대기가 가열된다. 성층권 오존의 분포는 비교적 균일하고, 시간적으로도 크게 변화하지 않는 특성이 있다. 열권에서는 질소 분자와 산소 분자가 태양 극자외선을 흡수하여 가열된다. 이 가열은 열권에서 다른 어떤 에너지원보다 강력하기 때문에 열권의 온도에 직접적으로 영향을 준다. 태양 극자외선의 세기가 태양 활동에 따라 11년 주기 변동성을 가지므로, 이에 따른 열권 온도 및 밀도 변화도 분명하게 나타난다.

태양 복사 가열은 기본적으로 오전에 증가하다가 정오 무렵에 최대가 되고 오후에 감소하며 밤에는 없어진다. 이런 시간에 따른 **가열 함수 (heating function)**를 **푸리에(Fourier) 분석**하면, **일일(diurnal)** 주기 성분이 가장 크고, 그 다음 **반일(semi-diurnal)** 주기, **삼분의 일일 (ter-diurnal)** 주기 등, 24시간의 정수 분의 일 (24/*n*) 주기 성분이 나온다. 가열 함수의 각 주기 성분은 대기에 영향을 주는데, 어떤 성분은 수직으로 더 잘 전파되어 중간권과 지표에 더 큰 변화를 주기도 한다. 그 예로 지표의 기압 변화를 분석하면 **반일** 주기 성분이 **일일** 주기 성분보다 월등히 크고 뚜렷하다. 이런 사실은 19세기에 Kelvin에 의해 의문으로 제기되었지만, 그 이유를 오랫동안 풀지 못한 수수께끼로 남아 있었다. 그 후 관측과 대기 조석파 이론이 발전되어, 현재는 성층권이 오존의 태양 자외선 흡수로 가열되고 그중에서 **반일** 주기 가열 성분이 지표로 더 잘 전파되어, 이에 상응하는 지표 기압이 변화를 일으키는 것으로 이해되고 있다.

반면에, **일일 주기 조석파**는 좀 더 복잡한 양상을 보인다. 저위도 지역(남북 30° 이내)에서는 수직 파장 약 28 km 로 수직으로 전파하지만, 그 보다 더 고위도 지역에서는 가열 고도로부터 수직 전파가 가능하지 않다. 결과적으로, 저위도 지역에서는 고도가 높은 성층권 오존의 자외선 흡수에 의한 가열의 **일일** 성분은 지표에서 상쇄간섭 되고, 고위도 지역에서는 지표로 전파되지 않아, 양 지역 모두 지표에서 **일일** 주기 기압 변화가 반일 주기 기압변화보다 작게 나타난다. 그 외에 대류권에서 수증기에 의한 태양 복사 흡수 가열은 일일 주기 조석파를 꽤 효과적으로 발생시키지만, 이 수증기 흡수 가열은 시간과 공간적으로 불규칙하고 간헐적이어서 그에 의한 지표 기압의 변화도 불규칙적이고 간헐적이다. 한편, 성층권 이상에서는 일일 주기 성분이 반일 주기 성분만큼 강할 수도 있다.

Chapman and Lindzen (1970)는 4.1 절에 제시된 방정식에 태양 가열 함수, J' 을 산입하여 고전 조석파 이론을 정리하였다. 물론 비보존 힘, X', Y'을 무시하였다. 여기서는 태양 가열 함수가 지표에서 태양과 같이 이동하는 성질을 반영하여 (비이동형 가열은 포함하지 않음),

$$J' = J'(\lambda + \Omega t, \phi, z) \qquad = Re[\sum_{s=1}^{\infty} J^{(s)}(\phi, z) e^{is(\lambda + \Omega t)}] \tag{4.17}$$

로 표현하였다. 즉, 가열 함수의 경도에 따른 변화는 **푸리에 급수**로 표현되는데, 태양과 같이 이동하는 조건을 부과하였다. Laplace 조석 방정식에서는 주기와 관련된 σ가 자유 파라미터이었는데, 여기서는 $\sigma = -s/2$ 로 동서 방향 파수에 연관된 정수로 한정된다. 더 나아가 가열 함수의 s 번째 푸리에 성분이

$$J^{(s)}(\phi, z) = \sum_n J_n^{(s)}(z) \Theta_n^{(s)}(\mu) \qquad (\mu = \sin\phi) \tag{4.18}$$

의 급수로 표현하면, 태양과 같이 이동하는 조건 때문에 앞 절에서 **Hough 함수**의 종류도

$$\Theta_n^{(\sigma, s)} \rightarrow \Theta_n^{(-s/2, s)} \Rightarrow \Theta_n^{(s)}$$

로 축약된다. 가열 함수를 태양 동반 이동 조건하의 푸리에 성분별로 대입하면, 그에 대한 반응 결과 또한 태양 동반 이동 형태의 파동 함수를 가질 것이 예상된다. 즉, 수직 바람의 s 번째 대응 성분은 $w' = w^{(s)}(\phi, z) e^{is(\lambda + \Omega t)}$ 로 표현하면, 수직 바람의 위도와 고도에 대한 함수는 Hough 함수의 급수로

$$w^{(s)}(\phi, z) = e^{z/2H} \sum_{n=1}^{\infty} W_n^{(s)}(z) \Theta_n^{(s)}(\mu) \tag{4.19}$$

나타낼 수 있다. 다음으로 4.1 절의 선형 섭동 방정식에,

$$(u', v', \Phi') = e^{z/2H} U(z) e^{is(\lambda + \Omega t)} [u^{(s)}, v^{(s)}, \Phi^{(s)}] \tag{4.20}$$

을 대입해서 정리하면,

$$\frac{d^2 W_n^{(s)}}{dz^2} + \left[\frac{N^2}{gh_n^{(s)}} - \frac{1}{4H^2}\right] W_n^{(s)} = \frac{\kappa J_n^{(s)}(z) e^{-z/2H}}{gHh_n^{(s)}} \tag{4.21}$$

이 된다. 이는 수직 구조 방정식의 우변에 s 번째 가열 함수가 포함되는 형식이다. 표면 (z = 0)이 균질할 경우, 이 방정식의 **하단 경계조건 (lower boundary condition)**은 4.1 절에서처럼

$$\frac{dW_n^{(s)}}{dz} + \left(\frac{R\overline{T}(0)}{gh_n} - \frac{1}{2}\right)\frac{W_n^{(s)}}{H} = 0 \tag{4.22}$$

이다. **상단 경계 조건 (upper boundary condition)**은 높은 고도에서 가열이 결국 0 이 되므로, 대기 온도가 특정고도 이상에서 T_∞로 수렴한다. 따라서 **부력 진동수**도 $N_\infty^2 = R\kappa T_\infty / H^2 = g\kappa T_\infty / HT_s$로 수렴한다.

먼저, **일일** 조석파 성분, s = 1 에 대해 분석해보면, $h_n^{(1)} > 4H^2 N_\infty^2 / g = 4\kappa H T_\infty / T_s$ 이거나 $h_n^{(1)} < 0$ 일 때, 고도에 따라 감쇄하는 해이고, 그 사이에서는 고도에 따라 전파되는 해를 가진다. 즉,

$$W_n^{(1)} \propto \exp\left(-\left(\frac{1}{4H^2} - \frac{N_\infty^2}{gh_n^{(1)}}\right)^{1/2} z\right) \tag{4.23}$$

$$W_n^{(1)} \propto \exp(imz),\ m = \pm\left(\frac{N_\infty^2}{gh_n^{(1)}} - \frac{1}{4H^2}\right)^{1/2}$$

이다. 그런데, 전파되는 해의 경우, 실제로는 군속도가 상향이어야 하는 조건으로 수직 파수, m의 부호를 결정해야한다. 군속도의 수직 성분은,

$$\begin{aligned} c_g^{(z)} &\equiv \frac{\partial w}{\partial m} = 2\Omega\frac{\partial \sigma}{\partial m} = 4\Omega m\frac{\partial \sigma}{\partial m^2} = 4\Omega m\left(\frac{\partial \sigma}{\partial h}\right)\Big/\left(\frac{\partial m^2}{\partial h}\right) \\ &= -4\Omega m\left(\frac{\partial \sigma}{\partial h}\right)\Big/\left(\frac{N_\infty^2}{gh^2}\right) \end{aligned} \tag{4.24}$$

로 계산된다. 여기서 편의상, h의 첨자들을 생략했다. 그림 4.1에 제시된 $\epsilon \equiv 4\Omega^2 a^2 / gh$ 와

σ 와의 관계를 살펴보면, 서쪽으로 이동하는 중량파 곡선 군에서 $\partial(-\sigma)/\partial h > 0$ 이다. 따라서 상향 군속도를 가지기 위해서는 $m > 0$ 이어야 한다. 동쪽으로 이동하는 중량파 곡선 군에서는 $\partial\sigma/\partial h > 0$ 이고, 상향 군속도를 가지기 위해서는 $m < 0$ 이어야한다. 수직 파형에 경도와 시간 진동 부분을 함께 쓰면, $\exp(i(mz+s\lambda-2\Omega\sigma t))$ 이고, **상향 군속도 조건에서는 이 파동의 위상은 항상 아래 방향으로 진행**함을 알 수 있다. 이는 서쪽으로 이동하는 일일 조석파 ($\sigma=-1/2\Omega$) 뿐만 아니라, 수직 전파 가능한 모든 조석파에서 성립한다. 사실, 수직 전파 조석파는 그 주기가 24/n 으로 특정값을 가지는 중량파와 같다. 이는 3장에서 중량파의 성질을 기술할 때, 상향 군속도를 가지는 중량파의 위상은 아래 방향으로 진행함을 보임과 일치한다.

그림 4.1에서 1일 주기를 가지는 다양한 *h* 값들 ($\epsilon_n \equiv 4\Omega^2a^2/gh_n$) 에 대해 살펴보면, *n* = *-1, -2*.. 등은 수직 전파가 불가능하고, *n* = *1, 2*,.. 등 중량파 군은 수직 전파가 가능하다. 수직 전파 가능한 것 중에서 *n* = 1 이 지배적인데, 이 해당하는 **Hough 함수**는 저위도 영역에 몰려있는 분포를 가진다. 따라서 앞에서 소개한 수직 전파하는 일일 조석파는 저위도 집중 현상을 이해할 수 있다. 이는 Laplace 조석 방정식에서, $\sigma^2=\mu^2$ 에서 분모가 0으로 되는 특이점이 위도 30°에서 일어남과 관련이 있다 ($\mu^2=\sin^2\phi=(-1/2)^2$).

반일 주기 조석파, *s* = 2 의 경우, 모두 중량파 모드에 해당하여 수직 전파가 가능하다. 그중에서 지배적인 모드는 *n* = 1 으로, 이에 해당하는 *h* 는 7.85 km 로 $N^2/gh \simeq 1/4H^2$ 이어서, 매우 큰 수직 파장을 가진다. 따라서 수직 구조 방정식은

$$\frac{d^2W}{dz^2} \simeq \frac{kJ_n^{(2)}(z)e^{-z/2H}}{gHh_1^{(2)}} \equiv F(z) \tag{4.25}$$

이고, 하단 경계조건은 앞에서 구한 *z* = *0* 에 조건식에 $RT(0)/gh = H/h_1^{(2)} \simeq 1$ 를 적용하여

$$\frac{dW}{dz} + \frac{W}{2H} \simeq 0 \tag{4.26}$$

으로 근사된다. 반일 주기 가열이 특정고도, $z=z_e$ 에 집중되어 $F(z)=F_e\delta(z-z_e)$ 로 근사할 수 있으면, $z<z_e$ 에서 $W(z)=(2H-z)F_e$ 로 간단하게 구할 수 있다.

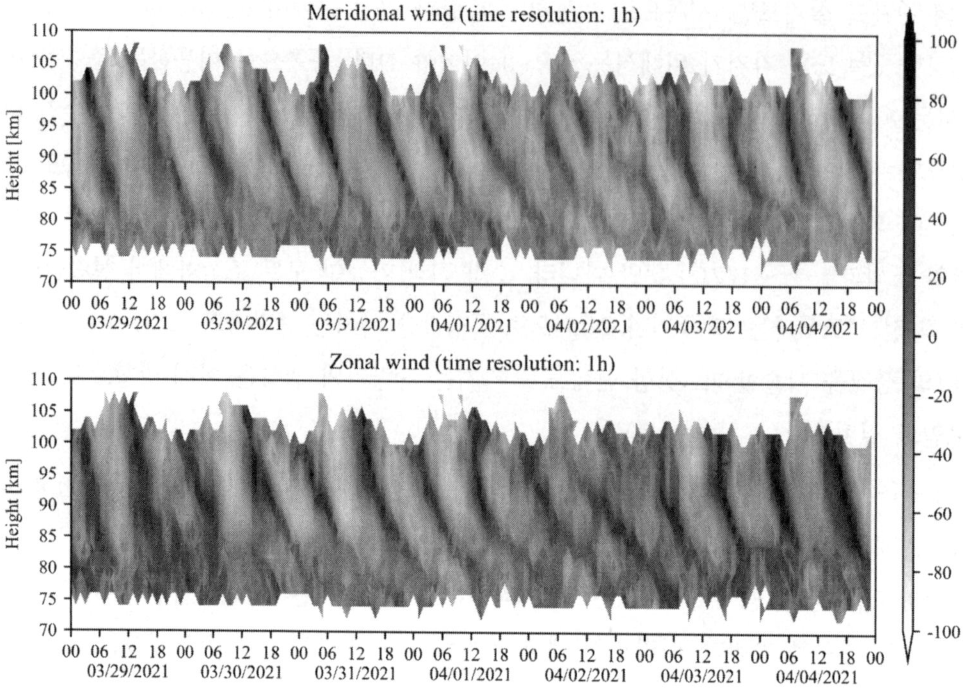

그림 4.2 남극 세종기지 유성레이다가 측정한 중간권 바람의 고도분포의 시간 변화(극지연구소 제공). 동서바람과 남북바람에서 반일 주기 조석파의 위상 하향으로 진행함이 뚜렷하다.

이런 W 에 상응하는 U 는

$$U = \frac{dW}{dz} - \frac{W}{2H} = -F_e - \frac{1}{2H}(2H - z)F_e = -(2 - \frac{z}{2H})F_e \tag{4.27}$$

로 구해진다. 이 식은 수평 바람의 고도 분포로서, 바람의 방향이 $z = 4H$ 에서 부호가 바뀌는 성질을 가진다. 즉 고도 $z = 4H \sim 28$ km에서 바람의 방향이 180° 바뀜을 뜻한다. 그러나 실제로 이런 풍향 변화는 관측되지 않았다. 따라서 고전적인 조석파 이론이 상당히 논리적이지만, 사용된 여러 가지 근사 가정들이 실제 대기와 다름을 유의해야 한다. 최근에 수행된 더 정교한 조석파 수치 계산 결과도 관측에서 보이지 않는 반일 조석파의 고도 28 km 바람 방향 바뀜을 여전히 제시하고, 지표 기압 변화의 위상이 약 30 ~ 60 분 관측보다 늦다는 차이를 보이고 있다. 또한 일일 조석파의 경우에도 관측에서 보이는 계절적 파장 및 위상 변화를 조석파 이론 계산이 설명하지 못하고 있다. 이를 개선하기 위해 최근에는 조석파와 배경 대기와의 비선형 상호작용을 포함하려는 연구가 진행되고 있다. 그림 4.2는 남극 세종기지에서 유성 레이다로 하루 동안 측정한 중간권의 바람 분포이다. 반일 주기 조석파가 뚜렷하게 나타나며, 그 위상이 시간이 흐름에 따라 아래 고도로 진행됨을 볼 수 있다. 앞에서 조석파나 중량파의 군속도가 상향일 때 (즉 에너지의 상향 전파), 그 파동의 위상은 아래로 진행된다는 해석에 따르면, 관측된 조석파의 근원은 중간권보다 아래 대기임을 시사한다. 즉, 조석파의 주 원천이 대류권 수증기와 성층권 오존의 태양 빛 에너지 흡수라는 이론과 합치한다.

4.4 자유 이동 행성파 (Free Traveling Planetary Waves)

종관규모 일기도에서 수일 주기의 대규모 대기 파동이 동서 방향으로 이동하는 것이 종종 보인다. 이런 파동은 **자유 이동 행성파**(또는 **Rossby 파**)의 예로 생각된다. 태양 복사 가열에 의해 구동되는 조석파와 달리 이 **Rossby 파**는 뚜렷한 구동원(forcing)이 없이 유지되는 것처럼 보인다.

가장 잘 알려진 Rossby 파는 서쪽으로 이동하는 약 5일 주기 파동으로, 대략 동서 방향으로 최대치가 하나인 ($s = 1$), 사인 함수 ($\sin(s\lambda - 2\pi t/5)$) 진동을 한다. 이 파동의 지준위 변이량, Φ' 또는 온도 변이량, T' 을 추적하면 중위도에서 최대이며, 적도에 대해 남북 반구에서 대칭으로 나타난다. 이 파동의 위상은 수직으로 거의 변화 없으나, 온도 변이량은 고도에 따라 증가하는 것으로 관측된다. 다양한 다른 주기와 파수를 가지는 Rossby 파도 관측되었는데, 그 중에서 $s = 1$ 의 16일 주기 파동과 $s = 3$ 의 2일 주기 파동 등이 대표적이다.

자유 이동 행성파는 그림 4.1에서 **정규 모드 (NM)**로 표현된 점들의 주기를 가진다. 가장 두드러진 파동은 서쪽으로 이동하는 $n = -2$ 곡선의 5일 주기 파동이다. 이 주기들은 4.1 절에서 소개된 경계 조건을 만족하는 h 값, $H/h = (1-\kappa)$, 약 10.5 km 에 해당하는 행성파 곡선군의 주기들이다. 이 파동들의 속도 변이량(u', v', w')은 고도에 따라, $e^{\kappa z/H}$ 로 증가하지만, 에너지는 $e^{-(1-2\kappa)/H}$ 로 감소함을 4.1 절에서 보였다.

그림 4.1에 소개된 이론적 결과는 등온 대기 온도와 배경 바람이 없다는 가정하였으나, 실제로는 온도가 고도에 따라 상당히 변하고, 배경 바람도 무시할 수 없다. 이 이론에 대기 온도 프로파일을 적용하면 성층권계면 근처에서 행성파가 **국한되는(ducted)** 현상이 보인다.

이렇게 특정한 고도 영역에 국한된 파동은 마찰로 소멸되는 과정을 피할 수 없으므로, 실제 대기에서는 이런 현상이 관측되지 않는다. 또한, 배경 동서 바람의 위도 분포를 적용하면, 여전히 4.1절의 방정식 (4.1a, b, c, d)이 변수 분리가 가능하고, 수치적으로 풀 수 있다. 그러나 온도와 바람의 위도 및 고도 분포를 함께 적용하면, 이 방정식이 변수 분리가 불가능해진다. 그래도 섭동의 형태를 $\exp i(s\lambda - 2\Omega\sigma t)$ 로 가정하면 수치적 방법으로 풀 수 있다. 이런 방법으로 구한 결과에 따르면 5일 주기 행성파는 가정한 배경 바람에 민감하지 않다고 한다. 이는 곳곳에서 관측되는 5일 주기 행성파를 부분적으로 설명해준다. 이런 수치적 방법으로 16일 주기와 2일 주기 행성파도 구할 수 있다.

중간 대기의 관측 자료가 축적되면서, 다양한 주기와 형태의 전지구적 **자유 이동 행성파**들이 제안되었다. 어떤 파동은 전혀 사인파 형태가 아니지만, 푸리에 분석을 하면 뚜렷한 주기성을 보이기도 한다. 예를 들어 남반구 성층권의 온도 변이 구역이 단순히 남극 주위를 회전하면서 4일 주기성을 보이지만, 어느 한 시점에 동서 방향 온도 변이 분포는 사인파 형태와는 전혀 다르다. 자유 이동 행성파는 구동력이 없어도 유지되지만, 무언가 최초로 발생시키는 기작은 있어야 한다. 발생 기작으로는 **혼돈적 잠열 가열 (chaotic latent heating)**, 대기의 **무작위적 섭동 (random perturbation)**, 평균 바람의 급격 변화 등을 생각해볼 수 있다. 또한 이런 파동이 위상 속도가 같은 **순압적(barotropic)** 또는 **경압적(baroclinic) 불안정 (instabilities)**과 결합될 수도 있다. 이런 복잡한 발생 및 증폭 과정에 대한 연구는 아직 부족하다 (Andrews et al., 1987).

4.5 강제된 행성파 (Forced Planetary Waves)

중간 대기에서 매우 중요한 대규모 파동성 섭동이 일어나는 것이 종종 관측된다. 이 대규모 섭동은 **강제된 (forced) 행성파**의 사례로 이해된다. 강제된 행성파는 대류권의 특정 장소와 시간에 강제력 생기고, 이에 파동이 발생하여 중간권 대기까지 전파된다. 이는 앞서 소개한 태양 복사 가열이 주기적으로 강제하는 것과 다른 강제력이다. 또한 이는 특정 원인이 아닌 무작위한 섭동으로 시작하여 공명현상으로 증폭되는 자유 이동 행성파와 다르다.

강제된 행성파를 간단한 형태로 분석하기 위해서, 2.5 절에 소개된 준-지균 잠재 와도 방정식으로부터

$$\left(\frac{\partial}{\partial t} + \bar{u}\frac{\partial}{\partial x}\right)q' + v'\bar{q}_y = Z' \tag{4.28}$$

를 얻을 수 있다. 여기서, Z' 은 비보존 항들을 통칭하고, 일단 0으로 가정하여 논의를 진행한다. 잠재 와도의 섭동은

$$q' = \psi'_{xx} + \psi'_{yy} + \rho_0^{-1}(\rho_0 \epsilon \psi'_z)_z\,,\ v' = \psi'_x \tag{4.29}$$

로 표현되고, 북쪽 방향 속도 섭동은 $v' = \psi'_x$ 로 쓸 수 있으므로, 준-지균 잠재 와도 (quasi-geostrophic potential vorticity)의 북쪽 경사는

$$\bar{q}_y = \beta - \bar{u}_{yy} - \rho_0^{-1}(\rho_0 \epsilon \bar{u}_z)_z \tag{4.30}$$

로 정리된다. 여기서 $\epsilon \equiv f_0^2 / N^2(z)$ 로 2.3 절에 정의되었다.

대부분의 성층권 및 중간권에서 관측되는 행성파는 대류권 상부에서 발생하여 전파되므로, 약 p_0 = 100 mb 등압 고도(성층권 하부 또는 대류권 상부)를 기준으로 삼는 것이 편리하다. 이를 위해 로그 기압 고도의 z 를 등압고도 p_0 에서 0 되도록 다시 정의한다. $(z = H\ln(p/p_0))$

이 고도에서 강제 섭동을 지준위의 섭동 $\Phi'(x, y, t)$ 를 주면,

$$\psi' = \psi'_0(x, y, t) = f_0^{-1}\Phi'(x, y, t)\,, \quad z = 0 \tag{4.31}$$

으로 특정 지역과 고도에서 강제 함수가 정의된다. 여기에 두 개의 벽이 y = 0, L 에 있어서, 이 벽에서 $\psi' = v' = 0$ 되도록 간단한 수평 경계 조건을 주자. 배경 대기의 평균 동서 바람이 고도만의 함수, $\bar{u} = \bar{u}(z)$ 로 주면, 예상되는 파동 해는

$$\psi' = Re[\hat{\psi}(z)\exp(ik(x - ct))\sin ly] \tag{4.32}$$

이다. 여기서, k (=$2\pi/\lambda_k$), c (=ω/k), l (=$2\pi/\lambda_l$) 은 각각 동서 파수, 위상 속도 남북 파수

이다. 이를 식 (4.28)에 대입하여 정리하면

$$\rho_0^{-1}(\rho_0\epsilon\hat{\psi}_z)_z + \left[\frac{\bar{q}_y(z)}{\bar{u}(z)-c} - (k^2+l^2)\right]\hat{\psi} = 0 \tag{4.33}$$

이 된다. 이 식에서 평균 동서 바람이 어떤 고도에서 행성파의 위상 속도와 같으면, $\bar{q}_y$가 0이 아닌 한, 두 번째 항이 무한대로 발산하여 해를 가질 수 없다. 즉 행성파가 이 **임계 고도 (critical level)**, z_c 에서 배경 바람에 의해 막혀 더 이상 전파되지 않음을 암시한다. 이 특정 고도에서 파동이 흡수되는지 혹은 반사되는지에 대해서는 여전히 중요한 연구 주제이다.

행성파의 전파에 대해 해석적 분석을 더 진행하기 위해 평균 바람과 부력계수비가 고도에 따라 변하지 않는다고 가정해보자. 즉, $\bar{u}(z) = const$, $\epsilon \equiv f_0^2/N^2(z) = const$ 이므로, $\bar{q}_y = \beta$ 로 축약되고, 따라서 위식은 간단히

$$\hat{\psi}_{zz} - H^{-1}\hat{\psi}_z + B\hat{\psi} = 0 \tag{4.34}$$

$$B = \epsilon^{-1}\left[\frac{\beta}{\bar{u}-c} - (k^2+l^2)\right] \tag{4.35}$$

로 표현된다. 이 방정식의 해는 $\hat{\psi} \propto e^{\Lambda z}$ 형태이므로,

$$\Lambda = \frac{1}{2H} \pm \left(\frac{1}{4H^2} - B\right)^{1/2} \equiv \frac{1}{2H} \pm (\nu^2)^{1/2} \tag{4.36}$$

이 된다.

먼저, $\nu^2 > 0$ 일 경우, 해는, $\hat{\psi} = \hat{\psi}_0 \exp[(z/2H) \pm \nu z]$ 로 표현되는데, 2.7 절에 소개된 파동 활동 밀도 (wave activity density),

$$A = \frac{1}{2}\rho_0\overline{q'^2}/\bar{q}_y \propto e^{\pm 2\nu z} \tag{4.37}$$

고도에 따라 감소해야 하므로(radiation condition), 아래 부호를 선택해야 한다. 여기에 아래 경계조건을 적용하면, 해는

$$\psi' = \psi'_0(x,y,t)\exp\left(\left(\frac{1}{2H} - \nu\right)z\right) \qquad (4.38)$$
$$= \left[\exp\left(\frac{1}{2H} - \nu\right)z\right] Re\left(\hat{\psi}_0 \exp(ik(x-ct))\sin ly\right)$$

이 된다. 그런데 $\nu < 1/2H$ 이면, 파동의 진폭은 고도에 따라 증가함에 유의해야 한다. 이 행성파는 수직방향으로 전파되지 못하고 갇혀있는(trapped) **전단파(edge waves)**이다. 이 행성파의 위상 면(마루 또는 골의 위치)은 수직방향을 가진다. 관측 자료에서 파동의 위상 면이 수직일지, 아니면 기울어져 있는지는 그 파동이 수직으로 전파될지 여부를 판단하는 파라미터가 될 수 있다.

다음으로, $\nu^2 < 0$ 일 경우, $\nu^2 \equiv (im)^2$ 로 쓸 수 있고, 해는

$$\psi' = \exp(z/2H)\, Re\, \hat{\psi}_0 \exp\left[i(kx + mz - kct)\right]\sin ly \qquad (4.39)$$

이 된다. 이는 수직 방향으로 전파되는 파동으로, 위상 면이 수직에 대해 기울어져 있다. 앞의 식 (4.34)에 대입해서 정리하면,

$$\overline{u} - c = \beta\left[k^2 + l^2 + \epsilon(m^2 + 1/4H^2)\right]^{-1} \qquad (4.40)$$

이다. 여기서, 우변은 항상 양수이고, $m^2 > 0$ 이므로 파동 위상 속도, c 에 대해 다음과 같은 한계가 설정된다.

$$0 < \overline{u} - c < \overline{u}_c = \beta\left[k^2 + l^2 + \epsilon^2/4H^2\right] \qquad (4.41)$$

4.1 절에서 배경 대기의 동서 바람이 0 인 경우, 서쪽으로 이동하는 행성파만이 수직으로 전파될 수 있다는 결과를 얻었는데, 이 식에서도 $\overline{u} = 0$ 이면, $c < 0$ 이어야 하므로, 그 결과가 확인된다. 실제로 행성파는 지형에 의해 발생되는 경우가 많은데, 그 경우 $c = 0$ 인 **정지파(stationary waves)**로서, 이 파동이 수직으로 전파되기 위해서는 배경 대기의 평균 동

서 바람이 $0 < \bar{u} < \bar{u}_c$ 범위 내에 있어야 한다. 즉, 배경 바람이 서풍(eastward) 이어야 하며 너무 강하지 않아야 한다. 보통의 성층권 조건에서, 부력 주파수, $N^2 = 5 \times 10^{-4} s^{-2}$ 이고, 북반구의 전체 거리를 적용하면, $l = \pi/(10{,}000\,km)$ 로서,

$$\bar{u}_c \simeq 100/(s^2+3)\ \ m/s \tag{4.42}$$

로 추산된다. 행성파의 동서 파수 $s = 1$ 과 $s = 2$ 면, $\bar{u}_c$ 가 각각 28 m/s 과 16 m/s 이므로, 동서 파수가 커지면 수직으로 전파되기 힘들다. 물론, 위 조건은 베타-면 근사를 사용한 결과이므로, 전지구 규모의 실제 대기의 바람을 상정하면 정확하지 않다. 그럼에도 행성파의 수직 전파를 위해 대기 바람의 제한 범위가 동서 파수가 커질수록 작아진다는 사실은 시사하는 바가 크다. 실제 관측에서 겨울철 성층권의 서풍이 지배적일 때 s = 1, 2, 3 등의 많은 동서 파수가 푸리에 분석에서 나타나는 반면, 성층권 동풍이 지배적일 때는 보이지 않는 경향이 있다.

앞의 식에서 수직 파수, m의 부호는 정보가 위로 전파된다는 조건(radiation condition)으로 정할 수 있다. 수직 전파하는 경우, 파동 활동 밀도, A는 고도에 따라 변하지 않으므로, 대신해서 군속도, $c_g^{(z)} > 0$ 인 조건을 사용한다. 군속도를 계산하기 위해

$$\omega \equiv ck = k\bar{u} - \beta k[k^2 + l^2 + \epsilon(m^2 + 1/4H^2)]^{-1} \tag{4.43}$$

로부터

$$c_g^{(z)} \equiv \frac{\partial \omega}{\partial m} = 2\epsilon\beta km[k^2 + l^2 + \epsilon(m^2 + 1/4H^2)]^{-2} > 0 \tag{4.44}$$

이다. 여기서 통상적으로 $k > 0$ 으로 잡으므로, $m > 0$ 이어야 한다. 따라서 위상 면은 $kx + mz - kct = const$ 조건에서 특정 시각에 수직에 대해 서쪽으로 기울어져 있다. 아울러 수직 전파하는 행성파는 서쪽으로 이동한다는 사실을 적용하면, c < 0 이므로, 파동은 아래로 비스듬하게 이동하는 것으로 보인다. ($k < 0$ 로 잡으면, $m < 0$ 이고, 여전히 위상면은 서쪽으로 기울어지고, 시간에 따라 위상 면은 아래로 이동함). 즉 파동의 위상 이동 방향과 군속도 방향이 반대이다. 이는 행성파 뿐 아니라, 앞에서 기술한 중량파와 조석파에도 같이 적용된다.

4.6 광선 추적 방식의 행성파의 전파 경로 계산

앞 절에서 행성파가 간단히 이상화된 대기에서 전파되는 특성을 해석적으로 살펴보았다. 실제 관측과 비교하기 위해서는 평균 동서 바람의 분포가 고도뿐만 아니라 위도에 따라 변화함을 고려해야 한다. 여기서는 논의를 진전시키기 위해 $\bar{u}$를 y와 z의 함수로 주고, N은 상수로 가정하자 (따라서 $\epsilon \equiv f_0^2/N^2$). 나중에 약간의 복잡한 과정을 취하면 N은 고도의 함수로 대체할 수 있다.

4.5 절에 기술된 잠재와도 변이에 대한 방정식에 우변의 비보존 힘, $Z' = 0$ 으로 하고

$$\psi' = e^{z/2H} Re\left[\Psi(y,z)\exp\left(ik(x-ct)\right)\right] \tag{4.45}$$

형태의 해를 대입하면,

$$\Psi_{yy} + \epsilon\Psi_{zz} + n_k^2\Psi - 0 \tag{4.46}$$

을 얻는다. 여기서

$$n_k^2 = (\bar{u} - c)^{-1}\bar{q}_y - k^2 - \epsilon/4H^2 \tag{4.47}$$

로 표현되는 **굴절율(refractive index)**의 제곱이다. 위 식은 $\epsilon^{-1/2}z \rightarrow z$ 로 치환하면 (y, z) 평면에서 빛의 전파 식, $\nabla^2\phi + n_k^2\phi = 0$ 과 등가적이다. 따라서 빛이 굴절율, n_k에 따라 경로가 휘어지는 것처럼, 행성파도 이 굴절율에 따라 경로가 휘어진다. 따라서 행성파는 $n_k^2 > 0$ 인 지역을 전파하며, $n_k^2 < 0$ 인 지역은 회피한다. 대기의 행성파 굴절율은 y, z의 함수인 $\bar{u}$와 $\bar{q}_y$에 의존하므로, 앞 절에서 단순히 평균 동서 바람의 특정 범위에서만 행성파가 전파되는 것보다 복잡한 조건을 가진다. 앞에서 언급한대로 $\bar{u} = c$ 가 되는 임계고도(z_c)에서 행성파가 막혀 전파되지 않는 것처럼, $\bar{u}(y,z) = c$ 가 되는 임계면에서 n_k^2가 무한대로 전파되지 않는다. 실제 대기의 동서 바람 분포, $\bar{u}(y,z)$를 적용하여 행성파가 전파되는 경로를 계산한 결를 실제 관측 자료와 비교하는 연구가 1970 년대 이후로 진행되어 상당한

성과를 거두었다 (예: Matsuno, 1970).

실제 대기의 바람을 반영하면, n_k^2 가 (y, z) 의 함수이므로, 앞의 전파 식을 수치적으로만 풀 수 있다. 가장 잘 알려진 수치 계산 방법은 기하 광학의 **광선 추적 (ray tracing)** 방식과 유사하다. 광선 추적 방식은 **WKBJ 방법**으로 알려져 있는데, 행성파 전파를 광선 추적 방식으로 다루려면 다음 조건이 전제된다. 즉, 행성파, $\Psi = \hat{\Psi}(y,z)\exp(i\chi(y,z))$ 형태의 식에서 위상 χ가 실수이며, (y, z) 에 대해 배경 바람 $\overline{u}(y,z)$의 변화보다 훨씬 빠르게 변하여야 한다. 이는 국지적으로 사인 함수의 형태의 파동이 천천히 변하는 배경 바람의 대기를 통과한다는 전제이다. 기하 광학에서 다루는 빛의 파장이 매질의 변화 규모보다 매우 작음을 상기하면 이 전제가 쉽게 이해된다.

이 전제하에 국지적으로 남북 파수와 수직 파수를

$$l \equiv \partial\chi/\partial y\ ,\ m \equiv \partial\chi/\partial z \tag{4.48}$$

로 정의할 수 있다. 그러면, $\overline{u} = const$ 인 경우의 분산 관계식(dispersion relation)을 차용하여

$$w \equiv \Delta(k,l,m;y,z) = k\overline{u}(y,z) - k\overline{q}_y(y,z)[k^2 + l^2 + \epsilon(m^2 + 1/4H^2)]^{-1} \tag{4.49}$$

로 쓸 수 있고, 국지적인 군속도는

$$c_g^{(y)} \equiv \partial\Delta/\partial l\ ,\ c_g^{(z)} \equiv \partial\Delta/\partial m \tag{4.50}$$

로 표현된다. 이 국지 군속도는 파동의 정보(광선, ray)가 (y, z) 평면 어떤 경로를 가지는지 알려준다. 광선의 경로가 국지적으로 결정되면, 그 경로 상에서 파동의 파수 (k, l, m) 이 각각 어떻게 변하는지 계산할 수 있다. 예를 들어 수직 파수의 광선 경로 상의 변화는

$$[c_g^{(y)}\frac{\partial}{\partial y} + c_g^{(z)}\frac{\partial}{\partial z}]m = \frac{\partial\Delta}{\partial z} \tag{4.51}$$

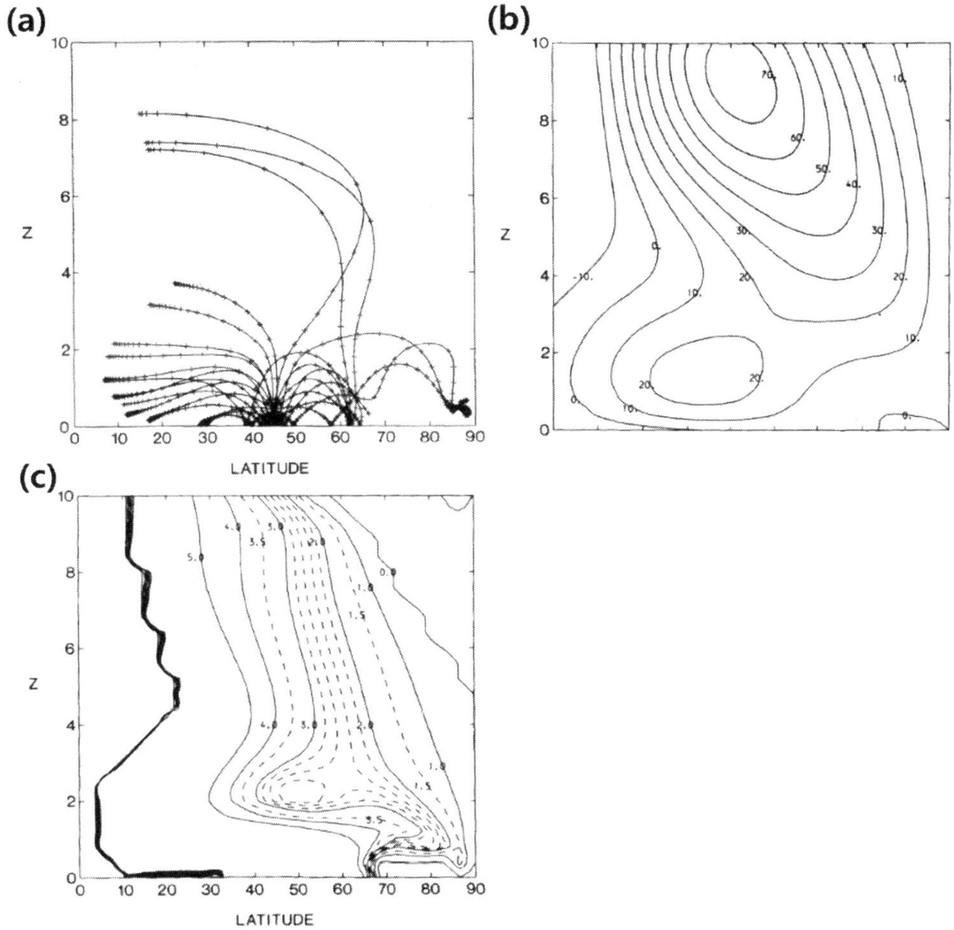

그림 4.3 (a) s = 1 정지 행성파의 추적 경로, (b) 배경 동서 평균류의 고도-위도 분포, c) 굴절률 분포. 음의 굴절률 제곱 영역은 빗금으로 표시됨 (Karoly and Hoskins, 1982).

로 유도된다. 여기서 우변의 z에 대한 편미분은 $\bar{u}(y,z)$ 와 $\bar{q}_y(y,z)$ 에만 해당되므로, 주어진 배경 대기의 조건으로부터 쉽게 계산된다.

중량파처럼 소규모의 파동은 배경 대기의 x 변화와 t 시간 변화까지 고려한 광선추적이 가능하다. 이런 일반적인 광선 추적 계산 코드는 이미 잘 개발되어 있어 중량파의 근원을 추론하는 연구에 많이 사용되고 있다. 또한 광선 추적 코드는 경로상의 파동의 파수 변화뿐만 아니라, 파동의 진폭 변화도 계산한다. 행성파의 경로를 추적할 경우, 경로가 위도별로 상당히 멀리까지 이동하므로, 여기서 소개된 베타-면 근사식으로는 부정확하고, 지구 곡률을 고려한 추적 식을 사용해야 한다.

그림 4.3은 대표적인 행성파 경로 추적의 사례를 적용된 $\bar{u}(y,z)$와 계산된 $n_k^2(y,z)$를 함

께 보여준다. 그림은 북반구 겨울에 대표적인 바람과 상태를 적용하여, 위도 45° 상의 3 km 고도에서 s = 1 정지 행성파 (c = 0) 가 발생했다는 조건으로 계산한 결과이다. 그림 4.3a 의 파동 경로에서 가장 눈에 띄는 점은 n_k^2의 경사에 따라 경로가 휘어 적도 방향으로 향하는 경향성이다. 굴절율의 경사는 $\bar{u}$가 위도에 따라 변화하지 않아도, $\bar{q}_y = 2\Omega a^{-1}\cos\phi$ 로 위도 경사에 영향을 받음을 주목해야 한다. 그러나 물론 $\bar{u}$ 가 c 에 가까워지는 임계 선 (critical line) 에서는 무한대가 된다. 그림 4.3c에서 저위도의 굵은 선은 $\bar{u} = c = 0$ 을 만족하는 임계 선으로 n_k^2가 급격히 증가함을 보여준다. 임계 선에서 행성파가 흡수되는지 혹은 반사되는지 아직도 연구의 대상이다.

기상학에서 최근 개발된 **전지구 순환모델 (Global Circulation Model, GCM)**은 지표부터 열권고도까지 포함하여 상당히 조밀한 격자로 계산할 수 있게 되었다. 이런 GCM 코드는 규모가 큰 행성파는 충분히 추적할 수 있다. 그러나 실제 대기에서 규모가 작고 무작위적이며 많이 발생하는 중량파는 GCM 코드들이 반영할 수 없다. 특히 중간권 및 열권 하부는 중량파에 의한 운동량과 에너지 전달이 중요한 역학적 기여를 하기 때문에, 현재의 GCM 모델들이 관측을 잘 설명하지 못하는 한계를 가진다. 이런 한계를 극복하는 연구들이 최근에 활발히 수행되고 있다. 특히 중간권이 열권과 전리권에 미치는 영향의 중요하다는 관측적인 발견들이 속속 등장하고 있어, 열권/전리권 연구자들도 중간권의 역학적 과정에 최근 많은 관심을 가지고 연계 연구를 수행하고 있다.

5.

상층대기 복사 과정

5.1 서론

일반적으로 행성의 대기는 태양 빛 에너지의 흡수에 의해 온도와 순환이 구동된다. 지구의 경우 막대한 태양 가시광선 영역의 에너지는 절반 이상(51%) 지표에 흡수된다. 지구에 진입하는 태양 복사의 약 30% 는 대기에서 우주공간으로 반사되고, 나머지 약 19% 만이 대기와 구름에 흡수된다(Ahrens, 2002). 지표에 흡수된 태양 가시광 (단파) 에너지는 대부분 적외선 (장파)으로 방출되어 대류권에 있는 온실기체에 의해 다시 흡수된다. 이외에 상당부분이 지표 (대양) 수분의 증발로 인한 잠열이 구름에 전달되기도 한다. 적외선과 잠열로 대류권에 전달된 에너지는 다시 지표와 우주 양방향으로 적외선을 방출한다. 보다 자세한 태양복사 에너지의 변환 과정은 그림 5.1에 표현되어 있다. 이렇게 대기와 지표가 적외선을 주고받음으로 인해 대류권의 온도는 단순히 태양 빛 에너지의 순수 지표 흡수에 의한 **복사 평형 온도 (radiative equilibrium temperature)**보다 훨씬 높게 결정되는데, 이를 **온실 효과 (greenhouse effect)**라 한다. 그러나 이런 전지구적 평균 수급 과정의 이면에는, 지역별 (특히 위도 및 대륙-대양) 불균질성이 매우 커서, 복사 에너지의 수급에 불균형을 초래한다. 그로 인한 동역학적 반응으로서 바람과 **비단열적 가열 (diabatic heating)** 현상이 시간과 장소에 따라 변화하면서, 대기 온도의 불균질을 일으킨다.

구름에 의한 잠열 전달을 무시할 수 있는 성층권과 중간권 (중층대기)은 대류권보다 상대적으로 단순한 복사 에너지 수급 과정으로 기술될 수 있다. 이 대기 영역에서는 성층권 오존에 의한 태양 자외선의 직접 흡수와 지표로부터 전파되어 오는 적외선 에너지의 흡수와 재방출이 복사과정의 주를 차지한다. 특히, 이산화탄소(CO_2)는 가장 중요한 적외선의 흡수/방출 분자이며, 추가적으로 오존(O_3)과 수증기(H_2O)가 적외선 방출자 역할을, 수증기, 산소 분자(O_2) 이산화질소(NO_2)가 적외선 흡수자 역할을 한다. 복사 원천인 태양자외선과 지표 적외선이 흡수와 재방출하는 과정에서 위도 별 불균질로 인한 **비단열적 가열**과 동역학적 반응이 중층대기의 온도 분포 및 동서바람의 계절 변화를 주도한다. 이 과정에서 중층대기 내의 적외선 복사는 동역학적으로 강제된 온도 변화의 완화 역할을 한다. 따라서 중층대기의 온도와 바람을 이해하기 위해서 지표로부터 오는 적외선의 복사 전달과정을 자세히 추적할 필요가 있다. 본 장에서는 **복사 전달 (radiative transfer)**의 온도 결정 요소들을 자세히 다룬다.

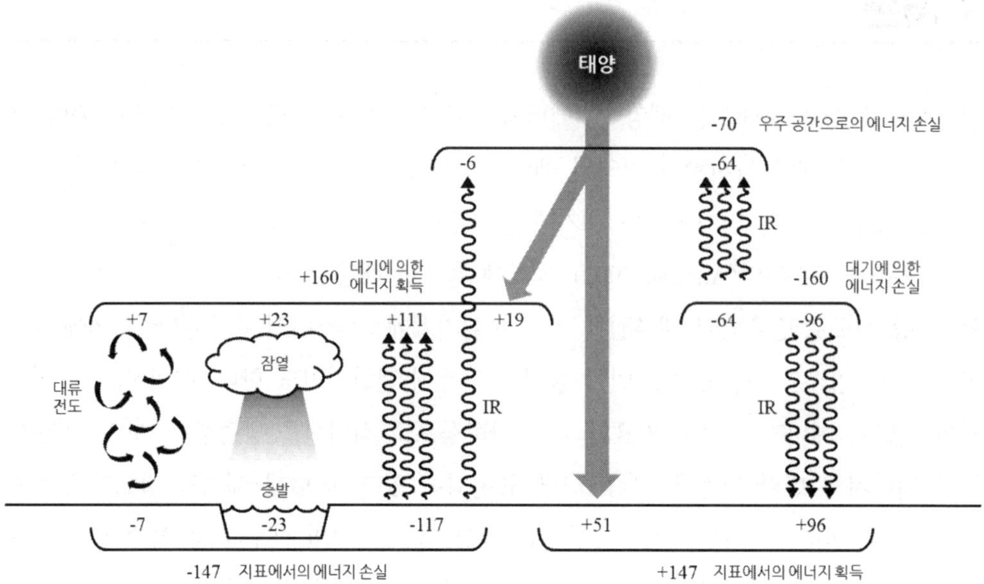

그림 5.1 태양 복사 에너지가 지표와 대기에 분배되는 과정

중층대기 위의 열권에서는 산소 원자와 분자, 질소 분자에 의한 태양 **극자외선(extreme ultraviolet)** 흡수가 복사 원천이며, 복사 방출은 희박한 일산화질소(NO)에 의해 미약하게 일어난다. 따라서 열권에서는 복사 방출 즉 냉각 과정이 대단히 제약되어 있어, 열권 온도는 매우 높게 올라갈 수 있다. 열권 온도와 중간권계면과의 온도 경사가 심해짐에 따라, 흡수된 태양 극자외선 에너지가 **전도(conduction)**에 의해 아래로 전달되며 온도 프로파일이 결정된다. 열권에서도 복사 원천의 수평적 불균질에 의해 바람이 강할 것으로 처음에 예상되었지만, 전리권의 플라즈마에 의한 마찰력으로 상당히 완화됨이 나중에 밝혀졌다. 따라서 열권의 동역학은 전리권과 함께 고려되어야 하며, 온도는 흡수된 복사에너지가 중간권계면으로 전도되어 그곳에서 복사 냉각하는 방식으로 비교적 단순하게 결정된다. 그러나 극지방의 열권은 자기권으로부터 진입하는 고에너지입자와 전기장으로 인한 전리권의 전류에 의해 발생하는 **줄 가열 (Joule heating)**이 중요한 에너지원이며, 이런 자기권 유입 현상은 태양풍 조건에 따라 대단히 변동이 심하다. 이 극지방의 변동은 전지구 열권/전리권 (고층대기)에 영향을 미치기 때문에, 저층 대기와는 매우 다른 방식으로 온도와 동역학을 다루어야 한다. 이 고층대기에서의 변화를 추적하는 연구 분야에서는 이 변화를 태양풍과 자기권 변화와 함께 **우주기상(space weather)**의 일부로 표현하기도 한다.

5.2 복사 전달 방정식 (Radiative Transfer Equation)

대기의 모든 지점에서 복사 원천과 손실의 분포를 계산하기 위해 복사 전달 방정식을 풀어야 한다. **복사 전달 방정식 (radiative transfer equation)**은 복사에너지가 광 경로 상의 물질(즉 분자나 원자)에 의해 흡수 또는 방출되는 양을 수식으로 표현한다 (e.g. Andrews et al., 1987; Rybicki and Lightman, 1979).

복사의 강도를 **휘도(radiance)** 또는 천문학에서는 **인텐시티(intensity)**라 부르고, 구체적으로 특정방향에서 오는 단위 입체각당 단위 면적당 단위 시간당 에너지, L (W m^{-2} sr^{-1})로 표현한다. 이와 유사한 개념인 **플럭스**는 단위 면적당 단위 시간당 표면 위(또는 아래)에서만 오는 빛의 총량, F (Wm^{-2})는 휘도 L 과 다음 관계를 가진다.

$$F = \int (\hat{n} \bullet \hat{\Omega})\, L(\hat{\Omega}) d\Omega \;=\; \int_0^{2\pi} \int_0^{\pi/2} L(\phi, \theta) \cos\theta \sin\theta \, d\theta \, d\phi \qquad (5.1)$$

위 방향 플럭스에서 아래 방향 플럭스를 빼면 어떤 표면이 받는 순 플럭스를 구할 수 있다. 일상생활에서 표면의 밝기를 표현하는 **조도(irradiance)**는 단위 면적당 단위 시간당 표면에 입사하는 에너지 총량 (W m^{-2})을 뜻하는데, 이는 플럭스와 같은 개념이다. 유사한 개념인 **방출도(emittance)**는 단위 면적당 단위 시간당 표면이 방출하는 에너지 총량 (W m^{-2}) 이다. 이와 같이 응용 분야에 따라서 다른 용어가 사용되고 있으나, 구체적인 단위에 유의하면 혼동을 피할 수 있다.

복사는 파장에 따라 물질에 의한 흡수와 방출이 현격하게 다르므로, **단일 파장 (monochromatic)** 휘도 (L_ν 또는 L_λ) 및 플럭스 (F_ν 또는 F_λ) 로 표현하는 것이 편리하다. 여기서 빛의 파장(λ)과 진동수(ν)의 곱은 광속 ($c = \nu\lambda$) 임은 물론이다.

광 경로, s 를 따라 단일파장 휘도의 변화는 흡수하는 율과 방출하는 율의 차이로 다음과 같이 복사 전달 방정식으로 표현된다.

$$\frac{dL_\nu}{ds} = -k_\nu \rho_a [L_\nu(\hat{\Omega}) - J_\nu(\hat{\Omega})] \qquad (5.2)$$

여기서, ρ_a 는 대기의 밀도(kg m^{-3}), k_ν(m^2 kg^{-1}) 는 **소광 계수 (extinction coefficient)**, J_ν (W

m^{-2} sr^{-1})는 **원천 함수 (source function)**이다. 소광 계수는 또한 **흡수 계수**(a_ν)와 **산란 계수**(s_ν)의 합으로 표현될 수 있다. 또한 **단일 산란 반사도 (single scattering albedo)**, $\overline{\omega}_\nu$는 흡수계수에서 산란계수가 차지하는 비로 정의된다. 즉,

$$\overline{\omega}_\nu \equiv s_\nu / k_\nu , \quad (1 - \overline{\omega}_\nu) = a_\nu / k_\nu \tag{5.3}$$

의 관계가 성립한다. 경로상의 물질에 의한 산란의 일부는 휘도에 기여하므로, 산란에 의한 원천 함수는

$$J_{\nu,s}(\hat{\Omega}) = \frac{\overline{\omega}_\nu}{4\pi} \int_{4\pi} L_\nu(\hat{\Omega}') P_\nu(\hat{\Omega}, \hat{\Omega}') d\hat{\Omega}' \tag{5.4}$$

로 표현된다. 여기서, 산란에 의한 빛의 경로가 입사각($\hat{\Omega}'$)에서 방출각($\hat{\Omega}$)으로 바뀌는 정도를 위상 함수라 하고, 이 함수는 전 방향으로 적분하면 1이 되도록 정규화(normalized)되어 있다.

$$\frac{1}{4\pi} \int P(\hat{\Omega}, \hat{\Omega}') d\hat{\Omega}' = 1 \tag{5.5}$$

산란은 물질의 내부에너지에 변화를 주지 않고 단지 빛의 방향만 변경시킴에 유의하자. 즉 경로상의 대기 물질에 에너지를 전달하지 않으므로 그 지점의 대기 온도에도 영향을 주지 않는다. 그러나 산란은 입사하는 빛을 다른 방향으로 경로를 변경시키므로 진행하는 빛의 휘도를 감소시키는 소광효과를 준다.

경로상의 물질은 그 지점의 온도에 걸 맞는 빛을 내기 때문에 그만큼 입사하는 빛에 더해진다. 대기 물질이 **국지 열역학 평형 (Local Thermodynamic Equilibrium, LTE)**에 있으면, **키르히호프 법칙 (Kichhoff's law)**에 따라 그 온도에 해당하는 흑체 복사를 낸다. 따라서 원천 함수에 **흑체 복사식 (black body radiation)**, B_ν

$$J_\nu = B_\nu = \frac{2h\nu^3}{c^2}(e^{h\nu/kT} - 1)^{-1} \tag{5.6}$$

를 사용할 수 있다. 여기서 h 는 플랑크 상수, T 는 물질의 온도이다. 흑체 복사식은 **플랑크 함수 (Planck Function)**라 불리며, 물질 (즉 대기) 온도가 주어지면 복사세기가 바로 계산되는 간편함이 있다. 물론 **비열적 평형 (non-LTE)**인 경우는 이렇게 간단히 온도로 표현할 수 없다. 흑체 복사식을 전파장에 다 적분하면

$$B(T) = \int_0^\infty B_\nu d\nu = \frac{\sigma}{\pi} T^4 \tag{5.7}$$

와 같이 표현되고, 이를 **Stefan-Boltzmann 법칙**이라 한다.

결과적으로 LTE 일 경우, 원천 함수는

$$J_\nu(\hat{\Omega}) = (1 - \overline{\omega}_\nu) B_\nu + \frac{\overline{\omega}_\nu}{4\pi} \int_{4\pi} L_\nu(\hat{\Omega}) P_\nu(\hat{\Omega}, \hat{\Omega}') d\hat{\Omega}' \tag{5.8}$$

로 쓸 수 있다. 복사 선날 방정식의 **적분 해 (integral solution)**는

$$\begin{aligned} L_\nu(\hat{\Omega}, s) &= L_\nu(\hat{\Omega}, 0) \exp[-\int_0^s k_\nu(s') \rho_a(s') ds'] \\ &+ \int_0^s k_\nu(s') \rho_a(s') J_\nu(\hat{\Omega}, s') \exp[-\int_s^{s'} k_\nu(s'') \rho_a(s'') ds''] ds' \end{aligned} \tag{5.9}$$

로 구할 수 있다. 여기서 첫째 항은 $s = 0$ 에서 출발한 휘도가 $s = s$ 까지의 경로 상에서 감쇄되는 양을 의미하고, 둘째 항은 이 경로상의 물질에서 방출되면서 동시에 감쇄과정을 적분하는 양을 의미한다. 이 식에서 지수 함수 내의 적분량을 따로 **광학 깊이 (optical depth)**라 부른다.

$$\tau \equiv \int_s^{s'} k_\nu(s'') \rho_a(s'') ds'' \tag{5.10}$$

그림 5.2에 보여주는 데로, 대기를 평행판이라 근사하면 (plane parallel approximation), 빛의 경로, s 를 대기 기하고도, z^* 로 전환할 수 있다. 광학 깊이는

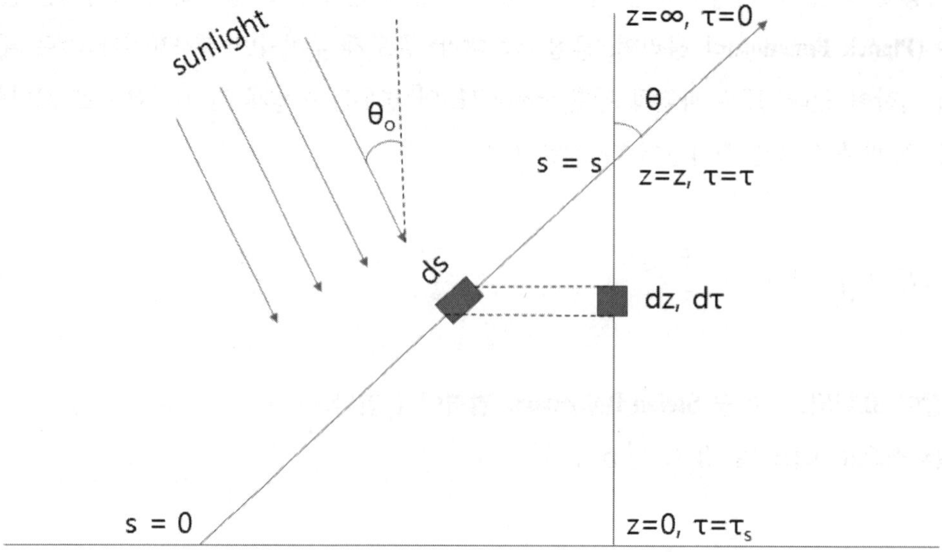

그림 5.2 평행판 근사 대기에서 광 경로, 광학 깊이, 고도와의 관계

$$\tau(z^*) = \int_{z^*}^{\infty} k_\nu(z^{*\prime})\rho_a(z^{*\prime})\, dz^{*\prime} \tag{5.11a, b}$$

$$\tau(z) = \int_{z}^{\infty} k_\nu(z')\rho_{a0}(z')\, dz'\ ,\quad z \equiv H\log(p/p_s)$$

두 번째 식은 압력 고도, z 로 표현된 광학 깊이이다. 여기서

$$\rho_{a0}(z) = \rho_a(z)\, T(z)/T_s,\quad dz = (T_s/T)\, dz^* \tag{5.12}$$

관계를 사용했다.

태양 빛이 천정거리 각, $\theta_0 = \cos^{-1}\mu_0$ 에서 입사하는 경우, 태양 플럭스는

$$S_\nu(z) = \mu_0 S_{0\nu} e^{-\tau_\nu(z)/\mu_0} \tag{5.13}$$

이고, 이것은 원천함수에

$$J_\nu(\hat{\Omega}) = (1-\overline{\omega}_\nu)B_\nu + \frac{\overline{\omega}_\nu}{4\pi}\int_{4\pi} L_\nu(\hat{\Omega}')P_\nu(\hat{\Omega},\hat{\Omega}')\,d\hat{\Omega}' + \frac{\overline{\omega}_\nu S_{0\nu}}{4\pi}P_\nu(\hat{\Omega},\hat{\Omega}_0)e^{-\tau_\nu/\mu_0} \tag{5.14}$$

로 기여한다. 식 (5.14)의 첫째 항은 대기의 분자가 내는 열적 방출, 두 번째 항은 주변의 휘도가 대기 분자에 의해 산란되어 특정방향 $\hat{\Omega}$ 로 기여하는 양, 세 번째 항은 해당고도에 감쇄된 태양빛이 산란되어 $\hat{\Omega}$ 방향으로 기여하는 양이다. 이러한 경우, 복사전달 방정식의 해는 아래 지표면에서 오는 빛과 도중의 원천 함수를 더해서, 위 방향으로 향하는 휘도는

$$\begin{aligned} L_\nu[\mu,\tau_\nu(z)] &= L_\nu[\mu,\tau_\nu(0)]\exp[-\mu^{-1}[\tau_\nu(0)-\tau_\nu(z)]] \\ &+ \int_{\tau_\nu(z)}^{\tau_\nu(0)} \mu^{-1}J_\nu[\mu,\tau_\nu(z')]\exp[-\mu^{-1}[\tau_\nu(z')-\tau_\nu(z)]]\,d\tau_\nu(z') \end{aligned} \tag{5.15}$$

로 표현된다. 아래 경계, 즉 지표 근처에서의 휘도는 지표의 **방출계수(emissivity)**, ϵ_ν에 의존하는데, ϵ_ν는 지표 온도에 해당하는 흑체복사에 비해 실제 지표가 방출하는 복사 휘도의 비이다. 지표가 흑체에 가까우면 (검은 석탄 정도) 이 방출계수는 1에 근접한다. 그러면 키르히호프 법칙에 따라 지표의 **반사도(albedo)**는 (1-ϵ_ν)로 표현된다. 따라서 지표에서 태양 빛의 흡수와 반사되어 합해진 휘도의 경계조건은

$$L_\nu[\mu,\tau_\nu(0)] = \epsilon_\nu B_\nu[\tau_\nu(0)] + (1-\epsilon_\nu)[(\mu_0/\pi)S_{o\nu}e^{-\tau_\nu(0)/\mu_0} + \overline{L}_\nu[-\mu,\tau_\nu(0)]] \tag{5.16}$$

로 쓸 수 있다. 여기서, 첫째 항은 지표 온도에 따른 흑체 복사에 방출계수 만큼 비례한 기여 부분이고, 둘째 항은 태양빛이 지표에 등방 산란되는 기여 부분이고, 셋째 항은 지표 바로 위에서의 휘도 중 아래로 향하는 양의 반사에 의한 기여 부분이다. 셋째 항은 실제로 아래로 향하는 휘도의 전체 플럭스를 구한 후, 이것이 지표에서 등방 반사한다는 가정으로 다음과 같이

$$\overline{L}_\nu[-\mu,\tau_\nu(0)] = \frac{2\pi}{\pi}\int_0^1 L_\nu[-\mu,\tau_\nu(0)]\mu\,d\mu \tag{5.17}$$

구해진다. 열적 적외선 영역 (4 μm 이상) 에서는, 구름과 지표 모두 거의 방출계수, ϵ_ν이 1에 가까워서 둘째와 셋째 항을 무시할 수 있다. 근적외선이나 가시광선 영역에서는 오히려

흑체 복사 항을 무시할 수 있으나, 등방 반사라는 가정이 때로 심각한 오차를 초래할 수 있다. 예를 들어 바다에 태양빛이 거울처럼 반사되는 경우는 등방 반사는 대단히 큰 오류를 일으킨다. 그러나 중층 대기의 복사 에너지 전달과정은 거의 열적 적외선 영역이므로, 등방 반사 가정은 좋은 근사이다.

대기 위의 경계 조건은 우주에서 대기 쪽으로 들어오는 휘도는 없으므로, $L_\nu[-\mu,\tau_\nu=0]=0$ 이고, 아래 방향으로 향하는 휘도의 해는

$$L_\nu[-\mu,\tau_\nu(z)]=\int_0^{\tau_\nu(z)}\mu^{-1}J_\nu[\mu,\tau_\nu(z')]\exp[-\mu^{-1}[\tau_\nu(z)-\tau_\nu(z')]]d\tau_\nu(z') \tag{5.18}$$

로 단순화된다.

지구 대기의 구면 곡률을 고려한 광학 깊이는

$$\tau(z^*)=\mu_0(z^*)\int_{z^*}^{\infty}k_\nu(z^{*\prime})\rho_a(z^{*\prime})dz^{*\prime}/\mu_0(z^{*\prime})\propto Ch(\mu_0(z^*),X) \tag{5.19}$$

천정각 변수, μ = cos(천정각) 과 고도 변수, $X=(R+z^*)/H$, 에 의존하는 **Chapman 함수(Chapman function)**로 표현될 수 있다. (R 은 지구 반경, H 는 대기의 평균 높이척도) Chapman 함수는 전리권 장에서 자세히 설명할 것이다.

5.3 원자와 분자의 스펙트럼 기초

경로상의 물질에 의해 복사 휘도가 감소하는 정도를 나타내는 소광 계수 k_ν 중에 흡수 계수 a_ν는 빛이 원자나 분자에 의해 실제로 흡수되는 정도를 뜻한다. 원자/분자가 빛을 흡수하는 과정은 양자 역학적으로 해석하면, 원자/분자는 고유한 불연속적인 에너지 준위들을 가지는데, 아래 준위에서 위 준위로 전이되면서 정확히 두 준위 사이의 에너지에 해당하는 파장의 빛이 **흡수(absorption)**된다. 위 준위로 **여기된(excited)** 원자/분자는 특정시간 후에 아래 준위로 가라앉으며 (de-excitation) 해당 파장의 빛을 외부로 방출(emission)한다. **비열적 평형인 경우 (non-LTE)**, 원천함수에 흑체 복사식 대신에 이런 개별적 방출을 구체적으로 추

적해서 복사전달 방정식을 풀어야 한다. 이렇게 빛의 흡수와 방출을 구체적으로 계산하기 위해서는 원자/분자의 에너지준위를 먼저 이해하여야 한다.

양자 역학이 에너지준위들을 체계적으로 이해하게 한 단서는 실험실에서 측정된 원자/분자의 스펙트럼들이다. 가장 간단한 원자의 스펙트럼을 설명하기 위해서 N. Bohr는 원자 핵 주위의 전자가 일정한 궤도에만 존재할 수 있다는 양자론을 도입하였다. 이후 양자 역학이 정립되면서 모든 원자, 이온, 분자들의 에너지 준위들을 이해할 수 있게 되었다. 여기서는 양자 역학의 에너지 준위들에 관한 결과를 간략하게 정리한다 (e.g. Karplus and Porter, 1970).

5.3.1. 원자의 에너지 준위

원자핵 주위의 전자는 주 양자번호, $n = 1, 2, \ldots \infty$ 로 지시되는 궤도에 존재한다. 즉 연속적이지 않고 정수 번호에 해당하는 궤도로 **양자화(quantized)**되어 있다. 각 궤도는 각운동량을 가질 수 있는데, 이 또한 양자화 되어있어, 각운동량 양자번호, $l = 0, 1, 2,.. n - 1$ 를 가진다. 각각의 각운동량 양자번호에 z 축 방향 양자번호, $m = -l, -l + 1,\ldots 0,.. +l$ 의 $2l + 1$ 개를 가진다. 또한 전자는 스핀 양자 번호, $s = 1/2, -1/2$ 로 지시되는 두 가지 (up, down) 스핀 상태를 가진다. 여기에 **Pauli 의 배타원리 (exclusion principle)**에 의해 두 전자는 동일한 상태 (양자 상태)를 가질 수 없다. 이런 규칙을 적용하면, 다전자 원자는 다음과 같은 순으로 양자상태가 채워진다.

$1s^2$, $2s^2$, $2p^6$, $3s^2$, $3p^6$, $3d^{10}$, ...

여기서 각 항의 첫 번째 숫자는 **주양자 번호 (principal quantum number)**, n을, 두 번째 문자는 각운동량을, 마지막 위첨자는 전자가 들어갈 수 있는 숫자를 뜻한다. 각운동량을 나타내는 문자는

s: $l = 0$, p: $l = 1$, d: $l = 2$, f: $l = 3$, ...

의미이다. 또한 주양자번호에 따라, $n = 1, 2, 3,\ldots$ 에 해당하는 궤도 껍질 (shell)을 K, L, M... 각(殼)으로 부르기도 한다.

원자의 화학적 특성이나 빛의 흡수 방출은 최외각의 다 채워지지 않은 **부각(subshell)** 내 전자의 배열(configuration)에 따라 결정된다. 예를 들어 O^+ 이온은 전자수가 모두 7 개인데, 안에서부터 차례대로 채워지면, $1s^2$, $2s^2$, $2p^3$ 이므로, 채워지지 않은 부각에 p (l = 1) 전자 3개가 존재한다. 이들 세 전자가 가질 수 있는 총 각운동량은 같은 방향으로 더해지면 3, 서로 상쇄되며 더해지면 0까지, **총 각운동량 (total angular momentum)** 양자번호, L = 0, 1, 2, 3 을 가진다. 이 전자들의 배열을 실험실에서 분광 스펙트럼과 대응하는 표시로서, **분광형 표지 (spectroscopic notation)**를 다음과 같이

$$^{2S+1}L_J$$

간단히 표현한다. 여기서 총 궤도각운동량 번호 L = 0, 1, 2, 3, .. 에 각각 S, P, D, F, .. 로 대문자를 사용한다. 또한 J 는 전자의 총 궤도 각운동량 (L) 과 총 스핀 각운동량 (S)의 합으로, $J = \|L-S\|, \|L-S\|+1, \ldots L+S$ 의 값을 가진다. 따라서 p (l = 1) 전자 3 개는 여러 개의 상태 (또는 에너지 준위)를 가질 수 있다. 이들 사이의 에너지 준위 높이는 다음과 같은 **Hund 의 규칙 (Hund's rule)**을 따르는 것으로 알려져 있다.

(1) 총 스핀 양자 번호 (S)가 클수록 낮은 에너지 준위를 가짐.
(2) S 가 같으면, 총 궤도각운동량 번호(L)가 클수록 낮은 에너지 준위를 가짐.
(3) 부각이 반 이상 채워졌을 경우, 같은 S 와 L 에 대해 최대 총각운동량 번호(J)가 낮은 에너지 준위를 가지나, 부각이 반 미만이 채워졌을 경우, 최소 J 가 낮은 에너지 준위를 가짐.

이 규칙은 대부분의 원자와 이온에 잘 맞지만, 드물게 예외도 있기 때문에 정확한 에너지 준위는 원자/이온에 대한 표준 데이터베이스 (예: 미국표준연구소 NIST 의 Basic Atomic Spectroscopic Data)를 참조하는 것이 좋다.

그림 5.3은 대기광과 오로라에서 관측된 산소원자 방출선들에 대한 분광 표지별 에너지준위를 보여준다. 그림에서 보듯이 $^3P_{2,1,0}$ 이 가장 낮은 에너지 준위, 즉 **바닥상태(ground state)**이고, 그 위에 유명한 적색선 (6300 Å)을 내는 $^1D_2$, 녹색선 (5577 Å)을 내는 $^1S_0$ 상태가 보인다. 실험실에서 고 파장해상도로 측정하면 각 상태가 단일선 (singlets), 3중선 (triplets), 5중선 (quintets) 으로 눈에 띄기 때문에 스핀 양자 번호, S = 0, 1, 2 각각 그렇게 부른다.

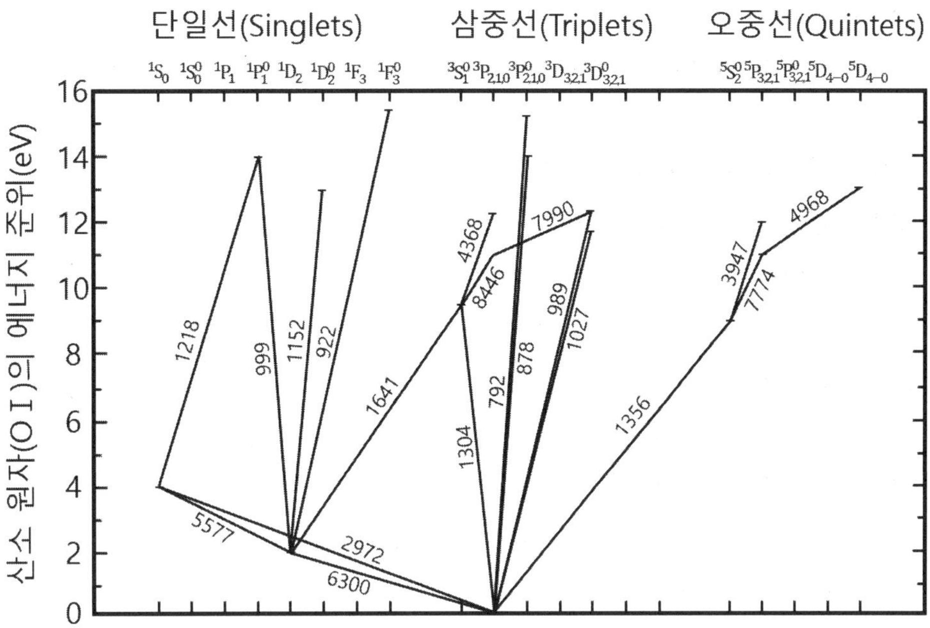

그림 5.3 산소원자의 에너지 준위와 전이들

또한 분광 표지의 오른쪽 위첨자에 0으로 표시된 것은 4개의 전자 중 3개가 n = 2 의 각내에서 총 궤도 각운동량 L = 0 을 가지고, 4번째 전자가 n = 3 이나 4 의 더 높은 각으로 들뜬 상태를 의미한다. 이들의 에너지 준위는 전자 4개가 n = 2 각에 모두 있는 상태들보다 당연히 높다. 대부분의 원자/이온에서 낮은 에너지 준위사이에서 이웃하는 전이들은 (즉 같은 n 을 가지는) 가시광선 영역에 속하고, 그렇지 않은 전이들은 자외선이나 극자외선 영역에 속한다.

모든 에너지 준위들 사이의 전이가 일괄적으로 일어나지는 않는다. 빛을 잘 흡수하거나 방출하려면, 원자/이온의 **쌍극자 모멘트 (dipole moment)**가 형성되어야 하는데, 쌍극자 모멘트는 다음 성질을 갖는 전이들에서 강하다.

(1) ΔS = 0 (즉, 총 스핀 양자번호가 변하지 않는 전이)

(2) ΔL = ±1 (총 궤도 각운동량 번호가 1 변하는 전이)

(3) Δm = 0, ±1 (z 축 각운동량 번호가 0, 1 변하는 전이)

이를 **선택 규칙 (selection rule)**이라 하고, 이 규칙에 맞는 전이를 **허락된 전이 (allowed**

transition)라 부른다. 이런 전이는 매우 빠르게 일어나는데, 그 속도를 위 준위의 지속 시간의 역수로, **아인슈타인 계수 (Einstein coefficient)**, A_{ij} 로 표시한다. 보통 허락된 전이는 A_{ij} 값이 10^8 s^{-1} 정도의 값을 가진다. 이 규칙에 어긋나는 전이는 쌍극자 모멘트를 형성할 수 없어 **금지된 전이 (forbidden transition)**라 부른다. 그러나 실제로는 쌍극자 모멘트 외에 **사극자 모멘트 (quadrupole moment)**를 형성해 강도는 약하지만 빛을 흡수/방출할 수 있다. 대표적으로 오로라에서 관측되는 산소 적색 선이나 녹색 선은 이런 금지된 전이에서 나오는 방출선이다. 금지된 전이 또는 **금지된 선 (forbidden line)**은 실험실 챔버에서 기체의 밀도가 높아 전이속도가 느린 경우, 전이로 빛을 방출하기 전에 주변 기체와 충돌에 의해 빛을 내지 않고 가라앉기(collisional deexcitation) 때문에 측정이 잘되지 않으므로 부쳐진 이름이다. 실제로 $O(^1D)$ 상태는 **바닥상태**(^3P) 보다 에너지 준위가 높지만, 아래로의 전이가 금지된 탓에 매우 오래 동안 (A_{ij} = 9×10^{-3} s^{-1}) 유지될 수 있어, **준 바닥상태 (meta-stable state)**라 부르기도 한다. 오로라가 발생하는 열권의 밀도는 매우 희박하기 때문에 주변 기체와 충돌이 일어나기 전에 이런 금지된 전이가 일어날 수 있어 산소 적색선이 관측된다. 이런 금지된 선들은 밀도가 희박한 성운에서 역시 관측된다.

5.3.2. 분자의 에너지 준위

분자는 원자가 2개 이상 결합하여 물질의 기본 성질을 유지하는 최소 단위이다. 헬륨, 네온 등 최외각이 전자로 완전히 채워진 원자는 다른 원자나 분자와 반응하지 않아, **불활성 원자 (inert atom)** 또는 **비활성 기체 (noble gas)**라 부른다. 그 외의 원자들은 자연계에서 항상 다른 원자와 결합하여 분자로 존재한다. 따라서 분자는 2개 이상의 원자 핵이 전자 구름으로 묶여 있다. 가장 간단한 분자는 동일한 원자 2개가 묶여있는 **동질핵 2원자분자 (homonuclei diatom)**이다 (예: H_2, O_2, N_2). 또한 다른 원자 2개가 묶여 있는 **이질핵 2원자분자 (heteronuclei diatom)**들로서, OH, NO, CO 등이 있다. 자연계에는 3원자 이상이 묶여 있는 분자는 무수히 많지만, 대기를 구성하는 분자는 비교적 간단한 분자들로, H_2O, CO_2, O_3, CH_4, N_2O 등이 있다. 본 교재에서는 가장 간단한 2원자 분자에 대해서만 에너지 준위들을 소개하고, 이를 기초로 3원자 이상의 분자의 에너지 준위도 대략 이해할 수 있게 한다.

이원자 분자는 원자핵 간의 간격이 무한대로 떨어지면, 그 안에 있는 전자들의 에너지 준위는 단순히 원자의 에너지 준위를 가질 것이다. 원자핵간 거리가 줄어들면 그 주위의 전자는 자기가 속해있는 핵뿐만 아니라 타 원자핵으로부터 끌어당기는 **쿨롱 힘 (Coulomb**

Force)을 느낄 것이다. 따라서 핵간 거리가 줄어들수록 전자는 더 안정화 (더 잘 구속) 되어서 더 낮은 에너지 준위를 가진다. 그러다가 두 원자핵이 특정 거리보다 더 가까워지면 반발력이 강해지면 불안정한 상태로 진행되므로 다시 에너지 준위가 급격히 높아진다.

그림 5.4는 핵간 거리에 따른 O_2 분자의 에너지 준위 곡선을 보여준다. 핵간 거리가 매우 큰 영역에서는 단순히 2개 산소 원자 에너지 준위의 합에서 시작하여, 거리가 가까울수록 에너지 준위가 점차 낮아지면서 또한 여러 개의 에너지 준위 곡선으로 나누어짐을 볼 수 있다. 각 준위 곡선에는 전자들의 각운동량과 스핀을 뜻하는 분광표지가 표시되어 있다. 그 의미는 다음과 같이 정리된다.

$$^{2S+1}\Lambda_{(g,u)}^{(+,-)}$$

핵간 축 (분자축)에 대한 전자들의 궤도 각운동량의 합, $M = m_1 + m_2 + \ldots$ 인데, M 의 절대값이 0, 1, 2, 3, ... 이면 각각 $\Lambda = \Sigma, \Pi, \Delta, \Phi, \ldots$ 으로 표기한다. 이는 원자의 총 궤도 각운동량을 S, P, D, F,.. 표기하는 것과 상응한다. 왼쪽 첨자 $2S + 1$ 은 원자의 경우와 같이, 전자의 총 스핀 양자번호를, 오른쪽 위첨자의 +/- 는 분자축에 수직인 면에 대해서 반사하여 상태함수의 부호가 변하지 않는/변하는 것을, 아래 첨자, g 와 u 는 분자 중심점에 대한 대칭 전환시 부호가 변하는/변하지 않는 경우를 각각 의미한다. 참고로 위첨자 +/- 는 총 궤도 각운동량이 0 인 Σ 상태에서만 적용된다. 면대칭과 점대칭에 의한 부호 변화에 대한 자세한 규칙은 **분자궤도론(molecular orbital theory)**을 참조해야 한다 (Karplus and Porter, 1970).

이런 분광표지는 선택규칙을 적용하는데 편리하다. 즉, 허락된 전이를 구별할 때, 스핀 양자 번호가 같은 준위끼리, 면대칭이나 점대칭 성질이 동일한 준위끼리, 각운동량 번호가 1 씩 변하는 준위끼리로 손쉽게 알 수 있다. O_2 의 경우, 바닥상태가 $^3\Sigma_u^-$ 이므로 그 위에 있는 $S = 1$ (triplet) 인 곡선들과는 우선 전이가 가능할 것을 예상할 수 있다. 이에 따라서 $S = 1$ 인 에너지 준위들을 바닥 준위에서부터 순서대로 분광 표지 앞의 알파벳 문자, X, A, B, C, .. 로 표시한다. 바닥상태, X $^3\Sigma_u^-$ 와 전이가 허락되지 않는 S = 0 (singlet) 상태들은 맨 아래 에너지 준위부터 순서대로, 소문자 a, b, c, .. 표시한다. 그러나 한번 정해진 순서 이후에 새롭게 실험실에서 발견되는 에너지 준위는 대쉬를 사용하여 구분하기도 한다. 예를 들어, B 와 C 준위 사이에 새롭게 발견되는 준위는 $B^{1'}$ 으로 표기하는 방식이다. 이렇든 개별 분자에 대해서 분광표지는 복잡해질 수 있기 때문에, 실제 연구 시에는 표준 분자 데이터베이스를 참조해야 한다.

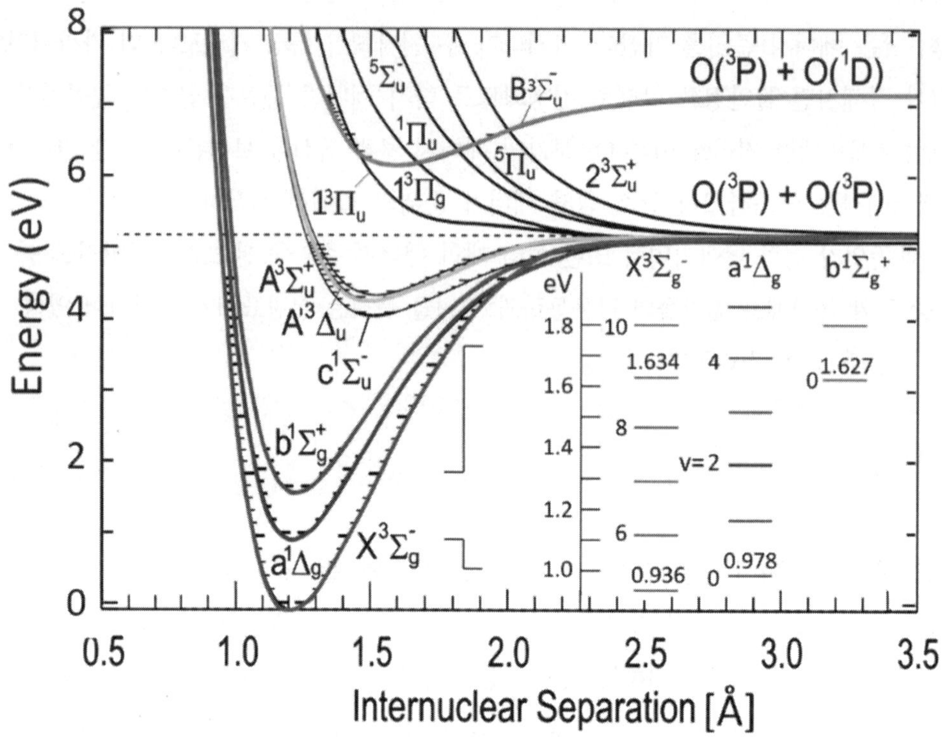

그림 5.4 산소 분자의 전자 에너지 준위 곡선들 (Farooq et al., 2014)

분자는 전자에 의한 에너지 준위에 더하여 원자핵간 거리가 진동하는 에너지 준위를 가진다. 분자를 이루는 2개의 원자핵은 스프링에 연결된 것처럼 진동할 수 있는데, 고전역학에서 진동 에너지는 스프링의 탄성계수 (k_e) 와 원자핵의 질량 (μ)에 의존한다. 이런 진동에너지도 분자 규모에서는 양자화되어 에너지 준위가 다음과 같이 간단한 수식으로 표현된다.

$$E_v = (v + \frac{1}{2}) h\nu_e \ , \quad \nu_e = \frac{1}{2\pi}(\frac{k_e}{\mu})^{1/2} \tag{5.20}$$

여기서 진동 양자번호, $v = 0, 1, 2, \ldots$ 값을 가지므로, 진동에너지 준위는 등 간격으로 증가한다. 이 준위들은 전자 에너지 준위 곡선의 최저점으로부터 차례로 위로 채워지는데, 전자에너지 준위 곡선 평탄 부분 위까지 올라가면, 진동이 너무 심해 불안정해져서 두 개의 원자핵이 분리되는 **분자 해리 (molecule dissociation)**가 일어난다. 따라서 진동에너지 준위는 전자에너지 준위가 오목한 부분까지만 존재한다. 이 진동에너지 준위의 간격은 대부분의 분자에서 ~0.1 eV 크기이므로, 이들 간의 전이, 즉 **진동 전이 (vibrational transition)**는 적외선 영역의 빛을 흡수하거나 방출한다.

분자는 분자축에 수직인 축을 중심으로 회전할 수 있으므로, 이에 대한 회전에너지도 가질 수 있다. 고전역학에서 회전에너지는 회전축에 대한 물체의 **관성모멘트 (I_e)**와 회전각운동량에 의존하는데, 이 에너지도 양자화되기 때문에 다음과 같이 간단히 표현된다.

$$E_J = \frac{J(J+1)\hbar^2}{2I_e} \equiv BJ(J+1) \tag{5.21}$$

여기서 회전 양자번호, $J = 0, 1, 2, \ldots$ 를 가진다. 따라서 회전에너지 준위의 간격은 $2J$로 순차적으로 증가하지만, 이도 높은 양자번호로 가면 회전 속도가 너무 빨라 불안정하므로 유지될 수 없다. 대부분의 분자의 회전 에너지 준위 간격은 10^{-3} eV (0.1 ~ 1 cm^{-1}) 정도로서 이들 간의 전이, 즉 **회전 전이 (rotational transition)**는 수 mm 이하 파장의 마이크로파 (micro waves)를 흡수/방출한다. 분자 질량이 클 수록 관성모멘트가 커지므로 회전 준위의 간격은 작아진다. 대표적인 예로 성산 구름에 있는 일산화탄소 (CO)가 $J = 1 - 0$ 전이가 방출하는 2.6 mm 마이크로파가 유명하다.

5.3.3. O_2 스펙트럼

위에 소개한 전자, 진동, 회전 에너지 준위들은 각각 독립적으로 해석되지만, 실제 분자 스펙트럼에는 모두 더해져서 나타난다. 여기서는 대표적 예로 산소 분자의 스펙트럼을 소개한다. 그림 5.4에서 산소 분자의 바닥 전자에너지 준위 곡선 X $^3\Sigma_u^-$ 내에는 수많은 진동에너지 준위들 (v = 0, 1, 2, ..) 이 있고, 각각의 진동 준위 내에는 수많은 회전에너지 준위 (J = 0, 1, 2, ..) 가 분포한다. 따라서 가장 안정적인 준위, 즉 바닥준위는, X $^3\Sigma_u^-(v = 0, J = 0)$ 일 것이다. 이 산소 분자는 열운동하는 주변기체와 충돌하여 에너지를 주고받기 때문에, 바닥준위에만 머물지 않고, 그보다 높은 에너지 준위에도 분포할 것이다. **Boltzmann 통계 (Boltzmann statistics)**에 의하면, 온도 T 인 주변과 열평형 상태인 분자는 에너지 E를 가지는 준위에, **볼츠만 인수 (Boltzmann factor)**, *exp(-E/kT)* 만큼 분포한다. 따라서 바닥 준위로부터 높이가 kT 정도의 에너지 준위들까지는 상당히 많이 분포할 것이다. 대기온도, 300 K를 가정하면, E = 0.0256 eV 정도의 준위들에 분포할 것이다. 이는 다음 높은 진동에너지 준위, v = 1 보다는 매우 작지만, v = 0 내의 회전준위들 간격보다는 충분히 크다. 따라서 이 온도에서 산소분자의 바닥 전자-진동 준위 (electronic-vibrational level) 내의 회전 준위들은 볼츠만 인수에 따라 충분히 채워질 것이다.

이렇게 산소 분자의 바닥 준위들이 분포하고 있는 상태에서 태양빛이 입사하면, 전자 전이가 일어나며 복잡한 흡수스펙트럼을 만든다. 산소 분자에 의한 가장 짧은 영역의 흡수 스펙트럼은 1300 A에서 시작하는 **Schumann-Runge 스펙트럼**이다. 이는 바닥상태 X 에서 B로의 전자 전이에 해당한다. 그림 5.4에서 X → B 로 전이하는 경로 중에 에너지차이가 큰 영역 (짧은 파장 영역) 은 전이한 후, 바로 임시 상태인 $^3\Pi_u$ 로 전환되고 즉시 O(^{3}P) + O(^{3}P) 로 해리된다. 이 전이에 해당하는 스펙트럼을 **Schumann-Runge 연속 (S-R continuum)**이라 한다. 이렇게 중간과정을 통해 분자가 해리하는 것을 **전-해리 (pre-dissociation)**라 부른다. 보통 해리를 일으키는 흡수는 파장에 따라 매끈한 연속 스펙트럼을 만드나, 전-해리는 불연속 준위를 경유하는 중간과정을 거치므로, 연속이긴 하지만 다소 복잡한 스펙트럼을 보인다. S-R 연속보다 에너지 차이가 더 작은 (파장이 더 긴) 영역에서는 전자-진동-회전 흡수선들이 진동 에너지 차이별로 밴드 구조를 가지며 나타난다. 이렇게 밴드 구조 잘 보인다 해서 **S-R 밴드**라 한다.

파장 ~2000 A 보다 긴 영역에서도 산소 분자의 흡수가 일어나는데, 이는 X → A 로의 전자 전이에 기인한다. 여기에서도 전자 준위 곡선 A 의 평탄 부분보다 높은 곳으로 전이할 경우, 바로 O(^{3}P) + O(^{3}P) 로 해리되면서 연속 흡수 스펙트럼이 생긴다. 이를 **Herzberg 연속 스펙트럼 (Herzberg continuum)**이라 한다. 이보다 파장이 더 긴 영역에서는 아래와 위에서 모두 전자-진동-회전 준위별로 전이가 일어나므로, 마찬가지로 흡수선들이 밴드구조로 나나내는데, 이를 **Herzberg 밴드 스펙트럼**이라 한다.

5.4 중층 대기 기체 흡수 스펙트럼

중층대기의 온도는 지표로부터 나오는 적외선 복사의 흡수에 민감하게 의존한다. 대기의 주성분인 질소와 산소분자는 동질핵 이원자 분자이기 때문에 진동전이나 회전전이에서 쌍극자 모멘트가 생성되지 않아 적외선을 흡수/방출하지 못한다. 따라서 중층 대기에 분포하는 소량의 다른 분자, CO_2, O_3, H_2O, N_2O, CH_4, CO 등이 효율적으로 지표 적외선 복사를 흡수한다. 특히 이산화탄소(CO_2)는 혼합비도 상당하고, 3, 4, 14 μm 영역에서 적외선 복사를 넓게 흡수하여 중층대기 온도에 가장 영향력이 크다. 다음으로 오존(O_3)은 9 μm 영역의 적외선 복사를 흡수하는데, 주로 중간권의 온도에 영향을 미친다. 물론 오존은 태양자외선을 직접 흡수하여 성층권의 온도를 상승시키는 효과가 더 크다. 물분자(H_2O)는 1, 3, 5-7 μm 의 넓은 영역에서 흡수할 수 있으나, 그 혼합비가 대류권에 치중되어 있어 중층대기에서 흡수는 그다지 크지 않다. 그 외에 일산화탄소(CO)는 4 μm, 메탄(CH_4)은 3 μm 과 8 μm, 일산화질소(N_2O)는 4 μm과 8 μm의 적외선을 흡수하지만, 중층대기에서 그 혼합비가 매우 작기 때문에 온도에 크게 영향을 미치지 못한다.

이런 적외선 흡수는 바닥 진동에너지 준위에서 그 위의 진동 준위로 전이하면서 일어난다. 보통 진동전이는 진동 양자번호 $\Delta v = \pm 1$ 사이에서 허용된다. 대기에서 적외선 복사 흡수는 주로 분자의 바닥 준위 $v = 0$ 에서 $v = 1$ 으로 전이로 일어난다. 이 전이에 의한 스펙트럼선들을 **근본 밴드 (fundamental band)**라 부른다. 이보다 약하게 $v = 0 - 2$ 의 전이가 일어날 수 있는데, 이를 **오버톤 밴드 (overtone band)** 라 한다. 또한 $v = 1 - 2,\ 2 - 3, \ldots$ 의 전이는 온도가 아주 높을 때만 가능하기 때문에 **뜨거운 밴드(hot band)**라 하고, 진동 양자번호가 2개 이상의 조합이 변하는 전이를 **조합 밴드 (combination band)**라 한다.

하나의 진동준위 내에는 수많은 회전선이 있기에 진동전이는 회전 전이의 집합으로 밴드의 형태로 묶여 일어난다. 구체적으로 아래 진동 준위 내의 회전 준위, J 와 위 진동 준위 내의 회전 준위, J' 사이에 전이가 일어나는데, **선택 규칙**에 의해 $J' - J = \pm 1$ 인 경우만 쌍극자 모멘트를 생성할 수 있어 허락된다. 따라서 준위 간격이 작은 $J' - J = -1$ 의 선들이 진동 스펙트럼 밴드의 파장이 긴 쪽에 배열되고, 짧은 쪽에는 $J' - J = 1$ 의 선들이 배열된다. 이 선들을 각각 **P-branch, R-branch**라 부른다. 또한 분자축에 수직인 쌍극자 모멘트가 있는 분자인 경우, $J' - J = 0$ 의 전이도 가능한데, 이 전이에 의한 선은 P 와 R branch 사이에 있다하여, **Q-branch**라 부른다.

중층 대기 온도에 가장 중요한 영향을 미치는 이산화탄소의 적외선 스펙트럼을 먼저 살펴보자. 이산화탄소는 O-C-O 의 구조이기 때문에, **대칭 진동 모드 (symmetric stretching mode)**, **구부러지는 진동 모드 (bending mode)**, **비대칭 진동 모드 (asymmetric stretching mode)**를 가진다. 이 각 모드에 상응하는 진동 양자 번호를 v_1, v_2, v_3 로 지시한다. 이 양자번호의 조합에 해당하는 에너지 준위를 그림 5.5에 나타냈다.

바닥 진동 상태, (0,0,0) 에서는 **Pauli 배타원리**에 의해 회전 준위들이 J'가 짝수인 경우만 가능하다.

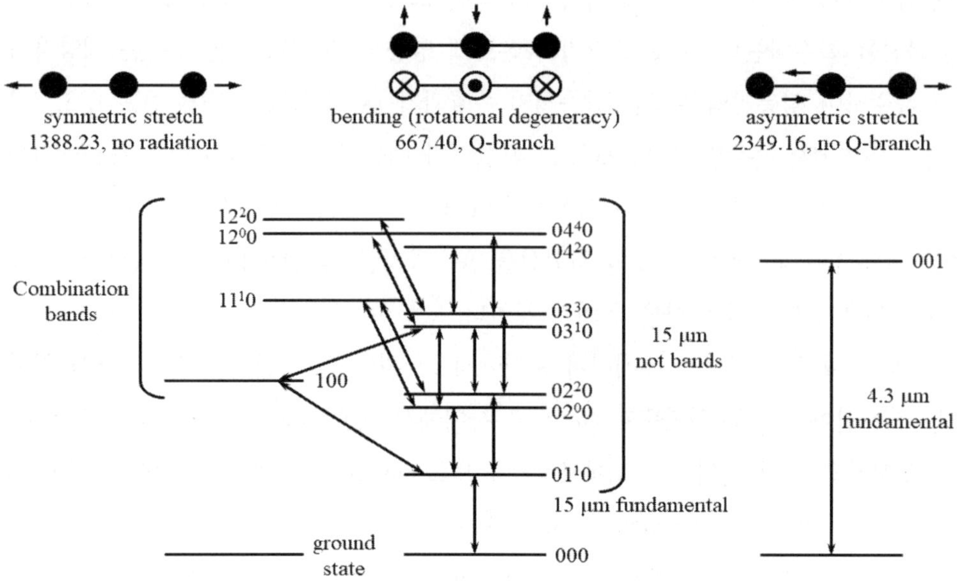

그림 5.5 이산화탄소의 진동 모드와 전동 전이들.

Pauli 배타 원리를 간단히 설명하면, 스핀이 0 인 **보존(boson)** 입자는 양자역학 파동함수가 180° 회전에 **대칭(symmetric)** 이어야 하고, 스핀이 1/2 인 **페르미온(fermion)** 입자는 파동함수가 **반대칭(anti-symmetric)** 즉 180° 회전에 부호가 바뀌어야 한다는 원리이다. 따라서 산소 분자내의 산소원자의 스핀이 0 이고, 두 개의 산소원자를 구별할 수 없으므로 (indistinguishable) 180° 회전에 파동함수가 대칭이어야 해서, 회전 양자 번호 J 가 짝수만 가능하다. 또한 산소 분자내의 산소 원자들이 밴딩 운동을 할 경우, 각 운동량을 가질 수 있기 때문에 ν_2 양자번호에 위첨자 (01^10, 02^00, 02^20,..)로 추가 표시한다. 그림 5.6은 15 μm 근본 밴드인 000 - 01^10 전이의 구성을 보여준다. 특이하게도 위 진동준위가 각운동량 1을 가지므로 Pauli 배타원리에 따라 홀수 회전 준위만 가능하다. 따라서 이 밴드는 **Q branch** (J' - J = 0) 가 없이 P 와 R branch로 구성되어 있다. 일반적인 이산화탄소를 구성하는 ^{16}O 과 ^{12}C 원자이외에 이들의 동위원소인, ^{18}O과 ^{13}C로 구성될 수 있다. 이런 동위원소 이산화탄소는 서로 다른 원자핵 질량 때문에, 진동 준위와 회전 준위가 약간씩 다르다. 이산화탄소는 **광학깊이가 두꺼운 (optically thick)** 적외선 흡수선들을 가지므로, 비록 작은 함량의 동위원소 이산화탄소가 약간 다른 파장에서 적외선 복사를 흡수하는 양을 무시하지 못한다. 따라서 중층대기의 정교한 복사전달 모델은 이 효과를 필수적으로 고려해야 한다.

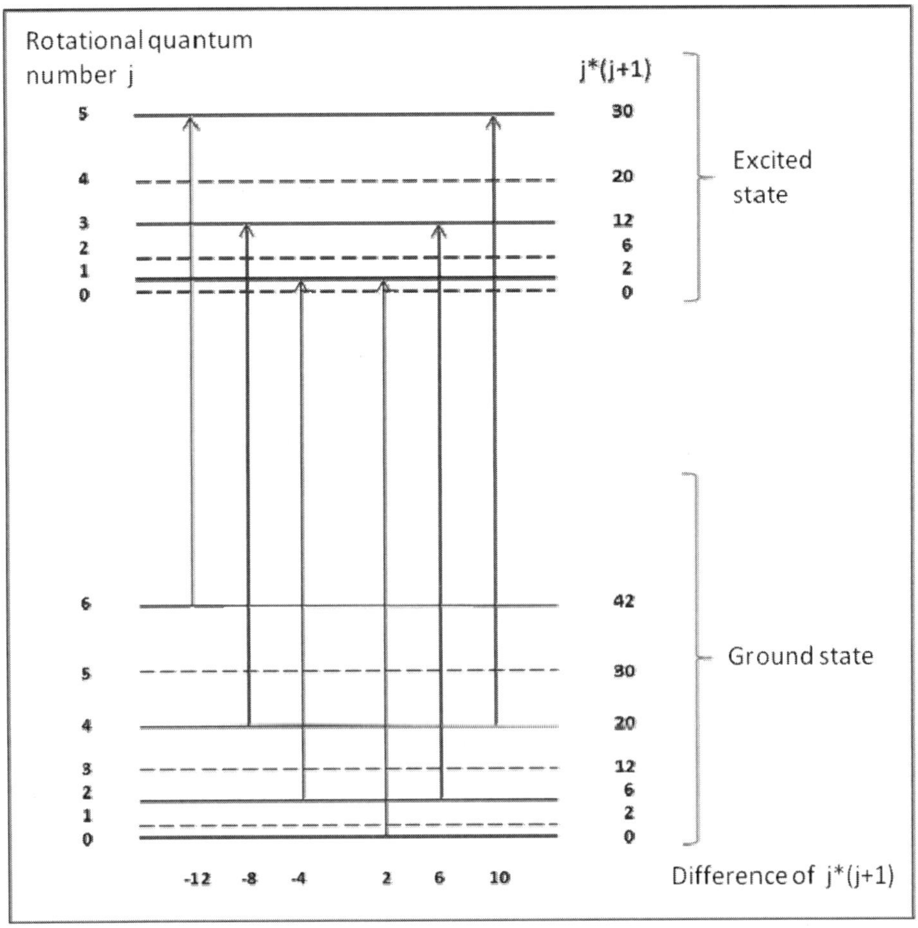

그림 5.6 이산화탄소 근본 밴드 000 – 01[1]0 전이내의 회전 전이 구성.

이산화탄소 다음으로 중요한 오존은 혼합비가 ~15 ppmv(part per million volume)로 강한 v_1, v_3 근본 밴드(1110 cm^{-1}, 1045 cm^{-1})와 뜨거운 밴드가 9 μm 적외선을 흡수한다. 오존의 v_2 근본 밴드(701 cm^{-1})는 이산화탄소의 15 μm 밴드와 겹치나, 약하게 기여한다. 뜨거운 밴드인 9.6 μm 영역은 복잡해서 잘 측정되지 않았으나, 오존에 의한 중간권 냉각은 이산화탄소의 1/3 정도로 전제적인 냉각률 계산의 불확실도에 크게 영향을 주지 않는다.

물분자의 적외선 밴드 세기는 이산화탄소와 비슷하나, 중층대기에서 혼합비가 매우 적어(5 ppmv) 그 효과가 이산화탄소의 1/100 정도로 작다. 물분자의 6.3 μm 의 v_2 근본 밴드가 중층대기의 복사과정에 가장 크게 기여한다. 에너지가 높은 오버톤 밴드는 주로 대류권에서 근적외선과 가시광선의 태양광 흡수에 기여하고, 중층대기의 에너지 공급에는 소규모로 영향을 미친다. 물분자의 구조는 비선형이라서 회전 준위가 다시 z 축 양자 번호 m 에 따라

$2J+1$ 개로 갈라지는 복잡한 스펙트럼을 보인다. 오랜 연구에도 불구하고 물분자의 밴드 상수 등이 이산화탄소 스펙트럼만큼 정확히 결정되지 못하고 있다.

5.5 선 및 밴드 세기와 통과 함수

앞 절에서 흡수계수, a_ν 의 단위를 $m^2\ kg^{-1}$ 으로 표현했는데, 여기에 분자 1개의 질량을 곱하면, $\sigma_\nu = M_a a_\nu$ 로서 분자 1개당 빛을 흡수하는 단면적의 의미가 된다. 이 단면적을 선 폭 또는 밴드 폭에 대해 적분하면, 각각 **선 세기 (line strength)**, **밴드 세기 (band strength)**가 정의된다.

$$S = \int \sigma_\nu \, d\nu \tag{5.22}$$

여기서 파장 대신 진동수 범위로 적분했으므로, 선/밴드 세기의 단위는 m^2 Hz 이다. **밴드 세기**를 계산할 때, **열적평형(LTE)**를 가정하여 각 회전 준위들이 볼츠만 분포함을 사용한다.

$$n_l/n_a = \frac{g_l e^{-E_l/k_B T}}{\Sigma_j g_j e^{-E_j/k_B T}} \tag{5.23}$$

여기서 g_j 는 각 회전 준위의 **통계적 가중치 (statistical weights)**로서, 보통 z 축 회전양자번호의 개수인, $2J+1$ 을 사용한다. 즉, 각 회전 준위 내에 $2J+1$ 개의 부준위 (sub-level) 들이 포함되어 있다는 의미이다. 특별한 경우에는 이 부준위들이 서로 다른 에너지를 갈라질 수 있음에 유의해야 한다.

양자 역학에서 각 에너지 준위는 폭이 없는 선으로 표시했지만, 자연계에는 폭이 없는 선이 있을 수 없다. 실제로 각 에너지 준위는 다음과 같은 이유로 유한한 선폭을 가진다.

1) **자연 폭 (natural broadening width)**: 양자역학의 **불확정성 원리 (uncertainty principle)**, $\Delta E \Delta t \geq h/2\pi$ 에 따른 각 에너지 준위의 유한한 생존 시간이 주는 선폭이다. 즉, 생존 시간, Δt 에 따라 결정되는 에너지 폭, ΔE 이 선폭을 만든다. 이 선폭으로 넓어진 분광선은

로렌츠 프로파일 (Lorentz profile)을

$$f(\nu-\nu_0) = (\alpha_L/\pi)\,[(\nu-\nu_0)^2 + \alpha_L^2] \tag{5.24}$$

가진다. 여기서, $\alpha_L = (2\pi\bar{t})^{-1}$ 로서 생존시간이 짧으면 선폭이 커진다. 산소 분자 **Schuman-Runge 밴드**의 경우, 생존시간이 ~10^{-9} 초 정도이어서 선폭이 ~1 cm^{-1} 로 상당히 크다. 그러나 진동-회전 전이의 경우, 생존시간이 ~0.1 초 정도로 길어서 선폭이 매우 좁아 다른 선폭에 비해 무시할 수 있다.

2) **압력 폭 (pressure broadening width)**: 기체의 압력이 크면 분자가 주변과 충돌하는 빈도수가 커져서 각 에너지 준위의 생존 시간을 짧게 한다. 생존 시간에 따는 선폭이므로, 자연 폭 경우와 같이 로렌츠 프로파일을 따른다. 이 생존 시간에 의한 선폭은

$$\alpha_L \approx 0.07\,(p/p_s)(T_s/T)^{1/2}, \quad (p_s = 1000\,mb,\ T_s = 273\,K) \tag{5.25}$$

의 함수로 압력과 온도에 따라 변한다. 표준 압력과 온도에서 로렌츠 선폭은 ~0.11 cm^{-1} 정도이다. 중층 대기에서 로렌츠 선 형태는 잘 유지하나, α_L 의 값이 분자마다 다를 수 있고, 온도의 함수도 분자마다 다를 수 있으며 ($T^{0.5}$ 보다 $T^{0.7}$ 이 더 적절할 수도), 선 중앙에서 먼 곳에서는 선 형태가 다를 수 있다.

3) **도플러 폭 (Doppler broadening width)**: 분자의 열운동에 의한 **도플러 효과**로 선폭이 증가한다. 즉, 온도가 증가하면 선폭이 증가한다. 이 경우, 분자의 운동속도 분포를 닮은 **도플러 프로파일 (Doppler line profile)**

$$f(\nu-\nu_0) = (\pi\alpha_D^2)^{-1/2}\exp[-(\nu-\nu_0)^2/\alpha_D^2], \tag{5.26}$$

$$\alpha_D \equiv u_m\nu_0/c\ ,\ u_m \equiv (2k_B T/M_a)^{1/2}$$

를 가진다. 이 프로파일의 **반세기 반폭(half-width)**, $(\ln 2)^{1/2}\alpha_D$ 를 이용하여, 측정된 스펙트럼 선의 폭으로부터 대기의 온도를 추산하기도 한다.

중층대기 스펙트럼선은 보통 **압력 폭**과 **도플러 폭**을 동시에 가지므로, **로렌츠 프로파일**과 **도플러 프로파일**을 합쳐서 표현한 **Voigt 프로파일**

$$f(\nu-\nu_0,\alpha_D,\alpha_L)=(\pi\alpha_D^2)^{-1/2}(y/\pi)\int\frac{e^{-x^2}dx}{y^2+[x-(\nu-\nu_0)/\alpha_D]^2}, \tag{5.27}$$

$$y=\alpha_L/\alpha_D \quad , \quad x=u/u_m$$

로 근사한다. 위식은 y 가 1 보다 작을 때 ($\alpha_L \sim\leq \alpha_D$) 유효함에 유의해야 한다. 중층 대기에서 $\alpha_D \cong 6\times 10^{-2}\ cm^{-1}$는 산소 Schumann-Runge 밴드의 몇몇 선의 **자연 폭** α_L과 비슷해서 **Voigt 프로파일**이 적용 가능하다. 진동-회전 전이의 경우, 고도 30 ~ 40 km 압력 선폭과 도플러 선폭이 비슷하여 이 프로파일을 사용할 수 있다. 이 프로파일은 선 중앙에서는 도플러 프로파일을 선 중앙에서 먼 곳에서는 로렌츠 프로파일로 접근한다.

5.5.1. 통과 함수 (Transmission Function)

기체의 흡수와 방출만 고려하여 대기층간의 복사가 통과하는 정도를 함수로 정의하면, 대기층간의 복사 전달을 개념적으로 이해하기 편리하다. 통과함수는 광학 깊이의 함수로

$$T_\nu(s_1,s_2)=\exp[-\int_{s_1}^{s_2}k_\nu(s)\rho_a(s)ds] \tag{5.28}$$

$$T_\nu(s_1,s_2)=T_\nu(z_1,z_2,\mu)=\exp[-\mu^{-1}\Delta\tau_\nu(z_1,z_2)],\quad \Delta\tau_\nu(z_1,z_2)\equiv|\tau_\nu(z_1)-\tau_\nu(z_2)|$$

로 표현된다. 통과함수는 단위가 없이 0과 1 사이의 값을 가지고, 주어진 흡수선의 프로파일을 그대로 반영하므로 파장에 대단히 민감하다. 즉, 선 중앙에서는 0에 접근하는 값을, 선 중앙으로부터 떨어진 파장에서는 1 에 접근하는 값을 가진다. 또한 여러 개의 흡수선을 포함하는 흡수 밴드를 한꺼번에 취급할 경우, 각 흡수선이 기여하는 정도를 평균한 밴드 통과함수

$$\overline{T}_r=\frac{1}{\Delta\nu}\int_{\Delta\nu}T_\nu\, d\nu \tag{5.29}$$

를 정의하여 사용할 수 있다.

스펙트럼 선을 분석할 때, 자세한 선 프로파일 측정이 어려운 여건에서 선들의 세기를 손쉽게 비교할 수 있는 **등가폭 (equivalent width)**을

$$W_r = \Delta\nu(1 - \overline{T_r}) = \int_{\Delta\nu}[1 - T_\nu]\,d\nu \tag{5.30}$$

정의하여 사용하기도 한다. 실험실에서 기체의 온도와 압력을 일정하게 유지하면서 **기둥 밀도 (column density)**를 바꾸어 가며 등가폭을 측정하면, 등가폭이 기둥 밀도에 따라 어떻게 커지는 지를 나타내는 **성장 곡선 (curve of growth)**을 구할 수 있다. 이렇게 측정된 성장곡선은 실제 대기 관측에서 얻어진 선들의 등가폭을 손쉽게 분석할 수 있게 한다. Voigt 선 프로파일의 등가폭은 로렌츠 프로파일의 등가폭, W_L, 과 도플러 프로파일의 등가폭, W_D 와 다음 식으로 연결될 수 있다.

$$W = [\,W_L^2 + W_D^2 - \frac{2\,W_L W_D}{(\tilde{S}u)^2}]^{1/2} \tag{5.31}$$

여기서, u 는 기둥밀도이고, $\tilde{S}$ 는 앞에서 정의한 선 세기, $S = \int \sigma_\nu (= M_a k_\nu)\,d\nu$ (원자/분자 1개당 세기)와 달리, 단위 질량당 선 세기, $\tilde{S} = \int k_\nu\,d\nu$ 이다. 따라서 $\tilde{S} = S/M_a$ 이고, k_ν 프로파일의 최대값과 $\tilde{S} = \int k_\nu\,d\nu = \int \tilde{S}\,\phi(\nu)\,d\nu$ 의 관계를 가진다.

위에서 정의된 통과 함수는 빛의 경로 상에서 통과되는 율로, 실제 대기층간의 통과 정도를 직접 나타내지 않는다. 대기층이 수평 평면임을 가정하여 고도, z_1 과 z_2 사이의 통과율을 플럭스 통과 함수 (flux transmission function),

$$\overline{T}_f(z_1, z_2) = \int_0^1 \mu\,\overline{T}_r(z_1, z_2, \mu)\,d\mu\,\left(\int_0^1 \mu\,d\mu\right)^{-1} = 2\int_0^1 \mu\,\overline{T}_r(z_1, z_2, \mu)\,d\mu \tag{5.32}$$

로 정의한다. 이 플럭스 통과 함수를 적분 함수, $E_n(x)$로 사용하면,

$$\overline{T}_f(z_1, z_2) = \frac{2}{\Delta\nu_r}\int_{\Delta\nu_r} d\nu \int_0^1 \exp[-\Delta\tau_\nu(z_1, z_2)]\,\mu\, d\mu \tag{5.33}$$

$$= \frac{2}{\Delta\nu_r}\int_{\Delta\nu_r} E_3[\Delta\tau_\nu(z_1, z_2)]d\nu$$

$$E_n(x) \equiv \int_1^\infty e^{-\eta x} d\eta/\eta^n, \quad \frac{dE_3}{dx} = -E_2, \quad E_n(0) = \frac{1}{n-1}$$

로, 광학 깊이 차이의 함수로 직접 표현할 수 있다. 참고로, 플럭스 통과 함수의 고도 미분은

$$\frac{\partial \overline{T}_f}{\partial z} = \frac{\partial \overline{T}_f}{\partial \Delta\tau_\nu}\frac{\partial \Delta\tau_\nu(z_1, z)}{\partial z} = k_\nu \rho_{a0}\frac{\partial \overline{T}_f}{\partial \Delta\tau_\nu} \tag{5.34}$$
$$= \pm\frac{2\rho_{a0}}{\Delta\nu_r}\int_{\Delta\nu_r} k_\nu \frac{dE_3(\Delta\tau_\nu)}{d(\Delta\tau_\nu)}d\nu = \pm\frac{2\rho_{a0}}{\Delta\nu_r}\int_{\Delta\nu_r} k_\nu E_2(\Delta\tau_\nu)\, d\nu$$

로 계산될 수 있는데, 이 미분은 고도별 대기의 복사에너지 흡수 정도와 직접 연관되기 때문에 유용하다.

플럭스 통과 함수의 미분은 또한 주어진 고도, z 에서 z' 로 빛이 탈출할 확률, $\Gamma_r(z, z')$ 와 다음과 같이 연관된다.

$$\Gamma_r(z, z') = \frac{\Delta\nu}{2\rho_{a0}(z)\widetilde{S}_r(z)}\left|\frac{\partial \overline{T}_f(z, z')}{\partial z}\right| \tag{5.35}$$
$$= \frac{1}{\widetilde{S}_r(z)}\int_0^1 d\mu \int_{\Delta\nu} k_\nu(z)\exp(-\Delta\tau_\nu(z, z')/\mu)\, d\nu$$
$$= \frac{1}{\widetilde{S}_r(z)}\int_{\Delta\nu} k_\nu(z)\, E_2[\Delta\tau_\nu(z, z')]d\nu$$

이는 주어진 밴드의 복사가 흡수되지 않고 z에서 z'로 탈출할 확률로서, 고도 차이가 클수록 작아지는데, 밀도가 큰 아래 고도로 갈수록 더 급격하게 감소됨을 예상할 수 있다. 또한 주어진 고도에서 위로 올라갈수록 대기 밀도가 희박해지므로 점차 우주로 탈출할 확률이 일정 값으로 수렴한다. 당연히 대기 밀도가 낮은 곳에서 출발한 빛은 우주로 탈출할 확률이

더 크다. Leovy (1984)는 3mb 고도 (~40 km), 즉 성층권 상부에서 출발한 15 μm 복사는 ~1 % 이상 탈출한다고 계산하였는데, 이는 중간권에서 상당한 냉각을 초래할 수 있음을 시사한다.

5.6 중층 대기의 적외선 복사 이완 (radiative damping)

대기가 복사를 흡수하면 가열되고, 방출하면 냉각될 것이다. 대기의 단위 질량당 에너지의 흡수/방출을 한꺼번에 부호를 가진 **가열율(heating rate)**이라는 개념을 도입하면, 주어진 고도의 대기층에 위로 나가는 플럭스와 아래로 나가는 플럭스의 차이인 순 플럭스로 다음과 같이 표현된다.

$$h_r(z) = -\rho^{-1}\frac{dF_{n,r}}{dz^*} = -\rho_0^{-1}\frac{dF_{n,r}}{dz}, \quad F_{n,r} \equiv F_{r\uparrow} - F_{r\downarrow} \tag{5.36}$$

여기서, 아래 첨자 r 은 주어진 밴드 파장 영역에 대해 적분한 값을 의미한다. 위로 향하는 플럭스는 지표에서 방출하는 적외선이 도달하는 양과 도중에 방출되는 적외선 양의 합으로 다음과 같이 쓸 수 있다.

$$F_{r\uparrow}(z) = \pi B_r(0_-)\,\overline{T}_f(0,z) + \pi\int_0^z B_r(z')\frac{\partial \overline{T}_f(z,z')}{\partial z}dz' \tag{5.37}$$

여기서, 지표가 지표 온도에 따른 흑체 복사를 모든 방향으로 방출한다고 가정했다. 즉, 방출계수(emissivity), $\epsilon_r = 1$ 을 가정했다. 또한 $B_r(0_-)$는 지표 바로 위 대기의 온도가 지표와 다를 수도 있어, 좀 더 정확히 지표의 온도에 따른 흑체 복사를 의미하기 위해 사용되었다. 아래로 향하는 플럭스는 우주에서 입사하는 적외선이 없으므로, 간단히 위 고도구간에서 방출되는 복사의 적분으로

$$F_{r\downarrow}(z) = \pi\int_z^\infty B_r(z')\frac{\partial \overline{T}_f(z,z')}{\partial z}dz' \tag{5.38}$$

쓸 수 있다. 따라서 가열율은

$$h_r(z) = (\pi/\rho_0(z))[-B_r(z)\frac{d\overline{T}_f(z,\infty)}{dz} - [B_r(0_-) - B_r(z)]\frac{d\overline{T}_f(z,0)}{dz} \tag{5.39}$$
$$- \int_0^z [B_r(z') - B_r(z)]\frac{\partial^2 \overline{T}_f(z,z')}{\partial z \partial z'}dz'$$
$$- \int_z^\infty [B_r(z') - B_r(z)]\frac{\partial^2 \overline{T}_f(z,z')}{\partial z \partial z'}dz']$$

로 표현된다. 이 가열율을 탈출 함수를 사용하여 다시 쓰면

$$h_r(z)[2\pi m_a(z)\tilde{S}_r(z)]^{-1}\Delta\nu_r = \int_{0,\, z'<z}^1 [B_r(z') - B_r(z)]d\Gamma_r(z,z') \tag{5.40}$$
$$+ \int_{0,\, z'>z}^1 [B_r(z') - B_r(z)]d\Gamma_r(z,z')$$

이 된다. 여기서, $m_a(z) = \rho_{a0}(z)/\rho_0(z)$ 로서 혼합비를 뜻한다. 첫 번째 적분은 아래에서 z 로 전달되는 에너지에서 z에서 아래로 전달되는 에너지를 뺀 양이고, 두 번째 적분은 위에서 z 로 전달되는 에너지에서 z에서 위로 전달되는 에너지를 뺀 양이다. 개념적으로 이 두 적분의 합이 z 고도에서의 가열율 임을 알 수 있고, 이 양이 음수면 냉각률을 의미한다.

Leovy (1984)는 CO_2 15 μm 밴드에 의해서 생기는 가열율을 고도별로 K/day 단위로 계산하였다. 이에 따르면 성층권 영역에서 우주로 방출한 열이 중간권에서 **순 가열율 (net heating rate)**의 대부분을 차지하지만, 바로 우주로 방출해서 중간권의 냉각률이 아래 고도로부터의 가열율과 거의 균형을 이룬다. 이는 중간권 고도에서 CO_2 15 μm 밴드가 투명해져서 성층권계면의 따뜻한 CO_2 를 볼 수 있어 중간권이 가열되지만, 바로 흡수된 적외선이 우주로 방출되어 냉각되고 있기 때문이다.

중간권에서 우주로의 냉각률이 매우 크므로, 가열율을 다음과 같이 근사할 수 있다.

$$h_r(z) \simeq -([\pi/\rho_0(z)]B_r(z)\frac{d\overline{T}_f(z,\infty)}{dz} \tag{5.41}$$
$$\simeq -2\pi m_a(z)\tilde{S}_r(z)\Delta\nu^{-1}B_r(z)\Gamma_r(z,\infty)$$

이 가열율이 주는 대기 온도 변화를 근사적으로 표현하려면, 가열율을 정압비열 (c_p: 단위

질량의 물질을 1 K 올리는데 드는 에너지, $c_p \Delta T$ = erg/kg) 로 나누면 된다. 평형 온도에서 작은 T' 로 벗어났다면, Taylor 전개의 첫째항으로 근사하면

$$B_r(T_e + T') \simeq B_r(T_e) + \left(\frac{dB_r}{dT}\right)_{T=T_e} T' \tag{5.42}$$

이고, 이를 적용하면,

$$h_r(z)(erg/kg/s) \simeq c_p(erg/kg/K)\frac{\partial T'}{\partial t}(K/s) \tag{5.43}$$

$$\frac{\partial T'}{\partial t} \simeq -\frac{\pi}{\rho_0(z)c_p}\sum_r \left(\frac{dB_r}{dT}\right)_{T=T_e}\left[\frac{d\overline{T}_f(z,\infty)}{dz}\right]T' \equiv -K_{rad}(z,T_e)\,T'$$

로 온도 변화율을 쓸 수 있다. 여기서, K_{rad} 는 뉴턴 복사 냉각 계수라 하는데, 이는 온도 변화를 회복시키는 역할을 한다. 즉, 어떤 이유에서든지 온도가 증가(감소)하면 복사를 통해 원래의 온도로 감소 (증가)시키기 때문에, K_{rad} 를 **복사 이완률 (radiation damping rate)**이라 한다. 또한 복사 이완율의 역수는 온도 변이가 유지되는 시간을 뜻한다.

그림 5.7은 Fels (1984)가 온도 변이가 수직으로 파동 형태로 생겼을 때, 수직 파장의 함수로 복사 이완률(radiative damping rate)을 고도, 50, 60, 70, 80 km에 대해 day^{-1} 단위로 보여준다. 즉, 행성파 등의 원인으로 대기 온도가 파동 형태로 정상 온도에서 벗어났을 경우, 얼마나 빠르게 정상온도로 회복하는지를 보여주는 그림이다. 수직 파장이 길수록 복사 이완률이 작아지는데 (즉, 늦게 회복), 이는 온도 변이의 고도 범위가 클수록 회복이 어려워지는 것으로 당연하다. 또한 맨 위고도 (80 km)를 제외하고 온도 변이가 높은 고도에서 일어날수록, 이완률이 커지는데 (즉 빠르게 회복), 이는 우주로 빠르게 냉각하여 원래 온도로 복원되기 때문이다. 그러나 아주 높은 고도 (80 km)에서는 오히려 이완률이 작아지는 현상이 보인다. 이는 지금까지 가정했던 대기 분자의 열평형 상태(LTE)를 벗어났기 때문으로 밝혀졌다. 즉 중간권 상부 고도에서부터는 비열평형 상태(non-LTE)를 고려해야 함을 뜻한다.

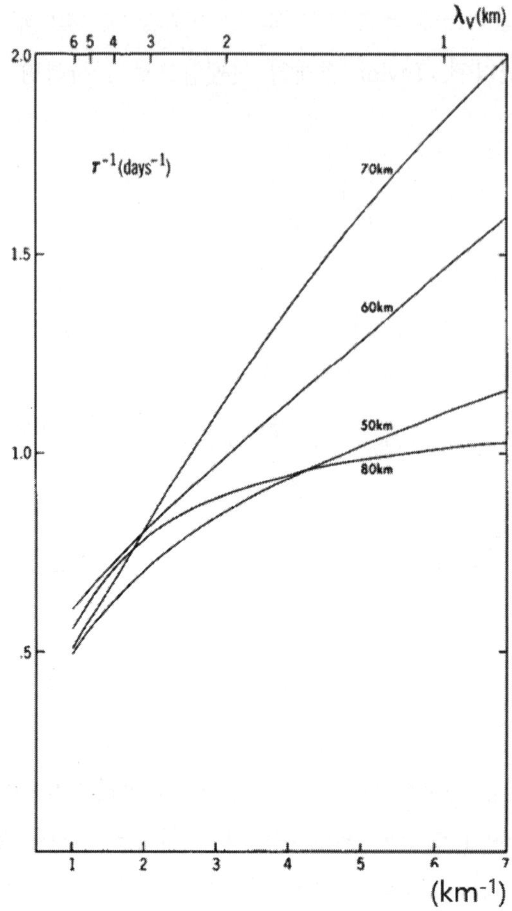

그림 5.7 대기 파동의 수직 파장에 따라 온도 변이의 고도별 복사 이완률(day^{-1}) (Fels, 1984).

5.7 비열적 평형 (non- Local Thermodynamic Equilibrium)

중간권 고도에서는 CO_2의 ν_2 밴드 (15 μm)의 광학 깊이가 매우 얇아서 이 파장영역의 복사가 우주로 효율적으로 탈출한다. 중간권 상부가 이렇게 거의 투명하기 때문에 ($\Gamma_r(z,\infty) \sim 1$), 가열율을 온도 변화율로 나타내면 (K/s)

$$h_r(z) \simeq c_p \frac{\partial T'}{\partial t} \tag{5.44}$$
$$\frac{\partial T'}{\partial t} \simeq -\frac{2\pi m_a}{c_p}\tilde{S}_r(z)\Delta\nu_r^{-1}B_r(z)\Gamma_r(z,\infty) \approx -\frac{2\pi m_a}{c_p}\tilde{S}_r(z)B_r(z)\Delta\nu_r^{-1}$$

로 근사될 수 있다. 이산화탄소의 혼합비 m_a 와 ν_2 밴드(15 μm) 세기, $\tilde{S}$ 를 적용하면, 열권 하부에서 실제보다 매우 강한 냉각률, ~100 K/day 로 계산된다. 이는 이 근사식에 사용된 열평형(LTE) 가정이 맞지 않음을 시사한다. 중간권 상부와 열권 하부 (Mesosphere and Lower Thermosphere, MLT) 고도에서는 대기 밀도가 희박해서 분자간 충돌 빈도가 적어지고, 따라서 주변 대기온도와 열평형을 이루지 않을 수 있다. 구체적으로 충돌빈도수가 적은 환경에서 이산화탄소의 ν_2 준위의 **점유(population)**는 주변 대기온도에 따른 **볼쯔만 분포 (Boltzmann distribution)**를 하지 않는다. 따라서 이산화탄소 진동 준위의 점유를 구체적으로 계산해야 한다. 반면, 충돌빈도수가 큰 낮은 고도에서는 대기가 **열평형(LTE)** 상태이므로 ν_2 준위가 볼쯔만 분포를 하며, 이로부터 나오는 빛은 해당 온도의 **플랑크 함수**, *B(T)* 로 계산할 수 있었음을 상가하자.

5.7.1. 아인쉬타인 계수 (Einstein coefficients)

분자의 진동 준위, 0 과 1 에서 각각 n_0, n_1의 개수 밀도를 가질 때, 흡수와 방출율을 photon $m^{-3}s^{-1}$ 단위로 다음과 같은 3가지 과정으로 기술할 수 있다.

1) 자연 방출률 (spontaneous emission rate): $A_{10}n_1$
2) 흡수율 (absorption rate): $B_{01}n_0\overline{L}_r$
3) 유도 방출율 (induced emission rate): $B_{10}n_1\overline{L}_r$

여기서, A_{10}, B_{01}, B_{10}를 **아인쉬타인 계수 (Einstein coefficients)**라 한다. 또한 $\overline{L}_r$은 전체 입체각에 대한 평균과 진동밴드에 대한 평균 휘도(W m^{-2} $ster^{-1}Hz^{-1}$)로서, 다음과 같이

$$\overline{L}_r = \frac{1}{4\pi S_r}\int_{4\pi}\int_{\Delta\nu_r}\sigma_\nu L_\nu d\nu d\Omega = \frac{1}{4\pi}\int_{4\pi}\int_{\Delta\nu_r}\tilde{f}(\nu)L_\nu d\nu d\Omega \tag{5.45}$$

표현된다. 여기서, $\tilde{f}(\nu)$는 밴드 모양 프로파일로서, $S_r = \int \sigma_\nu (= S_r \tilde{f}(\nu))\, d\nu$ 인 관계가 있다. 복사 전달 방정식에서 진동밴드의 흡수로 인한 단위 부피당 가열율(W m^{-3})은

$$\rho h_r = -\int_{4\pi}\int_{\Delta\nu_r} \frac{dL_\nu}{ds} d\nu\, d\Omega = 4\pi\, S_r n_a (\overline{L}_r - J_r), \tag{5.46}$$

이며, $n_a = \rho / M_a$ 이다. 그런데 진동 준위, 0 과 1 의 흡수율과 방출율로 가열율을 표현하면

$$\rho h_r = h\nu_r (B_{01} n_0 \overline{L}_r - A_{10} n_1 - B_{10} n_1 \overline{L}_r) \tag{5.47}$$

이다. 기체가 열평형 상태(LTE)에 있으면 다음의 세 가지 현상이 항상 일어난다.

1) 가열율 : 0
2) 상응하는 휘도는 흑체복사 : $B_r(T) = 2h\nu^3/c^2 (e^{h\nu_r/kT} - 1)^{-1}$
3) 에너지 준위의 점유율 비는 볼츠만 분포 : $n_1/n_0 = g_1/g_0\, e^{-h\nu_r/kT} = g_{10}\, e^{-h\nu_r/kT}$

이 세 가지 현상을 이용하면, 아인쉬타인 계수들 간의 다음 관계가

$$B_{01}/B_{10} = g_{10}, \qquad A_{10} = \frac{2h\nu_r^3}{c^2} B_{10} = \frac{2h\nu_r^3}{c^2 g_{10}} B_{01} \tag{5.48}$$

성립함을 알 수 있다. 이 관계를 적용하여 앞에서 구한 복사전달식의 가열율과 진동 준위 0 과 1 의 흡수 방출에 의한 가열율을 비교하면, 밴드 세기와 아인쉬타인 계수 간의 관계를

$$S_r = \frac{h\nu_r}{4\pi} B_{01} (n_0/n_a)[1 - g_{10}^{-1}(n_1/n_0)] \simeq \frac{h\nu_r}{4\pi} B_{01} \tag{5.49a, b}$$

$$A_{10} = \frac{8\pi\nu_r^2}{g_{10}c^2} (n_a/n_0)[1 - g_{10}^{-1}(n_1/n_0)]^{-1} S_r \simeq \frac{8\pi\nu_r^2}{g_{10}c^2} S_r$$

로 구할 수 있다. 여기서 마지막 근사등호는 유도 방출율을 무시할 수 있을 경우로서, 이는 레이저와 같이 강한 빛이 입사하지 않는 일반 대기 환경에서 잘 성립한다.

비 열적 평형 상태 (non-LTE) 대기에서 방출하는 원천 함수는 진동 준위 1에서 자연 방출 되는 양으로

$$
\begin{aligned}
J_r &= \left(\frac{h\nu_r A_{10} n_1}{4\pi S_r n_a}\right) = \left(\frac{h\nu_r n_1}{4\pi S_r n_a}\right)\frac{8\pi\nu_r^2}{g_{10}c^2}(n_a/n_0)[1-g_{10}^{-1}(n_1/n_0)]^{-1}S_r \qquad (5.50)\\
&= \frac{2h\nu_r^3}{c^2}\frac{n_1}{g_{10}n_0}[1-g_{10}^{-1}(n_1/n_0)]^{-1}\\
&= B_r(T)e^{h\nu_r/kT}(1-e^{-h\nu_r/kT})\frac{n_1}{g_{10}n_0}[1-g_{10}^{-1}(n_1/n_0)]^{-1}\\
&= B_r(T)\left(g_{10}\frac{n_0^*}{n_1^*}\right)\frac{n_1}{g_{10}n_0}\left(\frac{1-e^{-h\nu_r/kT}}{1-g_{10}^{-1}(n_1/n_0)}\right) \simeq B_r(T)\left(\frac{n_1}{n_1^*}\right)
\end{aligned}
$$

계산된다. 이는 에너지 준위 1의 non-LTE와 LTE의 점유 비 (n_1/n_1^*) 만큼 흑체 복사가 감소하는 것으로 근사될 수 있다. 즉, 비열적 평형으로 인해 준위 1에 열적 평형상태보다 부족하게 분포하면, 원천 함수가 흑체복사 더 적게 방출됨을 뜻한다. 이로써 앞 절에서 소개한 중간권 상부에서 복사로 인한 이완률이 작아짐을 이해할 수 있다.

5.7.2. 2-준위 모델

비열적 평형상태 하의 분자 에너지 준위의 점유는 LTE 상태의 볼츠만 분포와 다르게, 준위들 간의 복사 전이와 주변 분자와의 충돌에 의한 전이 과정이 모두 결합되어 결정된다. 두 에너지 준위 0, 1 사이의 충돌에 의해 **여기(excite)**되는 율과 충돌에 의해 **가라앉는 (de-excite)** 율이 정확이 균형을 이루면 (즉, 충돌 빈도가 매우 커서 복사 전이를 무시할 정도이면), 열적 평형 상태이므로 두 준위의 점유 비는 볼쯔만 분포를 한다. 이를 이용해서 **충돌 여기 계수 (collisional excitation coefficient)**, C_{01}, **충돌 가라앉기 계수 (collisional de-excitaton coefficient)**, C_{10} 의

$$
\begin{aligned}
&C_{01}n_0 = C_{10}n_1\ , \qquad (5.51a,\ b)\\
&C_{01}/C_{10} = n_1/n_0 = n_1^*/n_0^* = (g_1/g_0)e^{-E/kT} \equiv g_{10}e^{-E/kT}
\end{aligned}
$$

로 구해진다. 구체적으로 충돌계수, C_{10} 는 주어진 분자의 충돌 단면적과 열적 속도의 곱, $k_0 = \sigma v_{th}$ 에 주변 기체의 밀도, n, 그리고 충돌에 의해 가라앉는 효율, η 의 곱, $k_0 \eta n$ 으로 계산될 수 있다.

non-LTE 의 경우, 복사 과정을 포함하여 두 준위 사이의 교환이 균형

$$(A_{10} + B_{10}\overline{L}_r + C_{10})n_1 = (B_{01}\overline{L}_r + C_{01})n_0 \tag{5.52}$$

$$(A_{10} + C_{10})n_1 \simeq (B_{01}\overline{L}_r + C_{01})n_0$$

으로 표현할 수 있다. 여기서 두 번째 근사 등식은 주변 복사가 세지 않아 **유도 방출 (stimulated emission)**을 무시하여 성립한다. 이로부터 두 준위 점유 비, n_0/n_1 를 구해 $J_r \simeq B_r(n_1/n_1^*)$ 를 적용하면 원천 함수가

$$J_r \simeq B_r(n_1/n_0)(n_0/n_1^*) = B_r\frac{\overline{L}_r + C_{01}/B_{01}}{1 + C_{10}/A_{10}}(B_{01}/A_{10})(n_0/n_1^*) \tag{5.53}$$

$$= B_r\frac{\overline{L}_r + C_{01}/B_{01}}{1 + C_{10}/A_{10}}(B_r^{-1}(e^{E/kT} - 1)^{-1})g_{10})(n_0/n_1^*)$$

$$= \frac{\overline{L}_r + C_{01}/B_{01}}{1 + C_{10}/A_{10}}(g_{10}e^{-E/kT}/(1 - e^{-E/kT}))(n_0/n_1^*)$$

$$\simeq \frac{\overline{L}_r + C_{01}/B_{01}}{1 + C_{10}/A_{10}}(n_1^*/n_0^*)(n_0/n_1^*)$$

$$\simeq \frac{\overline{L}_r + C_{01}/B_{01}}{1 + \phi} = \frac{\overline{L}_r + C_{10}g_{10}e^{-E/kT}/g_{10}A_{10}(B_r^{-1}(e^{E/kT} - 1)^{-1}))}{1 + \phi}$$

$$\simeq \frac{\overline{L}_r + \phi B_r}{1 + \phi}, \quad \phi \equiv C_{10}/A_{10}$$

로 근사된다. 여기서 $e^{-E/kT}$ 항 이하는 무시하여 (즉 유도 방출 기여 분 무시) 근사했음을 유의하자. 결과적으로 non-LTE 의 원천함수가 충돌과 복사에 의한 가라앉는 율의 비, ϕ 로 결정되는데, 이 비가 커지면 원천함수는 흑체복사 함수로 수렴한다. 이는 충돌빈도수가 크면 열적 평형상태가 되고, 따라서 흑체복사를 낸다는 **Kirchhoff 법칙**을 만족한다. 반면, 이 비가 작아지면, 원천함수는 등방 보존 산란 휘도로 수렴하는데, 이는 분자가 흡수하지 않고

모든 방향으로 동일하게 산란함을 의미한다.

이산화탄소 v_2 밴드의 경우, A_{10} = 1.51 s^{-1}, C_{10} = 2×10^{-16} m^3s^{-1} × 10^{-5} × n (m^{-3}) 이므로, 두 계수의 비가

$$\phi \simeq 2\times 10^{-21} n/1.51 \tag{5.54}$$

로 표현된다. 따라서 non-LTE 상태가 0.75×10^{21} m^{-3} 이하의 대기 밀도, 즉 75 km 고도 이상에서 시작된다. 이 고도를 **진동 이완 고도 (vibrational relaxation level)**라고 한다.

앞에서의 가열율 계산에 non-LTE 효과를 근사한 원천 함수를 대입하면

$$\rho h_r = 4\pi S_r n_a(\overline{L}_r - J_r) = \frac{4\pi S_r n_a \phi}{1+\phi}(\overline{L}_r - B_r) \tag{5.55}$$

로 쓸 수 있다. 예상대로 ϕ가 커지면, LTE로 가열율은 이전처럼 $(\overline{L}_r - B_r)$에 비례하고, ϕ가 작아지면, non-LTE로, 가열율이 감소해 0으로 수렴한다. 따라서 진동이완 고도 위에서는 적외선 복사와 기체의 운동에너지의 연계가 끊어져서 적외선 복사냉각이 점차적으로 감소해 소멸한다고 이해할 수 있다.

가열율을 원천함수와 우주로 복사하는 근사로 표현하면

$$\rho h_r \cong -2\pi S_r n_a(z) J_r(z) \Gamma_r(z,\infty) \tag{5.56}$$

인데, 앞의 원천함수와 가열율 식에서 L_r 을 소거하면,

$$J_r = B_r + \frac{\rho h_r}{4\pi S_r n_a \phi}, \qquad -\rho h_r/(2\pi S_r n_a \Gamma_r(z,\infty)) = B_r + \frac{\rho h_r}{4\pi S_r n_a \phi} \tag{5.57}$$

가열율과 원천함수는

$$h_r = -\frac{2\pi S_r \rho^{-1} n_a \Gamma_r(z,\infty) B_r}{1+\Gamma_r(z,\infty)/(2\phi)} \tag{5.58a, b}$$

$$J_r = B_r + \frac{\rho h_r}{4\pi S_r n_a \phi} = B_r\left[1 - \frac{\Gamma_r(z,\infty)}{2\phi(1+\Gamma_r(z,\infty)/(2\phi))}\right]$$

$$= B_r\left[\frac{2\phi + \Gamma_r(z,\infty) - \Gamma_r(z,\infty)}{2\phi + \Gamma(z,\infty)}\right]$$

$$= B_r/[1+\Gamma(z,\infty)/(2\phi)]$$

로 표현된다. 이 우주 복사 근사에서는 진동 이완 효과가 단순히 ϕ가 아니라 $\Gamma_r(z,\infty)/(2\phi)$에 의존함을 알 수 있다. 즉, 대기가 불투명해서 우주로의 탈출율, $\Gamma_r(z,\infty)$이 작으면 ϕ가 작더라도 진동 여기 준위가 LTE 값에 비슷하게 유지될 수 있다. 이산화탄소 ν_2 밴드의 경우, $\Gamma_r(z,\infty)/(2\phi) \sim 1$ 이 되는 고도가 $\phi \sim 1$ 보다 약 10 km 위에서 일어난다. 따라서 원천함수가 80-85 km 까지 플랑크함수(흑체복사)로 유지된다.

그림 5.8은 위도 70°에서 1월과 7월, 그리고 적도에서 이산화탄소 ν_2 밴드의 non-LTE 효과를 고도별로 보여준다. 위도 70°의 1월에 고도 87 km (Log P = 6) 근처에서부터 1보다 작아지며 non-LTE 효과를 보여주는데, 원천함수가 플랑크함수보다 작아짐을 뜻한다. 그러나 원천함수는 여름철 고위도 지방 (70° 7월)에서 태양빛 흡수로 1보다 매우 커진다. 이는 여름철 태양 자외선이 성층권에서 강하게 흡수되어 생긴 따뜻한 성층권 적외선 복사가 그대로 중간권 상부까지 전달되어, 주변 온도에 맞는 열평형 상태보다 더 많이 $\nu_2 = 1$ 준위로 여기 시키기 때문이다. 이 현상은 극지역 여름철 중간권 대기가 지구 규모 남북 순환(meridional circulation)에 따라 상승하여, 이로 인한 단열 팽창이 대기온도를 강하시키기 때문이다. 실제로 중간권 여름 극지역은 태양빛을 받지 않는 겨울보다 기온이 더 낮게 관측된다 (2장 참조). 이런 원천함수의 증가효과는 특히 이산화탄소 **뜨거운 밴드(hot band)**와 소수의 동위원소 이산화탄소에 더 잘 나타난다. 이런 특이 증가 효과도 결국 고도가 높아지면, 탈출율 $\Gamma_r(z,\infty) \to 1$, $\phi \to 0$ 로 수렴하기 때문에 원천함수는 LTE 때보다 작아진다.

고도가 아주 높으면 밀도가 희박해 탈출율, $\Gamma(z,\infty) \to 1$, $\phi \to 0$ 이므로, 단위 부피당 가열율(volume heating rate)은

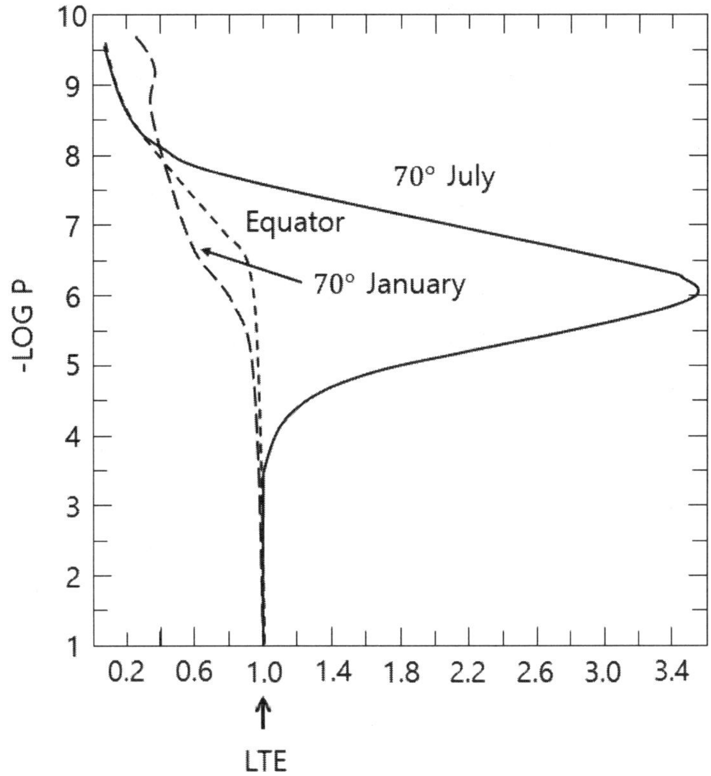

그림 5.8 플랑크 함수로 정규화된 이산화탄소 v2 밴드의 non-LTE 원천함수의 고도 분포. 위도 70° 의 7월과 1월, 그리고 적도의 경우를 보여줌 (Dickinson, 1984).

$$\rho h_r \to -4\pi S_r n_a \phi B_r \simeq -4\pi \frac{h\nu_r}{4\pi} B_{01} n_0 \frac{C_{10}}{A_{10}} B_r = -\frac{h\nu_r c^2 g_{10}}{2h\nu_r^3} n_0 C_{10} B_r \tag{5.59}$$

$$\simeq -h\nu_r g_{10} n_0 C_{10} e^{-h\nu_r/kT} = -h\nu_r n_0 C_{01}$$

로 근사된다. 이는 충돌에 의해 여기되는 모든 전이가 복사에 의해 가라앉으며, 충돌로 전달된 대기의 열에너지가 우주로 복사되어 대기를 냉각시킴을 뜻한다.

이렇게 중간권 상부에서부터 이산화탄소 v_2 밴드는 non-LTE 효과가 크지만, v_2 밴드 내의 회전 에너지 준위의 간격 ΔE_J 이 주변 기체의 운동에너지 *(kT)* 와 작거나 비슷해서, 회전 에너지 준위의 점유는 여전히 볼쯔만 분포, $e^{-\Delta E_J/kT}$ 를 한다. 따라서 진동이완 고도위에서도 회전선들은 주변 대기 온도와 열평형 상태 (LTE)를 유지한다. 이는 중간권계면 근처의

OH, O_2 등도 마찬가지이다. 실제로 관측된 OH 와 O_2 의 진동 밴드 내의 회전 에너지 준위들의 점유비로부터 중간권계면 근처의 온도를 측정한다.

5.7.3. 다중 준위 모델

앞에서 2-준위 모델에서는 이산화탄소의 근본 ν_2 밴드의 복사 전이와 대기 분자와의 충돌에 의한 전이만 고려했다. 여기서 충돌 전이는 CO_2 의 진동에너지 (vibration energy)와 주변 대기 분자의 이동에너지 (translational energy) 즉 운동에너지 (kinetic energy, KE)의 교환으로서, 반응계수 (K_{VT})는 $10^{-5}\ k_0$ ($\sim 2\times10^{-16}$ m^3s^{-1}) 정도이다. 그러나 정확한 non-LTE 효과를 계산하기 위해서는 근본 ν_2 밴드 외에 상위진동 준위들로부터의 전이 (hot bands)도 고려해야 한다. 이때 100, 02^00, 02^20 준위들은 상호간의 에너지 간격이 매우 작아, 보통 한 개의 준위 (ν_2 = 2)로 간주하고 중첩값, g = 4 를 사용한다. 상위 진동 전이를 포함하면 중요한 전이 반응들은 다음과 같이 요약된다.

1) 진동-진동 전이 (V-V transition): $CO_2(\nu_2 = 2) + CO_2(\text{ground}) \leftrightarrow 2\ CO_2(\nu_2 = 1)$
   이 전이에서 에너지 차이가 거의 없어 반응이 빠르게 일어나는데, 순방향 및 역방향 같은 반응계수 (K_{VV})를 가진다.
2) 진동-이동 전이 (V-T transition): $\text{Air} + CO_2(\nu_2 = 2) \leftrightarrow CO_2(\nu_2 = 1) + \text{air} + \text{KE}$
   이 전이에서 에너지 차이가 크므로 순방향이 역방향보다 훨씬 빠르며, 순방향 반응계수, $K_{VT} \sim 2\times10^{-16}$ m^3s^{-1} 이다.
3) 복사 전이 (radiative transition): $CO_2(\nu_2 = 2) \leftrightarrow CO_2(\nu_2 = 1) + h\nu$ (15 μm)
   에너지차이가 근본 밴드와 같은 15마이크론 영역이지만, 회전선들이 근본 밴드와 완전히 구분된다.

이외에 동위원소 이산화탄소의 근본 ν_2 밴드와의 진동에너지 교환 (V-V) 도 고려해야 한다. 즉,

CO_2(ν_2 = 1, 주 동위원소) + CO_2(ground, 소수 동위원소)
$\leftrightarrow$ CO_2(ground, 주 동위원소) + CO_2(ν_2 = 1, 소수 동위원소)

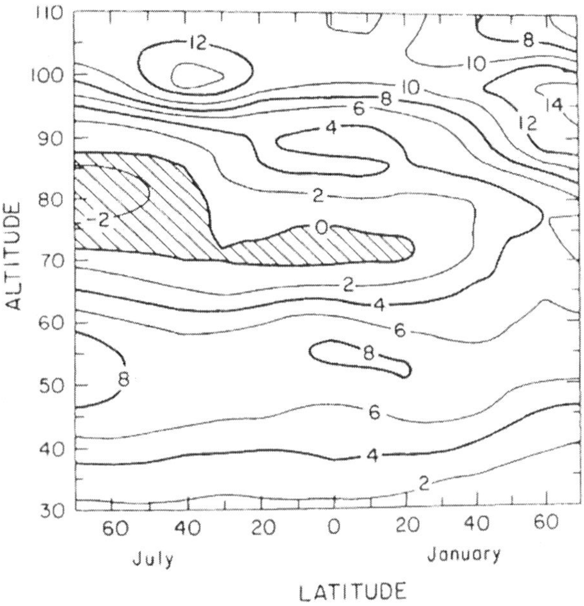

그림 5.9 이산화탄소의 15 μm 밴드 냉각률(K/day)의 위도-고도 분포 (Dickenson, 1984).

추가적으로 소수 동위원소의 근본 v_2 밴드의 복사 전이와 진동-이동 전이도 포함되어야 한다. 즉,

CO_2(v_2 =1, 소수 동위원소) ↔ CO_2(ground, 소수 동위원소) + hν (15μm)
Air + CO_2(v_2 = 1, 소수동위원소) ↔ CO_2(ground, 소수동위원소) + air + KE

그러나 소수 동위원소의 상위 밴드든 중요치 않다. Dickinson (1984)은 이러한 상위 진동 준위와 동위원소를 포함하여 중층 대기의 냉각률을 계산했다. 그 결과, 고위도 여름에서 냉각률은 고도 47 km (Log P = 0) 근처에서 뜨거운 밴드와 소수 동위원소가 상당한 (1~5 K/day) 가열을 한다고 보고했다. 흥미롭게도 이 고도에서 방출된 (즉 냉각된) 적외선이 앞에서 살펴본 고위도 여름의 중간권계면 근처 (~87 km)에서 non-LTE 효과를 양의 방향으로 증가시킨다. 이런 현상을 **"적외선 복사 용천 현상" (radiation upwelling)**이라 부르기도 한다. 그림 5.9는 Dickinson (1984)이 계산한 이산화탄소의 15 μm 밴드 냉각률의 위도-고도 분포를 보여준다. 여름 반구의 고위도를 중심으로 중간권계면 근처에서 오히려 가열 (음의 냉각률) 현상이 보이는데, 이는 앞에서 설명한 non-LTE 효과와 적외선 복사 **용천 (upwelling)** 현

상 때문이다.

추가적으로 태양의 근적외선 광자가 직접 흡수되면서 대기의 이산화탄소의 높은 ν_2 준위로 여기시킬 수 있다. 이렇게 여기된 높은 v_2 준위는 폭포처럼 아래 준위로 떨어지며 (cascading), $\nu_2 = 2$, $\nu_2 = 1$ 준위의 점유에 영향을 준다. 폭포 효율 (cascading efficiency)은 떨어지는 도중에 진동에너지가 다른 분자들, N_2, O_2, H_2, 의 15 μm 진동에너지로 전환이나, CO_2의 4.3 μm 방출과 H_2O 의 6.3 μm 방출로 인한 누수 효율에 따라 감소할 수 있다. Houghton (1969)의 계산에 의하면 이산화탄소에 의한 태양 근적외선 복사 흡수가 중간권계면에 1 K/day 의 가열율을 준다고 보고했다.

5.8 대기광 (Airglow)

빈 밤하늘을 망원경으로 분광관측하면 다수의 강한 방출선들이 포함된 복잡한 스펙트럼을 얻을 수 있다. 이 방출선들은 밀도가 희박한 고층 대기의 원자/분자들이 높은 에너지 준위에서 낮은 준위로 복사 전이되며 생성된다. 앞에서 소개한대로 비열적 평형 상태인 **복사 이완 고도**위에서는 밀도가 희박해 대기 분자간 충돌이 복사 전이를 방해하지 않기 때문이다. 이런 대기광 방출선은 낮에도 발생하지만, 태양의 엄청난 밝은 가시광에 파묻혀 이런 미약한 대기 방출선들이 지상에서 관측될 수 없다. 인공위성을 이용하면 태양 복사가 상대적으로 작은 자외선/극자외선 영역에서는 낮에도 대기광 방출선들을 관측할 수 있다. 여기서는 지상 관측이 가능한 가시광선과 근적외선 영역의 방출선만 소개하겠다.

밤하늘 스펙트럼의 3000 - 4400 A 영역은 대기 산소 분자의 Herzberg 밴드 ($A^3\Sigma_u^+ - X^3\Sigma_g^-$)와 Chamberlain 밴드($A'^3\Delta_u - a^1\Delta_g$)로 복잡하게 가득 차 있다. 여기에 인공 전등에서 나오는 Hg 방출선들이 섞여있는데, 특히 4350 A 의 Hg 방출선은 지상 환경에 따라 매우 강할 수 있다. 이보다 긴 파장 영역에서는 산소원자 OI 5577 A (녹색선)과 OI 6300 A (적색선), 나트륨 NaI 5890 A이 강하게 나타난다. 가시광선을 넘어 근적외선 4 μm 까지 OH Meinel 밴드가 강하게 분포한다. 근적외선 영역의 OH Meinel 밴드는 매우 강해서 우주에서 오는 별 빛 스펙트럼의 관측을 어렵게 하기도 한다.

수산기, OH는 화학적 반응이 매우 빠른 활성 분자이기 때문에 저층 대기에서는 존재하지 않는다. 고층대기에서 높은 진동 준위의 OH는 대부분 H와 O_3 의 화학 반응으로 생성된다.

$$H + O_3 \rightarrow OH(v' < 10) + O_2 + 3.3\ eV \quad (R5.1)$$

이 발열 반응은 OH 진동 준위를 $v' = 9$ 까지 여기할 수 있기 때문에, 이 높은 준위로부터 아래로 복사전이 되면서 다양한 Meinel 밴드들을 방출한다. OH를 생성하는 수소 원자와 오존은 중간권 상부와 열권하부에 소량만이 존재하는 임시적인 원소들이다.

오존은 다음의 3체 반응으로

$$O + O_2 + M \rightarrow O_3 + M \quad (R5.2)$$

생성되어 주로 성층권에 분포하지만, 중간권 상부까지도 존재한다. 이곳에서의 산소 원자는 열권에서 광해리로 생성된 산소원자가 분자확산으로 아래로 전달되어 온 것이다. 그 일부 산소 원자는

$$O + OH \rightarrow O_2 + H \quad (R5.3)$$

반응으로 OH를 소멸시키기도 한다. 이 반응은 앞의 OH 생성 반응 (R5.1)에서 소멸된 H를 재생성하기 때문에 소량의 H가 계속해서 **OH Meinel band**를 방출시킬 수 있다. 그러나 H가 다음 반응들로

$$H + O_2 + M \rightarrow HO_2 + M \quad (R5.4)$$

$$HO_2 + O \rightarrow O_2 + OH + 2.3\ eV \quad (R5.5)$$

로 우회적으로 OH를 만들기도 한다. 이때 만들어진 OH는 R(5.1) 반응으로 생성된 OH 만큼 높은 준위로 진동 여기되지 않는다. 수소원자는 낮에 태양 자외선에 의해 물분자가 광해리되어

$$H_2O + hv\ (< 2000\ A) \rightarrow H + OH \quad (R5.6)$$

생성되는데, 이는 홀수 수소 원소 (H, OH, HO_2)들의 원천으로 볼 수 있다. 또한 오존도 낮

에 자외선에 의해 광해리되는

$$O_3 + hv (< 3100 A) \rightarrow O_2 + O \tag{R5.7}$$

것도 고려해야 한다. 따라서 OH 대기광의 세기를 구체적으로 계산하기 위해서는, 다소 복잡한, 홀수 산소 원소 (O, O_3)와 홀수 수소 원소 (H, OH, HO_2)들 간의 화학반응들을 추적해 한다. 로켓과 위성 관측으로 OH 대기광의 고도가 85 - 90 km 구간에 집중되어 있음이 확인되어, 보통 OH 대기광 층이 ~87 km 부근에 존재한다고 간주된다. OH 필터를 장착한 대기광 전천 카메라를 사용하면, 이 고도에서의 대기 파동을 관측할 수 있다. 이런 전천화상 자료는 대기에서 발생하는 중량파의 특성을 연구할 수 있어 중요하다 (3장 참조).

고파장 해상도를 가진 분광기는 대기광 OH Meinel 밴드내의 회전선들의 세기를 측정할 수 있다. 그림 5.10은 회전선들이 구분된 스펙트럼으로서, 회전선들의 세기가 각기 다르게 나타나있다. 주어진 진동 전이 밴드 내의 회전선의 방출률은

$$I_{v'J',v''J''} = N_{v'J'} A_{v'J',v''J''} \tag{5.60}$$

로 표현된다. 여기서 $A_{v'J',v''J''}$ 는 회전전이의 아인쉬타인 A 계수이고,

$$N_{v'J'} = N_{v'} \hat{w}_{J'} \exp(-E_{v'J'}/kT) / \sum_{J}^{\infty} \hat{w}_{J'} \exp(-E_{v'J'}/kT) \tag{5.61}$$

로 쓸 수 있다. 여기서, $\hat{w}_{J'}$은 회전 준위의 **통계적 가중치 (statistical weight)**로서, 보통 $2J'+1$ 값을 가진다. 따라서 주어진 진동 밴드내의 두 회전선들의 세기 비는

$$\begin{aligned} I(1)/I(2) &= N_{v'J'}(1) A_{v'J',v''J''}(1) / N_{v'J'}(2) A_{v'J',v''J''}(2) \\ &= \frac{\hat{w}(1)A(1)}{\hat{w}(2)A(2)} \exp(-(E(1)-E(2))/kT) \end{aligned} \tag{5.62}$$

로 표현된다. 관측에 의해 회전선의 비가 측정되고, 회전선의 아인쉬타인 계수와 통계적 가중치, 두 회전 준위 에너지 차이를 대입하면 대기 온도 T 를 구할 수 있다.

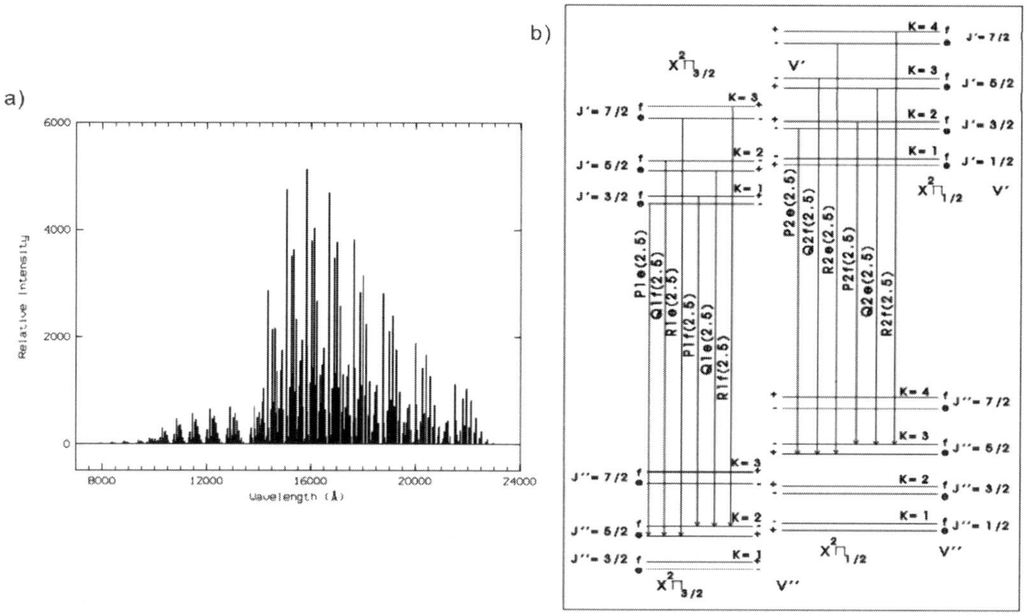

그림 5.10 (a) OH 대기광 스펙트럼. (b) OH 회전-진동에너지 레벨 천이선 (원영인 제공, Won et al., 2001).

이런 방법으로 중간권 상부 (즉 고도 87km 부근)의 온도가 널리 측정되고 있다. 전지구적으로 이런 측정 자료들이 축적되어 중간권의 위도별, 계절별 변화는 물론, 기후 변화에 따른 중간권의 장기적인 추세 변화도 연구되고 있다.

OH 다음으로 밝은 대기광은 OI 5577 A 방출선으로, 이는 산소 원자, $^1D_2$ - $^1S_0$ 금지된 전이에 의한 방출이다. 이 방출선은 뚜렷하게 두 고도구간, 즉 전리권 F-층 고도인 250 - 300 km와 열권하부 95 - 100 km 구간에서 발생한다. F-층 고도에서는 $O(^1S_0)$는 O_2^+ 이온의 **해리성 재결합(dissociative recombination)**

$$O_2^+ + e \rightarrow O + O(^1S_0) \rightarrow O + O(^1D_2) + h\nu \ (5577\ A) \qquad (R5.8)$$

$$\rightarrow O + O(^3P_1) + h\nu \ (2972\ A) \qquad (R5.9)$$

로 생성된다. 이 재결합 반응으로 $O(^1S_0)$는 10% 미만 발생한다. 애초에 O_2^+는 전리권의 주 이온인 O^+가 O_2와 전하 교환 반응하여 생긴다. 전리권 화학 반응은 다른 장에서 자세히 다룬다. 지상에서 F-층 OI 5577 A 방출선은 대기광으로 잘 관측되지 않으나, 오로라에서는 아주 밝은 녹색 오로라로 맨 눈으로도 볼 수 있다. OI 2972 A 방출선은 자외선 영역으로 지상에서 관측할 수 없다.

열권 하부의 OI 5577 A 대기광은 산소 원자의 밀도가 가장 큰 고도구간, 95 - 100 km에서 발생한다. 산소 원자는 다음의 3체 반응으로

$$O + O + M \rightarrow O_2(c^1\Sigma_u^-, A'^3\Delta_u, A^3\Sigma_u^+) + M \qquad \text{(R5.10)}$$

여기된 산소 분자를 생성한다. 이렇게 생성된 여기 산소 분자는 주변의 산소 원자와 충돌에 의해 여기 에너지를 전달한다.

$$O_2(c^1\Sigma_u^-) + O \rightarrow O_2(X^3\Sigma_g^-) + O(^1S_0) \qquad \text{(R5.11)}$$

OI 5577 A 대기광은 절대 세기로는 다른 대기광에 비해 크지 않지만, 녹색이어서 기기의 검출율이 높고, 이 파장 주변에 다른 방출선/밴드가 없어 관측이 용이하다.

이 대기광 녹색선보다 파장이 긴 대기광으로 Na 3s $^2S_{1/2}$ – 3p $^2P^0_{3/2,1/2}$ 전이로 5896, 5890 A 에 이중선이 있다. 보통의 분광기로는 이 Na-D **이중선(doublet)**이 구분되지 않는다. 고층대기에서의 Na은 유성이 불타 없어지는 과정에서 나오는 금속성 원소의 하나로서, 특정고도 구간에서 다음 반응으로 여기된 상태가 된다.

$$Na + O_3 \rightarrow NaO + O_2 \qquad \text{(R5.12)}$$

$$NaO + O \rightarrow Na(^2P, ^2S) + O_2 \qquad \text{(R5.13)}$$

이렇게 여기된

$$Na(^2P_{3/2,1/2}) \rightarrow Na(^2S_{1/2}) + h\nu \ (5896,\ 5890\ A) \qquad \text{(R5.14)}$$

의 이중 방출선을 낸다. 앞의 두 반응 (R5.12와 R5.13)은 상당히 빠르게 진행되기 때문에, Na 과 NaO 는 화학적 평형을 이룬다. 따라서 Na-D 방출율은 $f(^2P)\ k_A\ n(O_3)\times n(Na)$ photon $cm^{-3}s^{-1}$ 로 계산할 수 있다. ($f(^2P)$: R5.13 반응에서 ^2P를 생성하는 확률, k_A : 반응 계수

3.4×10^{-10} $cm^{-3}s^{-1}$) 따라서 Na-D 대기광은 홀수 산소의 밀도에 의존하는데, 이는 거꾸로 관측된 Na-D 대기광 세기로부터 홀수 산소의 손실율을 추산하는데 사용되기도 한다. 초기 로켓 관측은 Na-D 대기광이 83 - 95 km 고도 구간에서 발생함을 보고하였다. 최근에는 강력한 Na 레이저를 이용한 라이다 (lidar) 관측으로 Na 밀도 프로파일을 정확하게 측정하고 있다. 이런 Na 라이다는 중간권 상부와 열권 하부의 복잡한 화학과 동역학을 연구하는데 중요한 자료를 제공하고 있다.

가시광에서 파장이 가장 긴 적색 영역에는 산소 원자 대기광이 6300 A 과 6364 A 의 이중선으로 강하게 나타난다. 이 대기광은 5577 A 의 산소 녹색선과 대비되어 산소 적색선으로 불린다. 이 선들은 $O(^3P_{2,1} - {}^1D_2)$ 의 금지된 전이로부터 발생한다. $O(^1D_2)$ 는 바닥 준위 ($^3P_{2,1}$) 보다 불과 1.97 eV 위에 있어, 다양한 방식으로 여기될 수 있다. 또한 이 준위는 생존시간이 100 s 로 **준 바닥(meta-stable)** 상태라고 부를 정도로 오랫동안 유지되므로, 밀도가 매우 희박하지 않으면 충돌로 가라앉기 때문에 빛을 내지 않는다. 따라서 이 산소 적색 대기광은 밀도가 희박한 전리권 F-층 고도에서 산소 분자 이온의 **해리성 재결합**의 산물이다.

$$O_2^+ + e \rightarrow O + O(^1D_2) \rightarrow 2O + h\nu(6300\ A,\ 6364\ A) \qquad (R5.15)$$

이 반응에서 $O(^1D_2)$가 절반 정도가 생성되며, 생성된 후 복사 전이로 OI (6300, 6364) 이중선을 낸다. 앞에서 설명한 OI (5577) 선은 O_2^+ 재결합의 산물인 $O(^1S_0)$가 $O(^1D_2)$로 전이하면서 발생하기 때문에, 이 녹색선이 적색선 발생에 일부 기여한다. 따라서 O_2^+ 재결합이 일어나는 전리권에서 녹색선과 적색선이 함께 보일 수 있으나, 실제로는 두 선의 발생 고도는 다르다. 그 이유는 $O(^1D_2 - {}^1S_0)$ 금지된 전이기는 하지만, $O(^3P_{2,1} - {}^1D_2)$ 보다는 빠르게 일어나기 때문이다. 즉, 녹색선은 적색선보다 밀도가 더 높은 고도 (즉, 더 낮은 고도)에서 방출될 수 있기 때문이다. 고도에 따라 녹색선과 적색선이 확연히 구분되는 현상은 오로라에서 자주 관측된다. 오로라는 에너지가 높은 오로라 전자가 자기장을 따라 진입하면서 높은 고도에서부터 낮은 고도까지 열권의 산소 분자/원자들을 이온화시키는데, 이 이온들이 해리성 재결합하여 생기는 $O(^1S_0)$와 $O(^1D_2)$가 복사 전이로 빛을 낼 수 있는 고도는 서로 다르기 때문이다.

6.

열권과 전리권 화학

6.1 열권의 주성분 산소원자

열권은 1장에서 소개한대로, 질량에 따라 다르게 확산하는 **분자 확산 (molecular diffusion)** 때문에 구성 원소의 혼합비가 고도에 따라 일정하지 않은 비균질권에 속한다. 이는 질량과 무관한 **소용돌이 확산 (eddy diffusion)**이 지배적이어서 혼합비가 일정한 균질권과 대비된다. 또한 고도 약 300 km 이상에서는 아래 대기권역에서 존재하기 어려운 산소원자가 주성분을 차지한다. 산소원자는 화학적으로 활성이 매우 강하여 밀도가 희박하지 않으면 산소 분자로 변환된다.

열권에서 산소원자는 산소분자가 태양 자외선에 의해 **광해리(photo-dissociation)**되어 생성된다. 구체적으로 산소분자의 광해리는 태양 자외선 플럭스가 많은 파장 영역에서

$$O_2 + h\nu(< 2422\ A) \rightarrow O(^3P) + O(^3P) \qquad (R6.1)$$

와 그 보다 짧은 파장 영역인 **Schuman-Runge 연속 (S-R continuum)** 영역의 태양 자외선에 의해,

$$O_2 + h\nu(< 1790\ A) \rightarrow O(^1D) + O(^3P) \qquad (R6.2)$$

산소원자가 생성된다. 여기서 여기된(excited) 산소원자, $O(^1D)$는 추후 바닥상태로 전이되면서 붉은 색 파장(6300 A)의 방출선을 낸다 (5장 참조).

이런 산소분자의 광해리는 열권 전역에서 일어나는데, 생성된 산소원자는 **분자 확산**으로 밀도가 높은 열권하부와 중간권까지 퍼져나간다. 밀도가 높은 대기영역에서는 결국 산소원자가 **3체 재결합반응 (3-body recombination)**을 통해

$$O + O + M \rightarrow O_2 + M \qquad (R6.3)$$

산소 분자로 재결합된다. 따라서 산소원자 밀도는 태양 자외선으로 열권에서 생성되어, **분자 확산**에 의해 중간권 고도로 이송되어, **삼체 재결합**으로 산소 분자로 변환되며 소멸하기 때문에 고도 약 100 km 근처에서 최대가 되는 고도 분포를 보인다 (그림 1.9).

또한 산소 분자는 극지역 오로라 현상에 의해 산소원자로 해리될 수 있다. 즉 자기장을

따라 낙하하는 고에너지 오로라 전자에 의해 다음의 해리 반응이 일어난다.

$$O_2 + e^* \ (E > 5.12 \text{ eV}) \rightarrow O + O + e \qquad \text{(R6.4)}$$

여기서 전자 에너지가 산소 분자의 해리 **문턱에너지(threshold energy)** 5.12 eV (빛의 파장으로는 2422 A)을 넘으면, **전자 충돌 해리 (electron impact dissociation)**를 일으켜 산소원자를 생성할 수 있다. 일반적으로 오로라 전자는 수 keV에서 수십 keV의 에너지를 가지고 낙하하여 고도 100 km 이상에서 열권의 질소 및 산소 분자와 충돌하며 에너지를 잃는다. 이 과정에서 주로 질소 및 산소 분자를 이온화시켜 **이차 전자 (secondary electrons)**를 만들어 다양한 에너지의 전자 플럭스를 생성하며, 부차적으로 산소 분자를 해리하여 산소원자를 상당량 생성할 수 있다. 따라서 태양빛이 입사하지 않거나 미약한 극지역의 산소원자 밀도는 오로라의 영향을 지배적으로 받는다. 이렇게 생성된 산소원자는 아래 고도로 수직 확산되거나 저위도 지역으로 열권 바람에 의해 수평 수송된다. 따라서 정확한 산소원자 밀도 분포는 태양 자외선의 세기와 오로라 전자의 세기, 생성된 산소원자의 수직 및 수평이동, 중간권에서의 소멸 과정을 모두 고려해야 결정될 수 있다. 산소원자 밀도를 포함해서 열권의 질소 분자, 산소 분자, 수소, 헬륨 등의 밀도를 이론적으로 계산하는 미국 NCAR (National Center for Atmospheric Research)에서 개발된 TIEGCM (Thermosphere Ionosphere Energetics Global Circulation Model) 모델이 널리 활용된다. 또한 각종 위성, 로켓 및 지상 관측 자료를 모아 만든 경험 모델인 NRLMSIS (Naval Research Laboratory Mass Spectrometer Incoherent Scatter radar)에 따르면, 열권의 산소원자 밀도 분포는 태양 활동과 지자기 활동, 계절, 위도, 고도, 지방시 등에 따라 매우 변동이 심하다.

6.2 열권 및 전리권의 변동성

태양의 빛에너지는 가시광선(3000 ~ 7000 A) 영역에 거의 대부분 집중되어 있으며, 태양 활동과 거의 무관하게 일정한 세기를 낸다. 그러나 파장이 짧은 영역으로 갈수록 변동폭이 커진다. 일반적으로 자외선(ultraviolet, UV)은 대기에 흡수되어 지상에 도달하지 않는데, 그 흡수 권역이 파장별로 달라서 다음과 같이 분류한다. 파장영역 2000 ~ 3000 A의 **중간자외선(middle UV)**은 주로 성층권 오존에 흡수된다.

표 6.1 열권대기 구성원의 광이온화 및 광해리 문턱 에너지/파장

	광이온화 (photo-ionization)		광해리(photo-dissociation)	
	(eV)	(A)	(eV)	(A)
N_2	15.58	796	9.76	1270
O_2	12.08	1026	5.12	2422
O	13,61	911		
N	14.54	853		
NO	9.25	1340	6.51	1907
H	13.59	912		
He	24.58	504		

파장 1100 ~ 2000 A 영역은 산소 분자에 흡수되기 때문에 진공 챔버를 사용해야 실험할 수 있어 **진공 자외선 (Vacuum UV)**이라 부르며, 1100 A 이하의 자외선은 분자나 원자를 이온화시킬 수 있어 **광전 효과 (photoelectronic effects)**를 일으킨다. 특히 산소원자, 질소 분자, 산소 분자를 이온화 시키는 ~1000 A 이하를 **극자외선(Extreme UV)**이라 부른다. 또한, 700 ~ 1500 A 영역을 **먼자외선(Far UV)**이라 부르기도 한다. 일반 유리는 3000 A 이하의 자외선을 통과시키지 못하기 때문에 LiF 유리를 사용하는데, 이것도 1050 A 이하에서는 불투명해져 사용할 수 없다. 따라서 EUV 영역의 측정기기는 유리성질 창을 사용할 수 없고 얇은 금속 필름을 사용하거나 창 없이 (windowless) 만들어지기도 한다.

표 6.1은 열권의 주요 구성원들의 이온화 및 해리 문턱에너지와 해당 파장을 보여준다. 열권의 주요 구성원들이 1000 A 이하에서 이온화되고, 주로 2000 A 이하에서 해리되므로, 태양의 **진공 자외선**과 **극자외선** 영역의 스펙트럼이 열권과 전리권 생성과 변화에 매우 중요하다. 이 영역의 태양 스펙트럼은 1970년대부터 측정되기 시작하여, 다양한 측정 스펙트럼들과 이들을 취합한 모델들이 사용되고 있다. 고층대기 연구의 표준으로서 1974년과 태양 극소기와 1979년 태양 극대기 스펙트럼이 사용된다. 그림 6.1과 6.2는 이 표준 스펙트럼을 보여주는데, 연속스펙트럼(continuum)과 방출선(emission lines)들이 더해져 있음을 알 수 있다. 연속 스펙트럼은 파장이 짧아질수록 그 세기가 약해지나, 방출선들은 특정파장에 매우 강한 세기를 가지고 있다. 가장 강한 방출선은 **수소 Lyman-α** (1216 A)로, 이 방출선은 중간권까지 침투해서 NO를 이온화시켜 전리권 D-층을 생성시킨다.

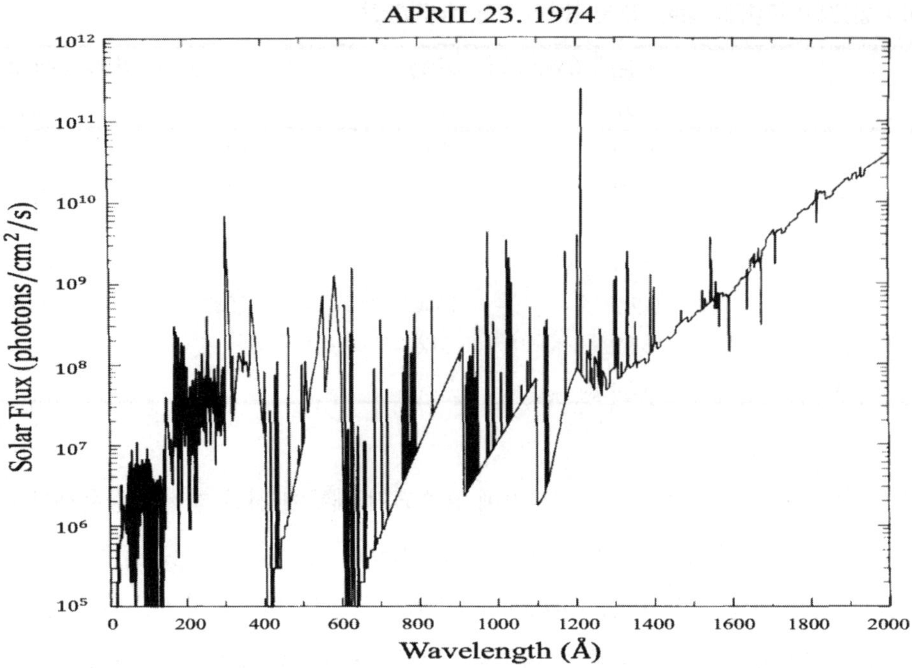

그림 6.1 1974년 4월23일 1A 간격의 태양 자외선 스펙트럼 (Hinteregger et al., 1981)

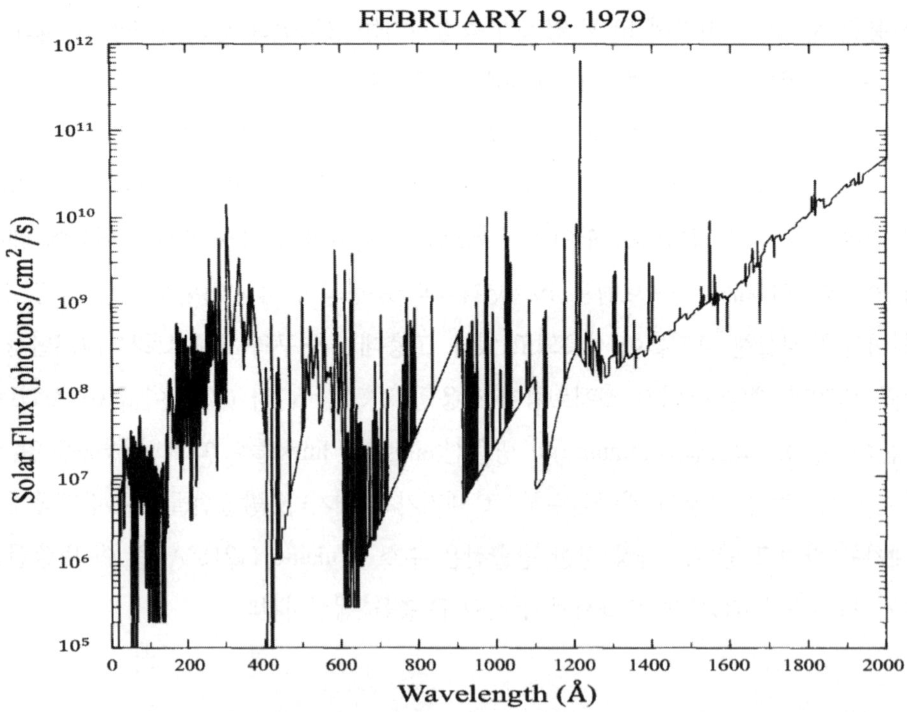

그림 6.2 1979년 2월19일 1A 간격의 태양 자외선 스펙트럼 (Hinteregger et al., 1981)

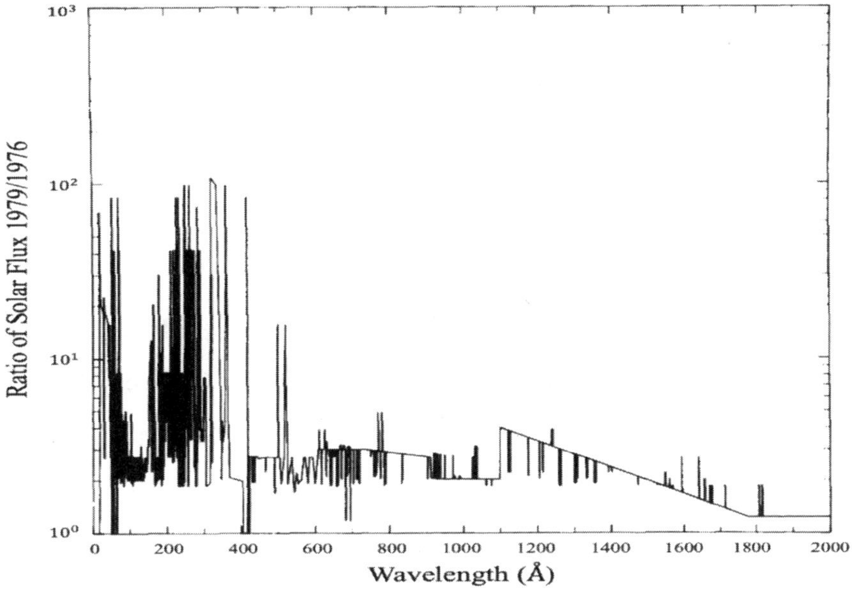

그림 6.3 태양 자외선 스펙트럼 비: 1979년 2월19일 스펙트럼을 흑점이 없던 1976년 7월의 스펙트럼으로 나눈 비 (Hinteregger et al., 1981).

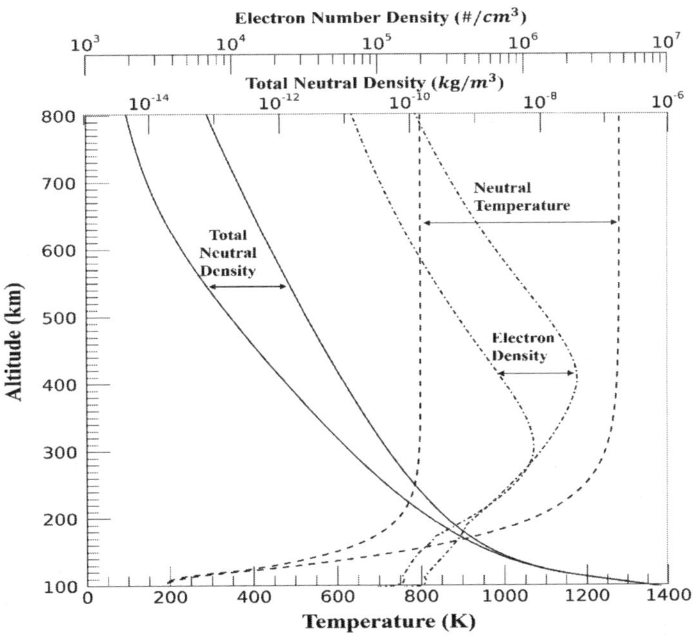

그림 6.4 태양 활동에 따른 열권 및 전리권의 밀도와 온도 변화 폭. 열권 정보는 MSISE-00, 전리권 정보는 IRI-2016 모델에서 옴 (태양극대기: 2000년 3월21일 LT 12시; 태양극소기 2009년 3월21일 LT 12시, 위도: 0°E, 경도: 0°)

파장 영역 910 A ~ 1100 A의 연속 스펙트럼은 산소분자를, 600 ~ 800 A 영역은 질소 분자를 이온화시키는데 크게 작용한다. 파장영역 100 A 이하는 보통 X-선으로 불리는데, 태양 X-선은 열권 구성원을 직접 이온화시킬 뿐만 아니라, 그 과정에서 에너지가 높은 **광전자 (photoelectrons)**를 발생시켜, 이 광전자가 2차로 열권 원소들을 이온화시키기도 한다. 태양 X-선은 열권 하부까지 침투하여 전리권 E-층 형성에 기여하고, 또한 태양플레어 발생 시 강력한 X-선은 급격한 전리권 E-층 증가로 통신 교란을 초래하기도 한다.

태양 극대기와 극소기의 자외선 세기가 매우 다른데, 특히 짧은 파장으로 갈수록 변동성이 100 배 가까이 커진다 (그림 6.3). 따라서 광해리로 인한 열권의 산소원자 밀도와 광이온화로 전리권의 전자 밀도, 그리고 태양 자외선에너지 흡수로 인한 열권의 온도가 태양 활동에 따라 매우 큰 변화를 초래한다. 열권의 온도는 태양 극소기에 800 K 정도에서 극대기에 1600 K 가까이 증가하고, 전리권 최대 전자밀도는 10^5에서 10^6 cm^{-3}로 증가한다. 열권의 온도 상승은 열권의 밀도를 전반적으로 증가시키는데, 저궤도 인공위성이 운영되는 400 km 고도에서 약 10 배의 밀도 변화를 초래할 수 있어, 인공위성과의 마찰력으로 궤도 저하 효과를 증대시키기도 한다.

계절에 따라 태양 자외선의 입사량이 다르므로 열권의 온도 및 성분 변화가 예상된다. 여름 반구에서 열권의 온도가 상승하면, 열권이 전체적으로 팽창한다. 열권 팽창은 열권 하부의 질소 분자가 풍부한 기체를 상승시켜 전리권 최대 (고도 ~250 km) 근처에서 질소분자 밀도 대비 산소원자 밀도 ($[O]/[N_2]$)를 감소시킨다. 이는 태양 극자외선의 광이온화로 생성된 O^+를 N_2가 빠르게 소멸시키는 화학반응으로 전리권 전자밀도를 감소하게 하는 효과를 초래한다. 반면, 겨울반구에서는 열권 온도 하강으로 $[O]/[N_2]$ 비가 증가하여, 이로 인해 전리권 전자 밀도가 증가하게 된다. 겨울철에 태양 극자외선의 입사가 감소함에도 오히려 전리권 전자 밀도가 증가하는 현상은 초기 전리권 연구자들을 놀라게 해, 전리권 **겨울 이상 (winter anomaly)**이라 불리게 되었다. 그러나 자기폭풍이 일어날 때 극지방에서 오로라 전자가 강력하게 입사하여 열권 온도도 상승시킬 수 있다. 이럴 경우, 겨울 반구의 고위도 지역에서 $[O]/[N_2]$ 비가 오히려 감소하여 전리권 전자밀도를 감소시킬 수 있다. 보통 태양풍에 자기권이 민감하게 반응하는 춘추분에 자기 폭풍이 자주 일어나므로, 중고위도 전리권의 전자밀도가 춘추분에 증가하는 원인이 될 수 있다. 이렇게 전리권 밀도가 춘추분 근처에서 연중 두 번 증가하는 현상을 **반년 이상 (semi-annual anomaly)**이라 부른다.

열권 및 전리권이 저층대기에서 전파되는 다양한 섭동에 의해서도 변동될 수 있다. 특히 대류권과 성층권에서 발생한 **조석파(tidal waves)**는 열권 하부까지 전파되어 열권의 밀도,

온도, 바람에 변동을 일으킨다. 또한 저층대기에서 발생한 중량파가 열권 하부까지 전파되어 작은 규모의 변동을 초래한다. 이런 열권의 변동은 전리권 밀도 변화로 나타날 수 있음이 최근 위성 관측으로 확인되었다.

6.3 태양빛에 의한 광이온화와 전리권 화학

6.3.1. 전리권의 층 구조

전리권이 초기 전파 통신에 막대한 영향을 끼친다는 사실이 알려진 후, 전파의 반사 경로를 추적하면서 전리권이 층별 구조를 가짐이 밝혀졌다. 그림 6.5는 평균적인 전리권의 전자 밀도 분포를 보여준다. 전자밀도 분포를 고도 순으로 D (50 ~ 100 km), E (100 ~ 150 km), F_1 (150 ~ 200 km), F_2 (200 ~ 400 km) 층으로 구분하는데, 각 층 별로 증가 곡선에 급격한 감소가 있는 고도를 그 층의 최대 전자 밀도 고도라 부른다. 즉 D-층 최대고도는 ~80 km, E-층은 ~110 km, F_1-층은 ~200 km, F_2-층은 ~300 km 부근에서 형성된다. 전리권의 각층이 형성되는 주된 요인은 태양 자외선이 투과가능 고도가 파장별로 다르기 때문이다. 그림 6.6은 파장별로 태양자외선의 광학적 깊이가 1이 되는 고도, 즉 최대 흡수 고도를 보여준다. 극자외선 영역에서 최대 흡수 고도는 100 –170 km 인데, 이곳에서 최대 광이온화가 일어남을 시사한다. 따라서 F_1 과 F_2-층의 전자밀도는 광이온화에 의한 전자 생성율보다 소멸율의 고도 분포에 더 영향 받는다고 추론할 수 있다. 또한 E-층과 D-층은 1000 A 근처에서 O_2와 NO의 광이온화가 전자 밀도를 주도함을 알 수 있다. NO가 제일 낮은 고도에서 이온화될 수 있어 D-층이 100 km 이하에서 생성됨을 알 수 있다.

이런 전리권의 전자밀도 분포는 당연히 밤보다 낮에 크고, 태양활동이 약할 때보다 강할 때가 크다. 또한, 밤에는 D-층과 E-층 전자밀도가 현저히 감소하면서, D-층은 최대고도를 특정하기 어려울 수 있다. 또한 자기폭풍이나, 태양 플레어 폭발, 저층대기에서 전파된 파동 현상 등으로 인해 각층의 고도와 밀도가 수시로 변동한다. 전리권의 변동성은 배경이 되는 중성대기보다 더 크고 훨씬 민감하게 측정되기 때문에, 위로부터의 우주환경과 아래로 부터의 저층대기 기상현상이나, 심지어 지진 현상의 영향도 감지할 수 있는 민감한 센서 역할을 한다. 이렇게 민감하게 변하는 전리권을 이해하기 위해서 먼저 전리권의 전자를 생성하고 소멸하는 기본적 화학적 기작을 각층별로 소개한다.

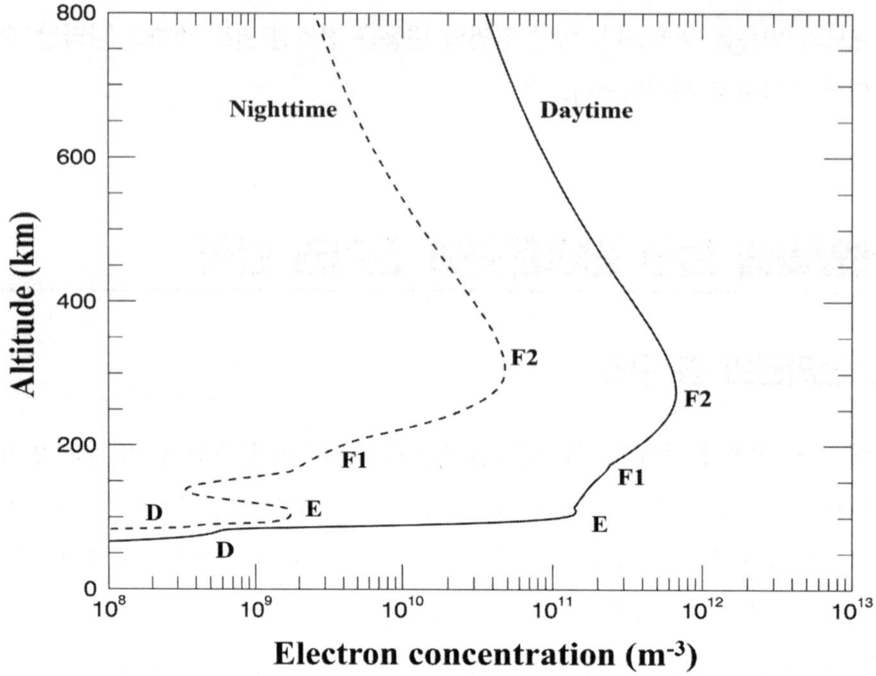

그림 6.5 전리권의 평균 층 구조

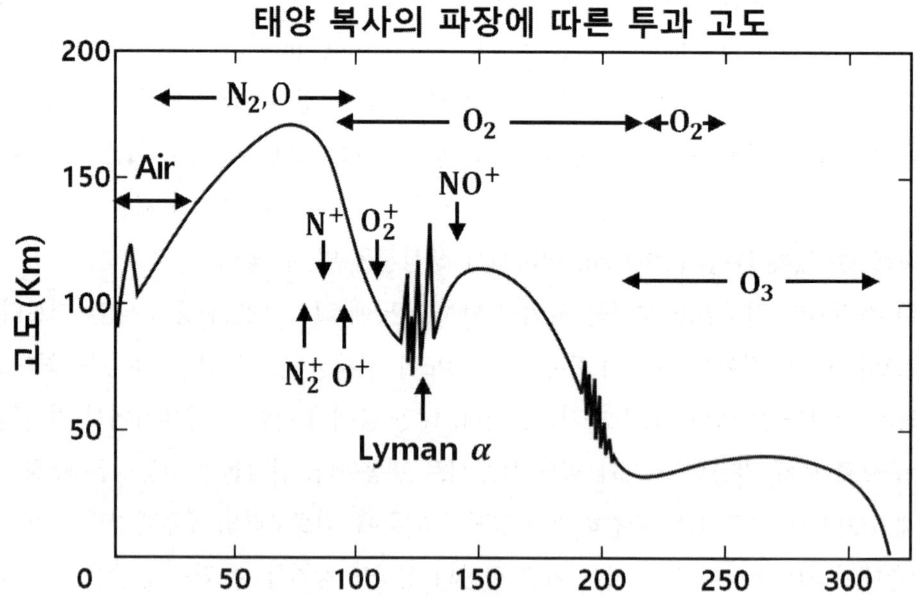

그림 6.6 태양 자외선의 흡수 광학 깊이가 1인 고도

6.3.2. 전리권 각 층의 화학

다음에 소개하는 화학 반응들은 다양한 화학 학술지에 발표된 결과들을 Rees(1989), Schunk and Nagy(2000), Kelley(2009)의 교재에서 취합해 놓은 자료들을 참조했다.

〈D-층 화학〉

전리권에서 가장 낮은 고도인 D-층에서는 주로 강한 태양 Ly-α (1216 A) 선 중간권 고도까지 침투하여 NO를 **광이온화**하여 이온과 전자를 생성한다.

$$NO + h\nu(< 1340\ A;\ 9.25\ eV) \rightarrow NO^+ + e \qquad (R6.5)$$

여기에 미량의 태양 X-선이 N_2, O_2를 광이온화시켜 추가적인 D-층 플라즈마의 원천을 제공한다.

이와 같이 D-층에서 주로 NO^+ 가 생성되지만, 주변 대기 분자들과 빠른 화학 반응을 통해 주 이온이 **수산화 군이온($NO(H2O)_n^+$)**으로 바뀐다. 또한 전자도 주변과 반응하여 음이온의 원천을 제공하기도 한다. D-층 고도에서는 대기 밀도와 압력이 상대적으로 높아 3체 화학반응이 활발해져 산소 분자에 전자가 부착되는 반응 **(3-body attachment reaction)**

$$O_2 + O_2 + e \rightarrow O_2^- + O_2 \qquad (R6.6)$$

이 일어나 음이온이 생성된다 (반응 계수; $k_3 = 5\times10^{-31}\ cm^6/s$). 질소 분자도 위와 유사한 3체 반응이 가능하나 반응 계수가 매우 낮다.

음이온의 소멸은 **광분리(photo-detachment)**와 **결합 분리 (associative detachment)**, 그리고 **상호 중성화 (mutual neutralization)** 반응으로 일어난다.

$$O_2^- + h\nu \rightarrow O_2 + e \qquad ;\ J \sim 0.3\ s^{-1} \qquad (R6.7)$$

$$O_2^- + M \rightarrow O_2 + M + e \qquad ;\ k_f \sim 10^{-10}\ cm^3/s \qquad (R6.8)$$

$$O_2^- + O^+ \rightarrow O_2 + O \qquad ;\ k_i = 10^{-6}\ cm^3/s \qquad (R6.9)$$

여기서 M 은 화학적으로 **활성분자(radical)**이다.

양이온의 소멸은 주로 **해리 재결합 (dissociative recombination)**과 **군이온 재결합 (cluster-ion recombination)**에 의해 일어난다.

$$NO^+ + e \rightarrow N + O \qquad ; k^*_d = 4\times10^{-7}\ cm^3/s \qquad (R6.10)$$

$$X(H2O)_n^+ + e \rightarrow X(H2O)_{(n-1)} + H_2O \qquad ; k_d = 5\times10^{-5}\ cm^3/s \qquad (R6.11)$$

특히 **수산화 군이온**은 주이온으로서 상당히 복잡한 과정을 통해 중간권 구름 빙정을 만들 수 있음이 알려졌다.

D-층 이온 화학 모델은 다음 수식으로 정리될 수 있다.

$$\frac{dn^+}{dt} = In - k_d n_e n^+ - k_i n^+ n^- \qquad (6.1a,\ b,\ c)$$
$$\frac{dn^-}{dt} = k_3 n^2 n_e - n^-(J + k_f n_m - k_i n^+)$$
$$\frac{dn^+}{dt} = In - k_d n_e n^+ - k_3 n^2 n_e + n^-(J + k_f n_m)$$

여기서, n은 NO, n^+는 주 양이온(수산화 군이온), n^- 는 주 음이온 (O_2^-), n_m 은 활성분자(radicals)의 밀도이다. 음이온 비률 $\lambda = n^-/n_e$ 로 정의하면, 대기 중성 조건으로

$$n^+ = (n^- + n_e) = (1+\lambda)n_e \qquad (6.2)$$

이 성립한다. 이를 적용하면 전자 밀도의 증가율은

$$\frac{dn_e}{dt} = \frac{In}{1+\lambda} - (k_d + \lambda k_i)n_e^2 - \frac{n_e}{1+\lambda}\frac{d\lambda}{dt} \qquad (6.3)$$

으로 표현된다. 생성과 소멸의 평형 조건을 적용하면 (증가율이 0),

$$In = (1+\lambda)(k_d + \lambda k_i)n_e^2 \equiv \alpha_{eff} n_e^2$$

$$n_e = \sqrt{In/\alpha_{eff}} \quad (6.4)$$

로 표현된다. 따라서 D-층 전자밀도는 NO의 광이온화 율의 제곱근에 비례하며, **유효 재결합계수 (effective recombination coefficient)**, α_{eff}가 크면 작아진다. 유효 재결합 계수는 음이온의 비가 작으면 주로 수산화 군이온의 재결합 계수에 의해 결정된다. 그러나 고도 80 km 이하에서는 복잡한 음이온 화학 반응이 많이 일어나서 유효 재결합계수가 수산화 군이온 재결합계수보다 훨씬 커진다.

〈E-층 화학〉

E-층 고도에서는 태양 극자외선(< 1027 A)에 의해 NO 다음으로 이온화 에너지가 낮은 산소 분자의 광이온화가 주생성 기작이다.

O_2 + hν(< 1027 A) → O_2^+ + e (R6.12)

추가적으로 태양 코로나로부터 발생하는 X-선이 E-층 고도까지 침투하여 N_2 와 O를 광이온화하여 이온생성에 기여한다 (그림 6.6 참조).

N_2 + X-선 → N_2^+ + e (R6.13)

O + X-선 → O^+ + e (R6.14)

이렇게 생성된 이온들은 주변 중성 분자들과 빠르게 **전하교환 화학반응 (charge exchange reaction)**으로 O_2^+와 NO^+ 이온으로 전환된다.

$N_2^+ + O_2 \rightarrow O_2^+ + N_2$; $k = 5\times10^{-10}$ cm^3/s (R6.15)

$N_2^+ + O \rightarrow NO^+ + N$; $k = 1\times10^{-10}$ cm^3/s (R6.16)

이 전환된 분자 이온들은 빠른 **해리 재결합 (dissociative recombination)**으로 중성화된다.

$$O_2^+ + e \rightarrow O + O \; ; \; k_d = 3\times10^{-7}\ cm^3/s \qquad (R6.17)$$

$$NO^+ + e \rightarrow N + O \; ; \; k_d = 3\times10^{-7}\ cm^3/s \qquad (R6.18)$$

결과적으로 E-층에서는 광이온화된 총 이온 생성률이 전환된 분자 이온의 해리 재결합에 의한 소멸율과 균형을 이루면서 다음과 같이 전자 밀도가 결정된다.

$$In(N_2 + O_2 + O) \simeq k_d n_e^2 \equiv \alpha_{eff} n_e^2 \qquad (6.5)$$

$$n_e = \sqrt{In(N_2 + O_2 + O)/\alpha_{eff}}$$

따라서 광이온화율과 유효 재결합 계수 ($\sim10^{-8}\ cm^3/s$) 의 비에 제곱근으로 E-층 전자밀도가 결정된다. 이런 전자 (이온) 밀도의 제곱에 비례하여 생성과 소멸이 표현되는 과정을 **알파 과정 (alpha process)**이라 부르기도 한다.

추가적으로 유성에서 온 금속 원자 이온 (Mg^+, Na^+, Fe^+ 등)이 소량으로 생기며, 이는 오래 유지되어 중위도 지역에 얇은 전자밀도 층(**산발적 E-층; sporadic E-층**)이 기존의 E-층에 중첩되기도 한다.

〈F_1-층 화학〉

태양 극자외선(< 911 A) 에 의해 주로 산소원자의 광이온화로 이온이 생성된다. 생성된 O^+ 는 **복사 재결합 (radiative recombination)**

$$O^+ + e \rightarrow O + h\nu \; ; \; k_r = 3\times10^{-12}\ cm^3/s \qquad (R6.19)$$

로 중성화될 수 있으나, 이 반응은 매우 느리다.

추가적으로 N_2의 광이온화도 기여하나, 생성된 N_2^+는 E-층에서처럼 O_2^+나 NO^+로 빠르게 변환된다.

O^+ 이온은 주변 중성 대기와 **원자-이온 교환 화학반응 (atom-ion exchange reaction)**

$$O^+ \ + \ O_2 \ \rightarrow \ O_2^+ \ + \ O \qquad ; \ k = 2\times10^{-11} \ cm^3/s \qquad (R6.20)$$

$$O^+ \ + \ N_2 \ \rightarrow \ NO^+ + \ N \qquad ; \ k = 1\times10^{-12} \ cm^3/s \qquad (R6.21)$$

로 빠르게 분자 이온으로 전환된다. 이 반응으로 소멸되기까지의 O^+ 이온의 수명은

$$\tau(O^+) = 1/(k_{O_2}[O_2] + k_{N_2}[N_2]) \qquad (6.6)$$

로 표현되는데, F_1-층에서 대략 60 초 정도이다. 반면, 분자이온(NO^+, O_2^+)의 해리 재결합에 의한 수명은

$$\tau(NO^+, O_2^+) = 1/(k_d n_e) \qquad (6.7)$$

로서, F_1-층에서 10 초 정도로 상대적으로 빠르다. 따라서 F_1-층의 전자밀도는 병목 현상을 일으키는 **원자-이온 교환반응**에 좌우된다. 즉, 아래 고도에서는 대기 밀도가 높아 빠르게 분자이온으로 전환된 후, 다시 빠르게 재결합되어 전자 (또한 이온)가 소멸될 수 있으나, 위 고도에서는 대기 밀도가 낮아 분자이온으로 전환되는 율이 느리므로, 전자 (또한 O^+)가 오래 살아남을 수 있다.

이를 근사 수식으로 표현하면

$$In(O) \simeq n_e/\tau(O^+) \equiv \beta_{eff}(z)n_e \qquad (6.8)$$

이다. 따라서 F_1-층의 전자 밀도는 광이온화율과 **유효 원자-이온 교환 반응률,** β_{eff} 의 비로 추산된다. 앞에서 소개된 알파과정과는 다르게 전자 밀도가 이온 생성율에 비례하는데 이를 **베타 과정 (beta process)**이라 하기도 한다. 이 유효 반응율이 열권 중성 밀도의 함수이므로 고도에 따라 민감하게 변함을 주목해야 한다.

〈F_2-층 화학〉

고도가 높아짐에 따라 대기 밀도가 희박해지므로 (광학적으로 투명한 상태), 거의 모든 태양 극자외선(< 911 A) 광자가 F_2-층에 도달하여 산소원자를 광이온화시킨다. 생성된 O^+는 F_1-층과 마찬가지로 주변 중성 대기 분자와 반응으로 소멸되면서, 전자밀도를 결정시킨다.

수식으로

$$I[O] = (k_{O_2}[O_2] + k_{N_2}[N_2])n_e \equiv \beta_{eff}(z)n_e \qquad (6.9a,\ b)$$
$$I[O]_o \exp(-(z-z_o)/H_O) = k[X]_o \exp(-(z-z_o)/H_X)n_e$$

표현된다. 여기서 X는 중성대기 분자(O_2 또는 N_2)를 지칭한다. 그러면,

$$n_e \propto \exp[-(z-z_o)(1/H_O - 1/H_X)] \qquad (6.10)$$

로 전자 밀도의 고도에 따른 분포를 표현할 수 있다. 열권에서 O의 높이 척도가 N_2나 O_2의 높이척도보다 월등히 크므로, 이식은 전자 밀도가 고도에 따라 한없이 증가하는 추세가 되어 실제 전리권과 맞지 않는다. 즉, 고도가 높아짐에 따라 열권 밀도가 희박해져, 화학 반응으로 소멸할 수 있는 O^+ 이온의 수명을 한 없이 길게 한다. 그러나 실제 전리권에서는 광이온화로 생성된 O^+ 이온이 전자와 함께 아래 고도로 이동하는 **쌍극성 확산 (ambi-polar diffusion)**이 일어난다. 앞에 설명한 F_1-층에서 O^+ 이온의 수명이 주변과의 화학 반응에 의해 결정되는 것과 달리, F_2-층에서 O^+ 이온의 수명은 아래로 확산되는 속도에 좌우된다. 양극성 확산 속도는 밀도가 희박해지는 고도에 따라 빨라지므로, 확산에 의한 수명이 짧아진다. 반대로 화학반응에 의한 수명은 고도에 따라 길어진다. 따라서 F_2-층 최대 전자 밀도는 확산 소멸 수명과 화학반응 수명과 같아지는 고도에서 생성된다. 양극자 확산에 대한 구체적인 기술은 다음 장에서 다룬다.

〈전리권 최상층부의 화학〉

전리권 최상층에는 수소 원자가 산소원자보다 많아진다. 따라서

$$O^+ + H \rightarrow H^+ + O \qquad \text{(R6.22)}$$

반응이 일어난다. 우연히도 수소 원자와 산소원자의 이온화 에너지는 13.6 eV 거의 같다. 따라서 위 반응의 역 반응도 쉽게 일어나는 **공명 반응 (resonant reaction)**으로서

$$[O^+][H]\ k_f = [H^+][O]\ k_b$$

$$([O^+]/[O])\ /\ ([H^+]/[H] = k_b/k_f = 8/9 \qquad (6.11)$$

여기서 순방향과 역방향 반응계수의 비는 고온(~1000 K) 환경에서는 통계물리 이론에 의해 추정될 수 있다. 따라서 산소와 수소 원자와 그에 해당하는 이온의 상대적인 비는 거의 1에 가까운 상수 값으로 추정된다. 그러나 낮에 F_2-층의 광이온화로 많은 O^+ 생성되면 전리권 상부로 이동하는 플럭스로 이 비율이 커질 수 있고 (산소원자이온이 더 많아짐), 반대로 밤에 F-층의 O^+ 밀도 줄면, 플라즈마권에서 H^+ 가 전리권 상부로 유입되므로 수소 원자 비가 상대적으로 많아진다. 그럼에도 플라즈마권에서 유입된 H^+ 가 O^+ 로 전환되어 아래로 확산되면서 밤의 F-층 O^+ 밀도 (또는 전자 밀도)의 감소를 어느 정도 줄여주기도 한다.

결론적으로 낮의 F_2-층과 밤의 F-층은 플라즈마의 수직 이동에 영향을 받으며, 또한 전리권 동역학에 의한 수평 이동에도 민감하게 변화한다. 이런 민감한 전리권 변화는 다양한 전리권 **불균질(irregularities)**을 수반하고, 전파 통신에 상당한 장애를 야기하기도 한다.

6.3.3. 채프만 전리층 모델

위에 설명한 열권의 광이온화율을 고도별로 구하기 위해서는 파장에 따른 흡수 및 이온화 단면적과 태양 자외선 플럭스를 곱하는 수치적 적분이 필요하다. 채프만 (Chapman)은 태양 극자외선에 의한 광이온화를 단일 파장과 단일 이온으로 가정하여, 광이온화율 고도 프로파일을 간단한 수식으로 나타내었다. 즉, 단일파장 태양극자외선 세기, I 와 열권의 원소들에 의한 광학 깊이, τ 와 열권 원소의 개수밀도가 높이 척도 H 를 가지는 지수적 감소 함수를 사용하면,

$$n(z) = n_o \exp(-z/H), \tag{6.12a, b, c}$$

$$\tau = \int_z^{\infty} n(z')\sigma_a \sec\chi \, dz' = n_o H \sigma_a \sec\chi \exp(-z/H)$$

$$I(z) = I_{\infty} \exp(-\tau) = I_{\infty} \exp(-n_o H \sigma_a \sec\chi \exp(-z/H))$$

고도 z 에서 이 원소의 흡수단면적, σ_a 에 따른 감쇄된 태양자외선의 세기, $I(z)$ 가 구해진다. 여기서 열권 대기가 수평으로 펼쳐져 있고, 태양의 천정각, χ 를 상정했다. 광이온화율, q 는 흡수된 태양극자외선 양에 비례하므로,

$$q = \eta \frac{dI}{dz} \cos\chi = \eta \sigma_a I_{\infty} n_o \exp[-(z/H) - \sigma_a H n_o \exp(-z/H) \sec\chi] \tag{6.13}$$

으로 표현된다. 여기서 η 는 광이온화 비율이다. 최대 광이온화율, q_m 과 그 고도 z_m을 구하면

$$q_m = \frac{\eta I_{\infty} \cos\chi}{\exp(1) H} \tag{6.14a, b}$$

$$z_m = H \ln(\sigma_a n_o H \sec\chi)$$

로 표현된다. 이 식을 검토하면, 최대 광이온화율은 광학깊이가 1이 되는 곳에서 일어남을 확인할 수 있다. 최대 광이온화율은 천정각이 증가할수록 감소하며, 열권대기의 높이 척도가 클수록 (온도가 높을수록) 작아진다. 또한, 최대 고도는 태양극자외선의 세기와 무관하고 열권의 높이 척도에 따라 증가하며, 천정각이 클수록 높아진다. 더나가서, 광이온화율을 q_m 과 z_m 으로 대입해 표현하면,

$$q = q_m \exp[1 - (z - z_m/H) - \exp(-(z - z_m)/H) \sec\chi] \tag{6.15a, b}$$

$$Ch(y, \chi) = \exp[1 - y - \exp(-y) \sec\chi]$$

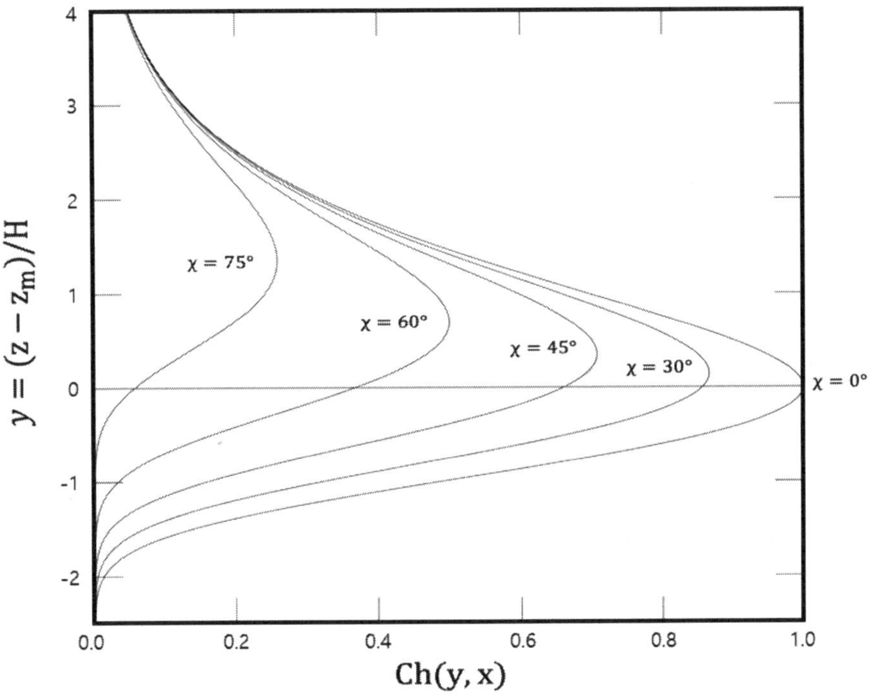

그림 6.7 천정각에 따른 채프만 함수 (Chapman function)

형태로 간단히 되고, 이를 **채프만 함수 (Chapman function)**라 한다. 여기서 고도 변수 y 는 태양이 천정에 있을 때 최대 광이온화 고도를 0 으로 정했음을 확인하자. 채프만 함수의 고도 프로파일은 천정각이 증가할수록 최대 광이온화는 높은 고도에서 일어나지만, 프로파일의 모양은 유지되는 특성이 있다. 채프만 함수는 단일 파장의 광이온화에 적용되므로, 실제 전리권의 전자 생성율은 극자외선과 X-선 영역에 대해 각각의 채프만 프로파일을 고도별로 더하는 방식으로 구할 수 있다.

앞에서 언급된 알파 과정이나 베타 과정이 지배적인 E-층과 F_1-층의 전자밀도 프로파일은 채프만 함수로 표현된 생성율로 간단히 표현될 수 있다. 즉,

$$n_e^E(z) = (q_m/\alpha_{eff})^{1/2}\exp\frac{1}{2}[1-(z-z_m/H)-\exp(-(z-z_m)/H)\sec\chi] \quad (6.16a,\ b)$$
$$n_e^{F1}(z) = (q_m/\beta_{eff})\exp[1-(z-z_m/H)-\exp(-(z-z_m)/H)\sec\chi]$$

의 형태로 전자 밀도의 고도 분포를 근사할 수 있다.

7.

전리권 기본 전기역학

7.1 전리권 플라즈마의 운동방정식

전리권은 앞 장에서 기술한 바와 같이 태양 극자외선에 의해 중성대기 구성원들이 광이온화로 생성된 다양한 이온과 전자로 구성되어 있다. 전하를 띠고 있는 이온과 전자로 구성된 매체는 실험실에서 보통 기체보다 더 고온 상태인 플라즈마라고 불린다. 전리권 플라즈마의 운동은 배경이 되는 중성 기체에 적용되는 유체 역학에 전자기적 힘을 추가적으로 고려해야 한다. 구체적으로 전리권 플라즈마는 중성기체에 작용하는 중력($n_j m_j \vec{g}$) 외에도 전기력($n_j q_j \vec{E}$)과 자기력($n_j q_j (\vec{v_j} \times \vec{B})$)이 중요하게 작용한다. 저층 대기에서 상당한 영향을 주는 코리올리 힘은 중력과 전자기력에 비해 매우 약하기 때문에, 전리권 플라즈마의 운동 방정식에는 보통 포함시키지 않는다. 중성대기에서 공기 덩어리 간의 속도차이에 의한 점성력에 대응하여, 플라즈마 구성원과 배경 중성대기 분자와의 속도 차이로 인한 마찰력을 고려한다. 여기에 플라즈마도 기체이므로 압력의 차이를 가속하는 힘으로 포함시켜 플라즈마 구성원 j 에 대한 운동방정식을 써보면 다음과 같다.

$$\rho_j \frac{d\vec{v_j}}{dt} = -\vec{\nabla} p_j + \rho_j \vec{g} + n_j q_j (\vec{E} + \vec{v_j} \times \vec{B}) - \sum_{j \neq k} \rho_j \nu_{jk} (\vec{v_j} - \vec{v_k}) \tag{7.1}$$

$$p_j = \rho_j k_B T_j / m_j = n_j k_B T_j$$

위 식의 마지막 항은 플라즈마 구성원 j 가 주변에 있는 플라즈마 구성원 또는 중성원소, k 간의 충돌로 인하여 생기는 마찰력의 총합을 뜻한다. 여기서 구성원 j 와 k 사이의 충돌빈도수를 ν_{jk} 로 표현했다. 플라즈마 구성원 j 의 압력은 구성원마다 개수 밀도와 온도가 다를 수 있음을 고려하였다. 대부분의 경우, 이온과 전자의 온도가 다르기 때문에 온도에도 첨자를 넣어 구분하였다.

이 운동방정식을 풀어서 플라즈마 구성원 j 의 속도를 시간과 공간의 함수로 나타내기 위해서는, 온도(T_j), 밀도(ρ_j 또는 n_j), 전기장($\vec{E}$), 자기장($\vec{B}$)이 주어져야 한다. 중성대기의 경우에서처럼, 밀도와 온도는 연속 방정식과 에너지 방정식과 함께 풀어 낼 수 있다. 플라즈마의 연속 방정식은

$$\frac{\partial \rho_j}{\partial t} + \overrightarrow{\nabla} \cdot (\rho_j \overrightarrow{v_j}) = (P_j - L_j) m_j \tag{7.2}$$

으로 표현된다. 여기서, 광이온화 또는 화학반응에 의해 플라즈마가 생성되는 율(P_j)과 소멸되는 율(L_j)을 우변항에 넣었다. 에너지 방정식도 중성 대기의 경우와 비슷하게 기술할 수 있으나, 전리권만을 다룰 때는 측정된 온도나 다른 통합 모델의 온도를 사용하여 생략하기도 한다.

참고로, 전리권의 배경이 되는 중성대기, 즉 열권의 밀도와 바람에 대해서 연속방정식과 운동방정식을 소개하면 다음과 같다.

$$\begin{aligned} \frac{\partial \rho}{\partial t} &= -\overrightarrow{\nabla} \cdot (\rho \overrightarrow{u}) \\ \rho \frac{d\overrightarrow{u}}{dt} &= -\overrightarrow{\nabla} p + \rho \overrightarrow{g} + \eta \nabla^2 \overrightarrow{u} - \nabla \cdot \Pi_w - 2\rho \overrightarrow{\Omega} \times \overrightarrow{u} + \overrightarrow{J} \times \overrightarrow{B} \\ p &= \rho k_B T_n / m_n = n_m k_B T_j \end{aligned} \tag{7.3a, b, c}$$

여기서, 중성대기의 연속방정식에는 질량보존이 항상 성립하므로, 생성률이나 소멸율이 없다. 운동방정식에는 기존의 압력 경사에 의한 힘과 중력이외에 점성력과 공기 덩어리 내에서 바람의 방향 변이로 인한 스트레스 텐서로부터의 힘, 코리올리 힘, 그리고 전류에 의한 힘이 추가로 포함되었다. 열권에서 밀도가 희박하여 점성에 의한 힘이 적을 것 같지만, 의외로 강력함이 알려졌다. 이에 대한 설명은 다음에 자세히 할 것이다. 바람 변이 스트레스 텐서로 인한 힘과 코리올리 힘은 상대적으로 작아 때때로 무시된다. 마지막의 전류에 의한 힘은 전리권에서 생성된 전류가 중성대기 운동에 영향을 미치는 항으로서, 이는 전리권 운동방정식의 마찰력에 상응하는 힘이다. 따라서 중성대기 운동방정식을 완전히 풀기 위해서는 전리권에서 기원하는 전류에 대한 정보가 제공되어야 한다.

전리권 운동방정식에 사용된 전기장과 자기장은 이와 관련된 전류와 함께 Maxwell 전자기 방정식을 만족해야 한다. Maxwell 방정식의 표준형은

$$\begin{aligned} \overrightarrow{\nabla} \times \overrightarrow{E} &= -\partial \overrightarrow{B} / \partial t \\ \overrightarrow{\nabla} \cdot \overrightarrow{E} &= \rho_c / \epsilon_o \end{aligned} \tag{7.4a, b, c, d}$$

$$\vec{\nabla} \times \vec{B} = \mu_o(\vec{J} + \epsilon_o \partial \vec{E}/\partial t)$$

$$\vec{\nabla} \cdot \vec{B} = 0$$

이지만, 전리권에서 전기장과 자기장의 시간 변화율이 대단히 작으므로, 이를 무시하여 다음과 같이 축약할 수 있다.

$$\vec{\nabla} \times \vec{E} = 0,\ \vec{\nabla} \cdot \vec{E} = \rho_c/\epsilon_o \quad \Rightarrow \vec{E} = -\vec{\nabla}\phi \tag{7.5a, b}$$

$$\vec{\nabla} \times \vec{B} = \mu_o \vec{J},\ \vec{\nabla} \cdot \vec{B} = 0 \quad \Rightarrow \vec{\nabla} \cdot \vec{J} = 0$$

즉, 전리권의 전기장은 정전기에 의해 발생하고, 전류는 항상 막힘없이 흘러야 한다는 조건으로 요약된다. 또한, 자기장의 시간 변화가 없으므로 일정한 지자기장을 사용할 수 있음을 뜻한다. 그러나 자력계에서 자주 측정되는 Alfven 파를 비롯하여, 여러 종류의 전자기파를 연구할 경우에는 위의 근사 가성을 사용할 수 없나.

위 식에서 전기장은 전하밀도하고만 상관있는 것처럼 보인다. 실제로 전하밀도와 전류는 전하 보존 법칙에 의해 다음과 같이 근본적으로 연관되어 있다.

$$\frac{\partial}{\partial t}\int_V \rho_c dV = -\oint_\Sigma \vec{J} \cdot d\vec{a} \quad \Rightarrow \quad \vec{\nabla} \cdot \vec{J} = -\frac{\partial \rho_c}{\partial t} \tag{7.6}$$

$$\rho_c = \sum_j n_j q_j \ , \quad \vec{J} = \sum_j n_j q_j \vec{v_j}$$

여기서, 전하 밀도는 각종 이온과 전자를 양의 전하와 음의 전하값을 함께 더하므로, 순 전하 밀도는 플라즈마 밀도에 비해 매우 작다. 보통은 플라즈마 덩어리에서 양이온의 개수와 전자의 개수가 거의 같기 때문에 순 전하 밀도는 거의 영에 가까워서 측정하기 매우 어렵다. 따라서 순 전하밀도를 측정하여 전기장을 계산하는 것은 거의 불가능하다. 그보다는 $\nabla \cdot \vec{J} = 0$ 이라는 조건으로 전기장을 추산하는 것이 보통이다. 이는 마치 중성대기에서 수직 바람이 수평바람에 비해 매우 작기 때문에 운동방정식에서 직접 구하기 어려워서, 중성대기가 비압축 유체로 간주하여 수평바람의 $\nabla \cdot \vec{U} = 0$ 라는 조건으로부터 수직바람을 구하는 것과 유사하다.

이와 같이 전리권의 전기장과 전류가 Maxwell 방정식으로부터 구해지면, 전리권과 중성대기의 운동방정식에 사용될 수 있다. 그러나 Maxwell 방정식에서 필요한 이온과 전자의 밀도와 속도가 전리권 연속방정식과 운동방정식으로부터 구해져야하고, 이를 위해 플라즈마 구성원의 온도와 중성대기의 밀도, 바람 정보도 필요하고, 다시 중성 대기의 밀도와 바람은 전리권 전류에 영향을 받는다. 따라서 자기모순 없이 일관성 있게 (self-consistent) 전리권의 물리량을 구하기 위해서는, 중성대기 (특히 열권) 3개 방정식 (연속, 운동, 에너지), 전리권 3개 방정식 (연속, 운동, 에너지), Maxwell 4개 방정식을 모두 통합하여 함께 풀어야 한다. 또한, 전리권의 전기장은 지자기장에 의해 즉각적으로 전지구적으로 전파되므로, 이들 방정식을 전지구에 걸쳐 풀어야 한다. 이런 시도 중에서 먼저 중성대기만을 다룬 전지구 열권 순환 모델 (Thermospheric Global Circulation Model, TGCM)은 저층대기 수치모델 기법을 도입하여 1980년대에 개발되기 시작하였다 (Dickinson et al., 1981; Roble and Ridley 1987). 이후 전리권과 연계한 모델 (Thermosphere-Ionosphere Global Circulation Model, TIGCM) 그리고 전기역학 (Maxwell 방정식)을 통합한 열권 전리권 전기역학 모델 (Thermosphere – Ionosphere - Electrodynamics Global Circulation Model, TIEGCM)이 순차적으로 개발되었다 (Richmond et al., 1992). 현재 이런 순수 이론적 물리통합모델은 다양한 열권 및 전리권의 관측 값과 비교 평가되고 있으나, 아직은 연구 영역에 머물러 있다. 이 모델들이 저층 대기의 기상예보에서 사용하는 수치예보 모델 정도의 정확도 및 신뢰도로 발전하기 위해서는 모델 이론뿐만 아니라 관측 분야에서도 상당한 진보가 수반되어야 할 것이다.

7.2 정상상태 전리권 플라즈마의 운동

플라즈마 운동방정식을 간단히 이해하기 위해 먼저 가속도가 0인 정상상태 (steady state)를 탐구하자. 정상상태는 플라즈마에 가해지는 힘이 균형을 이루어 플라즈마의 운동이 시간에 따라 변함 없이 일정한 속도를 가지는 상태이다. 즉, $d\vec{v}_j/dt = \partial\vec{v}_j/\partial t + \vec{v}_j \cdot \nabla\vec{v}_j = 0$ 을 상정하는 경우로서, 어느 정도의 시간이 지나면 결국 플라즈마에 가해지는 힘이 균형을 이루어 가속이 0이 되는 것을 기대할 수 있다. 이렇게 균형을 이루는 시간 상수를 다음과 같이 추산할 수 있다. 운동방정식을 가속도 항으로 정리하여 주요 항의 대략 크기를 비교해

보면

$$\partial \vec{v}_j/\partial t + \vec{v}_j \bullet \nabla \vec{v}_j \sim v_j/\tau + v_j^2/L \quad (7.7)$$

인데, τ, L 은 우리가 관심을 두는 시간과 공간 규모이다. 두 번째 항은 **이류(advection)**에 의한 가속으로서 운동속도가 매우 빠른 유체의 경우에만 중요해진다는 것을 상기하자. 전자기력과 마찰력에 의한 가속의 크기는

$$q_j/m_j(\vec{E} + \vec{v}_j \times \vec{B}) \sim (q_jB/m_j)v_j \sim \Omega_j v_j \quad (7.8a,\ b)$$

$$\sum_{j \neq k} \nu_{jk}(\vec{v}_j - \vec{v}_k) \sim \nu_j v_j$$

으로 추산할 수 있다. 운동방정식 좌측과 우측을 비교하면, $\tau \gg \Omega_j^{-1}$, ν_j^{-1} 조건을 만족하는 시간 규모에서는 정상상태를 가정할 수 있다. 즉, 자이로진동수와 충돌빈도수의 역수가 0.1 ~ 100 초 정도이므로 수분 단위 이상의 전리권 플라즈마 운동을 이해하는 데에는 정상상태를 가정할 수 있다. 다른 말로, 수분 단위 이상에서는 전자기력이나 마찰력에 균형을 이루어 플라즈마가 더 이상 가속되지 않는다고 간주할 수 있다. 또한, 플라즈마 운동속도가 음속보다 느리면 자이로반경이나 충돌 없이 이동하는 **평균자유거리(mean free path)** 보다 훨씬 긴 공간 규모 (L ~ 수 km)에서 가속도의 **이류** 항을 무시할 수 있다.

참고로 플라즈마를 이루는 이온과 전자와 배경 중성대기 구성원 간의 충돌빈도수는 다음과 같이 추산되었다 (Kelley, 2009).

$$\nu_{in} = 2.6 \times 10^{-9}(n_n + n_i)A^{-1/2} \quad (7.9a,\ b)$$

$$\nu_e = \nu_{en} + \nu_{ei} = 5.4 \times 10^{-10} n_n T_e^{1/2} + [34 + 4.18 \ln(T_e^3/n_e)]n_e T_e^{-3/2}$$

여기서, A 는 중성대기분자의 평균분자량 (원자질량 단위) 이고, T_e 는 전자온도이고, 중성, 이온, 전자의 개수 밀도는 모두 cm^{-3} 단위이다. 그림 7.1은 대표적인 전리권에서 이온과 중성 간의 충돌빈도수와 전자와 중성 및 이온 간의 충돌 빈도수의 고도별 분포를 보여준다. 쿨롬(Coulomb) 힘이 강하게 작용하는 전자와 이온간의 충돌빈도수는 전자와 중성간의 충돌빈도수보다 밤에는 고도 280 km 이상에서 낮에는 고도 200 km 이상에서 커진다.

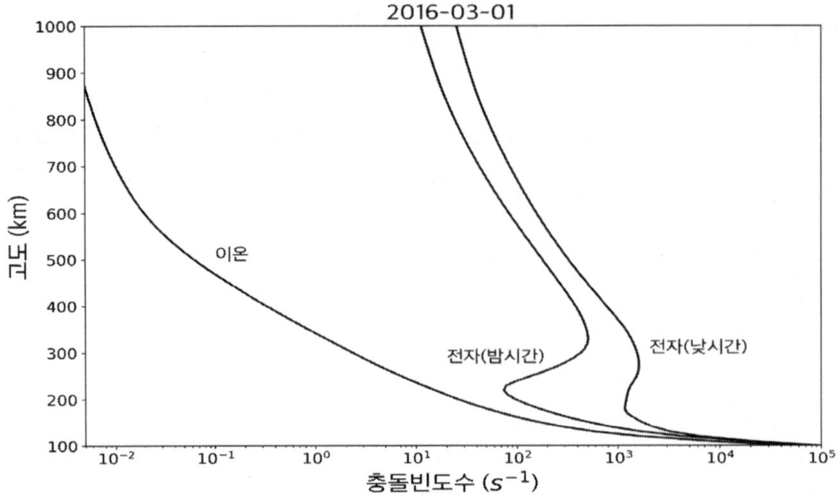

그림 7.1 태양활동이 극대기(2016. 3.1)에 대표적인 이온-중성, 전자-중성 충돌 빈도수의 고도 분포

또한 이온과 중성간의 충돌빈도수는 전자의 충돌빈도수보다 모든 고도에서 10 배 이상 작다. 이런 이온과 전자의 충돌빈도수 차이는 전류 발생에 중요하다.

지자기장이 항상 존재하는 전리권에 어떤 힘 F가 가해졌을 때 이온과 전자의 운동속도는 간단한 다음의 식으로 추산할 수 있다.

$$\vec{F} \pm e\vec{v_j} \times \vec{B} = m_j \nu_j \vec{v_j} \tag{7.10}$$

여기서 이온과 전자가 정지해 있는 중성 대기와의 충돌에 의한 마찰력과 자기장으로 인한 로렌츠 힘과 외부 힘 F의 합이 서로 균형을 이룬다고 상정했다. 자기장에 수직인 평면에서 이 식은 벡터 합으로써, 그림 7.2의 도식으로 표현할 수 있다. 이 그림에서 자기장은 평면에 수직으로 들어가는 방향이다. 로렌츠 힘과 마찰력은 항상 수직이므로 두 벡터의 꼭지점은 반원 상에서 만나고 있음을 알 수 있다. 가해지는 힘에 대해 이온은 왼쪽으로 전자는 오른쪽으로 운동하므로 운동 속도 차이로 인해서 전류가 발생한다. 또한 이온과 전자의 질량 차이에 의해서도 두 종간의 속도 차이를 생기게 한다. 이 역시 전류를 발생하게 한다. 가해지는 힘이 중성바람에 의한 마찰력, $\vec{F} = m_j \nu_j \vec{U}$ 이므로, 다양한 방향의 전류가 발생할 수 있다. 가해지는 힘과 이온/전자의 운동 속도와 각, θ_i, θ_e 는 고도에 따라 상당히 달라진다. 이 각의 탄젠트 값이 **자이로 주파수** 대 **충돌 빈도수**의 비이다.

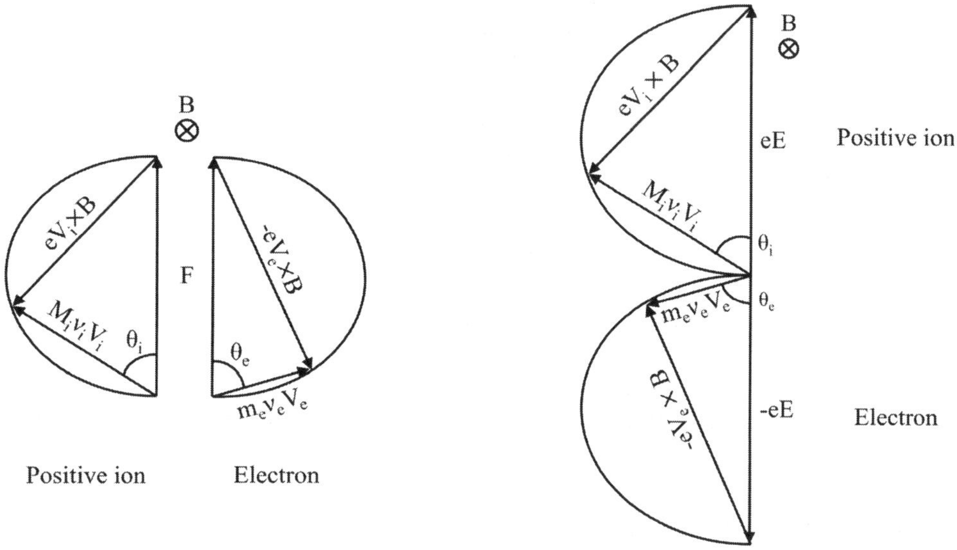

그림 7.2 (좌) 외력 *F* 가 있는 경우, 이온과 전자가 힘의 균형을 이루는 힘 벡터의 구성 (우) 전기장이 가해진 경우, 이온과 전자가 힘의 균형을 이루는 힘 벡터의 구성

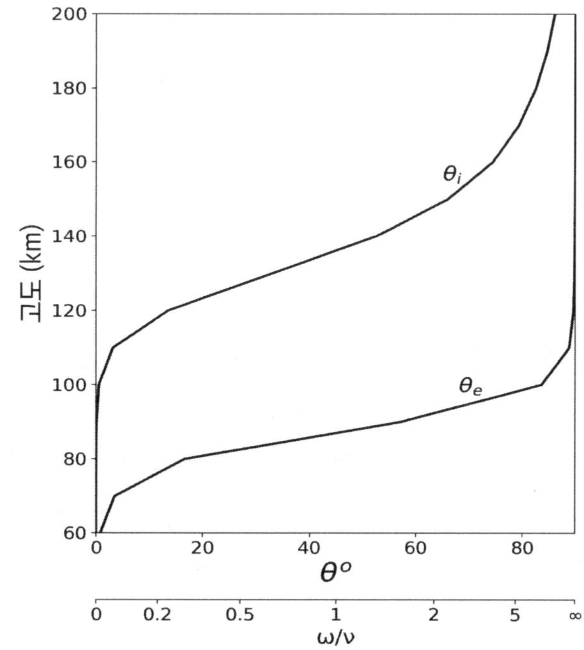

그림 7.3 가해지는 외력에 대한 전자와 이온의 운동 방향 각도의 고도 프로파일

표 7.1 자기장에 수직인 중성바람과 전기장에 의한 전류 발생 종류

고도	바람 (U)	전기장 (E)
높은 고도: $(\omega/\nu) \gg 1$	미약 전류 ($\vec{U} \times \vec{B}$)	플라즈마 표류 ($\vec{E} \times \vec{B}$)
중간 고도 (70 ~ 120 km): $(\omega_e/\nu_e) > 1$, $(\omega_i/\nu_i) < 1$	이온 전류 (U) 전자 전류 ($\vec{U} \times \vec{B}$)	이온 전류 (E): Pederson 전류 전자 전류 ($-\vec{E} \times \vec{B}$): Hall 전류
낮은 고도: $(\omega/\nu) \ll 1$	자기장 효과 없음 플라즈마 표류 (U)	자기장 효과 없음 이온 전류 (E)

그림 7.3은 이 각도의 고도별 분포를 보여 준다. 고도가 70 km 부터 전자는 가해지 힘에 거의 수직으로 운동하지만, 이온은 곧 120 km 까지 가해지는 힘 방향으로 운동한다. 이런 차이는 주로 전자 질량이 이온에 비해 1/1836 배로 작기 때문이다. 이 구간에 중성 바람이 불 경우, 이온은 바람과 함께 움직이는 경향을 가지나 전자는 자기장에 구속되어 오른 쪽으로 표류하는 양상을 띤다. 따라서 바람 방향으로 이온에 의한 전류와 $\vec{U} \times \vec{B}$ 방향으로 전자에 의한 전류가 발생하는데, 이를 **다이내모(dynamo, 발전기)** 현상이라 한다. 고도가 더 높은 곳에서는 이온과 전자가 모두 바람 방향에 수직이면서 서로 반대 방향으로 표류하여 전류가 거의 전적으로 $\vec{U} \times \vec{B}$ 방향으로 발생한다. 반대로 고도가 아주 낮은 곳에서는 충돌빈도수가 매우 높아 이온과 전자가 중성대기와 함께 움직이므로 전류가 발생하지 않는다.

가해지는 힘이 전기장이라면, 전자의 운동 속도 벡터는 전기장의 반대방향에서 왼쪽 반원상에 있게 된다. 이 경우도 이온과 전자와의 질량 차이로 두 종간의 운동 속도가 달라져 전류가 발생할 수 있다. 즉 낮은 고도에서 충돌이 빈번할 때는 가해진 전기장에 이온과 전자 반대 방향으로 힘을 받아 운동하므로 전기장 방향으로 전류가 발생한다. 중간 고도에서 전기장에 수직($-\vec{E} \times \vec{B}$)으로 전자에 의한 전류 (Hall current)가, 전기장 방향으로 이온에 의한 전류 (Pederson current)가 발생한다. 높은 고도에서 이온과 전자는 전기장에 수직 방향으로 함께 표류하여 전류가 발생하지 않는다. 전기장에 반응하여 발생하는 전류는 전도도의 개념을 도입하며 더 자세히 다룬다. 표 7.1은 자기장에 수직인 중성 바람과 전기장에 의해 전리권이 고도에 따라 발생하는 전류의 종류를 정리한다.

정상상태 운동방정식을 전리권 플라즈마가 단일 이온으로 구성되었다고 단순 가정하면, 이온과 전자에 대한 운동방정식 다음과 같이 표현된다.

$$0 = -k_B T_i \overrightarrow{\nabla} n + nM\vec{g} + ne(\vec{E} + \vec{v_i} \times \vec{B}) - nM\nu_{in}(\vec{v_i} - \vec{U}) \quad (7.11a,\ b)$$
$$0 = -k_B T_e \overrightarrow{\nabla} n + nm\vec{g} - ne(\vec{E} + \vec{v_e} \times \vec{B}) - nm\nu_{en}(\vec{v_e} - \vec{U})$$

여기서 단일 이온이므로 전자밀도와 이온밀도가 같다고 놓았고 ($n \equiv n_i = n_e$), 이온과 전자의 질량을 각각, *M*, *m* 으로 중성대기 바람 속도를 U 로 표현하였다. 또한 **e** 는 기본 전하값으로 양수이다. 이 식을 더 간단히 하기 위해서 중성바람 속도 U 로 움직이는 계에서 전기장과 자기장을 각각, E' 과 B' 로 두면, 전자기장의 관성계간 변환 식

$$\vec{E}' = (\vec{E} + \vec{U} \times \vec{B})/(1 - U^2/c^2)^{1/2} \quad (7.12a,\ b)$$
$$\vec{B}' = (\vec{B} - \vec{U} \times \vec{E}/c^2)/(1 - U^2/c^2)^{1/2}$$

에서 $U \ll c$ (광속) 인 조건 (비상대론적 변환)을 적용하면

$$\vec{E}' = (\vec{E} + \vec{U} \times \vec{B}) \quad (7.13a,\ b)$$
$$\vec{B}' = \vec{B}$$

으로 근사된다. 즉, 자기장은 변하지 않지만, 전기장은 민감하게 달라진다. 참고로, 자기장이 불변이므로 $\nabla \times \vec{B} = \mu_o \vec{J}$ 식에서 전류 또한 불변이다. 그러나 전하밀도는

$$\vec{J} = \rho_c v_c = \vec{J}' = \rho_c' v_c' = \rho_c' (v_c - U) \quad (7.14)$$

이므로, 두 계에서 서로 달라짐에 유의해야 한다. 이를 적용하면 U 로 움직이는 계에서 이온 또는 전자에 대한 정상 상태 운동방정식 (7.11)은

$$0 = -k_B T_j \overrightarrow{\nabla} n + nM_j \vec{g} + nq_j(\vec{E}' + \vec{v_j}' \times \vec{B}) - nM_j \nu_{jn} \vec{v_j}' \quad (7.15a,\ b)$$
$$\vec{v_j}' - \kappa_j(\vec{v_j}' \times \hat{B}) = -D_j \overrightarrow{\nabla} n/n + b_j \vec{E}' + D_j/H_j \hat{g} \equiv \overrightarrow{W_j}$$

으로 표현된다. 여기서,

$$\kappa_j \equiv q_j B/M_j \nu_{jn} = \Omega_j/\nu_{jn}\ , \quad D_j \equiv k_B T_j/M_j \nu_{jn} \qquad \text{(7.16a, b, c, d)}$$

$$b_j \equiv q_j/M_j \nu_{jn} \qquad\qquad , \quad H_j \equiv k_B T_j/M_j g$$

로 정의된 파라미터들로서, D_j는 **확산계수(diffusion coefficient)**, b_j는 **유동도(mobility)**, H_j는 높이척도로 불린다. 식 (7.15b)의 W_j 는 자기장이 없는 전리권에서 기압경사력, 전기장, 중력의 작용으로 생길 수 있는 플라즈마의 운동속도이다. 그러나 지구의 전리권은 항상 지자기장을 포함하므로, 전리권 플라즈마 운동속도는 자이로 주파수 대 충돌빈도수의 비, κ_j에 의해 민감하게 결정된다.

낮은 고도에서는 중성대기 밀도가 높아 충돌빈도수가 커지므로, $\kappa_j \ll 1$ 이고, 따라서 지자기장 영향은 무시될 수 있다. 플라즈마의 운동은 식 (7.15b)의 우변 항들에 의해서만 결정되는 W_j 와 같아진다. 이는 자기장이 없는 매체에서 유체운동과 같아지고, 가해지는 힘의 방향으로 플라즈마는 운동하게 됨을 알 수 있다.

고도가 높아져 $\kappa_j \gg 1$ 조건이 되면 플라즈마의 운동은 다소 복잡해진다. 이 운동속도를 자기장에 나란한 방향과 수직인 방향으로 나누어 살펴보면,

$$(v_j')_{\parallel} = [\, b_j \vec{E}' - D_j \vec{\nabla} n/n + D_j/H_j \hat{g}] \cdot \hat{B} = (W_j')_{\parallel} \qquad \text{(7.17a, b)}$$

$$(v_j')_{\perp} = \kappa_j^{-1} [\, b_j \vec{E}' - D_j \vec{\nabla} n/n + D_j/H_j \hat{g}] \times \hat{B} = (W_j')_{\perp}$$

으로 정리된다. 이 식에서 자기장에 나란한 방향의 플라즈마 운동은 앞에서 충돌이 지배적인 경우와 정확히 같아서, κ_j와 무관하게 표현됨을 상기하자. 이는 마치 자기장이 없는 매체처럼 기압 경사력, 중력, 전기장 힘의 자기장 방향 성분이 서로 작용하여 이 방향의 플라즈마 운동 속도를 결정함을 뜻한다. 다른 힘을 무시하고 전기장 힘만 고려하면, 유동도, b_j가 전하의 부호를 포함하고 있으므로 이온과 전자의 운동 방향이 정반대가 됨을 주목해야 한다. 이는 전기장이 양전하와 음전하가 반대로 운동하게 하기 때문에 당연하다. 그러나 자기장에 수직인 방향의 운동 속도 식은 전하의 부호와 상관없다. 따라서 이온과 전자가 전기장과 자기장의 공통 수직으로 같은 방향으로 운동한다. 자기장 수직 방향의 속도 식을 $\vec{E}' = (\vec{E} + \vec{U} \times \vec{B})$ 와 $(v')_{\perp} = (v)_{\perp} - U_{\perp}$을 적용하여 지표 좌표계로 환원해서 다시 쓰면,

$$(v_j)_\perp = \kappa_j^{-1}[\, b_j \vec{E} - D_j \overrightarrow{\nabla} n/n + D_j/H_j \hat{g}] \times \hat{B} \tag{7.18}$$

로서, 중성바람과 함께 움직이는 계의 식과 형태가 정확히 일치한다. 자기장에 나란한 운동 속도는 $\vec{E'}_\parallel = \vec{E}_\parallel$ 임 적용하여 지표 좌표계로 표현하면

$$(v_j - U)_\parallel = [\, b_j \vec{E} - D_j \overrightarrow{\nabla} n/n + D_j/H_j \hat{g}] \cdot \hat{B} \tag{7.19}$$

로서, 수직 방향 속도와는 약간 다름에 유의하자.

일반적인 κ_j 값을 가지는 고도 구간에서 플라즈마 운동 속도는

$$(v_j')_\parallel = (W_j')_\parallel$$
$$(v_j')_\perp = \frac{(W_j')_\perp}{1+\kappa_j^2} + \frac{\kappa_j (W_j')_\perp}{1+\kappa_j^2} \times \hat{B} \tag{7.20a, b}$$

로 표현된다. 위의 자기장 수직방향 속도는 원래 식에 $\times \hat{B}$ 곱을 해서 정리하면 구해진다. 자기장 방향 속도는 앞에서 언급했듯이 κ_j와 무관하게 일정한 형태를 유지한다. 자기장 수직방향 속도는 κ_j를 0으로 보내면, 충돌이 지배적인 고도의 경우로 수렴하고, κ_j를 무한대로 보내면 충돌이 없는 (collisionless) 고도의 경우로 수렴한다. 즉, 충돌이 지배적인 경우, 자기장 수직방향 속도는 가해진 힘의 방향과 속도와 같지만, 충돌이 없는 경우는 가해진 힘과 자기장과 공통 수직인 방향으로 운동속도가 정해진다. 그런데, 전자의 자이로진동수는 이온보다 약 2000 배 (질량의 역비례) 크기 때문에, 같은 고도에서 충돌빈도수가 비슷하더라도 κ_e가 κ_i 보다 훨씬 크고, 고도에 따라 더 빠르게 증가한다. 그림 7.4에 보였듯이, 전형적인 적도 전리권에서 고도 75 km에서 κ_e가 1을 초과하기 시작하지만, κ_i 는 고도 130 km 이상에서 1보다 커진다. 따라서 고도 75 ~ 130 km 구간에서 전자는 충돌없는 경우의 운동을 하지만 (즉, 가해진 힘에 수직으로), 이온은 충돌이 지배적인 경우의 운동 (즉, 가해진 힘의 방향으로) 하게 되어, 이들이 서로 분리 운동을 하게 된다. 전자와 이온의 분리운동은 전류를 발생시키기 때문에, 이 고도 구간에 힘 (전기장, 기압경사력, 중력, 등)이 가해지면 전류가 생성된다. 이 구간을 전리권 및 열권 동역학에 중요한 역할을 함에 주목하여, **발전기 영역 (dynamo region)**이라 부른다.

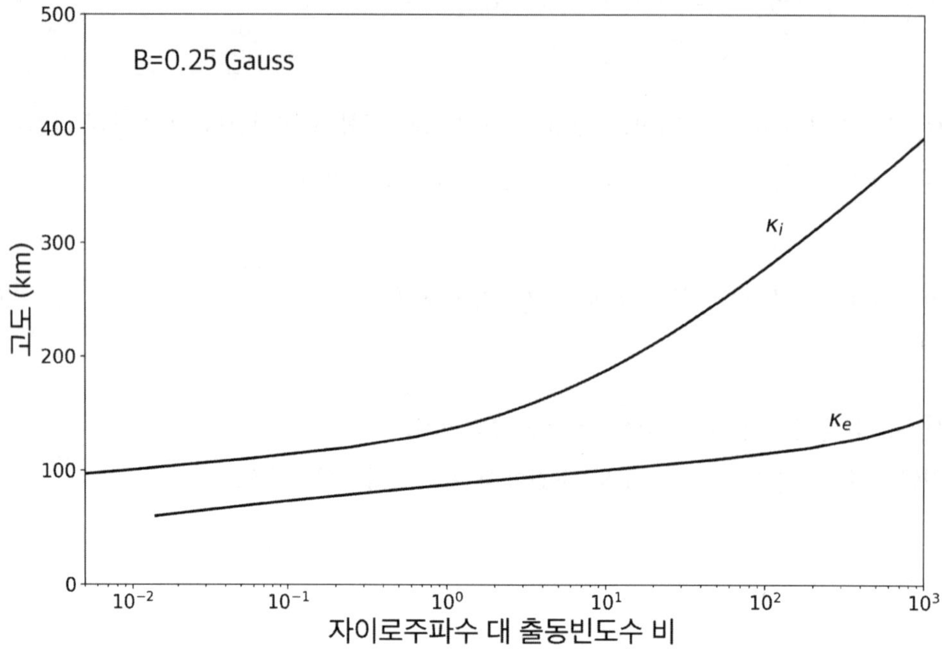

그림 7.4 전리권에서 전자와 이온의 자이로 주파수 대 충돌빈도수 비의 고도 분포

전리권에 가해지는 힘 중에서 전기장은 강력하고 전류와 밀접하게 연관이 되어 있다. 즉, 전류는 전기장과

$$\vec{J}' = ne(\vec{v}_i' - \vec{v}_e') = \overleftrightarrow{\sigma} \cdot \vec{E}' \tag{7.21}$$

$$= \begin{bmatrix} \sigma_P & -\sigma_H & 0 \\ \sigma_H & \sigma_P & 0 \\ 0 & 0 & \sigma_0 \end{bmatrix} (E'_\perp, 0, 0)^T$$

으로 전도도(conductivity) 텐서로 연관시킬 수 있다. 여기서, σ_P, σ_H는 **Pederson 전도도**, **Hall 전도도**이고, σ_o는 자기장에 나란한 방향의 전도도이다. 텐서 식에서 자기장 방향을 z 축, 전기장 방향을 x 축으로 잡았다. 따라서 Pederson 전류는 전기장 방향으로 Hall 전류는 전기장과 자기장에 공통 수직, $-\vec{E}' \times \vec{B}$ 방향이 된다. 여기에 전류는 이온과 전자의 운동 속도를 적용하여 정리하면,

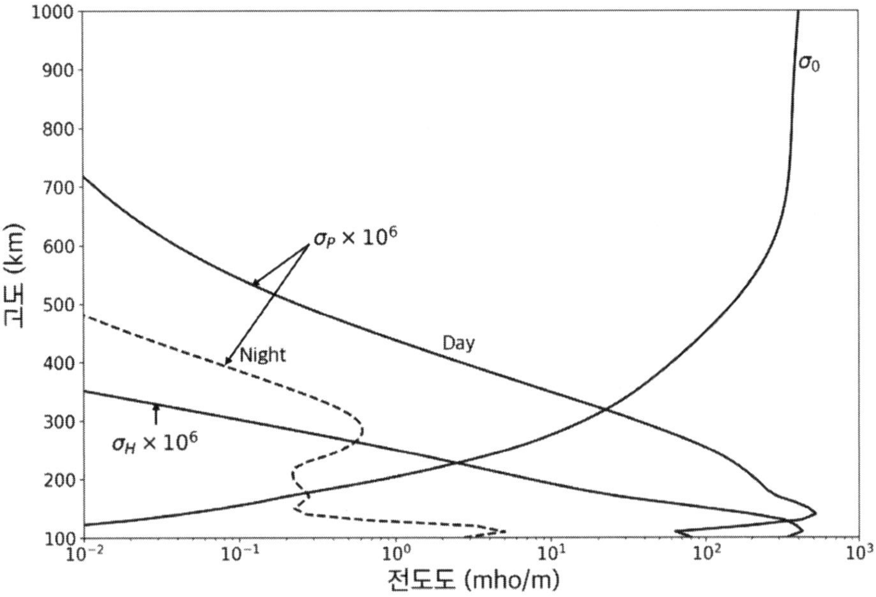

그림 7.5 Pederson 전도도, Hall 전도도, 자기장방향 전도도의 고도 분포

$$\sigma_o = ne(b_i - b_e) \tag{7.22a, b, c}$$

$$\sigma_P = ne[b_i/(1+\kappa_i^2) - b_e/(1+\kappa_e^2)]$$

$$\sigma_H = (ne/B)[\kappa_e^2/(1+\kappa_e^2) - \kappa_i^2/(1+\kappa_i^2)]$$

나타낼 수 있다. 여기서, $b_e = -e/m_e\nu_{en}$ 로서, 음수 값이므로 위의 모든 전도도는 양의 값을 갖는다.

그림 7.5는 세 가지 전도도의 고도 프로파일을 보여준다. 먼저 자기장 방향 전도도, σ_o는 다른 전도도보다 훨씬 크고, 높은 고도에서 $ne^2/m\nu_e$로 근사되므로, 플라즈마 밀도와 충돌 빈도수가 거의 같이 감소하고 주어진 전자 온도에 대해 일정한 값으로 수렴한다. 따라서 자기장 방향으로는 아주 작은 전기장도 매우 큰 전류를 발생시키기 때문에, 역으로 이 방향으로 전기장이 생성될 수 없음을 뜻한다. 즉 자기장 방향으로는 전위차가 거의 없어 마치 전선으로 연결된 것과 유사하다. Pederson 전도도는 고도 75 km 이상에서 증가하여 ~130 km에서 최대값을 가진다. 이는 전자는 $\vec{E} \times \vec{B}$ 방향으로 운동하지만, 이온은 전기장 방향으로 운동하여 전류를 발생시키기 때문이다. 고도 130 km 이상에서 κ_i가 매우 커지므로,

$$\sigma_P \approx ne^2/(M\nu_{in}(1+\kappa_i^2)) \;\Rightarrow\; ne^2\nu_{in}/M\Omega_i^2 = nM\nu_{in}/B^2 \tag{7.23}$$

로 근사되어 고도에 따라 급격히 감소하게 된다. Hall 전도도는 $\kappa_e \gg 1$ 이고, $\kappa_i \ll 1$ 인 좁은 구간에서만 큰 값을 가진다. Hall 전도도는 고도 100 km 근처의 좁은 고도 영역에서만 지배적이고, 나머지 전리권 고도에서는 Pederson 전도도가 더 크다. 따라서 전리권 E-층에서는 Hall 전류가 E와 F-층에서는 Pederson 전류가 발생할 수 있다. 또한 이 그림에서 전도도의 단위가 mho/m를 가짐에 유의하자. (부록 참조)

식 (7.22)의 전류와 전기장의 관계식은 중성 바람과 함께 움직이는 계에서 표현된 것이다. 지표 기준계로 이를 다시 쓰면, 전기장의 전환 관계, $\vec{E}' = \vec{E} + \vec{U} \times \vec{B}$, $\vec{J}' = \vec{J}$ 을 적용하여

$$\vec{J} = \overleftrightarrow{\sigma} \cdot (\vec{E} + \vec{U} \times \vec{B}) \tag{7.24}$$

로 표현된다. 이는 중성 바람이 부는 상황에서 전류가 0 이려면, 전기장이 $\vec{E} = -\vec{U} \times \vec{B}$ 으로 발생할 수 있음을 뜻한다. 만약, 전리권의 어느 영역에서 중성바람이 불어 이와 같이 전기장이 발생하면, 자기장을 따라 다른 위도 및 고도 영역으로 전파되어 그 곳에서 전류를 발생시킬 수 있다. 따라서 열권에 부는 바람이 자기장을 매개로 전기장이 전달되어 타 지역의 전리권에 다양한 동역학 현상을 일으킬 수 있다.

7.3 전기장 발생과 전달

외부에서 가해지는 힘에 의해 이온과 전자가 다르게 반응 운동하여 전류가 발생하면, 다음 과정으로 순 전하(net charge)가 공간상에 생성될 수 있다.

$$\nabla \cdot \vec{J} = -\partial \rho_c / \partial t \tag{7.25}$$

발생한 순 전하는 주위에 다음과 같이 전기장을 만든다.

$$\nabla \cdot \vec{E} = \rho_c / \epsilon_o \tag{7.26}$$

중저위도 전리권에서 1 km 규모의 전기장이 10 mV/m 발생하기 위해서는, 순 전하, ρ_c 가 $E/L \times \epsilon_o$ (= 10×10^{-3} V/m /10^3 m $\times 8.85\times10^{-12}$ C/Vm) 로 약 10^3 electron/m^3 을 가져야 한다. 이는 전리권의 전자밀도, 10^9 electron/m^3 보다 매우 작은 양이라 측정되기 어렵다. 반면, 순 전하로 인한 전기장을 측정하는 것은 가능하다. 전류로 인한 순 전하의 축적 시간 규모는

$$\tau \sim \rho_c / \nabla \cdot \vec{J} = \epsilon_o \nabla \cdot \vec{E} / \nabla \cdot \vec{J} \simeq \epsilon_o / \sigma \tag{7.27}$$

로 추산할 수 있다. 가장 낮은 전도도, σ = 10^{-5} mho/m 를 가정하면, 축적에 필요한 시간 규모는 ~10^{-6} sec 로 매우 빠르다. 따라서 전류의 다이버전스가 있으면, 즉시 이에 상응하는 전기장이 발생하여, $\nabla \cdot \vec{J} = 0$ 으로 수렴한다. 이 과정이 거의 즉각적이므로, 전리권 연구에서는 $\nabla \cdot \vec{J} = 0$ 를 조건으로 하는 전기장을 계산하여 이를 관측과 비교한다.

실제로 중저위도 낮 전리권의 E-층에서 북반구 (남반구)에서 북쪽 (남쪽) 방향의 중성 바람이 경사진 지자기장을 가로지르면, 이온과 전자가 반대 방향으로 표류하여 서쪽방향의 전류를 발생시킨다. 그러면 서쪽 밤낮 경계선 (새벽) 에 양전하가 쌓이게 되어 동쪽 방향 (저녁 방향)으로 전기장이 발생한다 (그림 7.6). 이 경우, 전류의 방향과 전기장의 방향이 서로 반대가 되어 $\vec{J} \cdot \vec{E} < 0$ 이다. 이는 마치 건전지 안에서 전류가 음극에서 양극으로 흐르는 현상과 같다. 즉 건전지가 에너지를 생성하듯이, 중성 바람이 전류와 전기장을 발생시켜 전리권에 에너지를 공급한다.

이와 반대로, 고위도 오로라 지역에서는 자기권으로부터 자기장을 따라 전기장이 전리권에 전달되면, 이 전기장에 반응하여 전리권에서 같은 방향으로 전류가 흐른다 (그림 7.7). 즉, $\vec{J} \cdot \vec{E} > 0$ 의 경우로서, 이는 전류가 부하 저항을 흐르면서 열을 내는 것과 같다 (그림 7.8). 실제로, 극지역 전리권에서 오로라 전류에 의해 가열되는 현상이 측정되는데, 이를 **줄 가열 (Joule heating)**이라 하고, 열권 전체의 온도 결정에 중요한 역할을 한다. 또한, 극지역 전리권에 전달된 전기장에 반응하여 이온이 운동하면서 중성 열권 원소들과 충돌하여, 운동량(momentum)을 전달하기도 한다. 이를 **이온 항력 (ion drag)**이라 하고 고위도 열권의 바람에 상당한 영향을 미친다. 이는 전기 모터가 전기적 에너지를 운동에너지로 바꾸는 현상과 유사하다.

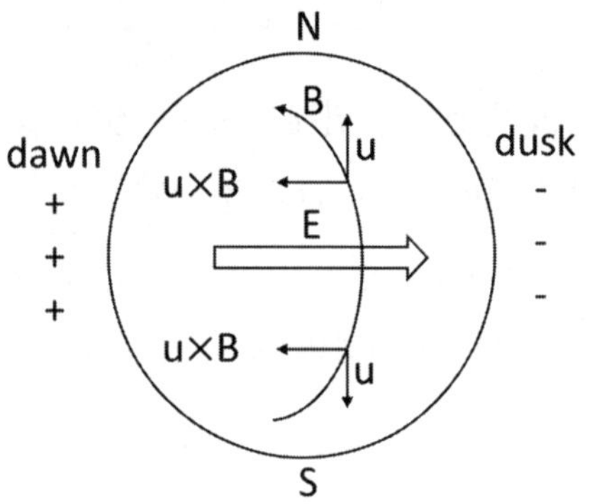

그림 7.6 중위도에서 극쪽으로 부는 중성 바람에 의한 전기장 생성 기작.

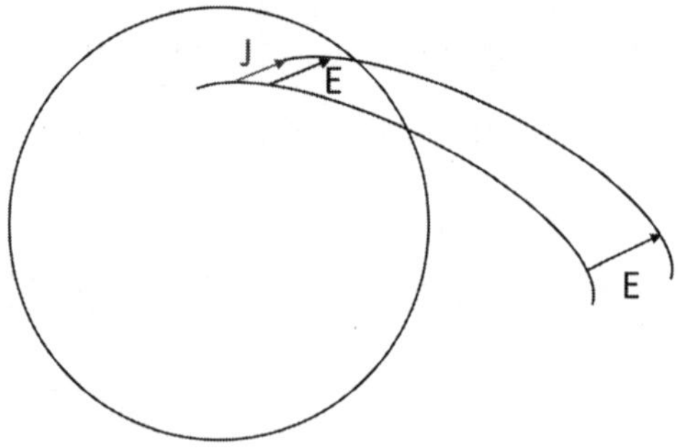

그림 7.7 자기권에서 전달된 전기장에 의해 생기는 전류

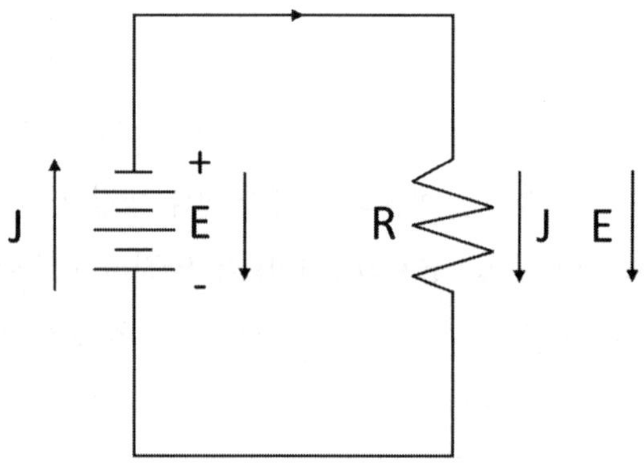

그림 7.8 배터리에 연결된 회로의 전류와 전기장 방향

자기장 방향의 전도도가 매우 높으므로, 자기장이 마치 전선과 같은 역할을 하여 자기력선을 따라서는 거의 **등전위(equipotential)**를 가지게 한다. 이는 자기력선들 사이의 전기장을 자기력선을 따라 먼 곳까지 전달할 수 있음을 뜻한다. 따라서 자기권 내의 전기장이 수천 km 떨어진 극지 전리권에 전달되는 현상을 일으킨다. 그림 7.9는 극지역 전리권 전기장과 자기권 적도면 상, L = 3.5 ~ 4.7 거리의 동서 방향 전기장을 나타내는데, 두 곳에서 전기장의 변화가 공조하고 있음을 보여준다. 즉, 두 지역이 자기력선으로 연결되어 있어 전기장이 즉각적으로 전달되는 증거이다. 이 그림에서 전기장의 세기는 자기권에서 더 약하게 측정되는데, 이는 자기권 적도면에서 자기력선 간의 거리가 극지역 전리권의 자기력선 간의

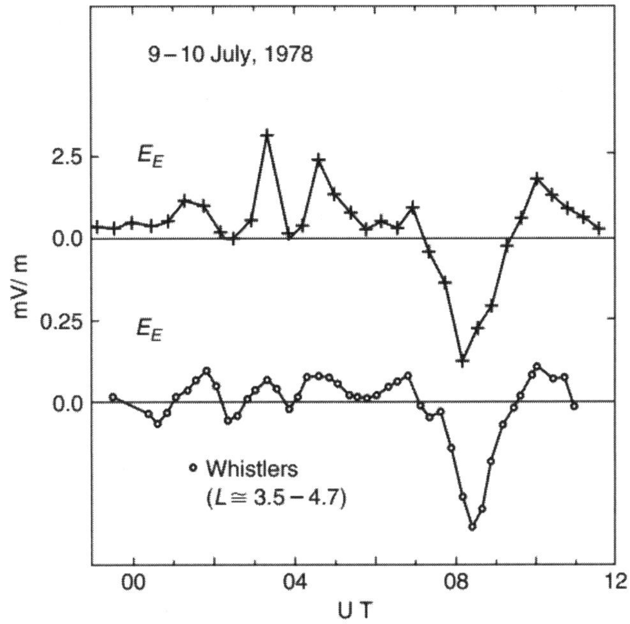

그림 7.9 자기장에 수직인 전기장. 위) 전리권에서 측정된 동서방향 전기장의 일변화. 아래) Whistler 관측으로 추정된 자기권 적도면 L = 3.5–4.7에서 전기장 (Gonzales et al., 1980).

간격보다 더 크기 때문이다. 지구 자기장을 쌍극자 분포로 근사하면, 자기력선으로 연결된 전리권과 자기권 간의 전기장 크기는 다음과 같이 표현된다.

$$E_{ZI} = L^{3/2} E_{ZM}\,, \quad E_{MI} = 2L(L-3/4)^{1/2} E_{\mathrm{RM}} \qquad (7.28a,\ b)$$

여기서, L 은 자기권 적도면에서 지구 반경 단위의 거리이고, 식 (7.28a)는 동서 방향, 식 (7.28b)은 남북 방향 전리권 전기장을 뜻한다. (E_{ZI} : 동서 방향 전리권 전기장, E_{ZM} : 동서 방향 자기권 전기장, E_{MI} : 남북 방향 전리권 전기장, E_{RM} : 방사방향 자기권 전기장) 자기권 공간에서 L 은 항상 1 보다 큰 수이므로, 전리권 전기장이 자기권 전기장보다 항상 클 수밖에 없다. 태양풍의 전기장이 종종 자기권에 침투하므로, 이 전기장이 극지역 전리권에 즉각적으로 전달되어 극지역 전리권 및 열권에 중요한 영향을 미친다. 반대로 전리권에서 다이내모 기작으로 생성된 전기장이 자기권에 전달될 수도 있다. 기본적으로 자기력선에 수직인 전기장 E 는 자기력선 간의 간격에 반비례하고, 자기장의 세기 B 는 자기장 튜브의 단면적에 반비례하므로, 전리권-자기권 사이의 전기장 전달과정에서 E^2/B 는 일정하게 유지함을 이해하자.

자기력선을 따라 완전히 등전위가 된다면, **연자기 전류 (field aligned current)**는 생기지 않을 것이다. 그러나 극지역에 오로라 현상이 고에너지 전하 입자의 강하를 보여주고, 이는 오로라 전하입자를 가속시키는 평행 전기장과 이에 따른 연자기 전류가 실재함을 시사한다. 자기력선 방향을 z 축으로 하고, $\nabla \cdot \vec{J} = 0$ 식을 수평과 수직으로 나누어 표현하면,

$$\nabla_{\perp} \cdot \vec{J}_{\perp} = -\frac{\partial J_z}{\partial z} \tag{7.29}$$

이 된다. 중성바람이 없다고 가정하면,

$$\nabla_{\perp} \cdot (\sigma_{\perp} \cdot \vec{E}_{\perp}) = -\frac{\partial J_z}{\partial z} \tag{7.30}$$
$$J_z(0) - J_z(z_o) = \int_0^{z_o} \nabla_{\perp} \cdot (\sigma_{\perp} \cdot \vec{E}_{\perp})\, dz$$

이다. 여기서, 전리권 상단 고도를 0 으로, 전리권 하단 고도를 z_o 로 두었다. 전리권 하단에서 수직방향으로 전류가 흐르지 못하고, 전기장이 고도에 따라 일정하다고 근사하면 (자기력선을 등전위로 근사), 자기력선(z)을 따라 적분을 할 수 있으므로

$$J_z(0) = \nabla_{\perp} \cdot (\Sigma \cdot \vec{E}_{\perp}) \tag{7.31}$$
$$\Sigma = \begin{pmatrix} \Sigma_P & -\Sigma_H \\ \Sigma_H & \Sigma_P \end{pmatrix}$$

자기력선으로 따라 적분한 전도도 Σ로 표현할 수 있다. 여기서 Σ의 단위는 전도도를 길이로 적분했으므로, mho 이다. 보통 중위도 전리권 E-층의 Σ는 밤에 ~1/10 mho, 낮에 ~10 mho 정도이다. F-층의 Σ는 적도 부근에서 자기력선이 수평에 가까우므로 적분 길이가 길어져서 대단히 큰 값을 갖고, 극지역으로 갈수록 급격히 작아진다.

극지역 근처에서 자기력선이 거의 수직에 가까우면, 수평 방향으로 Σ가 거의 일정해서 다음과 같이 추가로 근사할 수 있다.

$$
\begin{aligned}
J_z &= \Sigma_P(\partial E_x/\partial x) - \Sigma_H(\partial E_y/\partial x) + \Sigma_H(\partial E_x/\partial y) + \Sigma_P(\partial E_y/\partial y) \\
&= \Sigma_P(\nabla_\perp \cdot \vec{E}_\perp) + \Sigma_H[(\partial E_x/\partial y) - (\partial E_y/\partial x)] \\
&= \Sigma_P(\nabla_\perp \cdot \vec{E}_\perp) \\
&= \Sigma_P(\rho_c/\epsilon_o)
\end{aligned}
\tag{7.32}
$$

여기서, 전기장의 컬은 자기장의 시간변화이고, 자기장이 변하지 않음을 적용하였다. 즉, $(\nabla \times \vec{E})_z = -\partial B_z/\partial t = 0$. 위의 마지막 식은 자기력선 전류가 극지 전리권으로 진입하면 ($J_z > 0$) 전기장이 수평으로 자기력선의 수직, 즉 수평방향으로 뻗어나감을 뜻하고, 이에 상응하는 전하 밀도를 추산할 수 있게 한다. 오로라 지역에서 Σ_P가 ~10 mho 이고, 전기장이 ~50 mV/m, 오로라 지역의 규모를 100 km 정도를 적용하면, 전류의 세기는 약 50 μA/m^2 이다. 여기서 오로라 지역에 수직으로 들어온 전류는 $\nabla \cdot \vec{J} = 0$ 조건을 만족하기 위해 수평으로 퍼져나가게 되어, 오로라 지역에서 전기장과 전류는 같은 방향을 가지면서 전리권이 부하(load)로서 작용하고 있음을 알 수 있다.

전리권 E-층에서 다이내모 현상으로 생성된 전기장이 F-층에 전달되는 과정은 두 층 사이의 전도도가 고도에 따라 상당히 다르기 때문에 간단하게 근사하기 어렵다. Farley(1959)는 Pederson 전도도의 고도별 변화를 지수적으로 (exponentially) 증가한다는 가정으로 전기장 전달 특성을 해석적으로 구하였다. 그 결과, E-층의 대규모 전기장은 소규모 전기장보다 효율적으로 전달되고, E-층 상층부의 전기장이 더 민감하게 F-층의 전기장의 원천이 될 수 있으며, 대략 수 km 이상 규모의 전기장은 F-층에 감쇄되지 않고 전달된다고 보였다. 따라서 낮은 고도에서 생성된 전리권 전기장이 자기력선을 따라 F-층으로, 더 나아가 플라즈마권까지 전달될 수 있고, 거대한 플라즈마권의 운동을 지배할 수도 있다.

전리권의 전기장은 고도 30 km 정도의 저층 대기로도 전달되어 기구(balloon)를 이용하여 측정될 수 있음이 알려졌다. 그러나 지표는 아주 좋은 전도도를 가지고 있기 때문에, 만약 전리권으로부터 수평 전기장이 전달된다 하더라도 바로 사라진다. 따라서 지표 근처에서의 전기장은 전리권에서 전달되는 전기장보다, 다른 기상현상 (특히 구름입자의 정전기)에 의해 지배되며, 지표가 금속과 같이 좋은 전도체이므로 가우스 법칙에 의해 지표에 수직 방향 전기장이 발생할 수 있다. 미미하지만 우주공간과 전리권으로부터 대류권까지 침투된 전기장을 통해 태양 활동이 기상/기후현상에 영향을 준다는 연구도 있다.

8.
적도 전리권

8.1 적도 전리권 플라즈마 운동

지자기 적도 지역의 전리권은 자기장이 남북으로 거의 수평방향으로 배열되어 있어 상당히 독특한 동역학적 양상을 보인다. 적도 전리권의 상세한 관측 자료는 대부분 페루에 위치한 히카마카(Jicamarca)의 비균질 산란 레이다 (incoherent scattering radar)로부터 얻어졌다. 이 레이다는 대형 장비로서 강력한 전파를 전리권을 향해 송출하여 전리권의 개개 전자에 의해 산란된 반송파를 측정하여, 전리권 플라즈마의 온도, 밀도, 이온 표류 속도 등을 고도와 시간의 함수로 얻을 수 있게 한다. 이 레이다는 동서 방향으로 약 3° 기울어진 빔에서 얻어진 반송파 신호의 도플러 효과를 측정하여 동서 방향 및 수직 방향의 이온 표류 속도를 얻는다. 반송파 신호가 충분한 세기를 가지려면 산란시키는 전자 밀도가 10^4 cm^{-3} 이상이어야 하므로, 밤낮으로 지속해서 측정할 수 있는 전리권은 F-층이다. 그 아래 E-층은 빠른 분자이온의 재결합으로 인해 (6장 참조) 밤에 전자밀도가 10^4 cm^{-3} 보다 낮게 사라지기 때문이다. 또한 적도 전리권에 초저녁에 종종 발생하는 **F-층 분산 (spread F)** 현상이 있을 시에는 이온 표류 속도를 측정하지 못한다.

그림 8.1은 히카마카 레이다로 관측한 평균 동서 방향 및 수직 방향 이온 표류 속도이다. 이 그림의 이온표류 속도는 하루 동안 상당히 일정한 변화를 보여주는데, 그 특성은 다음과 같이 요약할 수 있다. 1) 밤의 동쪽 속도가 낮의 서쪽 속도보다 2배 정도 크다. 2) 동서방향 속도가 수직방향 속도보다 크다. 3) 일몰 후 수직 속도가 급격히 상승하는 현상 (**pre-reversal enhancement, PRE**)이 있다. 4) 수직 속도가 태양 활동에 따라 상당히 크게 변한다 (계절 별 변화는 상대적으로 작다).

앞 장에서 다룬 F-층 고도의 κ_i(자이로진동수 대 이온 충돌빈도수의 비)는 상당히 크므로, 충돌을 무시하는 정상 상태 이온 표류 속도는

$$(v_i)_\perp = [\vec{E} - (kT_i/q_i)\vec{\nabla} n/n + (M/q_i)\vec{g}] \times \vec{B}/B^2 \tag{8.1}$$

로 표현된다. 앞 장에서 중성바람 속도로 움직이는 계와 지표 기준계에서의 이온 속도에 대한 표현이 정확히 동일함을 상기하자. 이 식에서 기압경사력과 중력 항의 크기를 추산해보자. 기압경사력에 의한 이온표류 속도는 $(kT_i/q_i)/(LB)$ 로 ~0.4 m/s 정도이고, 중력에 의한 속도는 (Mg/q_iB)로 ~0.04 m/s 이므로, 측정된 속도의 1/100 과 1/1000 정도로 작다.

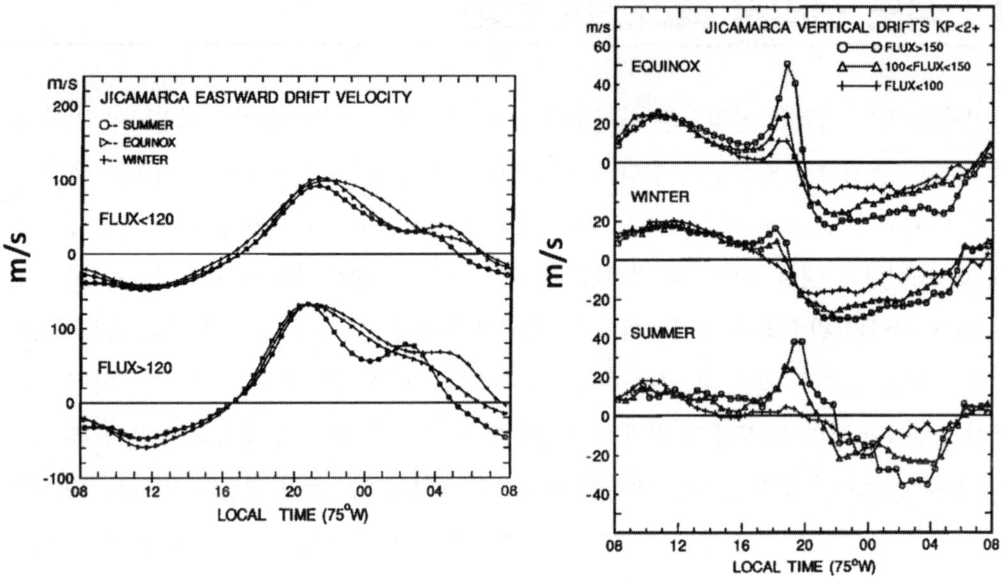

그림 8.1 Jicarmarca 레이다로 측정한 평균 동서 방향과 수직방향 플라즈마 표류 속도 (Fejer et al., 1991)

따라서 측정된 이온 표류속도는 거의 전부 전기장에 기인한다고 할 수 있으므로, 표류 속도와 전기장과의 관계는 간단히

$$\vec{E}_{\perp} = -\vec{v}_i \times \vec{B} \tag{8.2}$$

로 표현될 수 있다. 이는 측정된 이온 표류 속도는 그대로 자기장에 수직인 전기장에 의해 결정됨을 의미한다. 즉, 측정된 동서 방향 이온 표류 속도는 지표에 수직 방향 전기장, 수직 방향 속도는 동서 방향 전기장을 측정했다고 간주될 수 있다. 구체적으로, 측정된 동쪽 방향 속도 100 m/s 는 아래 방향 전기장, E = 2.5 mV/m, 위 방향 속도 40 m/s 는 동쪽 방향 전기장, E = 1 mV/m 에 해당한다.

그림 8.1에서처럼 히카마카 레이다 한 장소에서 측정한 이온 표류 속도의 하루 동안 변화 (local time variation)가 매일 반복되며 상당히 일정하다는 것은 한 시점에 적도 둘레를 따라 전기장의 공간적 변화 (spatial variation)를 의미한다고 볼 수 있다. 비록 히카마카 이외의 지역에서 동시 측정이 없어 확인되지 않았지만, 적도를 따라 다른 지점에서도 동일한 시간적 변화가 있을 것으로 예상된다. 전리권 전기장이 정전기적 성질을 가지므로, 다음 식처럼

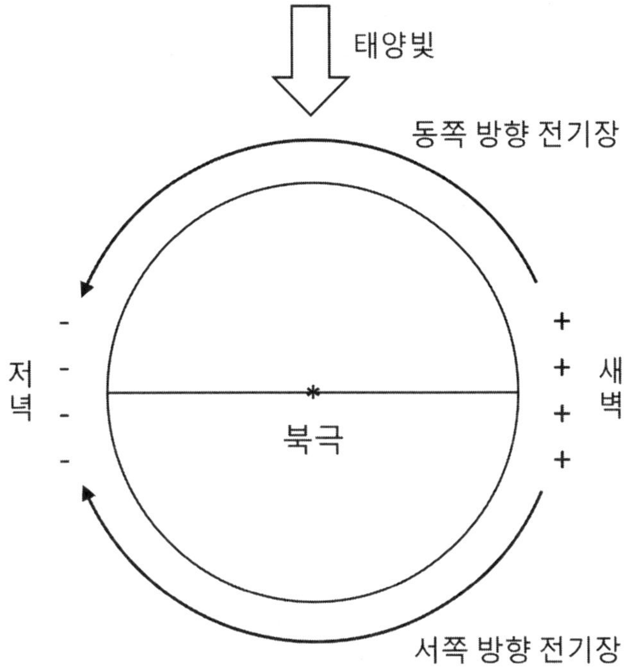

그림 8.2 Jicamarca에서 측정된 플라즈마 표류속도의 일변화로부터 추정한 전지구적 전기장 및 전하 분포.

$$\nabla \times \vec{E} = 0\,;\ \oint \vec{E} \cdot \vec{dl} = 0 \tag{8.3}$$

지구를 한 바퀴 돌며 적분하면 0이 되는 성질을 가질 것이다. 이 전기장의 방향은 그림 8.2 처럼 도식적으로 표현된다. 즉 낮시간 동안은 전기장이 동쪽 방향이고 밤시간에는 서쪽 방향임을 전지구적으로 나타내면, 자연스럽게 새벽 경계선 부근에 양의 전하가 저녁 경계선 부근에 음의 전하가 축적되는 도식을 예상할 수 있다. 그러나 이 전하 밀도는 **Poisson 방정식** ($\nabla \cdot \vec{E} = \rho_c/\epsilon_o$)으로 추산하면, 7×10^{-21} C/m^3 으로 매우 작다.

8.2 F-층 다이내모 (F-region Dynamo)

지자기 적도 지역의 전리권은 자기장이 남북으로 거의 수평방향으로 배열되어 있어, 앞 절에서 소개한 히카마카 레이다로 측정한 동서방향의 F-층 이온 표류 속도는 수직방향의 전기장을 의미한다. F-층에서는 Pederson 전도도가 Hall 전도도에 비해 압도적으로 크므로, 수직 방향 전기장은 수직 방향 전류와 연관된다. 이런 수직 방향 전기장과 전류의 생성 기작을 **F-층 다이내모 (F-region dynamo)**라 하고, 이는 F-층 고도에서 중성대기 (열권) 바람에 기인할 것으로 예상된다.

고도 200 - 350 km 에서의 열권 바람은 1970 년대에 King-Hele가 인공위성의 궤도 변화 (특히 궤도 경사각의 변화) 자료를 면밀히 분석하면서 추산되기 시작하였다. 그 후 **Fabry-Perot 분광기**로 열권 대기광의 도플러 전이를 관측함으로서 열권 바람의 직접 측정이 가능해졌다. 적도 지역에서 측정된 열권의 동서방향 바람은 히카마카 레이다에서 측정한 동서방향 이온 표류 속도와 비슷한 양상임이 알려졌다. F-층 고도에서 전리권 이온과 중성대기 간의 충돌 빈도수가 매우 작음에도 불구하고 이렇게 두 속도가 비슷한 것은 당시에 예상치 못한 발견이었다.

적도 지역에서 측정된 열권의 동서 바람, u_x 에 의해 일차적으로 Pederson 전류가

$$\vec{J} \simeq \sigma_P \bullet (u_x \hat{x} \times \vec{B}) \tag{8.4}$$

수직 방향으로 생성된다. 그런데, F-층의 전자 밀도가 특정 고도에 국한되어 있으므로, Pederson 전도도 ($\sigma_P \simeq ne^2 \nu_{in} / M\Omega_i^2$)가 F-층 아래와 위에서 급격히 떨어지는 고도 분포를 가진다. 적도 F-층을 그림 8.3과 같이 단순하게 두 평면 사이에 분포한다고 표현하면, 위와 아래 면에서 전류가 흐르지 못해서 전하가 축적된다. 이 축적된 전하로 인해 발생하는 전기장은

$$\nabla \bullet \vec{J} = 0 = \nabla \bullet (\sigma_P \bullet (\vec{E} + u_x \hat{x} \times \vec{B})) \qquad (8.5a,\ b)$$

$$J_z = \sigma_P (E_z + u_x B) = 0$$

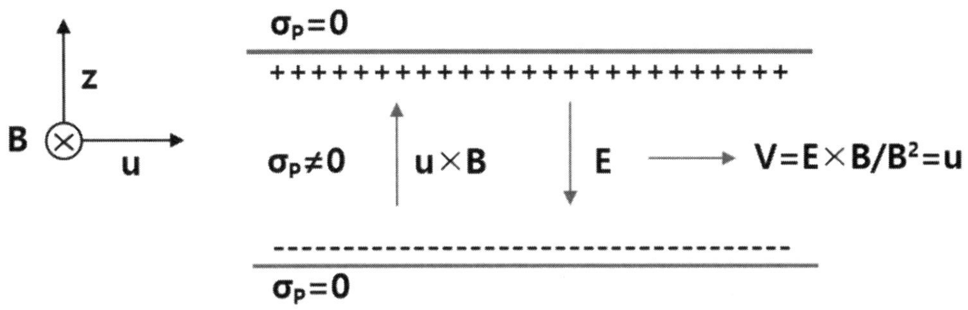

그림 8.3 적도 전리권 F-층에서 중성바람에 의한 전기장 및 플라즈마 표류속도 생성 도식

을 만족하는 $E_z = -u_x B$ 이다. 이는 앞 장에서 전기장은 전류가 항상 막힘없이 흐르도록 ($\nabla \cdot \vec{J} = 0$) 하게하기 위해 생긴다는 이론을 적용한 예이다. 즉, 일차적으로 바람에 의해 전류가 발생하고, 이 전류가 원활히 흐르지 못하면 그곳에 전하가 축적되어 전기장을 발생시켜서 결국 $\nabla \cdot \vec{J} = 0$ 을 만족시킨다. 이렇게 발생된 수직 전기장은 F-층의 플라즈마에 $\vec{E} \times \vec{B}/B^2 = -u_x B\hat{z} \times B\hat{y}/B^2 = u_x\hat{x}$ 표류를 일으키게 하므로, 결국 플라즈마 표류속도와 중성 바람 속도가 같아지는 현상을 설명한다.

위 모델은 적도 전리권 F-층이 남북 방향으로는 균질하다고 너무 단순화하였다. 적도 F-층의 자기력선은 남북 방향으로 연장되면 중위도 지역에서 E-층과 연결된다. 남북 방향의 전도도 분균질성을 그림 8.4와 같이 도식화하면 $\nabla \cdot \vec{J} = 0$ 조건은

$$\frac{d[\sigma_P^F(E_z + u_x B)]}{dz} = -\frac{dJ_y}{dy} \tag{8.6}$$

로 표현된다. 이를 y 방향으로 0에서 y_1 까지 (적도에서 북반구 중위도 F-층 하단) 적분하면, 이는 적도 F-층 바람에 의해 생성된 전류가 자기력선을 따라 중위도 F-층 하단으로 나가는 전류를 의미한다. 중위도 E-층에서 열권 바람이 없는 경우, $\nabla \cdot \vec{J} = 0$ 은

$$\frac{d[\sigma_P^E E_z)]}{dz} = -\frac{dJ_y}{dy} \tag{8.7}$$

로 표현된다. E-층 하단에서 전류가 없다고 간주할 수 있으므로, 위 식을 y_2 에서 y_3 까지

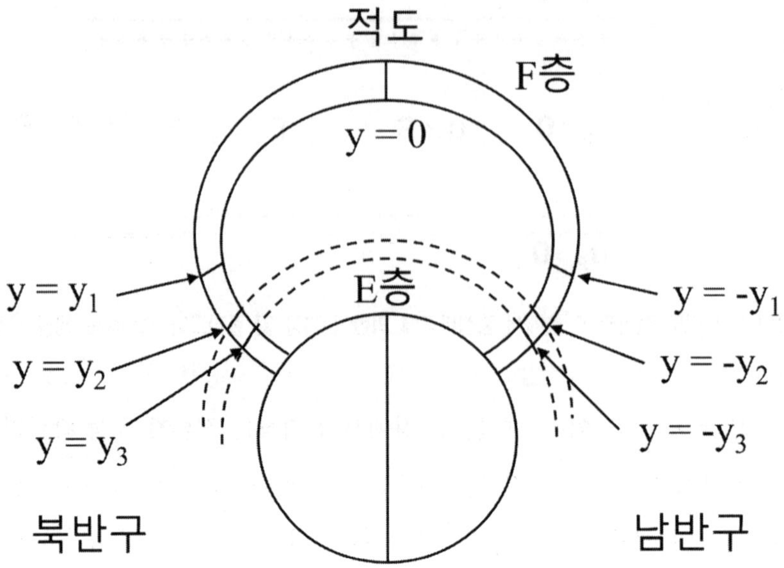

그림 8.4 지자기력선이 적도 F-층과 중위도 E-층을 연결하는 도식

적분하면, E-층 상단에서의 전류가 계산된다. 이 전류는 F-층에서 나오는 전류와 일치하여 하므로,

$$\int_0^{y_1} \frac{d[\sigma_P^F(E_z + u_x B)]}{dz} dy = \int_{y_2}^{y_3} \frac{d[\sigma_P^E E_z]}{dz} dy \tag{8.8}$$

가 성립한다. 자기력선을 따라 등전위가 유지되므로 E_z 는 적분 방향 y 에 무관하게 되어, 전도도만 적분하면 된다. 여기에 남북 방향으로 모두 적분한 F-층 전도도와 북반구 또는 남반구의 E-층만을 적분한 전도도,

$$\Sigma_P^F \equiv \int_{-y_1}^{y_1} \sigma_P^F dy\ ,\quad \Sigma_P^E \equiv \int_{y_2}^{y_3} \sigma_P^E dy$$

를 사용하면,

$$\frac{d}{dz}[(\frac{1}{2}\Sigma_P^F + \Sigma_P^E)E_z + \frac{1}{2}\Sigma_P^F u_x B] = 0 \tag{8.9}$$

이 성립한다. 따라서 수직 방향 전기장은

$$E_z = -[u_x B\Sigma_P^F]/[(\Sigma_P^F + 2\Sigma_P^E] \tag{8.10}$$

으로 구해진다. 밤시간에 E-층의 전자밀도는 거의 사라지므로, 전도도 역시 거의 0으로 감소한다. 이 경우 앞서 1차원 단순 모델로 구한 전기장과 같은 $E_z = -uB$ 로 수렴한다. 반면 낮시간에는 E-층 전도도가 높아지므로, 열권 바람이 밤과 같더라도 수직 전기장은 상당히 줄어들어 동서방향 이온 표류 속도가 밤보다 느려진다. 이는 히카마카 레이다가 측정한 동서 방향 이온 표류속도가 낮에 더 느려지는 변화를 어느 정도 설명한다. (여기서 열권 바람의 방향이 밤에는 동쪽, 낮에는 서쪽이고, 전리권 이온 표류 속도도 같은 방향이나 그 크기가 낮에 더 느리다는 점을 상기하자.) 그러나 낮시간에 E-층 전도도가 커지면 E-층에서의 열권 바람이 일으키는 전기장이 아울러 커질 수 있다. 그러나 일반적으로 E-층 고도의 열권 바람은 F-층 고도보다 느리고, 또한 조석파에 영향을 받아 복잡한 변화를 한다. E-층 바람에 의한 전기장과 F-층 바람에 의한 전기장이 함께 작용할 경우, 복잡한 양상을 보일 수 있다. 자기력선을 따라 전류가 자유롭게 흐르는 회로를 생각해보면, 낮에 전도도가 큰 E-층의 전기장이 배터리 역할을 하고 적도 F-층이 부하로 작용한다고 이해할 수 있다.

8.3 E-층 다이내모와 적도 전류제트

F-층 고도에서 열권 바람의 지방시 변화는 낮 반구에서 태양 극자외선의 흡수에 따른 온도 및 압력 상승이 밤 반구로 기압경사력을 일으키는 것으로 단순화하여 이해할 수 있다. 즉, 대체로 밤시간에는 동쪽으로 낮시간에는 서쪽으로 바람이 분다. 이런 변화를 일일 주기 조석파라고 볼 수도 있다. 그러나 앞장들에서 다루었던 조석파는 저층대기에서 태양에너지 흡수에 의해 촉발된 변화가 상층 대기로 전파되는 파동으로, 여러 가지 주기를 가지고 위도에 따라 전파될 수 있는 복잡한 양상을 지녔다. 따라서 F-층 고도의 열권 바람 변화는 현장에서 발생한 조석 현상으로 생성되는 조석파와 구분하기 위해 간단히 **열권 바람**

(thermospheric wind)으로 부른다. 그러나 E-층 고도의 바람은 저층 대기로부터 전파되는 조석파에 주도되어 일일 주기, 반일주기, 1/3일 주기, 1/4일 주기들 변화가 다양하게 나타난다. 일반적으로 E-층 고도의 바람에는 적도 및 저위도에서는 일일주기가, 중 고위도 (30° 이상)에서는 반일 주기 조석파가 지배적이다.

E-층에서 중성바람에 의한 다이내모현상은 F-층 보다 복잡하다. 우선, 중성바람의 분포와 시간적 변화가 조석파의 영향으로 위치와 시간에 따라 다양하다. 또한 E-층의 **Hall 전도도**가 상당히 크기기 때문에 전기장과 자기장 방향에 함께 수직인 전류를 발생시켜서, 전류의 방향을 직관적으로 간파하기 힘들다. 더구나 전기장은 자기력선을 따라 먼 곳까지 전달되기 때문에 전지구에 걸쳐 다이내모 현상을 동시에 고려해야 한다. 원리적으로 조석파에 의해 공간과 시간 변화하는 중성 바람, $\vec{U}(\vec{r},t)$에 의해 전류가 일단, $\vec{J}_w = \sigma(\vec{r},t) \cdot [\vec{U}(\vec{r},t) \times \vec{B}]$로 발생하지만, 곧 이 전류가 막힘이 없이 흘러야 하는 조건으로 조정된다. 이 때 발생하는 전기장은

$$\nabla \cdot \vec{J} = \nabla \cdot [\overleftrightarrow{\sigma}(\vec{r},t) \cdot (\vec{E}(\vec{r},t) + \vec{U}(\vec{r},t) \times \vec{B})] = 0 \tag{8.11}$$

의 조건을 충족해야 한다. 결과적으로 E-층 전기장과 그에 따른 전류는 중성바람과 전도도 텐서의 전지구적인 분포에 의존하므로 직관적으로 쉽게 추산할 수 없다.

E-층 다이내모에 의해 발생한 전류의 대표적인 관측 증거는 지상 자력계에서 측정된 지자기의 변화량 분포이다. 지자기 활동이 조용한 평시에도 지상 자력계는 거의 일정한 지방시 변화를 보인다. 이 지자기 변화는 전리권 E-층의 전류에 의한 자기장과 이에 유도된 지하 전류에 의한 자기장의 합으로 밝혀졌다. 그림 8.5는 TIE-GCM 시뮬레이션 결과인 **Sq(solar quiet) 전류**의 분포를 보여준다. **Sq 전류**라는 이름은 평소 태양 에너지의 흡수로 반응한 의미로서 당연히 1일 주기이다. 이 그림에 **Sq 전류** 분포에 상응하는 바람과 전기장의 분포도 함께 나타냈다. 바람의 분포는 대체로 적도에서 극지역으로 정오에서 새벽과 저녁 방향으로 부는 양상이 보인다. 이는 태양에너지 흡수가 최대 지역에서 바람이 불어나가는 양상으로 1일 주기를 띤다. 또한 바람의 패턴이 새벽과 초저녁 중위도를 중심으로 두 개의 소용돌이도 보인다. 이는 반일 주기 조석파가 중위도 이상에서 상당한 영향을 미친다고 이해할 수 있다.

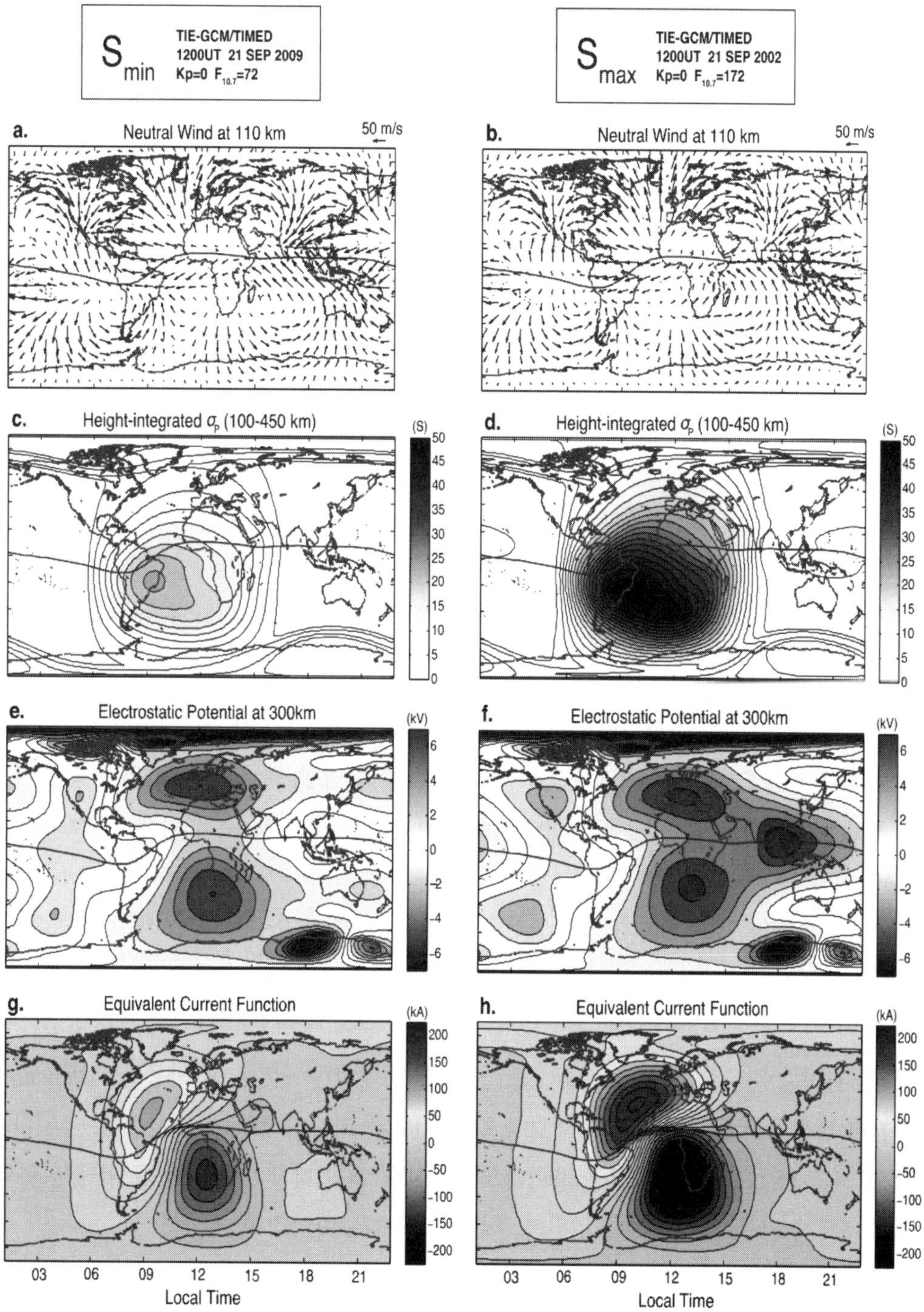

그림 8.5 지자기 활동이 조용한 (K_p=0) 1200 UT에 TIE-GCM 시뮬레이션 결과. (좌) 태양활동이 낮은 경우 (F10.7=72 sfu), (우) 태양활동이 높은 경우 (F10.7=172 sfu). (a)-(b) 고도 110 km에서 중성바람. (c)-(d) 고도 적분된 Pedersen 전도도. (e)-(f) 고도 300 km에서 정전기 포텐셜 (Electrostatic potential). (g)-(h) 고도 110 km에서 등가 전류 함수 (Equivalent current function) (Yamazaki and Maute, 2017)

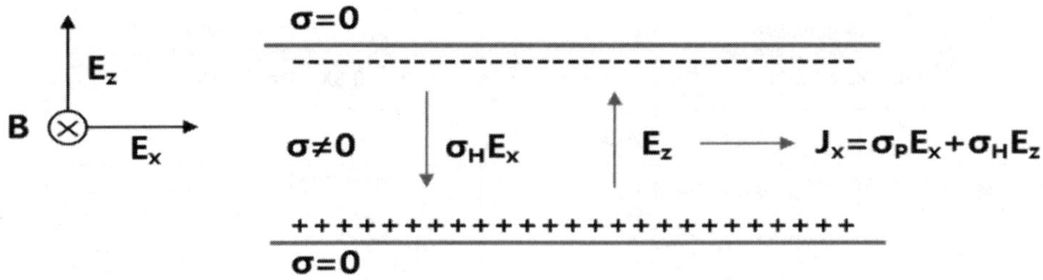

그림 8.6 적도 전기제트 생성의 기작을 설명하는 도식

태양에너지 흡수에 의한 조석파 효과 외에도, 달의 조석력에 의해 대기가 반응하여 생긴 바람 변화가 E-층 다이내모를 통해 전류를 발생할 수 있다. 이를 **L 전류**라 하는데, 지상 자력계에서 측정된 지자기의 변화에 달의 회합일 (월출에서 월출까지), 24시간 50 분 주기 성분이 있음으로서 알려졌다. L 전류의 크기는 Sq 전류의 6 ~ 8 % 로 태양 활동과 지자기 활동에 따라 그 비율이 달라진다.

Sq 전류는 지자기 적도 부근에서 낮 시간 남북반구의 소용돌이 패턴의 전류가 만나서 지자기 적도를 따라 동쪽으로 함께 흐르는 분포를 가진다. 기본적으로 낮시간에 동쪽 전기장은 축적된 새벽 경계의 양전기와 초저녁 경계의 음전기에 기인한다고 설명한 바 있다. 이 동쪽 방향 전기장(E_x)에 Pederson 전도도를 통하여 동쪽 방향 전류($\sigma_P E_x$)가 일단 생긴다. 여기에 적도 자기력선은 수평 남북 방향이므로 Hall 전도도에 의해 수직 아래 방향으로 전류($\sigma_H E_x$)가 발생한다. (그림 8.6 참조)

수직아래 방향의 Hall 전류가 전도도가 거의 없는 E-층의 아래로 흐르지 못하므로 E-층 아랫단에 양전기가 축적되고 윗 단에는 음전기가 축적된다. 이에 따라 위 방향으로 전기장, E_z가 생성되고, 이 전기장에 Hall 전도도가 적용되면 동쪽 방향으로 Hall 전류($\sigma_H E_z$)가 발생한다. 결과적으로 동쪽 방향의 전류(J_x)는 기존의 동쪽방향 전기장에 반응한 Pederson 전류에 Hall 전류가 더해져서 다른 지역보다 강한 전류가 지자기 적도 상공을 흐르게 된다. 이를 **적도 전류제트 (Equatorial Electrojet)**라 하고, 이로 인해 지자기 적도 바로 아래에 위치하는 자력계에서 강한 자기장이 측정된다. 이를 수식으로 나타내면,

$$\sigma_H E_x = \sigma_P E_z$$

$$J_x = \sigma_P E_x + \sigma_H E_z = \sigma_P E_x + \sigma_H(\sigma_H/\sigma_P E_x) = \sigma_P(1+(\sigma_H/\sigma_P)^2)E_x \equiv \sigma_C E_x$$

(8.12a, b)

로 표현된다. 즉, 지자기 적도라는 특수 기하학적 조건으로 인해 동쪽 방향의 전기장에 반응하는 전류가 매우 강해지는 현상을 Cowling이 발견하여, 이 강한 전도도를 **Cowling 전도도 (Cowling conductivity)**로 불린다.

지자기 적도에서 전기제트는 지상 자력계로 잘 측정되어, 태양활동이나 지자기폭풍 등의 영향에 대해 많은 연구가 되어있다. 특히 강한 동쪽 전류와 함께 형성되는 수직방향 전기장은 종종 전리권에 **불안정성(instability)**을 초래하거나 플라즈마 파동을 일으키기도 한다. 전리권의 불안정성은 플라즈마 **불균질(irregularity)**을 초래해서 전파 통신에 상당한 장애를 일으킬 수 있다. 이런 플라즈마 불균질이 초래한 위성 항법 (GNSS) 신호의 신틸레이션이나 수신 장애는 각종 항해를 방해하는 원인으로 주목받고 있다.

8.4 전리권 초저녁 역전 증대 (Pre-Reversal Enhancement, PRE)

히카마카 레이다가 측정한 플라즈마 수직 표류속도의 변화에는 일몰 직후 갑자기 상승하는 봉우리가 있다. 플라즈마의 수직 윗 방향 표류 속도는 동쪽 방향 전기장을 의미하므로, 이는 원래 밤시간에 예상되는 서쪽 방향 전기장의 역전을 뜻한다. 따라서 이를 **초저녁 역전 증대 (PRE)** 현상이라 불린다. 낮 시간에 동쪽 방향 전기장이 밤에 서쪽 방향으로 바뀌는 대세는 축적된 새벽의 양전기와 저녁의 음전기로 이미 설명한 바 있다. 이런 PRE 현상은 강도의 차이는 있으나 모든 계절과 태양 활동에 상관없이 관측된다. 이렇게 상시적으로 일어나는 PRE 현상은 F-층 다이내모의 연장으로 Heelis et al. (1974)에 의해 설명되었다.

Heelis et al. (1974)의 이론 모델은 일몰 경계선의 전후로 전리권 E-층의 전도도가 급격하게 변함에 주목하였다. 그림 8.7에서 F-층 고도의 기압경사력에 의해 생긴 동쪽 방향 중성바람이 위 방향으로 전류를 발생시키고, 윗 단에 축적된 양전기에 의해 아래 방향의 전기장이 발생한다. 즉 $\nabla \cdot \sigma(E_z + U_x \times \overrightarrow{B}) = 0$ 조건을 만족하기 위해 $E_z = -U_x B$ 의 전기장이 발생한다. 이 수직 전기장이 자기력선을 따라 중위도 E-층으로 전달되면, 적도 방향 수평 전기장, E_θ 으로 바뀐다. 이 전기장에 Hall 전도도가 적용되면 서쪽 방향 $(-E_\theta \times B)$ 전류, $J_{\theta\phi}$ 이 발생한다. 그런데 Hall 전도도가 낮지역이 밤지역보다 월등히 크므로, 발생한 전류, $J_{\theta\phi}$ 가 경계선을 중심으로 급격하게 변하게 된다.

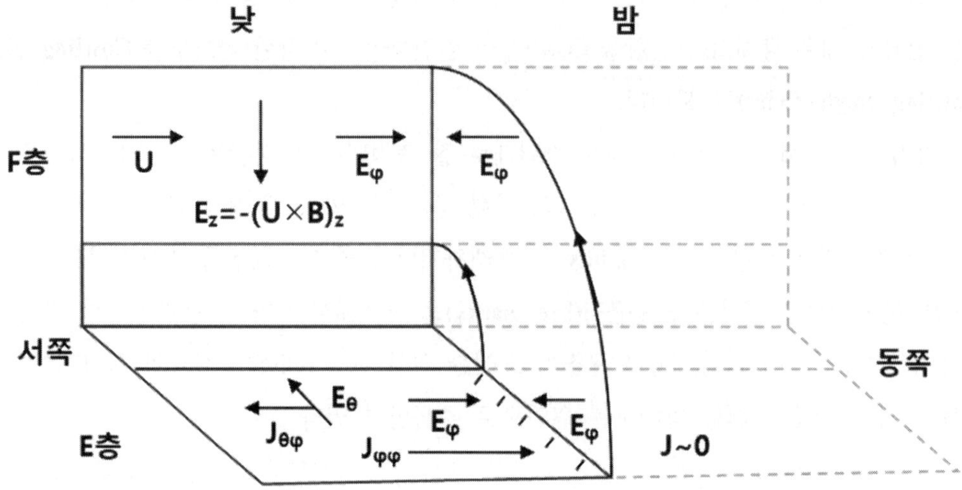

그림 8.7 적도 전리권에서 초저녁 역전 증대 (Pre-Reversal Enhancement, PRE) 현상의 생성 도식도

이 전류는 낮시간에 대세로 있던 동쪽 방향 전류, $J_{\phi\phi}$ 와 상쇄되지 못해서 전류의 불연속이 발생한다. 이에 따라 전류 흐름이 막힘이 없어야 한다는 조건, 즉, $\nabla \cdot \vec{J}=0$ 을 만족시키지위해 경계선에 음전기가 축적되고, 이로 인해 동서 방향 전기장, E_ϕ 가 발생한다. 이 전기장은 경계선을 중심으로 낮쪽에는 동쪽 방향, 밤쪽에는 서쪽 방향을 가지는데, 자기력선을 따라 F-층으로 전달되어도 같은 방향을 유지한다. 결국, F-층에 저녁 경계선의 전후에서 동쪽과 서쪽 전기장이 추가되어 경계선에서 플라즈마를 윗 방향(동쪽 전기장에 의해)으로 급격히 상승시켰다가 강하(서쪽 전기장에 의해)시키는 PRE 효과를 가져 온다.

PRE 현상은 저녁 경계선에서 E-층의 전도도 차이가 주요인이기 때문에 자기장의 남북방향과 저녁 경계선이 일치할수록 커지게 된다. 실제로 춘분과 추분에 저녁 경계선이 남북으로 정렬될 때 PRE가 크게 관측되는 것도 이 모델이 잘 설명한다. 그러나 아침경계선에서 이런 현상이 없는 것을 이 모델이 설명하지 못한다. 아마도 아침 전리권 F-층의 전도도가 저녁보다 약해서 단초가 되는 F-층 E_z 도 약하기 때문일 것으로 추론된다. PRE에 대한 다른 설명으로 적도 전기제트가 초저녁 F-층 아래에서 닫히면서, 동쪽과 위쪽 방향 전기장을 증대시킨다는 이론이 있다. 이는 최근의 이론들에서 **반-적도 전류제트 (counter equatorial electrojet)** 현상을 설명하면서 더 많은 지지를 얻고 있다. PRE 현상은 야간 전리권을 수직으로 상승시키는 기작을 요구하고 있어, 이 기작이 적도 야간 전리권의 불안정성을 초래하는 조건을 만들 수 있기 때문에 여전히 중요한 연구대상으로 남아있다. 전리권 불안정성은 열권 동역학에도 상당한 영향을 미치고, 또한 전파 통신에 장애를 초래할 수 있어 현재 매우 중요한 연구 주제이다.

8.4.1. 적도 전리권 이상 현상 (Equatorial Ionospheric Anomaly)

적도 근처 전리권에서 낮시간에 동쪽 방향 전기장이 생성됨은 앞에서 관측과 이론으로 소개하였다. 이 전기장이 어떤 이유에 의해 특별히 강해지면 $E \times B/B^2$ 의 속도로 많은 양의 F-층 플라즈마를 수직 방향으로 상승시킬 수 있다. 이렇게 올라간 플라즈마는 높은 고도에서 자기장을 따라 미끄러져 내려오면서 중저위도의 전리권 밀도를 증가시킨다. 이는 자기력선을 따라 기압경사와 중력이 더해져서 적도로부터 중저위도 F-층 고도로 플라즈마가 많이 이동할 수 있기 때문이다. 결과적으로 태양빛을 최대로 받는 적도 전리권보다 양쪽 중저위도 지역의 전리권 밀도가 더 높아지는 현상을 일으키다. 이런 현상을 발견자의 이름을 따라 **Appleton 이상(anomaly)** 또는 **적도 전리권 이상 (Equatorial Ionospheric Anomaly, EIA)**로 부른다. 그림 8.8은 EIA 현상의 기작을 일으키는 설명하는 도식이다. EIA를 일으키는 전기장을 모델에 적용한 경우와 그렇기 않은 경우에 비해 중저위도 영역에서 F_2-층 전자밀도가 훨씬 높게 계산되고, 이런 분포는 F_2-층 임계주파수 (foF2) 관측에서 일찍부터 확인되었다. EIA 현상은 위성이나 지상에서 다양한 관측으로 확인되었고, 전지구 전리권 모델이 반드시 재현해야 하는 현상으로 잘 알려져 있다. 현재도 EIA의 정점 위도의 계절별, 태양활동별, 지자기 활동별 변화에 대해 계속해서 관측과 모델로 연구되고 있다.

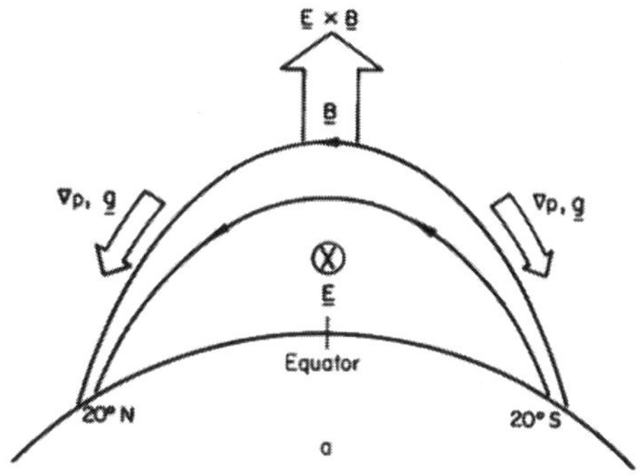

그림 8.8 적도전리권 이상(Equatorial Ionospheric Anomaly, EIA)을 설명하는 도식

8.5 고위도 및 태양풍에 의한 적도 전리권 변화

지상 자력계로 측정되는 적도 전기제트는 때때로 태양풍에 실려오는 자기장과 놀라운 상관 관계를 보인다. 그림 8.9는 적도 지역 Huancayo에서 측정된 수평 지자기와 인공위성이

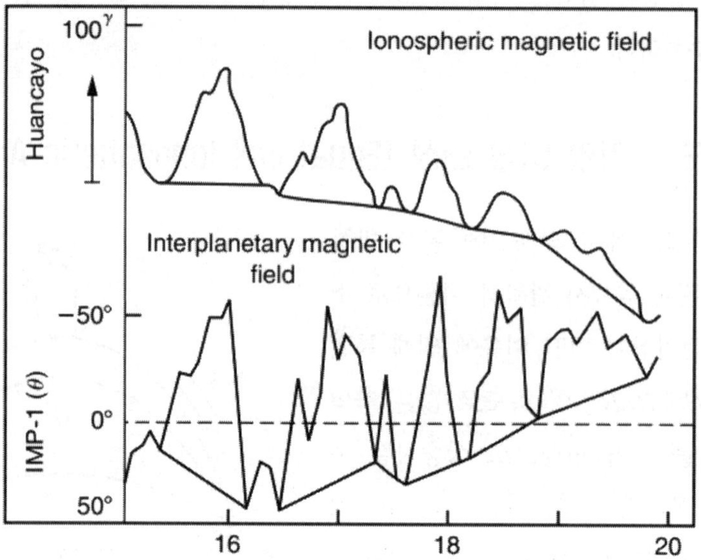

그림 8.9 전리권 자기장 변화와 행성간 자기장의 변화의 동조 현상 (Nishida, 1968).

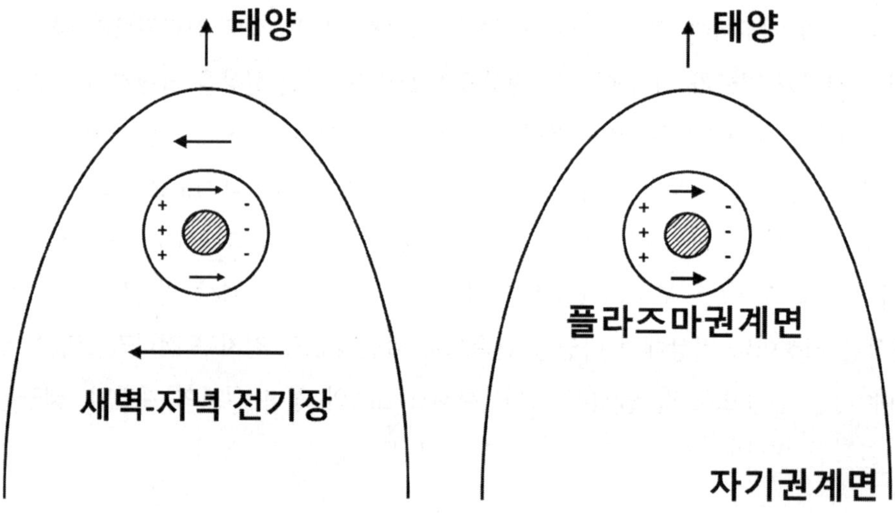

그림 8.10 플라즈마권에서 전하 분리에 의한 전리권 과방호(over-shielding) 효과

측정한 행성간 공간의 수직 자기장(태양-지구 선에 대한)과의 상관관계를 보여 준다 (Nishida, 1968). 두 자기력계가 수만 km 떨어져 있고, 그 사이에 자기권, 환전류, 플라즈마

권이 태양풍 효과를 차단하고 있지만, 두 측정치는 놀랍게도 동조하고 있다. 이보다 가까운 고위도 오로라 지역의 전기장과 히카마카 레이다가 측정한 적도 전기장과의 상관관계도 알려졌다. **행성간 자기장 (Interplanetary Magnetic Field, IMF)**이 자기권에서 **재연결 (reconnection)** 과정을 통해 지자기 **부폭풍(substorm)** 현상으로 고위도 오로라에 전기장(전류)으로 전달된다. **지자기 폭풍**과 **부폭풍**은 고위도 전리권 장에서 자세히 다루겠다.

고위도 오로라 지역에서 오로라가 급격히 증가하거나, 평상상태로 회복될 때, 즉 지자기 부폭풍이 시작할 때와 회복될 때, 적도 전리권의 평소 전기장이 동쪽이나 서쪽으로 변동을 겪는다. 이런 현상을 **플라즈마권 환전류 (plasmaspheric ring currents)**에 의한 **과방호 (overshielding)**으로 정성적으로 설명할 수 있는 이론이 제안되었다 (Kelley et al. 1979).

이 이론에 따르면 평시에 자기권 내의 전기장 (자기권 대류 운동)이 $L = 4$ 근처 (플라즈마권계면 근처)에서 환전류를 전하 분리 시켜 저위도 전리권에서 자기권 전기장을 못 느끼도록 **방호(shield)**한다. 이런 전하 분리 구조가 자기권 전기장이 갑자기 강해지거나 약해질 때 동시에 변할 수 없어 저위도 전리권에 과방호 현상을 일으킬 수 있다. 그림 8.10은 자기권 자기장이 갑자기 약해졌을 때 플라즈마권의 과방호로 일시적으로 저위도 전리권에 낮에는 서쪽 방향 전기장이 밤에는 동쪽 방향 전기장이 침투하는 현상을 나타낸다. 즉 자기권 전기장이 없어졌음에도 상쇄 전기장이 플라즈마권에 그대로 남아있어 저위도 전리권에 저녁에서 새벽 쪽으로 전기장이 느껴지는 **과방호** 효과이다.

플라즈마권계면 근처의 방호 전하 분포 (전기장)는 빠르게 변하지 않기 때문에 태양풍의 빠른 **행성간 자기장 (IMF)** 변화는 **행성간 전기장 (IEF)** 변화로 인지되어 방호분포를 통과하여 저위도 전리권에 나타날 수 있다. 여기서 행성간 전기장, IEF는 $-V_{sw} \times \vec{B}_{IMF}$ 로 표현되는 벡터이다. 즉 태양풍이 지구 방향(x 방향)으로 불면, IMF가 남쪽($-z$ 방향)일 때, IEF는 새벽에서 저녁 쪽으로 전기장이 형성된다. 태양풍 방향은 거의 지구쪽으로 일정하므로 IMF 남북 방향으로 빠르게 변하면 IEF도 따라서 변화하여 플라즈마권계면의 방호를 통과하여 저위도 전리권에 동서 방향의 전기장 변화로 나타난다. 이를 **침투 전기장 (penetrating electric field)**라 하며, 보통 8시간 이내의 변화주기를 가지는 전기장만이 침투하는 것을 알려져 있다. 이는 플라즈마권계면 근처의 방호 전하들이 **고주파 필터 (high pass filter)** 역할을 한다고 이해할 수 있다. 그러나 수시간이내의 빠른 주기의 전기장 변화는 중성 대기에 산재하는 중량파에 의한 다이내모로 발생하는 전기장과 구별하기 어렵다.

고위도 또는 태양풍의 변화가 즉각적으로 전달되는 현상이외에 상당한 시간 지연으로 저위도 전리권에 변화를 초래되는 현상도 있다. 고위도 지역에서 지자기 **부폭풍(substorm)**으로 오로라지역의 가열과 극관지역의 대류 모멘텀이 강할 경우, 고위도 중성대기의 온도와 바람이 심하게 요동하고, 이 요동이 저위도까지 전파되어 전리권에 **요동 다이내모 (disturbance dynamo)** 현상이 지연되어 나타날 수 있다. 이 **요동 다이내모**는 오로라 지역의 요동에 긴 시간의 차이로 발생한다. 즉, 중성대기의 열에너지나 모멘텀이 고위도에서 저위도까지 직접 전달되는 데 상당한 시간이 걸리기 때문이다. 또한 물질의 직접 전달 대신, 오로라 지역의 요동이 중량파를 발생시켜, 저위도로 전파되면 중량파에 연관된 중성바람이 다이내모 전기장을 생성할 수도 있다. 이 경우도 중량파 전달에 꽤 긴 시간이 걸리고, 생성된 전기장에 중량파 특유의 주기성을 가진다. 요동 다이내모에 대해서 다음 절에 조금 더 설명할 것이다.

8.6 열권 바람과 전리권 전기역학의 상호 작용

열권의 바람은 인공위성 궤도 변화로부터 처음 추정된 이후, 다양한 방법으로 측정되었다. 이런 측정 자료들을 모아 전지구적 모델(HWM)이 1990년대에 처음 개발되고 현재까지 개정되고 있다. 그림 8.11은 최근 버전 HWM14가 적도 근처에 춘분날의 바람 프로파일의 지방시 변화를 보여준다. 열권 바람의 분포는 고도 200 km 이상에서 밤에는 동쪽 방향 낮에는 서쪽 방향으로 상당히 단순한 시간 변화를 보인다. 이는 이미 언급했듯이 히카마카 레이다가 측정한 F-층의 플라즈마 표류 속도의 변화와 유사하다. 또한 고도가 높아지면 바람 시어가 줄어들어 일정한 값으로 수렴하고 있음을 보인다. 공기가 희박한 고고도에서 바람 시어 없이 이렇게 고체처럼 속도가 일정해지는 것이 일견 모순되는 것처럼 보인다. 중성 대기의 운동방정식에서 기압 경사력과 점성력만이 지배적이라고 보면, 동서바람의 변화율은

$$\partial u/\partial t \simeq -(1/\rho)(\partial p/\partial x) + \frac{\eta}{\rho}\frac{\partial^2 u}{\partial z^2} \tag{8.13}$$

로 표현된다. 이식의 두 번째 항은 점성력인데, 점성계수, η를 공기 밀도로 나누어 준 운동학적 점성계수 (kinematic viscosity), η/ρ 가 고도가 높아짐에 따라 계속 커지게 되므로, 물리적으로 타당한 바람 시어는 0으로 수렴해야 한다. 따라서 열권 바람이 고고도에서 일정해지는 현상을 이해할 수 있다.

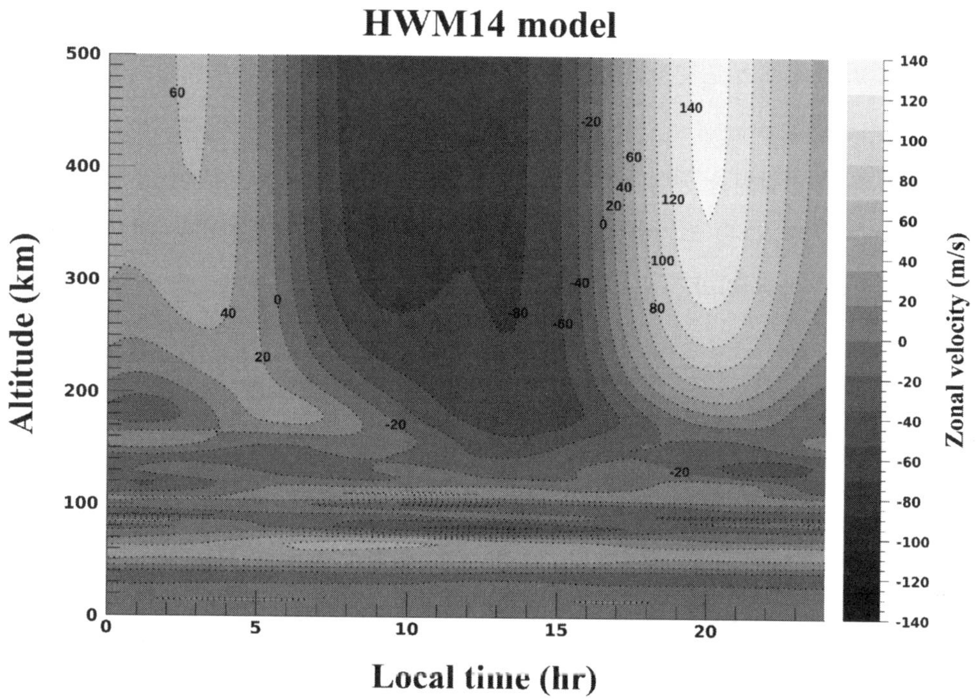

그림 8.11 적도 근처의 춘분날 열권 고도까지의 바람프로파일의 일변화 (HWM14).

산소원자가 주요 성분인 공기의 점성 계수, $\eta = 4.5 \times 10^{-5}(T/1000)^{0.69}$ kg/m/s 로 알려졌다 (Dalgarno and Smith, 1962). Lindzen (1967)은 적절한 아래 경계 조건과 기압의 고도분포를 사용하여 위 식을 수치적으로 풀어서, 고고도에서의 열권 바람 속도가 550 m/s 까지 됨을 보였다. 이렇게 계산된 바람 속도는 당시 인공위성으로 추산한 열권 바람 속도 (~150 m/s) 보다 3 배정도 큰 값으로, 이 계산에 무언가 감속하는 과정이 필요함을 암시했다. 중성대기가 전리권의 플라즈마와의 마찰로 감속될 수 있음이 제기되었으나, 전리권의 플라즈마 밀도가 F-층에서 조차 중성대기의 10^{-3} 배로 매우 작아서 무시될 수 있다고 당시에는 생각했다.

열권 바람 속의 중성 입자가 전리권 플라즈마 입자와 충돌할 경우, 중성 입자의 모멘텀이 플라즈마 입자에게 바람 방향으로 모두 전달되지 않고, 플라즈마 입자가 $\pm \vec{U} \times \vec{B}$ 방향으로 표류하도록 한다. 열권 바람의 중성입자와 정지해있는 중성입자와 충돌의 경우, 모든 모멘텀이 바람 방향으로 전달되는 것과 다르다. 즉, 정지해 있는 중성입자는 한두 번의 충돌로 중성 바람과 같은 방향으로 함께 운동하게 되므로, 조만간 서로간의 마찰력은 거의 없게 된다. 이와 다르게, 전리권 플라즈마 입자는 자기장에 묶여 표류 운동하면서, 계속해서 바람 속 중성입자와 충돌하게 되므로, 바람에 지속적으로 마찰력을 발생시킨다. 따라서 비록 플라즈마 밀도가 중성대기 밀도보다 상당히 작지만, 중성 바람에 커다란 마찰력을 지속적으로 작용한다.

전리권에 의한 마찰력을 중성대기의 운동 방정식에 옳게 적용하는 방식은, 바람이 생성한 전류로 인한 $\vec{J}\times\vec{B}$ 항을 추가하는 것이다. 중성대기에 전류가 흐른다는 전제가 이상하게 보일 수 있으나, 이는 전리권 플라즈마에 의한 저항력(drag)을 제대로 적용하는 표현이다. 즉,

$$\vec{J}\times\vec{B} = \sigma(\vec{U}\times\vec{B})\times\vec{B} = -\sigma_P B^2 U_\perp \tag{8.14}$$

으로 표현되어, 저항력으로 작용한다. F-층 고도에서 Pederson 전도도는 $ne^2\nu_{in}/M\Omega_i^2 = n\nu_{in}M/B^2$ 이므로, 저항력은

$$F_E = -n\nu_{in}MU_\perp \tag{8.15}$$

으로 계산될 수 있다. 여기서 n 과 M 이 각각 이온 밀도와 질량이므로, 이 식을 중성 대기의 운동방정식에 직접 넣을 수 없다. 그런데, 이온과의 충돌 상대인 중성 대기 입자의 충돌 빈도수는 $n_n\nu_{ni} = n_i\nu_{in} = n\nu_{in}$ 의 관계를 사용하면 결국, F_E 는 중성 대기 입자의 물리량으로만 다음과 같이 표현된다.

$$F_E = -n_n\nu_{ni}MU_\perp = -\rho\nu_{ni}U_\perp \equiv F_D \tag{8.16}$$

여기서, F-층에서는 중성대기 주입자가 산소원자(O)이고, 전리권의 주이온은 O^+ 이므로, 중성 입자질량과 이온 질량이 M 으로 서로 같다고 적용했다. 이 식은 중성 대기가 전리권 이온과 충돌에 의해 저항력을 받는다고 해석할 수 있다.

7장에서 소개한 중성 대기의 운동방정식의 수평방향 성분에서 바람 스트레스 텐서에 의한 힘과 중력을 무시할 수 있으므로,

$$d\overrightarrow{U}/dt = -(1/\rho)\overrightarrow{\nabla} p + \eta/\rho\nabla^2\overrightarrow{U} - 2\overrightarrow{\Omega}\times\overrightarrow{U} - \nu_{ni}\overrightarrow{U} \tag{8.17}$$

로 표현된다. 여기서 오른쪽 각항은 차례대로 기압경사력, 점성력, 코리올리 힘, 전리권 저항력에 의한 가속도들이다. 그림 8.12는 기압경사력 가속도, F, 점성력 가속도, $\eta\overline{u}/\rho H^2$, 코리올리 계수, f (위도 45° 기준), 중성-이온 충돌 빈도수, ν_{ni} 의 고도분포를 나타낸다. 점성력 가속도, $\eta\overline{u}/\rho H^2$는 높이 척도 고도 차이에서 평균바람, 60 m/s 정도 변한다는 가정을 했다. 여기서 코리올리 힘은 고도에 상관없이 일정하며 바람세기가 아니라 방향에만 영향을 줌을 상기하면, 무시될 수 있다. 고도 200 km에서 이미 점성력 가속도가 기압경사력 가속도보다 훨씬 커져서 바람 세기가 점성력에 의해 지배받는 것처럼 보인다. 그러나 전리권에 이온과의 충돌에 의한 저항력이 ν_{ni}에 비례하므로, 고도 250 km에서 중성 바람이 최대로 감속되어, 바람 시어를 줄이고 이에 따라 점성력에 의한 가속을 무력화 한다. 바람시어가 없어 점성력을 무시할 수 있으면, 정상 상태(steady state)의 바람 속도는 간단히, $U = F/\nu_{ni}$ 로 추산될 수 있다. 그림에 보여준 F 와 ν_{ni}를 사용하면, 고도 250 km 에서의 바람 속도가 70 m/s, 300 km에서 130 m/s 로 추산된다. 이는 Lindzen (1967)이 계산한 값보다 훨씬 작고, 열권 바람 측정치에 근접한다.

열권 바람에 저항력을 주는 이온과의 충돌은 F-층 다이내모 현상의 밤낮 차이로 비대칭적이 된다. 앞 절에서 설명했듯이 밤 시간에 E-층의 연결이 없는 회로로 인해 F-층의 수직 전기장이 발달하고, 이로 인해 플라즈마가 동쪽 방향($\overrightarrow{E}\times\overrightarrow{B}$)으로 표류한다. 이 표류 속도가 전기장을 발생시킨 열권 바람 속도 (동쪽 방향)와 비슷해지므로 저항력이 현저히 줄어든다. 반면, 낮에는 E-층 전도도로 인해 회로가 연결되어 F-층의 수직 전기장이 약화되면서 플라즈마 표류 속도도 함께 약화된다. 즉, 낮 시간에는 F-층 이온들이 $\overrightarrow{E}\times\overrightarrow{B}$ 로 표류하지 않고 자기장에 붙어 있는 경향이 강해지므로, 중성 바람에 저항력을 강화시킨다. 이를 전류 항으로 설명하면, 밤에는 $\overrightarrow{J}\propto(\overrightarrow{E} + \overrightarrow{U}\times\overrightarrow{B})$에서 F-층 다이내모로 생긴 수직 전기장 전류와 바람에 의한 전류와 거의 비겨서 실제 전류가 약화되므로, 중성대기에 대한 저항력, $\overrightarrow{J}\times\overrightarrow{B}$ 이 약해짐을 알 수 있다.

전리권 플라즈마와 충돌로 인한 저항력이 열권 바람에 중요한 결정 요소이므로, 전리권의 변화에 따라 열권 바람도 변화할 것으로 예상된다. F-층 다이내모 현상 이외에 전리권 플라즈마의 고도 분포도 열권 바람에 상당한 영향을 미친다.

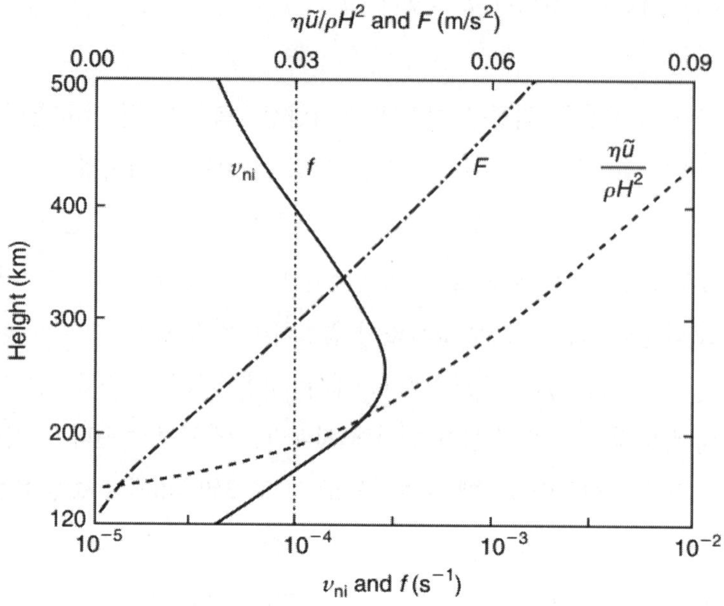

그림 8.12 중성대기에 작용하는 가속력의 시간 상수 고도 프로파일. 위 눈금은 기압 경사력 (F) 와 정규화된 운동점성 파라미터에 해당함. 아래 눈금은 중성-이온 충돌 빈도수 (v)와 위도 45°의 코리올리 힘 (f) 에 해당함 (Rishbeth, 1972).

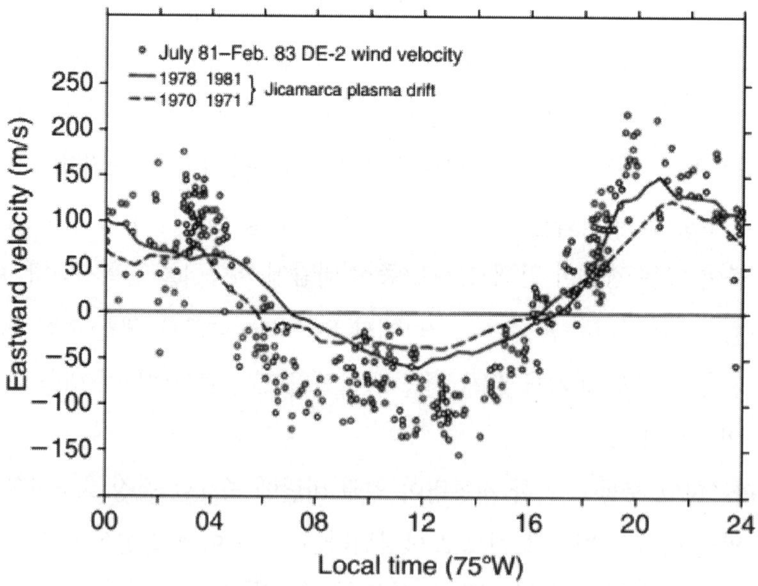

그림 8.13 Jicarmarca 레이다로 측정한 평균 플라즈마 표류속도와 인공위성 DE-2 가 측정한 중성바람의 비교 (Fejer et al., 1985).

앞 절에서 설명한 PRE 현상으로 저녁 무렵에 강한 동서 전기장으로 F-층 전체가 상승하면, 평소 고도 250 km 근처에서 작용하던 저항력이 작아져서, 열권 바람의 속도를 증가시킬 수 있다. 그림 8.13은 인공위성에서 측정한 열권 바람과 히카마카 레이다가 측정한 동서 방향 이온 표류속도의 비교이다. 이 그림에서 초저녁에 열권 바람이 특별히 강해지는 현상은 PRE 로 인해 F-층 상승이 저항력 감소로 설명할 수 있다. 또한 낮 시간의 열권 바람 속력이 밤 시간에 비해 작은 비대칭성도 보이는데, 이는 F-층 다이내모의 밤낮 차이로 인한 것이다. 여기에 낮 시간의 열권 바람 속력과 플라즈마 속력의 차이가 더 큰 것도 F-층 다이내모의 밤낮 차이로 설명된다. 인공위성 궤도 변화로 처음 알려진 열권의 **초자전(super-rotation)** 현상은 열권 바람의 밤낮 변화의 평균이 동쪽 방향임을 뜻하는데, 이 현상도 전리권 저항력의 밤낮 차이에 기인한다.

지자기 **부폭풍** 시에 오로라 지역의 가열로 대규모 중량파가 발생하여 저위도 지역으로 전파될 수 있다. 이런 열권 중량파는 **이동하는 전리권 요동 (traveling ionospheric disturbances, TID)** 현상을 일으켜서 각종 전리권 측정 자료에 파동성 변화로 나타난다. 전리권 파동성 이동속도는 ~750 m/s 로 적도 지역으로 전파될 수 있음이 계산되었다. Arecibo 레이다에서 측정한 전리권 F_2 층 고도와 수직 표류 속도의 변화가 뚜렷이 파동성을 보였고, 이는 중량파에 기인하는 것으로 해석되었다. 흥미롭게도 이 파동이 히카마카 레이다에 새벽 시간에 플라즈마의 **난류성 용승 (turbulent upwelling)**을 일으킴이 관측되기도 하였다. 또한, 고위도에서 조용한 조건하에서의 플라즈마 순환이 조석력과 전기장의 영향으로 적도지역 열권 바람에 변화를 초래할 수 있음이 모델 연구로 제기되기도 했다.

9.
중위도 전리권

9.1 중위도 전리권 수직 구조 기본 방정식

중위도 전리권은 고위도의 복잡한 자기권 연계 동역학이나, 저위도의 독특한 전기역학으로부터 어느 정도 분리되어 있는 완충 지대로 볼 수 있다. 그러나 중위도 전리권도 지자기 폭풍 시에는 저위도에서의 **침투 전기장 (penetrating electric field)**의 영향이나, 고위도의 오로라 가열과 중성 대기 요동의 영향을 상당히 받는다. 평상시의 중위도 전리권은 배경 열권에 발생하는 조석파나 중량파의 영향으로 변화한다. 중위도 지역에서 지자기력선이 남북 수평방향에 경사져 있어서 전리권 플라즈마 운동에 이 경사각, 즉 **복각(dip angle, I)**을 필수적으로 고려해야 한다.

7장에서 소개된 정상상태(steady state)의 자기장에 평행인 플라즈마의 속도 식 (7.17)에

$$(v_j')_{\parallel} = [\, b_j \overrightarrow{E}' - D_j \overrightarrow{\nabla} n/n + D_j/H_j \hat{g}\,] \cdot \hat{B} \tag{9.1}$$

가장 간단한 가정을 적용하여 출발하자. 즉, 중성바람과 외부 전기장이 없고 ($U = 0$, $\overrightarrow{E}' = 0$), 온도 경사가 무시할 만하다고 가정하자. F-층 고도 이상에서 전리권 플라즈마는 확산 평형을 이룬다고 알려져 있다. 자기장을 따라 운동하는 전자와 이온에 대해 이를 적용하면,

$$b_e\,[\, E_{\parallel} + (kT_e/ne)\nabla_{\parallel} n - mg_{\parallel}/e\,] = 0 \qquad (9.2a,\ b)$$
$$b_i\,[\, E_{\parallel} - (kT_i/ne)\nabla_{\parallel} n + Mg_{\parallel}/e\,] = 0$$

로 표현된다. 여기서, $D_j = kT_j/M_j\nu_{jn}$ 와 $b_j = q_j/M_j\nu_{jn}$을 이온과 전자에 대해 적용했다. 또한, 전하 중성조건 하에 이온과 전자 밀도는 같다 ($n_i = n_e = n$). 그런데, 전자의 질량이 이온에 비해 무시할 만큼 작기 때문에, 두 식을 더하면서, 플라즈마 온도가 같다고 ($T_i = T_e = T$) 가정하면, 전자와 이온의 분리 때문에 생기는 **극성 전기장 (polarization electric field)**은

$$E_{\parallel} = -(M/2e)\,g_{\parallel} \tag{9.3}$$

로 간단히 구해진다. 보통 자기력선을 따라서는 전도도가 매우 높아 전기장이 매우 작다고 예상했다. 그러나 이 극성 전기장은 순수하게 중력에 기인한 것으로 산소 원자이온의 경우, 0.8 μV/m 로 다른 원인에 의한 전기장보다 월등히 크다. 또한 중력은 상시적으로 작용하므로 변동성이 있는 다른 원인의 작은 전기장은 때때로 무시할 수 있다.

자기장에 수직 방향에서도 확산 평형이면, 7장 식 (7.18)에서

$$0 = b_e/\kappa_e[\vec{E} + kT_e/ne\vec{\nabla}n - m\vec{g}/e]\times\hat{B} \qquad (9.4a,\ b)$$
$$0 = b_i/\kappa_i[\vec{E} + kT_i/ne\vec{\nabla}n + M\vec{g}/e]\times\hat{B}$$

로 단순화 된다. 마찬가지로, 두 식에서 $E_\perp = -(M/2e)g_\perp$ 로 구해지므로, 자기장 방향과 상관없이 전자와 이온의 분리로 인한 극성 전기장은

$$\vec{E} = -(M/2e)\vec{g} \qquad (9.5)$$

로 표현된다. 이 전기장은 이온과 전자가 질량의 차이로 받는 중력 차이를 상쇄하여 같이 움직이도록 묶는 역할을 한다. 이 극성 전기장을 자기장 수평과 수직에 대한 확산 평형식 (9.2)와 (9.4)에 적용하면, 플라즈마 밀도에 대한 식은

$$\vec{\nabla}n/n = (M/2kT)\vec{g} \qquad (9.6)$$

로 구해진다. 이 식은 플라즈마 밀도의 수직 분포가 중력에 의해서만 결정되고, 마치 이온 질량의 반 (또는 전자와 이온의 평균 질량, *(m+M)/2*) 으로 구성된 물질들의 높이척도 ($H = 2kT/Mg$)로 지수적 분포 ($exp(-z/H)$)함을 의미한다. 전리권 상층부에서 소수 이온으로 존재하는 H^+와 He^+는 O^+와 전자 사이에 형성된 극성 전기장에 의해 윗 방향으로 가속된다. 그런데 수소원자와 산소원자의 이온화 문턱 에너지가 거의 비슷해서 다음과 같은 전하 교환 반응이 빠르게 일어난다.

$$H + O^+ \leftrightarrow H^+ + O \qquad (R9.1)$$

고도 500 km 이상에서 H^+ 가 주이온이 되는데, 그 아래 고도에서 O^+ 의 극성 전기장에 의해 가속된 H^+가 중력을 이기고 탈출할 수 있다. 실제로 H^+ 이온은 확산 평형에 이르지 못하고 낮에 전리권에서 플라즈마권으로 유출되었다가, 밤에 전리권으로 돌아오는 현상이 알려졌다.

9.1.1. 쌍극성 확산 방정식 (Ambipolar Diffusion Equation)

7장의 정상 상태 식으로 돌아가 온도 경사와 중성 바람을 모두 고려하면, 자기장에 평행한 이온의 표류 속도는

$$u_{i\parallel} = U_{n\parallel} - D_a[\frac{1}{n_i}\nabla_\parallel n_i + \frac{1}{T_P}\nabla_\parallel T_P - \frac{m_i g_\parallel}{2kT_P}] \tag{9.7}$$

$$D_a \equiv 2kT_P/m_i\nu_{in}\,,\ T_P \equiv (T_e + T_i)/2$$

표현된다. 여기서, D_a는 **쌍극성 확산계수 (ambipolar diffusion coefficient)**, T_P는 플라즈마 온도로 정의되었다. 이 식은 주이온의 쌍극성 확산 방정식이라 부른다. 이 식은 주이온(major ion)의 확산속도를 나타내 줌으로서, 중위도 전리권의 주이온 밀도의 고도 분포를 계산하는데 중요하게 사용된다.

전리권의 소수 이온(minor ion)은 주이온과 전자 사이에 형성된 극성 전기장에 반응하며 확산되므로 위 식이 다음과 같이 약간 수정된다.

$$u_{k\parallel} = u_{i\parallel} - D_k[\frac{1}{n_k}\nabla_\parallel n_k + \frac{1}{T_k}\nabla_\parallel (T_k + T_e) - \frac{m_i g_\parallel}{kT_k}] \tag{9.8}$$

$$D_k \equiv kT_k/m_k\nu_{ki}$$

여기서 T_k는 이온 k의 온도로 보통 주이온의 온도와 같으며, D_k는 이온 k의 쌍극성 확산계수인데, 주이온과의 충돌 빈도수에 반비례함을 주목하자. 소수 이온은 자체의 밀도와 온도 경사에 의해 확산하려는 성분에 주이온과 충돌에 의해 함께 운동하려는 마찰력과 주이온과 전자 사이에 형성된 극성 전기장이 모두 함께 작용하여 확산 속도가 결정된다. 이 식은 소수 이온의 **쌍극성 확산 방정식**이라 부른다.

중성바람이 없을 때, 주이온의 수직방향 확산 속도는

$$u_{iz} = -D_a \sin^2 I \left[\frac{1}{n_i}\frac{\partial n_i}{\partial z} + \frac{1}{T_P}\frac{\partial T_P}{\partial z} + \frac{m_i g}{2kT_P}\right] \tag{9.9}$$

로 전환된다. 여기서 I 는 자기력선이 수평과 이루는 각으로 **복각(dip angle)**이라 한다. 확산 평형일 경우, 앞에서와 같이 주이온 밀도는 높이척도 $H = 2kT/m_i g$ 를 가진 지수적 분포 ($exp(-z/H)$)를 한다. 이 확산 속도를 수직 방향 1차원 연속 방정식에

$$\frac{\partial n_i}{\partial t} + \frac{\partial (n_i u_{iz})}{\partial z} = P_i - L_i \tag{9.10}$$

대입하여 이온 밀도의 수직분포를 계산할 수 있다. 물론 계산을 위해 광이온화에 의한 이온 생성률, P_i 와 중성-이온 화학 반응과 전자와의 재결합에 의한 소멸률, L_i 에 대한 고도 분포가 필요하다.

E-층과 F_1-층은 광이온화로 인한 이온 생성률을 **Chapman 함수**로 근사할 수 있다고 6장에서 소개했다. 이 생성률이 각 고도마다 화학반응 (재결합과 중성-이온 반응) 에 의한 소멸율과 균형을 이루어 E-층과 F_1-층의 전자밀도 고도 분포도 Chapman 함수로 근사할 수 있다. 그러나 F_2-층은 화학반응에 의한 소멸율이 고도가 높아짐에 따라 지수적으로 작아지므로, 확산에 의한 소멸율을 고려해야 한다. 즉, F_2-층의 주이온, O^+ 의 화학적 수명, τ_{ch} 보다, 확산 수명, $\tau_{diff} = H^2/D_a$ 가 고도가 높아지면 훨씬 짧아진다.

이렇게 기본적으로 중성 바람과 외부 전기장이 없는 중위도 전리권은 쌍극성 확산과, 재결합 그리고 전하교환 반응을 통한 플라즈마권과의 교류로 거의 완전하게 결정되는 것처럼 보인다. 특히 광이온화와 후속 이온-중성 화학반응에 따라 전리권 E, F_1, F_2-층은 Chapman 함수 형태로 근사될 수 있다. 여기에 낮시간에 플라즈마권으로 유출과 밤시간에 저고도의 재결합과 플라즈마권으로 부터의 유입을 고려하여, 전리권의 지방시 변화를 간단한 모델로 기술할 수 있다.

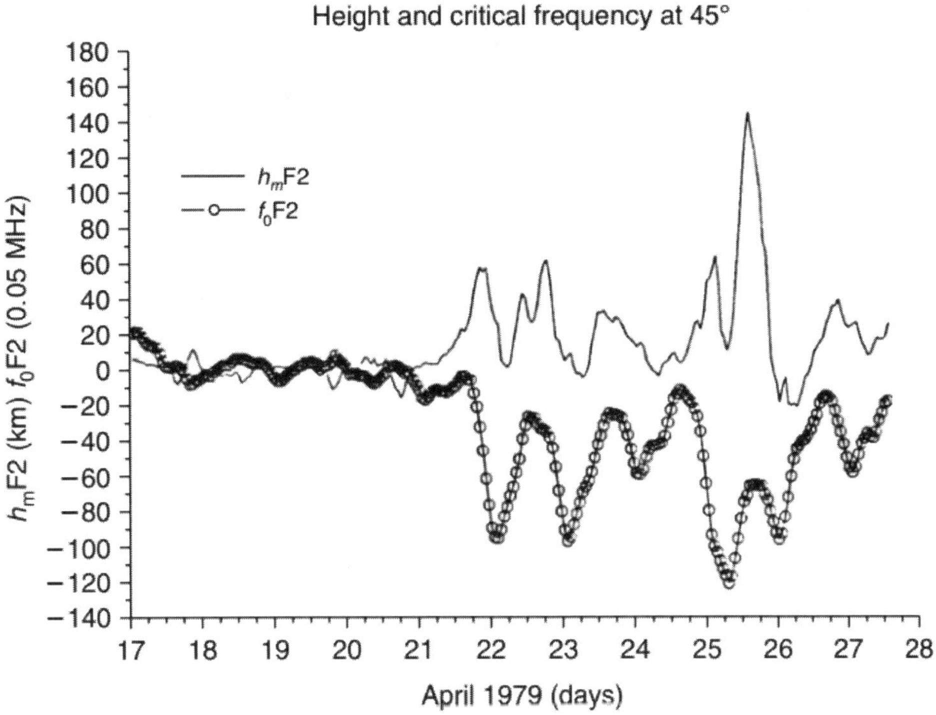

그림 9.1 일본 이오노존데 망으로 관측한 위도 45°에서 F 절정고도 (hmF2)와 최대반사 주파수 (foF2)의 대표적 변화. 기준값은 11일간의 매 시간 평균값을 사용함. (Forbes et al., 1988)

그러나 실제 중위도 전리권은 다양한 변화를 보인다. 그림 9.1은 이오노존데로 측정한 F_2-층의 고도 (*hmF2*)와 최대 반사주파수 (*foF2*)의 변화를 나타낸다. 이오노존데가 측정하는 *foF2* 는 전자 밀도, *n* 에 해당하는 플라즈마 주파수로서, $n = (foF2/8900)^2$ 의 관계로 F_2-층 정점의 전자 밀도를 알려준다. 그림 9.1에서 4월21일부터 **전리권 폭풍 (ionospheric storm)** 이라 부르는 급격한 변동이 F_2 층의 높이와 밀도에 나타나고 있다. F_2-층 전자 밀도가 전반적으로 낮아지는 현상, 즉 **음의 폭풍(negative storm)**에 겹쳐서, 짧은 기간 F_2-층 고도가 올라가면 F_2-층 정점 밀도가 따라 올라가는, **양의 폭풍(positive storm)**이 함께 보인다. 음의 폭풍은 전리권의 배경인 열권의 산소원자 대 질소 분자 (O/N_2) 비가 작아져서, 광이온화가 작아지거나 재결합 손실율이 커져서 생기는 것으로 생각된다. 양의 폭풍은 높은 고도에서 O/N_2 비가 작으므로 재결합이 감소하는 것으로 부분적으로 설명된다. 그러나 이런 설명은 F-층이 짧은 시간에 높게 올라가는 이유와, 배경 열권의 O/N_2 비를 변화하게 하는 기작을 필요로 한다. 결국 중위도 전리권의 변화는 외부 전기장이나 중성대기의 전구적인 정보와 함께 분석되어야 하는 복잡성을 가진다.

9.2 수직 플럭스를 고려한 방정식

앞 절에서 중성바람과 외부 전기장이 없을 때 쌍극성 확산 방정식을 구했다. 이를 간단히 자기력선 방향을 z 축으로 잡으면, 자기장 방향 주 이온의 확산 속도는

$$W_D = -D_a[\frac{1}{n}\frac{\partial n}{\partial z} + \frac{1}{T_P}\frac{\partial T_P}{\partial z} + \frac{Mg}{2kT_P}] \tag{9.11}$$

로 간단히 쓸 수 있다. 여기에 $T_i = T_e = T_n = T$ (상수) 를 가정하면, $T_P = T$ 로 둘 수 있다. 이를 1차원 연속 방정식에 대입하여 풀기 위해, $z' = (z-z_o)/H$ 로 치환하여

$$W_D = -D_a[\frac{1}{nH}\frac{\partial n}{\partial z'} + \frac{1}{2H}] = -\frac{D_a}{H}[\frac{1}{n}\frac{\partial n}{\partial z'} + \frac{1}{2}] \tag{9.12}$$

로 표현한다. 여기에 ν_{in}은 중성대기 밀도에 비례하므로, $D_a \propto e^{z'}$ 임을 1차원 연속 방정식에 적용하면,

$$\frac{1}{H}\frac{\partial}{\partial z'}(nW_D) = -\frac{D_a}{H^2}[\frac{\partial^2 n}{\partial z'^2} + \frac{1}{2}\frac{\partial n}{\partial z'} + \frac{\partial n}{\partial z'} + \frac{n}{2}] \tag{9.13}$$

이므로,

$$\frac{\partial n}{\partial t} = \frac{D_a}{H^2}[\frac{\partial^2 n}{\partial z'^2} + \frac{3}{2}\frac{\partial n}{\partial z'} + \frac{n}{2}] + P(z') - L(z') \tag{9.14}$$

로 쓸 수 있다.

정상 상태 ($\partial n/\partial t = 0$)를 가정하고, 생성율과 화학적 소멸율이 거의 없는 높은 고도에서, 이 식은

$$\frac{\partial^2 n}{\partial z'^2} + \frac{3}{2}\frac{\partial n}{\partial z'} + \frac{n}{2} = 0 \tag{9.15}$$

인 완전 2계 미분방정식으로, 그 해는 $A_1 e^{-z'/2} + A_2 e^{-z'}$ 형태를 갖는다. 첫 번째 항의 해는 W_D 가 0 인 경우로 전리권 상부에서 유출이나 유입이 없는 확산 평형의 고도 분포에 해당한다. 즉, 높이 척도 $2H$를 가지는 정역학 평형 분포와 같다. 두 번째 항의 해는

$$W_D = -\frac{D_a}{H}[-1+\frac{1}{2}] = \frac{D_a}{2H} = \frac{D_o e^{z'}}{2H} \tag{9.16}$$

의 유출 속도를 가진다. 이에 따른 전리권으로부터의 유출 플럭스는

$$F = n(z')\, W_D = \frac{A_2 D_o}{2H} \tag{9.17}$$

로 고도와 무관한 상수값을 가진다. 이는 플라즈마권으로 부터 압력 경사를 거꾸로 갖지 않는 한, W_D 가 양수이므로, 낮에 유출 플럭스를 가질 수 있음을 뜻한다. 또한 밤에 플라즈마권으로부터 유입될 수 있는 경우도 적분 상수 A_2 를 음수로 하여 표현할 수 있다. 따라서 적분 상수 A_2 에 따라 전리권 상층부의 밀도 분포가 변화한다. 즉 플라즈마권과의 상호 작용에 따라 전리권 상부의 밀도 경사가 높아질 수도 낮아질 수도 있다. 생성률을 $P(z') = q_o \exp(-z')$ 이라고 가정하면, 전리권 밀도의 고도 분포는

$$n(z') = n_o e^{-z'/2} + \frac{2q_o H^2}{3D_o}[e^{-z'/2} - e^{-2z'}] \pm \frac{2FH}{D_o}[e^{-z'/2} - e^{-z'}] \tag{9.18}$$

으로 구해진다. 여기서, 전리권 하부, z_o 에서의 전자 밀도, n_o 로 두었고, + 부호는 플라즈마권으로부터 유입 플럭스가 있을 경우이다. 플럭스, F 가 0이면, $\exp(-2z') << \exp(-z'/2)$ 이므로 밀도 분포는 $\exp(-z'/2)$ 로 당연히 수렴한다.

9.2.1. 밤시간 전리권 변화

밤시간에는 광이온화가 없어서 화학 반응과 재결합으로 전자밀도가 지속해서 감소하므로, 정상 상태(steady state)를 가정할 수 없다. F_2-층의 소멸율은 열권 분자와의 이온-중성 화학 반응에 의해 지배 받는다 (6장 참조). 따라서 연속 방정식은

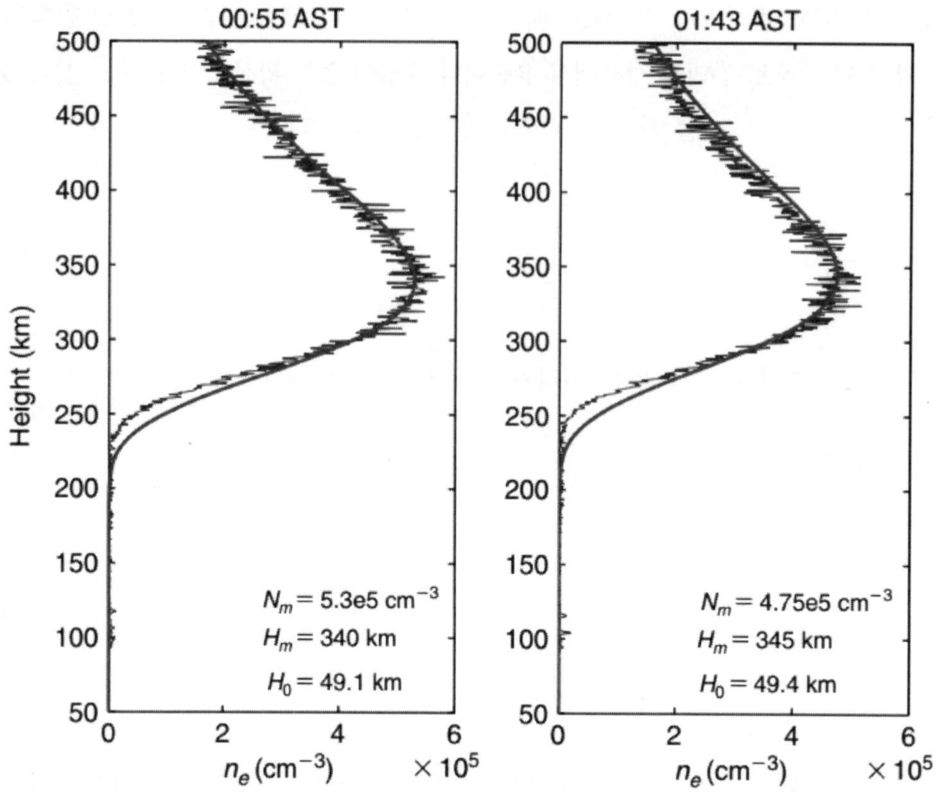

그림 9.2 밤시간 전자 밀도 프로파일과 α-Chapman 함수로 근사한 선 (Makela et al., 2003)

$$\frac{\partial n}{\partial t} = \frac{D_a}{H^2}\left[\frac{\partial^2 n}{\partial z'^2} + \frac{3}{2}\frac{\partial n}{\partial z'} + \frac{n}{2}\right] - \beta(z')n(z') \tag{9.19}$$

표현된다. 여기서 소멸율의 계수 $\beta(z')$는 배경 열권의 중성분자, N_2와 O_2의 밀도에 비례하므로, 산소 원자의 높이척도로 스케일링한, z', 변수를 사용하면 대체로 $\beta(z') \propto e^{-1.75z'}$의 고도분포를 가진다. 이 고도 분포 함수로는 위 식을 해석적으로 풀 수 없기 때문에, 산소 원자의 고도 분포, $\beta(z') \propto e^{-z'}$ 를 가정하면 다음과 같은 해를 얻을 수 있다.

$$n(z',t) = N_m e^{-\lambda t}\exp[(1 - z' - e^{-z'})/2] \tag{9.20}$$

여기서, $\lambda \equiv D_o/4H^2 = \beta(z_o')$ 로 Chapman 함수의 정점에서의 소멸율 계수이다. 이 해는 E-층의 α-Chapman 분포 함수와 동일한데, 시간에 따라 정점 밀도가 감소하는 형태이다. 이 형태는 밤시간에 레이다로 측정한 F-층의 전자 밀도 분포를 잘 근사하는 것으로 확인되었다.

이 해를 사용하여 쌍극성 확산 속도, W_D 를 구하면

$$W_D = -\frac{D_a}{H}\left[\frac{1}{2}e^{-z'}\right] = -\frac{D_o}{2H} = -\frac{2kT/M\nu_{in}}{2kT/Mg} = -g/\nu_{in} \qquad (9.21)$$

으로 간단히 표현된다. 이는 확산 속도가 고도에 무관하게 F-층 정점에서의 g/ν_{in} 값으로 일정하다는 다소 놀라운 결과를 보여준다. 이 결과는 시간에 따라 감소하지만 일정한 Chapman 분포를 유지하기 위해서는 플라즈마권으로부터 플라즈마가 유입되어 낮은 고도에서 재결합하는 과정이 진행되는 것을 시사한다. 이렇게 밤시간 F-층의 고도 분포 형태가 유지되는 경우는 중력과 기압경사만이 작용하는 아주 조용한 조건에서만 가능하다. 실제 밤시간 F-층의 고도는 상당히 변하는데, 이는 중성바람, 전기장 등이 중요하게 작용하고 있음을 암시한다. 이외에 중성대기의 파동, 플라즈마 불안정성 등이 더해져서, 실제 관측되는 중위도 전리권 프로파일은 더욱 변화가 심하다.

9.2.2. 플라즈마권(Plasmasphere)과 공자전 전기장(co-rotation electric field)

앞에서 중위도 전리권이 자기력선으로 플라즈마권과 연결되어 플라즈마의 이동이 수시로 일어난다고 해석했다. 여기서 이런 이동은 지구 자전계 (rotating reference frame) 내에서 일어난다고 은연 중에 가정했다. 전리권은 중성대기와 충돌에 의해 밀접하게 접촉되어 있으므로 중성대기와 함께 자전한다고 자연스럽게 생각할 수 있다. 그러나 플라즈마권은 배경이 되는 중성대기가 없어 이러한 자전을 당연히 간주할 수 없다. 자전하지 않는 관성계에서 전리권의 플라즈마는 자전에 의한 중성 바람, $\vec{U}_R$을 느끼게 된다. 그러면 이 계에서 $\vec{J} = \sigma(\vec{U}_R \times \vec{B})$ 의 전류가 발생할 것이고, 전도도가 불균질하게 분포하므로 $\nabla \cdot \vec{J} = 0$ 을 만족하는 전하가 축적되면서 이로부터 $\vec{J} = \sigma(\vec{E}_R + U_R \times \vec{B}) = 0$ 을 만족하는 전기장 $\vec{E}_R$ 이 생성된다. 이 전기장은 다시 플라즈마를 $\vec{E}_R \times \vec{B}$ 방향으로 정확히 $\vec{U}_R$의 속도로 표류시키므로 지구와 함께 자전하게 된다고 생각할 수 있다. 이런 식의 생각은 불필요한 것처럼 보이나, 여기서 생성된 전기장 $\vec{E}_R$이 자기력선을 따라 높은 고도의 플라즈마권에 전달되

어 그곳의 플라즈마도 함께 자전 운동을 시킨다는 매우 중요한 원리를 깨닫게 한다.

이 전기장을 **공자전 전기장 (co-rotational electric field)**이라 부르고, 쌍극자 지자기장을 상정하여 위도에 따라 $\vec{U}_R \times \vec{B}$를 계산하면 다음과 같이 표현된다.

$$E_c = 14\cos\theta\,(1 + 3\sin^2\theta\,)^{1/2}\ \ mV/m \tag{9.22}$$

여기서, θ는 위도이고, 적도에서 자기장 세기, B = 3.1×10^{-5} T를 사용하였다. 이 **공자전 전기장**은 전리권에서 주로 남북방향을 가지는데, 이것이 자기력선을 따라 플라즈마권으로 전달되어 적도면에서는 방사(radial) 방향으로 전환된다. 전리권의 전기장(E_I)이 자기권 전기장(E_M)으로 맵핑되는 함수는

$$E_I\,/\,E_M = L\,(4L - 3\,)^{1/2} \tag{9.23}$$

로 구해진다 (부록 참조). 여기서 L은 자기력선이 적도면을 통과하는 거리 (지구 반경단위)이다. 그림 9.3은 전리권에서 **공자전 전기장**과 태양풍에 의해 유도된 자기권 전기장 (1 mV/m 와 0.4 mV/m)이 전리권으로 맵핑된 전기장을 위도별로 나타냈다. 또한 주로 조석파로 생긴 전리권 전기장도 함께 보였다. 분명히 위도 50° - 60° 까지는 공자전에 의한 전기장이 지배적이다. 이 경계 위도까지의 전리권을 보통 중위도로 정의하고, 전리권이 중성대기와 함께 자전함을 전제로 이제까지처럼 동역학적 기술을 한다. 이 경계 위도 이상에서는 태양풍에 따라 수시로 변하는 자기권 대류 현상과 연관된 전기장이 맵핑되어 고위도 전리권 동역학을 지배한다. 또한 고위도 자기력선은 거의 개방된 상태(open field line)로, 고위도 전리권 플라즈마가 자기력선을 따라 아주 먼 자기권 꼬리나 심지어 행성간 공간으로 빠져나갈 수 있다. 반면 중저위도 전리권은 폐쇄된 자기력선(closed field line)을 따라 플라즈마의 유출과 유입이 일정 공간 내에서 일어나며 어느 정도 보존된다. 전리권으로부터 유출된 플라즈마는 자기권의 다른 플라즈마에 비해 온도가 낮고 밀도가 높은데, 이 플라즈마들이 폐쇄된 자기력선 공간에 보존되어 **플라즈마권(plasmasphere)**을 만든다. 이 플라즈마권의 자기권 적도면에서의 경계는 바로 공자전 전기장이 지배하는 위도 경계에 해당하는 L = 3 - 7 이다. 태양풍의 조건에 따라 자기권의 대류가 심해지면 이에 따라 전기장도 강해져서, 공자전과 비기는 경계, 즉 **플라즈마권계면(plasmapause)**이 안쪽으로 줄어든다.

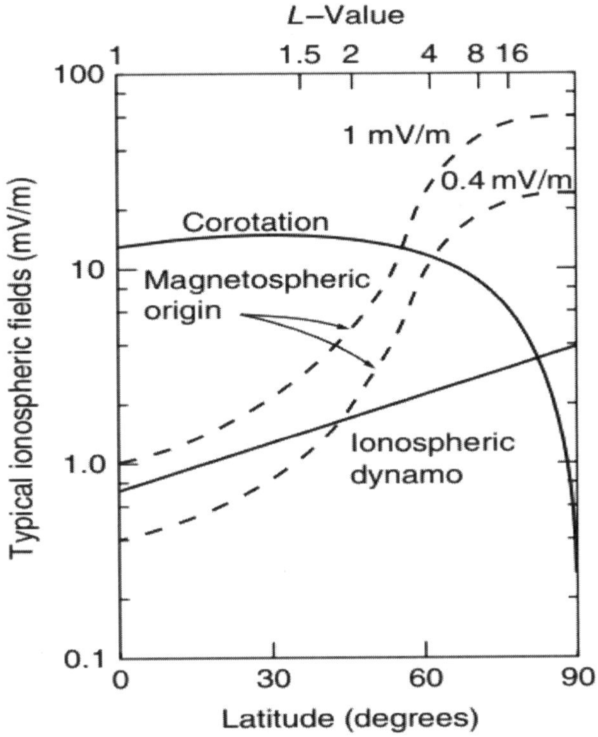

그림 9.3 자전하지 않는 관성계에서 전형적인 전기장들의 위도 분포. 쇄선은 태양풍에 조건에 따라 발생한 자기권 전기장 (Mozer, 1973)

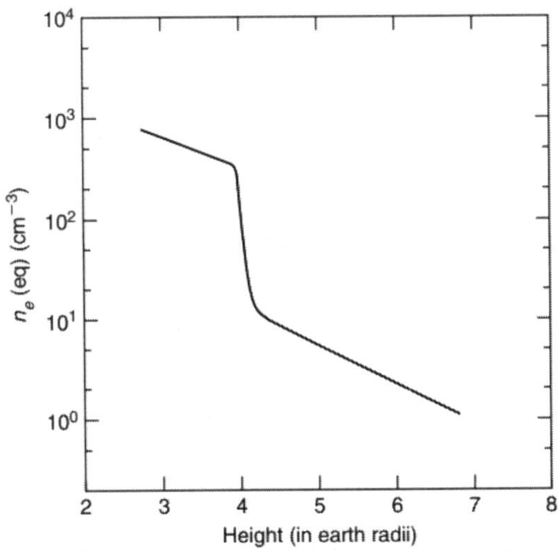

그림 9.4 적도면에서 평균 전자밀도 분포. (Angerami and Carpenter, 1966)

그림 9.4는 지자기 활동이 조용할 때의 평균 플라즈마의 밀도 분포를 보여준다. 지구 반경 4, 즉 $L = 4$ 근처에서 밀도가 급격히 감소함을 나타내는데, 이곳이 플라즈마권계면이다. 지자기 활동이 강해지면 플라즈마권계면이 안쪽으로 이동하면서 그 근처에 있던 플라즈마가 개방 자기력선 영역으로 바뀜에 따라 자기권 먼 곳으로 휩쓸려 나간다. 따라서 지자기 활동이 강해지면 중위도 전리권의 고위도 경계 근처에서도 플라즈마 유실 현상이 발생하고, 고위도 영역에서 일어나는 가열이나 바람이 전달되어 중위도 열권과 전리권에 변화를 초래한다. 마치 극지방에 강력한 한파가 수시로 중위도 지방으로 전파되어 중위도 날씨 변화를 일으키는 것과 같다.

9.3 전기장과 중성바람 효과

9.3.1. 중위도 전리권 전기장의 지방시 변화

8장에서 전리권 전기장은 E-층에서의 중성 바람이 발전기 역할을 하여 전류를 발생하고 이 전류가 막힘없이 흐르도록 전지구 규모의 전기장이 생긴다고 했다. 이때 고위도 전리권의 전기장은 자기권의 영향을 직접 받아 매우 변화가 심하지만, 중저위도의 전기장은 열권 바람이 가지는 일일 주기 또는 반일 주기의 조석 변화를 잘 반영하고 있음이 레이다의 이온 표류 속도 관측으로 확인된다. 이온 표류 속도를 측정할 수 있는 북반구 중위도의 대표적인 비균질 산란 레이다는 Arecibo(18.5°; 31°), St. Santin(44.1°; 40°) Millstone Hill (42.6°; 57°)에 있다. (최근에 Arecibo 레이다는 장비 노후화로 폐쇄되었다) 괄호안의 첫 번째 숫자는 지리적 위도이고 두 번째 숫자는 지자기 위도로서, Millstone Hill은 고위도와 중위도의 경계에 위치해 있어 고위도 전리권 영향을 자주 받을 수 있으나, 다른 두 위치는 그 영향을 거의 받지 않는다.

그림 9.5는 적도 지역의 히카마카 레이다를 포함하여 중위도 3개의 레이다가 측정한 평균 전기장의 지방시 변화를 보여준다. 8장에서 언급했듯이 레이다가 측정한 F-층 플라즈마 표류 속도는 $\vec{E}_\perp = -\vec{v}_i \times \vec{B}$ 의 전기장으로 환산되어 그려졌다. 지자기 활동이 고요할 때 ($K_p < \sim 3$) 각 레이다가 측정한 값의 평균에 표준편차는 수직 막대로 표시되어있다. 실선으로 표시된 전기장은 이 측정치를 최대한 설명하기 위해서 전지구 F-층에서의 경험적 정전하 분포 ($\nabla^2\phi = 0$ 조건) 로 구한 값이다 (Richmond et al., 1980). 동서 방향 전기장은 03시

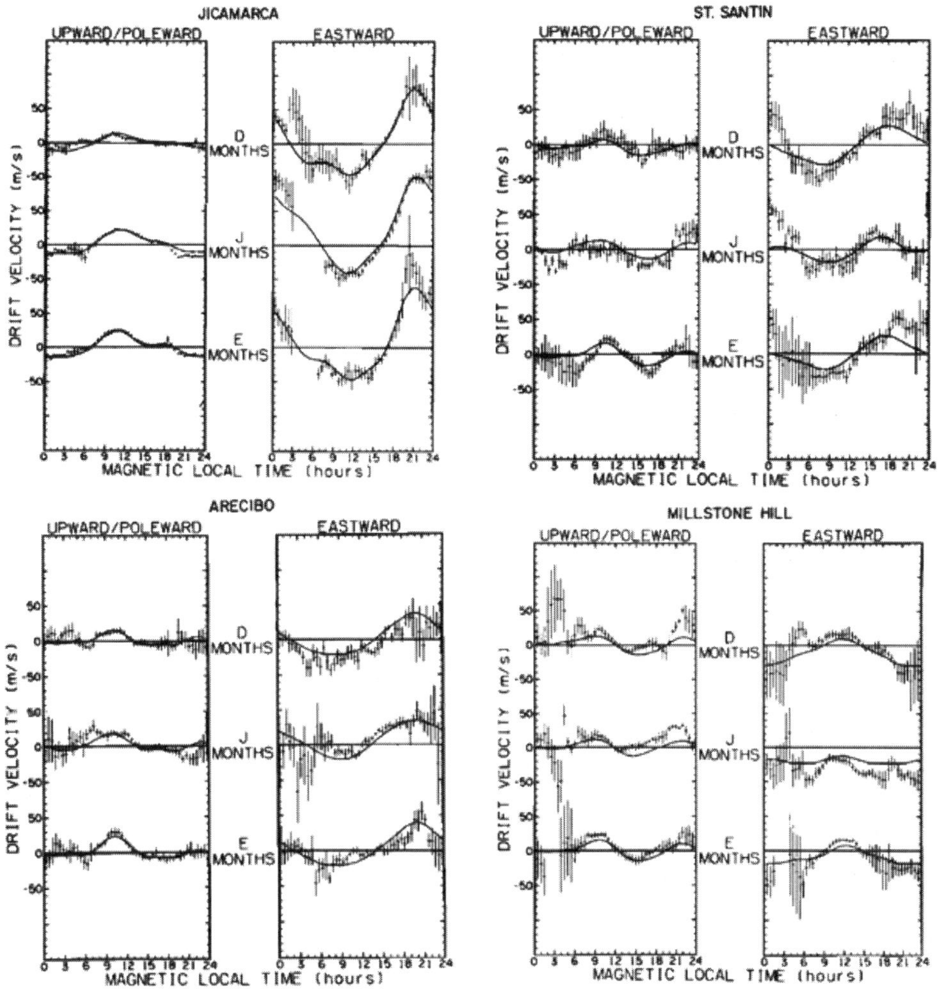

그림 9.5 조용한 날 고도 300 km에서 측정된 자기력선에 수직인 플라즈마 표류 속도 (전기장) 계절 평균값과 표준 편차 (막대), 그리고 모델 값 (실선). (a) Jicarmarca, (b) Arecibo, (c) St. Santin, (d) Millstone Hill (Richmond et al., 1980)

- 14시 기간에서는 네 곳 모두에서 상당히 유사하나, 전체적으로는 적도에서는 일일 주기, 중위도 3곳에서는 반일 주기 변화가 지배적으로 보인다. 이런 경향은 E-층의 중성 대기에 나타나는 조석파의 전지구적 분포 경향과 일치한다.

남북 방향 전기장은 네 곳 모두에서 변동 폭이 동서 방향보다 크고 일주기 변화가 지배적이다. 전기장의 방향 성분에 따라 이렇게 다른 지방시 변화를 보이는 것은 직관적으로 이해하기 어렵다. 아마도 E-층 다이내모와 F-층 다이내모가 합작되어 남북 방향 전기장의 일일 주기 변화를 모든 위도에서 나타나게 하는 것으로 추측된다. 특이하게 Millstone Hill에서

15- 24시 기간에는 다른 세 곳의 전기장과 방향이 반대, 즉 적도 방향 대신 극 방향을 보인다. 또한 Millstone Hill의 전기장은 변동성이 훨씬 크며, 경험적인 전기장 변화 모델과도 잘 맞지 않는다. 이는 극지방 전리권의 영향을 심하게 받고 있음을 암시한다. 이에 대해 극지방 전리권을 다룰 때 자세히 기술할 것이다. 레이다 이외의 전기장 측정으로 로켓에서 바륨(Barium) 기체를 분사하여 추적하여 하는 실험이 수행된 바 있다 (Mozer, 1973). 이런 화학 분사 추적 (chemical release tracing)으로 얻은 전기장도 그림에서의 중저위도 3곳의 전기장과 비슷하나, Millstone Hill 전기장과는 상당히 다르다고 보고되었다.

9.3.2. 중성 바람과 전기장 효과

열권의 바람은 지상에서 630 nm 산소원자 방출선(OI 630)의 도플러 전이를 관측하여 측정할 수 있다. OI 630 분광선은 고도 250 km 근처의 산소 원자이온이 재결합하면서 방출된다. Arecibo에서 측정한 열권 바람은 자정 전에는 남쪽을 향하다가, 자정 후에는 북쪽 방향 또는 불규칙해진다. 자정 후에는 전리권의 O^+ 이온 밀도가 상당히 낮아지는 **자정 붕괴 (mid-night collapse)** 현상 때문에 OI 630 선이 약해져 관측이 어려워진다.

전리권에 미치는 중성바람 효과를 직관적으로 이해하기 위해서 Perkins (1973)은 앞 절에서 소개한 이온에 대한 쌍극성 확산 방정식을 자기장 방향으로 적분해서 분석했다. 적분한 전리권 F-층 전체가 자기력선을 따라 확산하는 속도는

$$W_{\parallel} = u_s \cos I - (g/\nu_{in}) \sin I \tag{9.25}$$

로 간략히 표현된다. 여기서, u_s는 남쪽 방향의 중성 바람 속도이고, I 는 자기력선이 수평과 이루는 각, 복각(dip angle)이다. 이 분석은 기압경사력 항이 적분으로 사라지고, F-층 전체가 하나의 덩어리 층으로 근사되는 편리한 개념이다 (그림 9.6). 확산 속도가 균형을 이루면, 수직 방향으로 다시 쓰면

$$(g/\nu_{in}) \sin^2 I = u_s \cos I \sin I, \quad \nu_{in} = (g/u_s) \tan I \tag{9.26}$$

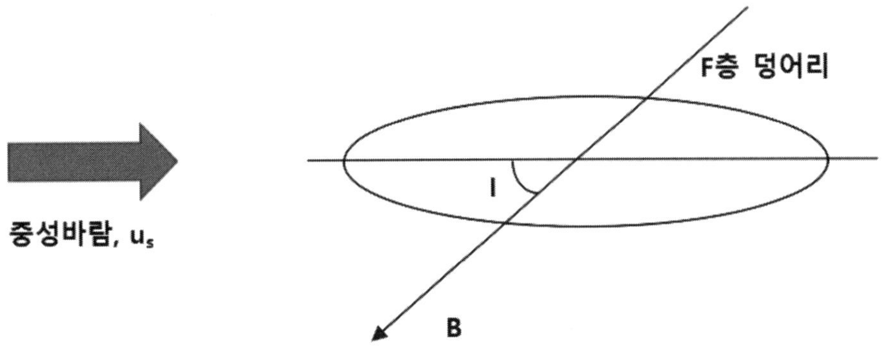

그림 9.6 중성 바람이 경사진 중위도 자기력선에 묶여있는 전리권 F-층 전체에 미치는 영향에 대한 도식

의 관계가 성립한다. 이는 주어진 중성바람 속도, u_s로 불어 올리는 힘이 중력에 의해 균형을 이루는 이온-중성 충돌빈도수, ν_{in}를 추산할 수 있게 한다. 충돌빈도수가 고도의 함수이므로, 추산된 ν_{in}는 F-층의 고도를 추산하게 한다. 물론, 중성바람 u_s가 고도에 따라 변하면, 고도에 대한 평균, $< \nu_{in} > = \int n \nu_{in} ds / \int n\, ds$ 으로 대치하여 F-층의 정점 고도를 추산할 수 있다. 참고로, 전자밀도 고도 분포가 Chapman 함수를 따른다면, 이 평균 충돌빈도수, $< \nu_{in} >$는 Chapman 함수의 정점에서의 충돌빈도수와 일치한다.

Arecibo에서 관측한 중성바람과 레이다가 측정한 야간 전리권의 F-층의 고도를 비교하면, 초저녁에 남쪽으로 바람이 불 때 F-층 고도는 상당히 높게 올라간다. 자정 후에 중성바람이 약해지면 F-층 고도가 ~150 km 나 하강함이 관측되었다. 그러나 자정 후에 전리권 F-층이 하강하면서 동시에 매우 밀도가 낮아지는 **자정 붕괴 (mid-night collapse)** 현상으로, F-층의 정점 고도를 지정하기 어려울 수도 있다.

중성 바람에 추가하여 외부 전기장이 동쪽(E_e)으로 작용하면, 식 (9.26)은

$$(g/ < \nu_{in} >) \sin^2 I = u_s \cos I \sin I + (E_e/B) \cos I \tag{9.27}$$

$$< \nu_{in} > = \frac{g \sin I}{((E_e/B) \cot I + u_s \cos I)} = \frac{g \sin I}{((E_e/B)/\sin I + u_s) \cos I}$$

로 확장된다. 중성 바람과 전기장을 함께 고려한 유효 바람, $u_s^{eff} = (E_e/B)/\sin I + u_s$ 로

쓰면, 앞의 식 (9.26)과 동일하게 F-층의 정점 고도를 지정할 수 있다. 거꾸로 레이다나 이오노존데에서 F-층의 정점 고도를 측정하면, 이 식으로 유효 바람 속도를 추산할 수 있다. 그러나 식 (9.27)의 정점 고도와 유효 바람 속도와의 관계는 중력과 유효바람이 균형을 이루어 정점 고도가 변하지 않는 정상 상태를 가정했음을 상기해야 한다. 실제로 F-층 고도는 수시로 변하기 때문에, 다음과 같은 시간에 따라 적분 계산을 해야 한다.

$$V_z(\tau) = -(g/<\nu_{in}>(\tau))\sin^2 I + u_s(\tau)\cos I \sin I + (E_e(\tau)/B)\cos I \tag{9.28}$$

$$h(t) = \int_0^t V_z(\tau)d\tau + h(0)$$

이렇게 측정된 F-층 고도는 중성바람과 전기장 효과를 고려하여 어느 정도 분석할 수 있다. 그러나 F-층의 밀도는, (특히 밤시간) 자기력선과 연결된 적도지역 전리권 상층부나 플라즈마권과의 유입/유출에 민감하게 영향을 받는다. Arecibo의 경우, **적도 전리권 이상 (EIA)**의 최대 위도에서 평시에는 멀리 떨어져 있으나, 지자기 폭풍 시기에 적도 전리권에 강한 전기장이 발생하여 상승한 플라즈마가 자기력선을 따라 중위도 깊숙하게 떨어지면서 Arecibo 상공의 F-층 전자밀도를 증가시키기도 한다. 이와 같이 전리권의 밀도와 고도는 국부적인 바람과 전기장뿐만 아니라 장거리의 지자기 활동 영향을 받아 복잡하게 변화한다.

9.4 중저위도 밤시간 전리권의 복잡성

자세한 전리권의 변화는 중성대기의 운동, 중력, 전자기력, 기압 경사, 플라즈마 생성과 소멸 화학과정 등의 다양한 과정의 복잡한 상호 조합에 기인한다. 그러나 야간 전리권에서 생성은 원천적으로 없고, 소멸 화학 과정도 상대적으로 덜 중요해서 일단 빠르게 재결합하는 분자이온들이 제거된 후에는 무시될 수 있다. 분자이온이 주성분인 E-층이 야간에 빠르게 소멸되면, F-층 다이내모가 전리권을 지배하게 된다. 구체적으로 F-층과 E-층 자기력선을 따라 적분한 Pederson 전도도의 비, Σ_{PF}/Σ_{PE} 는 야간에 거의 대부분의 경우 1 보다 훨씬 큰 값을 가진다. 단, 태양활동 극소기에 F-층 밀도가 특별히 낮은 경우, 이 비가 1에 근접할 수도 있다.

지자기 복각이 45°인 Arecibo는 야간 전리권에 영향을 주는 요소들을 분석하기 좋은 장소이다. 각 요소를 F-층에서의 속도 단위로, 전기장, E/B, 중성바람, U, 중력, g/ν_{in}과 기압경사력에 의한 속도, $l V_i^{th}/L$ 으로 추산할 수 있다. 여기서 기압경사 속도는 이온이 느끼는 기압경사력이 중성대기와의 마찰로 균형을 이루는 속도로서, l은 이온의 **평균자유거리 (mean free path)**, V_i^{th} 은 이온의 열운동 속도, L은 전리권의 거리 척도이다. 야간 전리권은 광이온화에의 생성이 없으므로, 낮에 생성된 이온이 소멸될 때까지 위 4가지 요소에 따라 전리권 구조가 결정된다. 이 요소들 중 하나가 지배적이면 F-층의 고도는 크게 변하기 때문에, 실제 관측에서 보이는 F-층 고도 변화를 설명할 수 없다. 이는 F-층 고도가 이 요소들이 균형을 이루는 고도를 찾아간다고도 볼 수 있다. 실제로 Arecibo 레이다로 측정한 표류 속도의 자기장 평행 성분은 북쪽 수직 방향 성분과 역 상관관계 (anti-correlation)를 가지는 것처럼 보인다. 이 두 성분이 역 상관관계이면, 전체 표류 속도 벡터는 수평 방향을 유지하게 되므로, F-층 플라즈마는 수직으로 균형을 이루고 있음을 의미한다. 자기장에 수직인 성분과 나란한 성분은 분리된 동역학을 작용하는데, 결과적으로 플라즈마를 수평으로 운동시킨다는 사실은 놀랍나. 결국 두 방향의 동역학이 어떤 식으로든시 연계되어 있음을 뜻하고, 이를 통해 플라즈마를 수직으로 움직이는 것을 피하는 경향성을 가진다고 볼 수 있다. 이는 중성대기가 수직 운동이 수평 운동에 비해 현저히 작다는 것과 상통한다.

이렇게 이온이 수직 방향 운동을 회피하는 경향을 다이내모 이론으로 설명이 가능하다. 그림 9.7에서처럼 적도 방향으로 중성 바람(u)이 불면, 이로부터 $\vec{J} = \sigma \vec{u} \times \vec{B}$ 로 동쪽 방향으로 전류가 발생하는데, 이 전류가 막힘없이 흘러야 한다는 조건, $\nabla \cdot \vec{J} = 0$, $\nabla \cdot \sigma(\vec{E} + \vec{u} \times \vec{B}) = 0$으로 축적된 전하로 전기장, $E = uB\sin I$ 가 서쪽 방향으로 생긴다. 그러면, 플라즈마의 속도는 전기장과 중성 바람의 조합된 효과로 영향을 받는다. 즉, $\vec{E} \times \vec{B}$ 로 표류 운동과 중성바람이 자기장 B에 평행인 성분으로 운동하게 되는데, 이를 지리 좌표계로 표현하면,

$$V_y = (E \times B)/B^2 \sin I + (u\cos I)\cos I = u\sin^2 I + u\cos^2 I = u \quad (9.29a,\ b)$$

$$V_z = u\sin I\cos I - u\cos I\sin I = 0$$

로 계산된다 (그림 9.7 참조). 따라서 자연스럽게 플라즈마의 수직 방향 운동은 저지되고 수평 방향으로 중성 바람과 같은 속도로 운동하는 것이 설명된다.

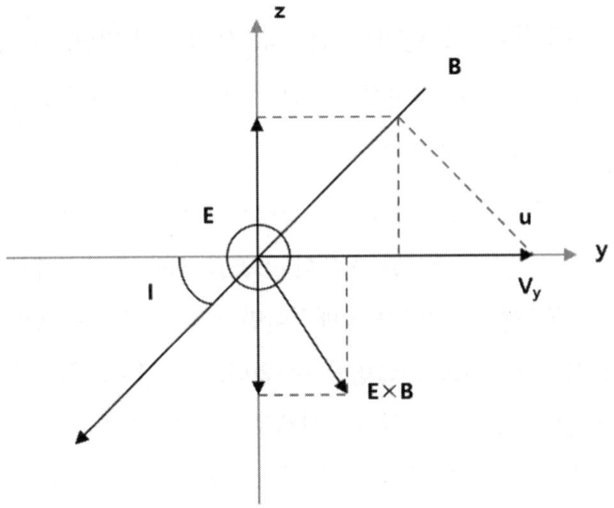

그림 9.7 중위도 전리권에 작용하는 중성바람(u)에 의한 전기장과 플라즈마 표류 속도의 기하 관계

여기서 전류 J 와 전기장 E 가 반대방향이므로 발전기 즉 다이내모 현상으로 중성바람과 표류 속도를 설명한 것이다.

다이내모 이론이 아니고 단순히 중력이 플라즈마의 수직운동을 저지한다는 시나리오도 생각할 수 있다. 중력에 의한 운동 속도는, 앞 절에서 설명했듯이 g/ν_{in}에 비례한다. 따라서 고도가 높아질수록 중력에 의한 하강 속도는 커지기 때문에 중성 바람이나 전기장에 의해 플라즈마를 상승시키는 데는 분명 한계가 있다. 다이내모 이론을 적용하지 않을 경우에는 적도 방향의 중성 바람이 플라즈마를 상승시키는 만큼 중력이 균형을 이루어 수직운동을 저지되지만, 플라즈마의 수평 방향 운동은 통제하지 못한다. 따라서 관측된 중성 바람의 수평 속도와 이온 수평 속도가 일치하는 현상을 설명하지는 못한다. 단순히 외부에서 전달된 동쪽 방향 전기장도 플라즈마를 상승시킬 수 있는데, 어느 고도 이상에서 중력과 균형을 이루어 수직방향 플라즈마 속도를 저지한다. 그런데 이 경우는 플라즈마의 극 방향 수평 속도 성분은 유지될 수 있다. 반대로 서쪽 방향 전기장은 플라즈마를 하강시키는데, 여기에 중력까지 더해져 심하게 F-층 플라즈마를 낮은 고도로 이동시켜, 그곳에서 분자 이온의 빠른 재결합으로 플라즈마가 소멸될 수 있다. 아마도 이 과정이 F-층에서 일어나는 **자정 후 붕괴 (post-midnight collapse)** 현상의 원인일 수 있다.

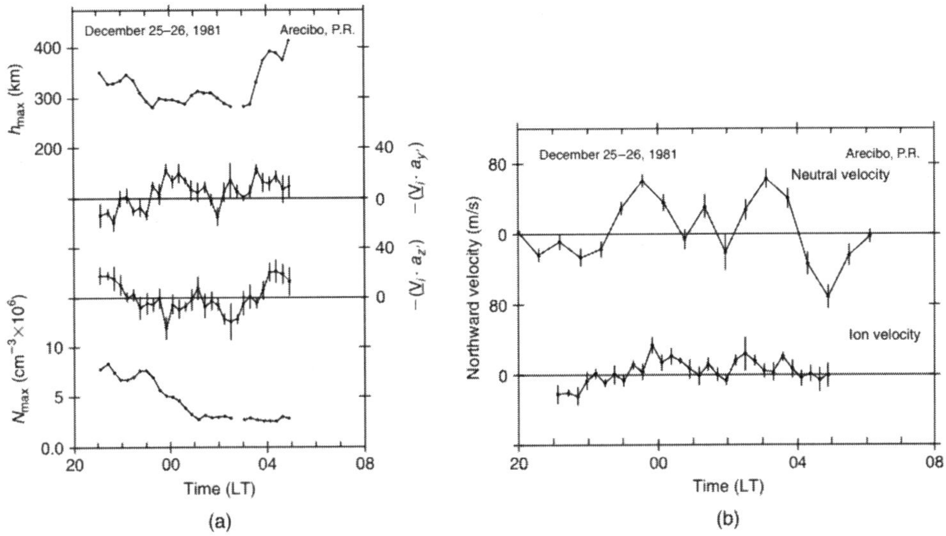

그림 9.8 a) Arecibo 상공 전리권에서 F-층 정점고도 (h_{max}) 와 정점 밀도 (N_{max}), 자기력선에 수직 (y') 과 수평 (z') 이온속도. b) FPI 로 측정한 중성바람 북쪽 방향 속도와 이온 표류 속도 (Behnke et al., 1985)

다이내모 이론은 중성 바람을 전제로 레이다로 측정된 플라즈마 표류 속도를 설명한다. Arecibo 레이다 기지에서는 종종 **페브리-페로 간섭계 (Fabry-Perot Interferometer, FPI)**로 중성 바람을 동시 관측한 결과를 발표하였다. 그림 9.8a에서는 전리권 F-층 정점의 높이(h_{max}), 이온 표류 속도의 자지장과 수직인 성분 (양수가 북쪽 수직, y'), 나란한 성분 (양수가 $-B$ 방향 z'), 그리고 F-층 정점의 전자 밀도를 보여준다. 우측에는 남북 방향의 중성바람과 이온 표류 속도를 비교하고 있다. 남반구 공액점에서 해가 뜨기 전인 03:40 까지 이온 속도 두 성분이 서로 역상관 (anti-correlation) 관계를 보인다. 이는 앞에서 설명하였듯이 이온의 수직운동이 저지되고 수평 운동 경향임을 보여준다. 이에 상응해서 F-층 정점고도가 해당 밤 시간 내내 약하게 변하고 있다. 그림 9.8b 에서는 FPI로 측정한 중성 바람이 대체로 북쪽이고 이온 속도 또한 북쪽이며 비슷한 변화를 보인다. 그러나 이온 속도가 중성 바람에 비해 훨씬 느린데, 이는 F-층 다이내모에서 E-층이 부분적인 전류 연결로 전기장이 약해졌기 때문일 것이다. 즉, 앞장에서 설명한 F-층과 E-층의 적분 Pederson 전도도 비(Σ_P^F / Σ_P^E)에 따라 전기장의 세기가 약해지고 그에 따라서 이온 표류 속도도 느려진다. 그러나 관측된 이온 속도와 중성 바람 속도의 비를 정량적으로 설명할 수 있는지는 간단하지 않다. 적분된 전도도를 계산하기 위해서는 F-층의 고도 변화를 반영해야하기 때문이다.

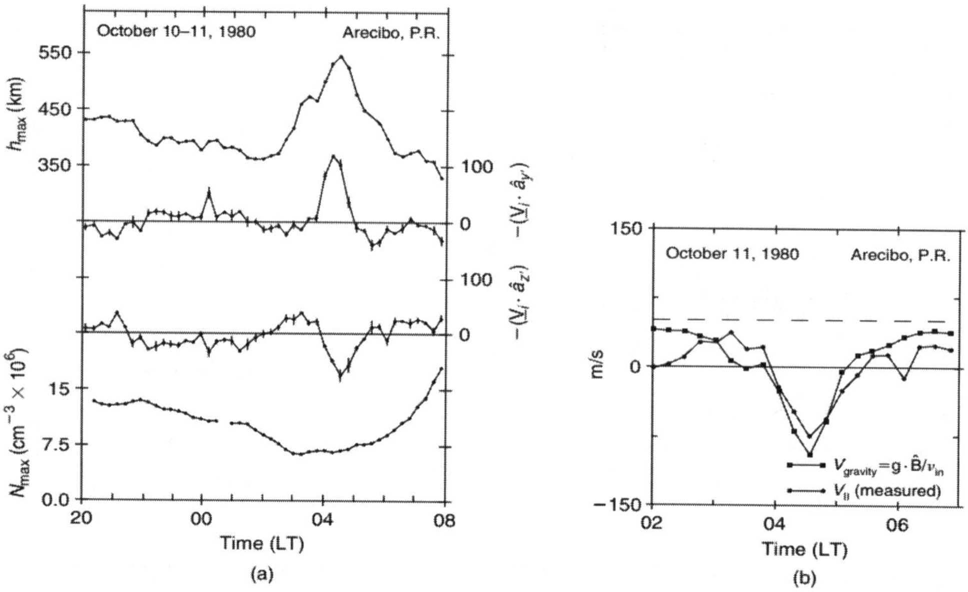

그림 9.9 a) 그림 9.8a 와 동일한 형식. b) 계산된 자기력선에 나란한 확산속도와 관측된 속도 (Behnke et al., 1985)

그림 9.9는 외부 전기장에 의한 플라즈마 표류 속도의 변화에 대한 사례이다. 그림 9.9a는 위의 그림 9.8a 와 같은 형식이고, 9.9b는 자기장에 나란한 이온 속도와 중력에 의한 속도를 비교한 그림이다. 이 사례는 극지방에서 큰 지자기 활동으로 인해 04시 경 동쪽 방향의 전기장이 중위도로 침투한 것으로 보인다. 실제로 비슷한 전기장이 히카마카에서도 관측되었다. 이 침투한 전기장에 의해 이온 표류 속도가 04시 무렵 급격히 변화하고 이에 상응해서 F-층 정점 고도도 급격히 변화했다. 여기서도 03시까지 이온 표류 속도의 자기장에 북쪽 수직인 성분 (y')과 나란한 성분 (z' 방향)이 역상관계를 보이며 결과적으로 수직 운동이 저지된 것을 알 수 있다. 그러다가 극지방의 오로라 폭풍으로부터 동쪽 방향 전기장이 Arecibo 위도로 침투하여 평시의 F-층 다이내모를 중단시켰다. 즉, 04시경 침투한 동쪽 전기장으로 인해 강한 북쪽 수직 성분 (상승 속도)과 나란한 성분 (하강 속도)이 보인다. 그러나 강한 북쪽 수직 성분이 나란한 성분에 의해 충분히 상쇄되지 않았다. 결과적으로 F-층 고도를 상승시켰음을 h_{max} 의 상승으로 알 수 있다. 그림 9.9b는 측정된 이온 하강 속도와 중력에 의해 생기는 하강 속도 (g/ν_{in})를 계산한 값과 비교하고 있다. 여기서 계산된 중력에 의한 하강 속도가 측정된 이온 하강 속도를 잘 설명하고 있다. 따라서 중성 바람에 의한 다이내모 현상이 없어도 외부 전기장에 의해 플라즈마 운동이 일어나고, 이 경우에도 플라즈마

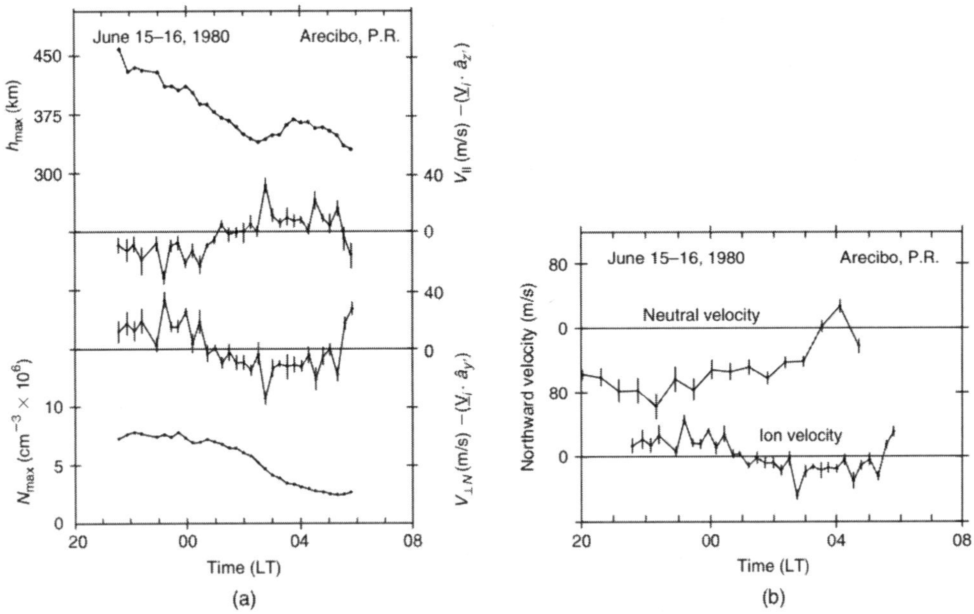

그림 9.10 a) 그림 9.9a 와 동일한 형식. b) FPI 로 측정한 중성바람 북쪽 방향 속도와 이온 표류 속도 (Behnke et al., 1985)

의 수직 운동은 중력에 의해 어느 정도 저지됨을 알 수 있다. 단, 이 사례의 날에 중성바람 측정이 없어, 플라즈마 표류 운동과 중성 바람과의 관계를 검증할 수 없다.

관측된 이온 표류속도의 수평 운동 경향 또는 수직 운동 저지 경향을 다이내모 이론으로 설명하기 위해서는 측정된 중성 바람 속도와 이온 표류 속도가 적어도 방향성에서 일치해야 한다. 그러나 그렇지 않은 사례도 종종 관측된다. 그림 9.10은 중성 바람과 이온 속도가 방향이 일치하지 않고, 크기 또한 상관성이 없는 사례이다. 01시까지 중성바람과 이온속도는 오히려 반대이다. 그럼에도 측정된 이온 표류 속도의 자기권 수직 방향 성분과 나란한 방향의 성분의 역상관 관계는 매우 뚜렷하다 (앞 그림과 이온 속도의 수직 수평 성분의 순서가 바뀌었음에 유의). 이 경우 중성바람이 적도 방향으로 불면서 플라즈마를 상승시키려는 경향을 높은 F-층이 중력에 의해 하강하면서 이를 상쇄시켰다고 주장할 수 있다. 그러나 남쪽 방향 중성 바람은 앞에서 보듯이 다이내모에 의해 서쪽 방향 전기장을 발생시켜 오히려 플라즈마를 상승시키기 때문에 하강하는 이온 표류 속도를 설명할 수 없다. 다이내모 외에, 먼 곳에서 온 외부 전기장에 의해 관측된 이온 표류 속도의 역상관 관계를 억지로 맞출 수 있으나, 외부 전기장이 침투하기에는 이날 지자기 활동은 매우 조용하였다. 이런 사례는 현재이론으로 설명할 수 없기에 더 많은 측정 자료와 함께 밤시간 F-층의 동역학에 대한 연구가 필요하다.

9.5 중저위도 전리권의 조석파 영향

전리권 E-층의 전도도가 높을 때, 이곳의 전기역학은 조석파에 의해 주도된다. 9.3절 그림 9.5에서 중위도 지역의 전기장 변화가 일일 주기와 반일 주기 변화를 함께 보이고 있음을 소개하였다. F-층 다이내모와 고위도 전기장 효과는 주로 일일 주기를 가짐을 생각할 때, 실제 측정된 전기장 변화는 조석파가 복잡하게 관여하고 있음을 암시한다. 측정된 동서 방향 전기장은 반일주기가 큰 반면, 남북방향 성분은 일일 주기 변화가 주도적이다.

최근 위성 관측에서 그림 9.11과 같이 **적도 전리권 이상 (EIA)** 현상의 분포가 4개의 최대점을 가짐이 발견되었다 (Immel et al., 2006). 이 위성이 실제 관측한 OI 1356 방출선은 전리권의 O^+ 이온이 재결합하면서 발생하는 것으로 전리권의 플라즈마 밀도를 대리한다. 이 그림에서 뚜렷한 두 개의 EIA 띠가 지자기 적도에서 남북으로 떨어져 잘 보이고 있고, 그 EIA 의 세기가 경도에 따라 4개의 최대값을 가지고 있음을 보여준다. 이 그림은 관측 위성이 **태양 동기 궤도 (sun-synchronous orbit)**에서 일정한 지방시에 남북으로 비행하면서 **직하점(nadir point)**을 지속해서 관측한 값을 합성하여 만들어졌다. 즉, 24시간 관측 값의 합성맵이다. 동일 지방시 평면상에서 위성이 비행하므로, 위성의 궤도면은 서쪽으로 이동하면서 관측하는 상황이다. 이런 상황에서 경도상 4개의 최대점은 실제로 동쪽으로 전파되는 일일 주기 파수 3의 파동을 관측했음을 의미한다. 이 조석파는 수식적으로

$$N \propto \cos\left[n\Omega t + s\lambda - \phi\right] \tag{9.30}$$

$n = 1$, $s = -3$ 에 해당한다. 그런데, 지방시(LT)는 세계시(UT), t 와 $t_{LT} = t + \lambda/\Omega$ 의 관계를 가지므로, 일정 지방시에서 관측한다면, 이 조석파는

$$N \propto \cos\left[n\Omega t_{LT} + (s-n)\lambda - \phi\right] \tag{9.31}$$

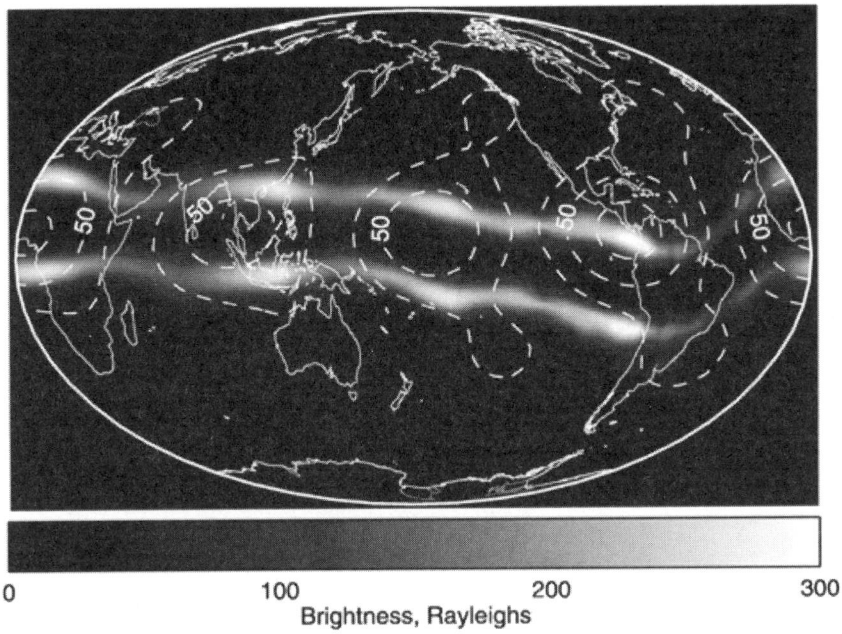

그림 9.11 TIMED 위성이 관측한 적도전리권 이상 (EIA) 현상. 4개의 경도에서 최대 밀도가 보임 (Immel et al., 2006)

형태로 표현된다. 따라서 그림 9.11처럼 일정지방시에서 관측은 s - n = -4 이므로 경도별로 4 개의 최대값을 갖는 것처럼 보인다. 이렇게 경도 방향으로 파수 4의 변동은 일일주기 파수 3의 동쪽으로 이동하는 조석파(wavenumber 3 eastward propagating diurnal tide)의 효과로 볼 수 있다.

참고로, 조석파에 대한 문헌에서 $s > 0$ 이면 서쪽 전파 (westward propagating), $s < 0$ 이면 동쪽 전파(eastward propagataing), $n = 0$ 이면 정체 파동(standing wave), n = 1, 2, 3 이면 일일주기(diurnal), 반일주기(semidiurnal), 삼분일주기(terdiurnal) 라 한다. 또한 태양과 같이 최대값이 같은 속도로 서쪽으로 진행하면 **전이 조석파 (migrating tides)**, 그렇지 않으면 모두 **비전이 조석파 (non-migrating tides)** 라는 용어를 사용한다. 즉, 전이 조석파는 $s = n$ 이어야 한다 (DW1, SW2, TW3...).

위와 같이 태양동기궤도에서 측정한 위성자료에 파수 4의 변동이 자주 보고된다. 전리권 E-층 고도 110 km에서 TIMED 위성이 측정한 온도의 위경도 분포에서도 파수 4의 변동이 뚜렷하게 보고되었다.

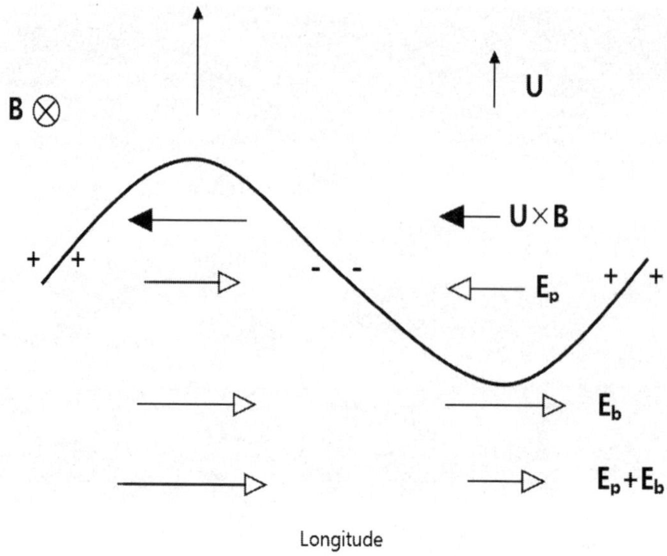

그림 9.12 중성 바람의 조석파 변동에 의해 전리권에 발생하는 전기장 변화의 개념.

전리권 E-층의 배경이 되는 열권의 온도에도 **EIA**와 같은 조석파 영향이 있다는 관측 사실은 온도 변화에 동조하는 열권 바람의 변화도 같은 조석파 영향을 가질 것으로 예상된다. 열권 바람의 남북 성분이 조석파동으로 경도 변화를 하면, 이에 따른 전류, $\vec{J} = \sigma \vec{u} \times \vec{B}$ 가 경도에 따라 불균질로 경계에 전하 축적이 생겨서, 극성 전기장이 발생한다 (그림 9.12 참조). 즉, 전리권 E-층 다이내모가 조석파에 의한 경도별로 변동이 생긴다는 의미이다. 이런 전리권 E-층 전기장이 F-층으로 전달되어 플라즈마의 상승 정도가 경도별로 달라지므로, 따라서 EIA 세기가 경도별로 보이는 변화를 설명할 수 있다. 결국, 지상에서 시작된 비전이 (non-migrating) 파수 3 동쪽 전파 일일주기 조석파 (wavenumber 3 eastward propagating diurnal tide)가 열권 하부까지 전파되어 열권 남북 방향 바람이 E-층 다이내모로 파수 3의 전기장에 경도 변화를 일으켜서, 위성 관측 EIA의 파수 4 변화를 일으킨다고 받아드려지고 있다. 지상에서의 파수 3의 비전이 조석파 (non-migrating tides)는 아마도 대륙과 해양의 분포에 따른 태양에너지 흡수의 경도 별로 생기는 불균일이 그 원인일 것으로 보고 있다.

지상의 한 지점에서 고층대기의 조석파 현상을 관측할 수도 있다. 그림 9.13은 남극 맥머도 기지에서 Fe 라이다로 측정한 열권 및 중간권 온도와 Fe 밀도 변이의 고도별 분포를 나타낸다. Fe 라이다는 372 nm 의 Fe 선 레이저를 수직으로 송출하여 대기 중에 있는 Fe 원자에 공명 산란되어 오는 신호를 분석하여 대기 온도와 Fe 밀도의 고도 프로파일을 측정할

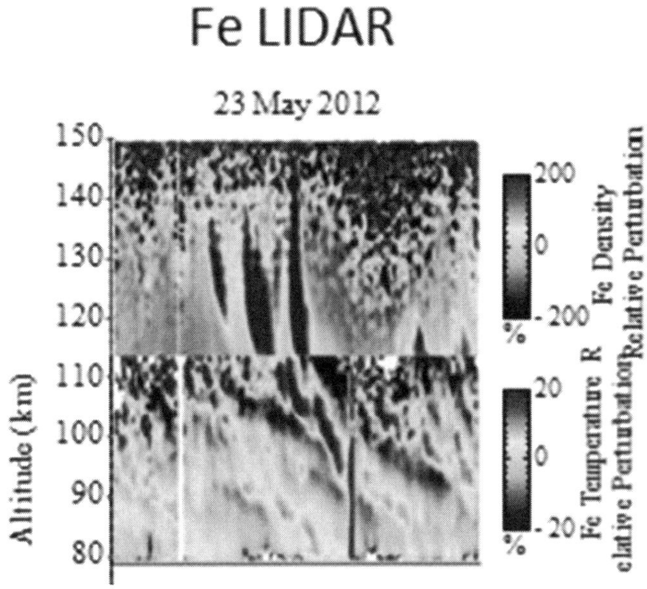

그림 9.13 남극 McMurdo 기지 Fe LIDAR 로 측정한 온도 및 Fe 밀도 변이 분포 (X. Chu and X. Lu; Fong et al., 2014)

수 있다. 중간권과 열권 하부까지는 반일 주기 변동이 주로 보이나, 그 이상 고도에서는 그보다 짧은 주기의 조석파들이 분명히 나타나며, 그 위상이 시간 흐름에 따라 위에서 아래로 진행됨을 볼 수 있다.

짧은 주기 조석파는 저고도에서 전파된 반일 주기 조석파에서 파생되었을 가능성과 열권 자체의 극자외선 흡수에 의한 **현장 조석파 (in-situ tides)**일 가능성이 있다. 다만, 짧은 주기의 온도 변화가 같은 주기의 열권 바람의 변동을 일으키는지는 확인되지 않았다. 또한, 지상 한 지점 관측은 경도방향 파수에 대한 정보는 얻을 수 없다.

10.
고위도 전리권

10.1 고위도 전리권 대류

고위도 상공을 지나가는 인공위성은 전리권 플라즈마의 표류 속도가 중위도와 아주 다른 패턴을 보이는 현상을 발견했다. 앞장에서 정의하였듯이 플라즈마 표류 속도는 자기력선에 수직인 방향의 플라즈마 운동을 의미한다. 단순하게 보면 전리권 플라즈마는 자기력선 튜브 내에 묶여 있기 때문에, 플라즈마 표류 속도는 자기력선 자체가 수평 이동하는 것으로 간주할 수 있다. 이렇게 자기력선에 묶여 플라즈마가 수평 이동하는 현상은 유체 덩어리가 패턴을 가지며 이동하는 현상, 즉 대류와 유사하다. 따라서 대규모 전리권 플라즈마의 표류 운동 패턴을 **전리권 대류 (ionospheric convection)**라 부른다. 전리권 대류는 자기력선 이동을 전제로 하기 때문에 당연히 전리권과 자기권의 연계는 직접적이다. 가시적으로 해석하면 전리권 대류는 거대한 공간에서 일어나는 자기권 대류가 전리권에 남기는 발자국(footprint)에 해당한다고 볼 수 있다.

전리권 대류는 자기력선을 전제로 하기 때문에, 지자기 축을 중심으로 **자기 지방시 (Magnetic Local Time)**와 **자기 불변 위도 (invariant latitude)**의 함수로 표현한다. 불변 위도, Λ는 해당 자기력선이 지표를 통과하는 위도로서, L 값 (해당 자기력선이 적도면을 통과하는 점의 지구반경 단위로 표현한 거리, 9장 참조) 과 $\Lambda \equiv \cos^{-1}(1/\sqrt{L})$ 의 관계로 정의된다. 참고로 자기력선의 L 값이 4이면 Λ는 60° 이다. 자기지방시는 지자기축을 중심으로 하기 때문에 지방시와 약간 다름에 유의해야 한다. 북반구에서 2015년 기준 지자기 쌍극자 북극은 캐나다 북쪽 한 지점(80°22‘N, 72°37’W)에 위치한다. 현재 이 지자기 북극은 상당히 빠르게 시베리아 쪽으로 이동하고 있다. 참고로 자기력선이 지표와 정확히 90°를 이루는 지점(Dip angle = 90°)은 **지자기 진북**이라 하며, 그 위치는 쌍극자 북극과 상당한 차이가 있다. 지자기 쌍극자 북극을 중심으로 지자기 지방시를 설정하면, 세계시(UT)에 따라 주야 경계선이 달라진다. 그림 10.1은 UT에 따라 동일한 자기지방시-불변위도 평면에 주야 경계선의 변화를 보여 준다.

이런 좌표계를 이용하여 그림 10.2a는 인공위성이 고위도 지역을 통과하며 측정한 플라즈마 표류 속도 벡터를 보여준다. 여기서 위성은 저녁 반구에서 새벽 반구로 이동하면서 플라즈마 표류 속도를 측정하였는데, 속도의 방향이 갑자기 바뀌는 (즉 대류 역전) 두 지점에 주목하자. 플라즈마가 태양 쪽으로 (sunward) 표류하는 좁은 구간은 오로라가 발생하여 **오로라 환 (auroral oval)**이라 하고, 대류 역전 지점 사이의 영역을 **극관(polar cap)**이라 한다.

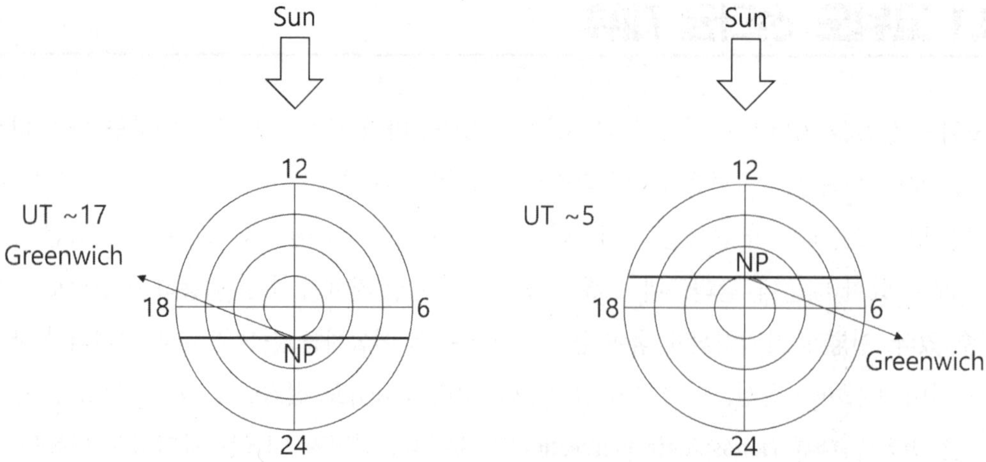

그림 10.1 세계시(UT)에 따라 자기지방시-불변위도 상의 주야 경계선의 변화

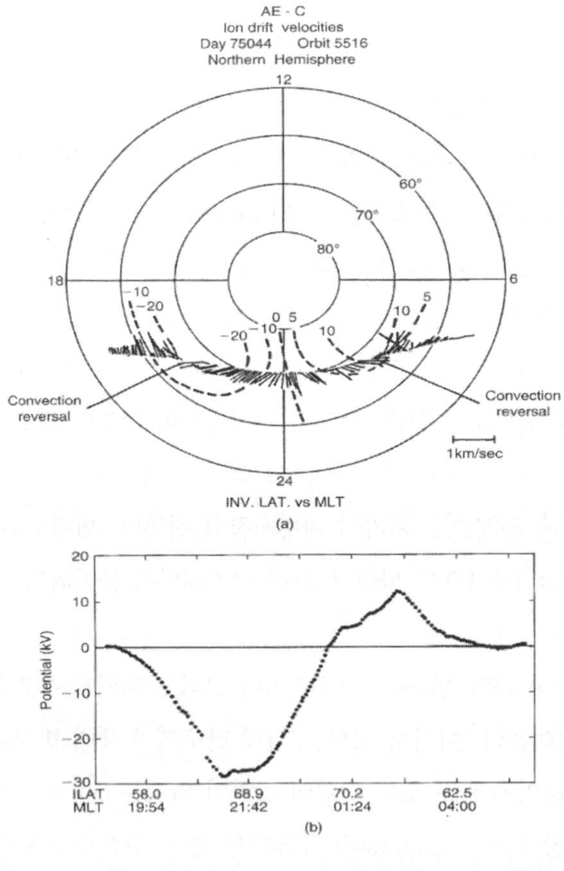

그림 10.2 a) AE-C 위성이 측정한 이온 표류 속도 (실선) 분포와 대류 패턴 (쇄선). b) 위성 경로상의 대류 전기장의 포텐셜 (Heelis and Hanson, 1980)

충돌이 희박한 경우, 8장에서 설명하였듯이 플라즈마 표류 속도와 전기장과의 관계, $\vec{E} = -\vec{V} \times \vec{B}$ 와 지자기장이 급격하게 변하지 않으므로, $\nabla \times \vec{E} = -\partial \vec{B} / \partial t = 0$ 과 $\vec{E} = -\vec{\nabla} \phi$ 를 이용하여 전기 포텐셜, ϕ를 구할 수 있다. 그림 10.2b는 이 전기 포텐셜이 극관 저녁 경계에서 최소값을 새벽 경계에서 최대값을 가지며, 그 차이가 약 60 kV 임을 보인다. 따라서 극관을 가로지르며 강력한 전기장이 존재함을 알 수 있다. 포텐셜의 최저점과 최고점간의 거리를 약 3000 km 로 보면, 극관에서의 평균 전기장의 세기는 20 mV/m 이다. 이를 표류 속도 $\vec{V} = \vec{E} \times \vec{B} / B^2$ 에 적용하면, 20×10^{-3} V/m /5×10^{-5} Tesla = 400 m/s 정도로 그림에서 보인 측정 표류 속도와 일치함을 확인할 수 있다.

그림 10.2는 태양풍에 실려 오는 **행성간 자기장 (Interplanetary Magnetic Field, IMF)**이 남쪽 방향($B_z < 0$)으로 강한 사례이다. 고위도 전리권의 대류 (즉, 플라즈마 표류 속도)는 IMF의 방향에 따라 민감하게 변화함이 알려져 있다. 특히 남쪽 IMF일 때 고위도 전리권이 **2-세포 대류 (two-cell convection)** 패턴이 뚜렷하고 강한 오로라 현상이 나타난다. 이때의 관측 특징을 다음과 같이 정리할 수 있다.

1. 평균 오로라 영역 : 오로라 환에서 평균적인 전기장은 남북 방향이 동서 방향보다 강하다. 또한 오로라 환에서 표류 속도는 태양 방향이다. **지자기 폭풍 지수, K_p** 에 따라 (0 →6) 전기장의 강도가 2배 정도 변하지만, 패턴은 크게 변하지 않는다.
2. 계절적 요인 : 일반적으로 표류 속도가 2-세포 패턴의 대류를 따르지만, 겨울 극 지역에서 상당히 더 변동성이 크다. 겨울 극지역의 전기장의 강도가 여름 극지역보다 2배 정도 세다. 표류 속도가 태양 방향에서 반태양 방향 (anti-sunward) 으로 바뀌는 점에서 다시 태양 방향으로 바뀌는 점 사이의 거리 (즉, **극관**의 크기)가 겨울 극지역이 여름보다 크다.
3. B_y 에 따른 변화 : IMF 의 지구 공전 방향 성분 ($B_y < 0$; 공전방향) 에 따라 태양 방향 표류 속도 영역이 변화한다. $B_y > 0$ 이면 태양 방향 표류가 황혼 쪽에서 정오 경도까지 확장되고, $B_y < 0$ 이면 반대로 새벽 쪽 태양 방향 표류가 정오까지 확장된다 (그림 10.3).

위성에서의 측정은 특정 궤도, 특정 시점에서만의 정보를 제공한다. 극 지역 전체의 전리권 대류 현상은 여러 지방시에 걸쳐 있는 레이다가 동시에 관측한 자료를 조합하여 얻을 수 있다. 또한 대류 현상이 안정적이면 한 개의 레이다가 24시간 동안 관측한 자료를 지방시

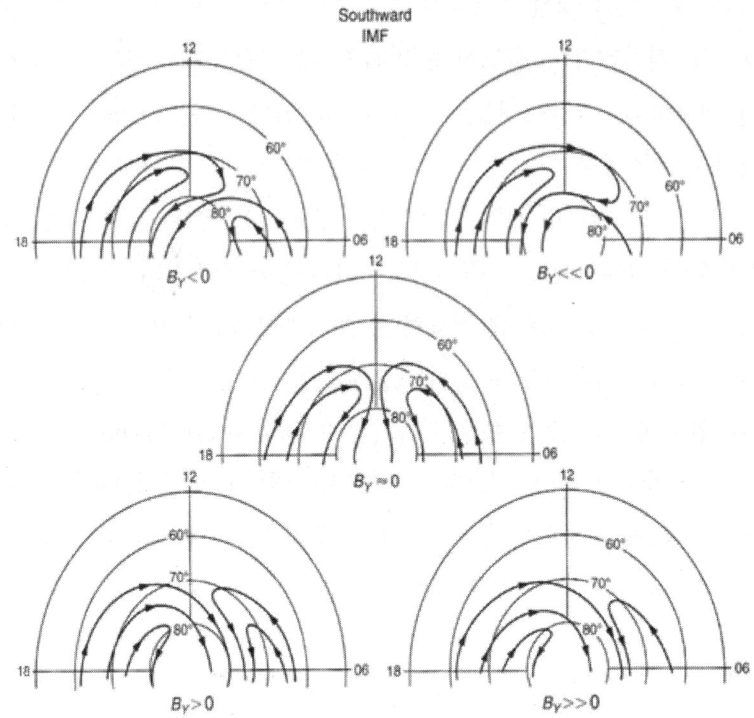

그림 10.3 IMF가 남쪽인 경우, By에 따라 변화하는 고위도 전리권의 대류 패턴 도식도 (Heelis, 1984)

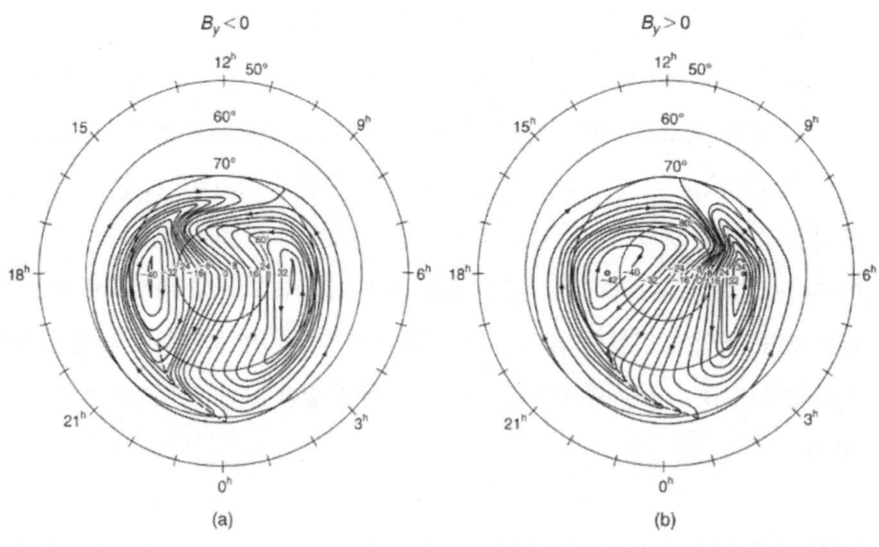

그림 10.4 위성 측정 자료를 종합하여 구한 전기 포텐셜 맵 (Heppner and Maynard, 1987)

별로 펼쳐서 대류 패턴을 구할 수 있다. 다양한 태양풍과 IMF 조건들을 포함하는 장기간에 걸친 레이다 자료를 통합하여 Weimer (1995, 2001)는 고위도 전리권의 대류 패턴에 대한 기후 모델을 구축하였다.

그림 10.3은 IMF가 남쪽 ($B_z < 0$) 이면서 여러 가지 B_y 에 대한 전리권 대류 모델을 보여준다. 먼저 $B_y = 0$ 인 경우, 정오에서 자정으로 반 태양 방향 흐름과 새벽과 황혼 근처에서 태양 방향 흐름으로 대칭적인 2-세포 패턴이 뚜렷하다. $B_y < 0$ 인 경우, 황혼 쪽 순환 세포가 커져서 정오까지 확장되고, $B_y > 0$ 인 경우에는 반대로 새벽 쪽 순환 세포가 커진다. 대류 세포의 등고선은 전기 포텐셜이 동일한 위치를 의미하므로, 등고선 간격이 좁을수록 전기장이 강함을 나타낸다. 따라서 $B_y < 0$ 인 경우, 황혼 쪽의 전기장이 새벽 쪽보다 강하며, $B_y > 0$ 인 경우는 그 반대이다. 극관보다 아래 위도 영역에서 보이는 대류 패턴은 B_y의 방향과 값에 거의 무관하게 일정한 태양 방향 순환을 보인다. 이 영역의 포텐셜 차이가 10 kV를 초과하는 경우는 매우 드물어서, IMF의 영향 보다는 뒤에 설명할 **점성 작용(viscous interaction)**이 주도하는 것으로 보인다. 두 개의 대류 세포 사이의 극관에서는 새벽에서 황혼 쪽 전기장 (dawn to dusk E field)이 나타나며, 이는 남쪽 방향 IMF가 클수록 강해진다. 이 전기장과 지자기장에 수직으로, $\vec{V} = \vec{E} \times \vec{B} / B^2$ 에 의해 빠른 반 태양 방향 표류 속도가 발생함은 앞에서 위성 관측으로 설명한대로 이다. 그림 10.4는 남쪽 방향 IMF에 $B_y < 0$ 와 $B_y > 0$ 경우에 대해 위성 측정 자료를 종합한 전리권 포텐셜 등고선 모델을 보여준다. 앞 그림에서 보인 낮시간 대류 패턴에 추가하여 밤시간의 대류 패턴이 2-세포 순환을 완성함을 보여준다. 새벽과 황혼 세포의 경계가 낮 지역과는 조금 다르게 형성되는데, 이는 **연자기 전류 (field aligned currents)**와 수평 전류의 분포와 관련되어 있다. 전류 분포에 대해서는 다음 절에서 설명할 것이다.

IMF가 북쪽 방향일 경우에는 위에 기술한 $B_z < 0$ 대류 패턴과 상당한 차이를 보인다. 이 경우 대류 패턴은 훨씬 복잡하고 속도는 느리다. 그림 10.5는 $B_z > 0$ 인 경우, 새벽-황혼 전기장의 사례들을 보여준다. 극관(PC)이라고 표시된 영역 내에, 태양 방향 대류가 존재하고 (음수 부분의 검게 표시된 부분), 전기장 크기 변화도 상당히 약하다. 이와 같이 대류 패턴을 구분하기 어렵기는 하지만, 그림 10.6에서처럼 낮 반구에서 4-세포 패턴을 구성할 수 있다. 즉, 두 개의 고위도 세포가 $B_z < 0$ 대류 패턴의 축소판으로 나타나고, 그 보다 저위도에 추가로 두 개의 세포가 존재한다. B_y가 0에 가까우면, 4-세포는 좌우 대칭 형태를 보이지만, B_y가 양수이면 새벽 쪽 고위도 세포가 황혼 쪽으로 팽창하여 거기에 있던 반시계 세포를 거의 소멸시킨다. 저위도 세포들은 B_y와 거의 무관하고 저위도 $B_z < 0$ 대류 패턴과

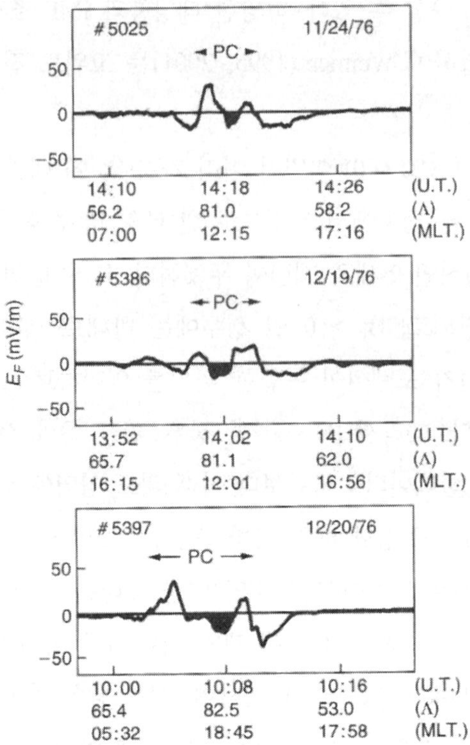

그림 10.5 IMF가 북쪽인 경우 고위도 전기장의 3가지 측정 사례. 검은 영역은 태양방향 플라즈마 흐름을 지시함. (Burke et al., 1979)

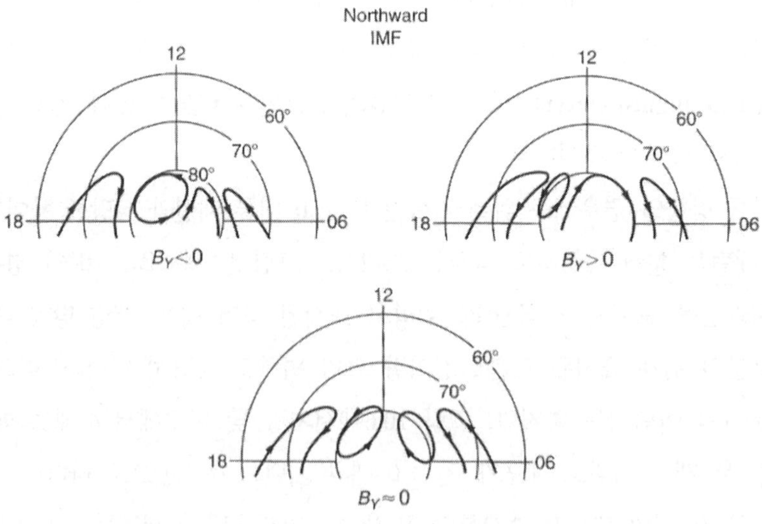

그림 10.6 IMF가 북쪽인 경우, By 에 따라 낮시간에 4-세포 대류가 나타나는 도식 (Heelis et al., 1986)

유사하다. 따라서 이 저위도 세포들은 태양풍과 자기권의 점성 작용에 의해 발생한 것으로 추측된다.

이러한 전리권 대류 패턴은 시간에 따라 일정한 정상 상태를 전제로 하였으나, 실제로는 IMF가 수시로 변함에 따라 극관이 매우 동적으로 변화한다. 특히 IMF가 남쪽에서 북쪽으로 바뀌는 동안 극관의 크기는 급격히 줄어들고, 극관을 둘러싸고 있는 오로라 환에서 아크(arc) 형태의 오로라가 태양 방향으로 급격히 이동함이 관측된다. 또한 이 오로라 아크에서 태양 방향 표류 속도가 함께 측정되는데, 이는 태양 방향과 반태양 방향 대류의 경계(대류 역전)가 불연속적으로 극을 향해 이동함을 시사한다. 여기서 오로라 환과 극관의 경계가 대류의 역전 지점에서 발생함은 앞에서 설명하였다.

10.2 고위도 전리권과 자기권 및 태양풍의 연계성

고위도 전리권은 자기권을 통하여 태양풍과 연계되어 중위도에는 없는 전기장과 전류를 가진다. 이 연계성의 첫 단계는 태양풍과 자기권의 상호작용이다. 태양풍은 자기장을 가진 고속의 플라즈마로서 지구 자기권을 만나면 유체가 장애물 주위를 돌아 흐르는 현상을 보인다. Axford and Hines (1961)에 의하면 태양풍과 지구 자기권이 점성으로 상호 작용(viscous interaction)하여, 그림 10.7과 같은 흐름을 예상할 수 있다.

즉, 점성에 의해 자기권계면 근처에서 태양풍의 흐름과 같은 방향으로 자기권 플라즈마가 이동하다가, 자기권 꼬리에서 태양풍과 단절되면서 지구 쪽으로 역 방향 흐름이 생기는 구조이다. 이는 전형적인 유체와 장애물의 상호 작용이다. 이런 자기권 플라즈마의 흐름은 자기력선에 연결되어 고위도 전리권으로 전달되면, 새벽과 황혼 영역을 중심으로 2-세포 전리권 대류 현상으로 나타난다. 고위도 전리권에서 2-세포 대류 현상은 여러 종류의 기기로 광범위하게 관측되었다. 기본적으로 점성 작용 이론은 태양풍의 자기장과 무관하며, 자기권내의 **패쇄 자기력선 (closed field line)**으로 고위도 전리권 대류를 일으킨다. 따라서 이 이론은 태양풍 내의 자기력선, 즉 행성간 자기장 IMF의 변화에 따른 고위도 전리권 대류의 변화를 설명하지 못한다.

Dungey (1961)은 태양풍의 IMF가 지자기력선과 병합되고 (merging), 병합된 지자기력선이 분리되며 자기력선이 **재연결(re-connection)**될 수 있다는 이론을 제시했다. 그림 10.8은 이 이론에 따라 고위도 전리권의 2-세포 대류를 설명한다.

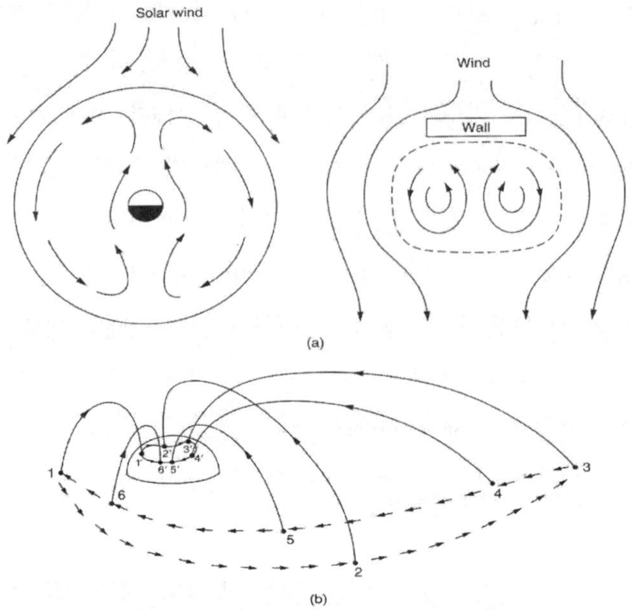

그림 10.7 태양풍이 자기권에 점성 작용 (viscous interaction) 하여 지자기력선이 자기권과 고위도 전리권에 대류하는 도식

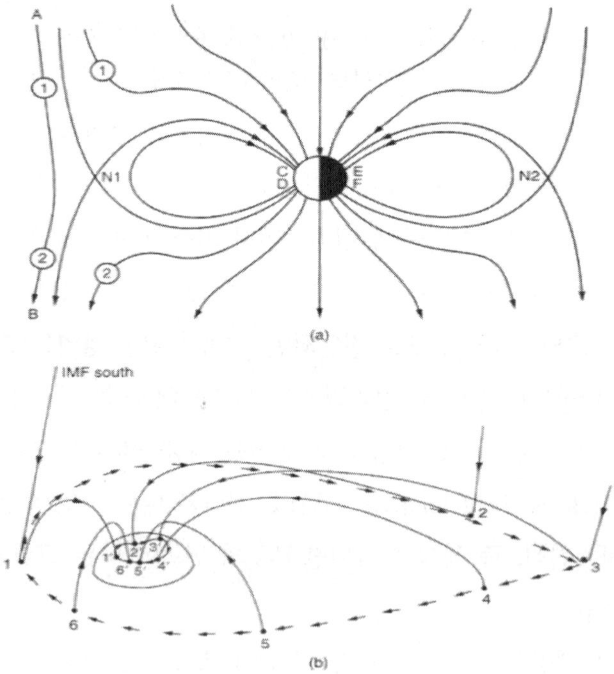

그림 10.8 Dungey (1961)의 자기장 재연결 이론으로 고위도 대류를 설명하는 도식

구체적으로 IMF가 남쪽 방향일 경우, 태양쪽 자기권계면(N1)에서 지자기력선과 연결되어 (merging) 태양풍과 함께 지자기선을 반 태양 방향으로 끌고 가다가, 자기권 꼬리(N2)에서 지자기력선은 IMF와 분리되어 남북 방향으로 재연결되는 과정이다. 자기권 꼬리에서 재연결된 자기력선은 지구 새벽 반구와 황혼반구 방향으로 이동함으로서, 이 자기력선에 연결된 고위도 전리권은 2-세포 대류를 일으킨다. IMF와 연결된 지자기력선은 **개방 자기력선 (open field line)**이며, 재연결되어 지구쪽으로 향하는 지자기력선은 지구의 남북 반구로 연결되어 있으므로 **패쇄 자기력선 (closed field line)**이다. 이 이론은 고위도 전리권의 대류가 태양풍에 실려오는 IMF에 민감하게 변화함을 설명할 수 있는 장점을 가진다. 그러나 이 이론도 IMF 가 북쪽 방향인 경우, 지자기력선과 병합되는 위치와 분리되는 위치가 불분명하며, 이 때 전리권에 나타나는 4-세포 대류를 설명하기에 미흡하다. 단지, 고위도의 2-세포 순환은 지자기력선이 IMF와 고위도에서 연결되어 자기권 꼬리로 이동하였다가 분리 후 지구쪽으로 되돌아오는 자기권 대류로 설명이 가능하다. 4-세포 중 저위도 2-세포는 점성 작용 이론에 따라 패쇄 자기력선의 대류가 전리권에 연결되어 생기는 것으로 이해할 수 있다. 따라서 IMF가 남쪽 및 북쪽 모두의 경우를 설명하기 위해서는 점성작용 이론과 재연결 이론이 모두 필요하다.

Dungey의 재연결 이론으로 IMF가 남쪽 방향일 때 고위도 전리권에서 강한 대류가 일어나도록 하는 태양풍-자기권-전리권 연계 과정을 정성적으로 살펴보자. 태양풍 속도로 이동하는 IMF는 정지해 있는 지구계에서 $\vec{E}_{SW} = -\vec{V}_{SW} \times \vec{B}_{SW}$ 를 발생시킨다. 이 전기장이 연결된 자기력선을 따라 고위도 전리권에 전달되면, $\vec{V}_I = \vec{E}_I \times \vec{B}_I / B_I^2$ 의 표류 속도를 일으킨다. 그림 10.9에서 보듯이, 이 전리권 전기장은 극관을 새벽에서 황혼으로 가로지르는 방향이고, 이에 상응하는 표류 속도는 반 태양 방향이다. 전리권과 태양풍에서 측정된 대표적인 자기장과 속도를 적용하면, 고위도 전리권에서 플라즈마 표류 속도와 태양풍 속도의 비는

$$B_I / B_{SW} = 0.5 \text{ Gauss } (\times 10^4 \times 10^9 \text{ nT}) \ / \ 5 \text{ nT} = 10^4$$

$$V_I / V_{SW} = 1 \text{ km/s} \ / \ 400 \text{ km/s} = 2.5 \times 10^{-3}$$

이다. 이에 상응하는 전기장의 세기 비는

$$E_I / E_{SW} = (1\times 10^3 \text{ m/s})\times(5\times 10^{-5} \text{ T})/(400\times 10^3 \text{ m/s} \times 5\times 10^{-9} \text{ T})$$

$$= (50 \text{ mV/m})/(2 \text{ mV/m}) = 25$$

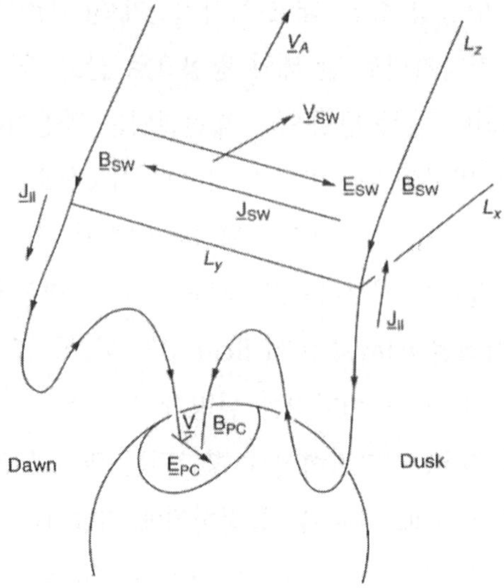

그림 10.9 태양풍에 실려오는 자기력선과 지자기력선이 재연결되어 이동 하면서 생기는 전기장 (전원)이 고위도 전리권에 전달 (부하)되는 도식

로 계산된다. 이는 새벽과 황혼 극관 경계의 자기력선이 태양풍에 연결되는데 그 간격이 극관보다 25배 이상 크다는 것을 시사한다.

그림 10.9는 남쪽 방향 IMF가 지자기력선과 연결되어 극관 전리권까지 전달된 구조를 나낸다. 태양풍이 $\vec{V}_{SW}$로 반 태양 방향으로 운동하면서 여기에 실려온 IMF $\vec{B}_{SW}$에 의해 새벽에서 황혼 (Dawn-to-Dusk) 방향으로 $\vec{E}_{SW}$가 발생해서, 자기력선을 따라 전류가 새벽 극관 전리권으로 흘러 들어간 후, 극관을 새벽에서 황혼 방향으로 가로 지르는 전기장, E_I가 발생한다.

극관 전리권 전기장을 따라 전류가 계속 이어지고, 다시 자기력선을 따라 태양풍 쪽으로 흘러나간다. 태양풍이 자기권과 연결되면서 전류를 발생하는 현상은 마치 발전기에서 전도체가 자기력선을 수직으로 가로질러 운동을 하면 전류가 발생하는 것과 같다. 이렇게 발생된 전류가 극관 전리권의 저항을 이기며 통과해 흐를 때 열을 발생하는데, 이를 **줄 가열 (Joule heating)**이라 한다.

태양풍에 실려 온 남쪽 방향 IMF가 극관 전리권 전류를 흐르게 하면, 태양풍에서 전리권으로 에너지가 전달됨을 의미한다. 이 에너지 전달로 인해 태양풍의 운동에너지가 손실되므로, 그 속도가 느려질 것으로 예상된다. 이 감속 정도는 전리권의 상태, 즉 전기 전도도에 의존한다. 이를 간단하게 이해하기 위해서 그림 10.10에 보인 회로 상에서 전류 흐름을 살

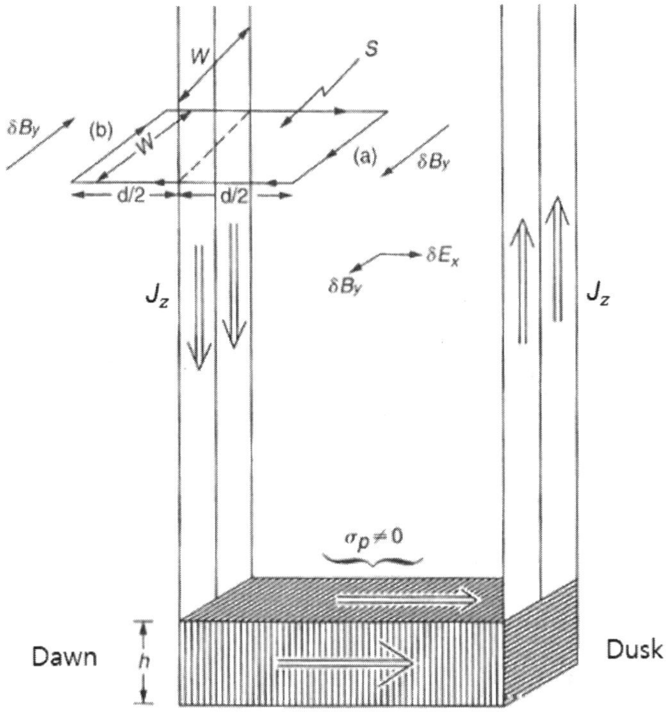

$$J_x = \sigma_p E_x$$

그림 10.10 IMF 에 연결된 지자기력선을 따라 새벽과 황혼에서 면전류, 극관 전리권의 면전류 회로에서 발생하는 자기장과 전기장에 관한 도식

펴보자. 이 회로는 극관 새벽 쪽에서 전류가 두께 dx, 폭 w를 가지는 판 전류가 자기력선을 따라 수직으로 흘러 들어와서, 극관 전리권의 두께 h를 가지는 판전류가 황혼 쪽으로 흐른 후, 대칭적으로 흘러 나간다고 표현했다. 수직 판 전류에 의해 주변에 생기는 자기장은 암페어 법칙 ($\nabla \times \vec{B} = \mu_o \vec{J}$)에 의해

$$2\delta B_y w = \mu_o J_z w\, dx \tag{10.1}$$

로 균일하게 판의 양쪽으로 생성되는데, 새벽 쪽과 황혼 쪽의 전류 방향이 정반대이므로 두 판전류 사이에서는 더해져서, $\delta B_y = \mu_o J_z dx$ 로 표현되고, 밖에서는 상쇄되어 없어진다. 정상 상태 (steady state)에서, 들어오는 전류와 극관을 가로 지르는 전류는 같아야 하므로,

$$J_z\,dx\,w = J_x hw = \sigma_P \delta E_x hw \qquad (10.2)$$
$$\mu_o J_z\,dx = \delta B_y = \mu_o \sigma_P h \delta E_x = \mu_o \Sigma_P \delta E_x$$

로 쓸 수 있다. 이 식은 또한

$$\delta B_y = \mu_o \Sigma_P \delta E_x, \quad \delta E_x = \delta B_y / \mu_o \Sigma_P, \quad \delta B_y / \delta E_x = \mu_o \Sigma_P \qquad (10.3)$$

로 등가적으로 표현된다. 첫 번째 식은 IMF가 지자기력선과 연결되어 일정 전기장을 발생시키는 경우 (즉 전압 원천), 극관 전리권의 전도도에 의해 자기장 섭동 δB_y가 태양풍 반대 방향으로 생겨서, 이에 따른 태양풍 감속 현상을 설명할 수 있다. 극관 전도도가 높은 여름철에 이런 감속 현상이 겨울철보다 더 커질 수 있다. 다른 관점으로 IMF의 감속 정도가 미미해서 일정하다고 하면 (즉, 전류 원천), 두 번째 식은 극관 전도도가 커질수록 극관에 전달되는 전기장이 작아짐을 의미한다. 이는 겨울철에 극관 전기장이 커서 표류 속도가 여름철 보다 빠르다는 위성 측정을 잘 설명한다. 세 번째 식은 극관 상공의 자기장 변이가 전기장 변이의 비가 일정하게 유지됨을 의미한다. 실제로 위성이 극관을 통과하며 측정한 전기장과 자기장이 동조(synchronize)한다고 종종 보고된다.

전자기장의 변화는 **포인팅 플럭스 (Poynting flux)** 방향과 크기로 에너지를 전달한다. 이를 그림 10.10에 적용하면 포인팅 플럭스, $\delta\vec{E} \times \delta\vec{H}$ 가 아래 방향이고, 그 에너지 크기는 $\delta E_x \delta B_y / \mu_o$ W/m^2 이다. 이 에너지가 줄 가열, $W = \vec{J} \cdot \vec{E} = \sigma_P \delta E_x^2$ 로 극관 전리권에서 소비되어야 한다. 이를 전리권 두께로 적분하면, 가열율은 $\Sigma_P \delta E_x^2$ W/m^2 이다. 포인팅 플럭스와 줄 가열율을 단위 면적당 같다고 생각하면, 앞에서 구한 $\delta B_y / \delta E_x = \mu_o \Sigma_P$ 식이 성립함을 알 수 있다. 즉 단순 기하를 가정한 전자기장의 변이들이 포인팅 플럭스 개념을 이용한 결과와 등가적임을 알 수 있다. 전형적인 값으로 δE_x = 50 mV/m, δB_y = 500 nT 를 사용하면, 포인팅 플럭스, 0.02 W/m^2 = 20 erg/s/cm^2 를 얻는다. 이 에너지 플럭스는 일반적으로 관측되는 오로라의 에너지 플럭스보다 훨씬 크다. 이 정도의 에너지 플럭스가 극관 전체로 진입한다면, 약 10^{11} W 로서, 상당히 큰 에너지의 유입으로 계산된다. 따라서 줄 가열율이 오로라에 의한 가열보다 고위도 전리권/열권의 온도에 큰 영향을 미침을 의미한다. 실제로 고위도 열권에서 짧은 낮 시간의 태양빛 흡수에 의한 효과보다 줄 가열이 더 커서 밤시간에 국지적으로 온도 최대가 발생하게 한다.

10.3 자기력선 평행 전리권 동역학

고위도 전리권은 플라즈마가 한쪽은 지표에 발을 딛고 있는 개방된 자기력선 또는 공액점 반구의 효과가 무시할 만하게 매우 연장된 자기력선 튜브를 따라 흐르는 지역으로 정의된다. 이 정의에 부합되는 고위도 전리권은 지자기 불변 위도(invariant latitude) 약 50° 이상에 위치한다. 이 전리권의 플라즈마는 자기튜브의 경계조건(boundary condition)에 민감하게 반응하며, 자기력선에 수평과 수직으로 운동한다. 즉 이곳의 플라즈마는 위 고도의 자기권의 상태에 따라 자기력선을 따라 빠르게 팽창과 수축을 할 수 있고, 자기력선 튜브가 수평으로 1 km/s 정도로 운동함에 따라 전리권 플라즈마가 이동하므로, 중저위도 전리권과는 매우 다른 특성을 가진다. 이절에서는 우선 자기력선에 평행한 고위도 전리권 플라즈마의 동역학을 살펴보자.

10.3.1. 극풍 (Polar Wind)

위성이 고도 1000 km 정도의 궤도로 극 지역을 가로지르며 측정한 이온 밀도와 수직방향 플럭스는 매우 특이한 위도별 변화를 보인다. 그림 10.11은 ISIS 위성이 1400 km 궤도에서 측정한 O^+, H^+, He^+ 의 밀도와 플럭스이다. 이는 지자기 활동이 평온한 낮시간 (1635) 반구에서 밤시간 (0446) 반구로 비행하며 측정한 평균 자료로서, 낮시간 반구 55°에서부터 극을 가로지르며 밤시간 반구 65°까지 가벼운 이온(H^+, He^+)의 밀도가 상당히 낮아지는 현상을 보인다. 반면, O^+ 이온은 낮시간 반구에서 위도별로 변화가 거의 없다가 밤시간 반구에서 점진적인 감소를 보인다. 이런 가벼운 이온이 감소 현상은 고고도 극지역의 모든 지방시에 걸쳐 나타나기에 **경이온 저지대 (light ion trough)**라 부른다. 이 저지대의 적도쪽 경계는 지방시와 계절에 따라 어느 정도 변하고, 지자기 활동에 따라서 강하게 변화한다. 또한 그림 10.11은 이 저지대에서 경이온들이 빠른 위 방향 속도를 가짐을 보여준다. 이는 고위도 전리권에서 경이온들이 불려 올라가며 밀도가 감소함을 시사한다. 이렇게 극지역 전리권에서 경이온들이 상향으로 운동하는 현상을 **극풍(polar wind)**이라 부른다. 때때로 극풍은 초음속으로 불려 올라갈 수 있다. 이런 극풍현상은 고위도 전리권이 **확산 평형 (diffusive equilibrium)**에 있지 않음을 뜻한다.

10.3.2. 극풍의 유체동역학

중위도 전리권에서 전자와 이온이 함께 이동하는 쌍극성 확산(ambipolar diffusion) 과정을 설명했다. 중위도에서 패쇄된 자기력선 튜브상의 이동은 고고도에서 O^+ 이온이 H^+ 이온으로 전하 교환 반응으로 바뀌어도, 그대로 양극자 확산으로 플라즈마권까지 유효하다. 낮에 전리권에서 생성된 플라즈마가 플라즈마권으로 이동했다가, 밤에 다시 내려오는 방식으로, 하루 동안의 평균적 현상은 확산 평형에서 크게 벗어나지 않는다.

그러나 고위도 전리권에서는 개방된 자기력선 튜브에서 이동하므로 낮에 생성된 전리권 플라즈마는 거의 진공 상태의 우주공간으로 팽창해나가는 운동으로 중위도 전리권과 전혀 다른 동역학을 보인다.

구체적으로 고위도 전리권 상부에서는 서로 다른 종의 이온 간에 고도에 따라 변하는 빠른 속도로 충돌할 수 있다(Schmk, 1977). 고속 운동의 경우, 플라즈마의 운동 방정식에서 **이류 항 (advection term)**이 중요하게 된다. 7장에서 소개한 플라즈마 운동 방정식으로부터 정상상태 (steady state)에서 $\partial \overrightarrow{V_j}/\partial t = 0$ 이므로, j 번째 이온의 가속도가

$$\rho_j(\overrightarrow{V_j} \bullet \nabla)\overrightarrow{V_j} = -\overrightarrow{\nabla} p_j + \rho_j\overrightarrow{g} + n_j q_j(\overrightarrow{E} + \overrightarrow{V_j} \times \overrightarrow{B}) - \sum_k \rho_j \nu_{jk}(\overrightarrow{V_j} - \overrightarrow{V_k}) \tag{10.4}$$

$$p_j = \rho_j k_B T_j / m_j = n_j k_B T_j$$

로 표현된다. 또한 9장으로부터 전자와 이온이 함께 움직이도록 하는 **극성 전기장 (polarization E field)**이 자기력선에 평행하게

$$E_{\parallel} = (1/n_e q_e)\nabla_{\parallel} p_e \tag{10.5}$$

로 주어진다. 전자의 전하가 음수이므로 극성 전기장은 전자 압력의 경사에 반대 방향, 즉 위 방향으로 작용한다. 북반구 고위도에서 자기력선이 거의 수직으로 아래 방향이므로, 자기력선을 방향의 반대로 거리 벡터 s를 잡으면,

$$V_{js}\left(\frac{\partial V_{js}}{\partial s}\right) = -\frac{1}{n_e m_j}\frac{\partial p_e}{\partial s} - \frac{1}{n_j m_j}\frac{\partial p_j}{\partial s} + (\overrightarrow{g} \bullet \hat{B}) - \sum_k \nu_{jk}(V_{js} - V_{ks}) \tag{10.6}$$

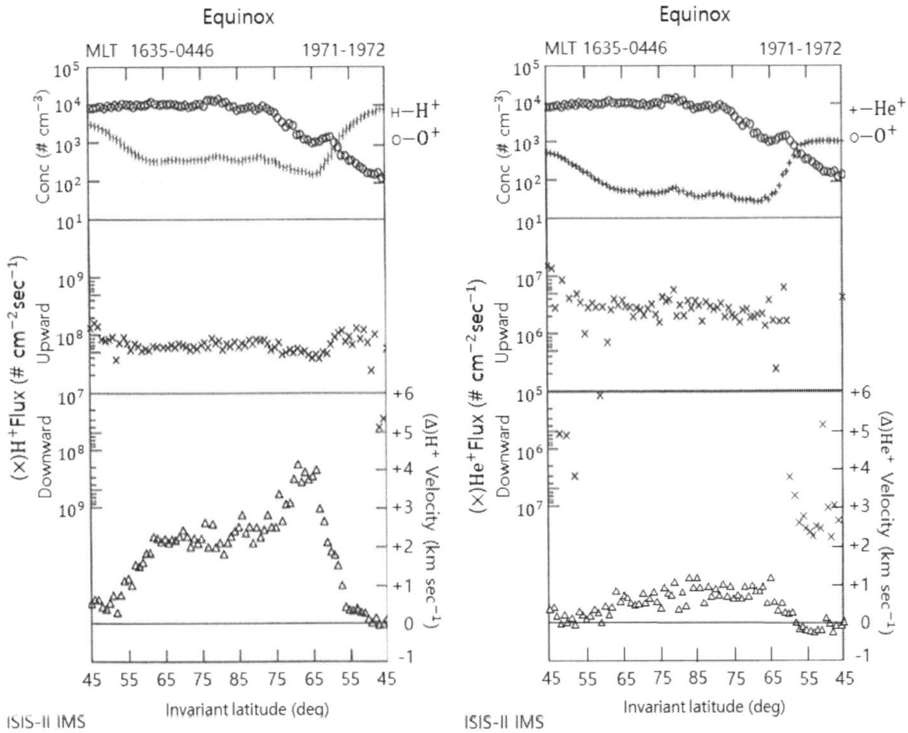

그림 10.11 지자기활동이 조용할 때 ISIS-II 위성이 고도 1400 km에서 측정한 H^+, O^+, He^+ 밀도 분포와 상향/하향 속도. (Hoffman and Dodson, 1980)

로 쓸 수 있다. 이 식의 우변은 전자와 주이온 간의 극성 전기장, j 번째 소수 이온의 압력 경사, 그리고 이온간의 마찰력으로 구성되어 있다. 중위도의 패쇄된 자기력선 튜브상의 고고도에서 경이온(light ion, H^+, He^+)이 주이온으로 바뀌므로 우변항의 합이 영에 가까워져서 확산 평형을 이룬다. 그러나 고위도 전리권의 개방된 자기력선 튜브상에서는 경이온이 주이온(O^+)과 전자 간에 생긴 극성 전기장에 반응하여 위 방향으로 가속되어 탈출할 수 있다. 즉, 경이온이 지속적으로 탈출하면서 확산 평형에 이르지 못하고, 심지어 초음속으로 가속될 수 있다.

경이온 j가 주이온이 확산 평형 상태에 있는 고고도에서 얼마나 가속될 수 있는지는 운동 방정식과 연속방정식을 적용하여 고찰해볼 수 있다. 배경이 되는 주이온이 온도가 일정한 전리권에서 확산 평형에 있으면, 자기력선 튜브를 따라 전자와 주이온의 밀도 프로파일은 $n_e = n_{eo}\exp[-(s-s_o)/H_p]$ 로 표현될 수 있다. 여기서 H_p 는 플라즈마 높이 척도이고, 고도에 따른 중력의 변화는 무시하였다. 충분히 높은 고도에서 경이온 j가 중성원소와의

충돌은 희박하여 무시하고, 주이온과의 충돌만을 고려하면,

$$\nu_{ji}V_{js} + V_{js}(\frac{\partial V_{js}}{\partial s}) = \frac{k_B T_e}{m_j H_p} - \frac{k_B T_j}{m_j}\frac{1}{n_j}\frac{\partial n_j}{\partial s} + (\vec{g} \cdot \hat{B}) \quad (10.7)$$

로 쓸 수 있다. 여기서, 전자온도, T_e 와 이온 온도, T_i, T_j 와는 다를 수 있으나, 고도에 따라서는 일정한 온도들을 유지한다고 가정했다. 어떤 고도에서 단면적 A 를 가지는 자기력선 튜브 내에서의 경이온 j 의 생성과 소멸을 고려한 정상상태 연속 방정식은

$$\frac{\partial(A n_j V_{js})}{\partial s} = A(P_j - L_j) \quad (10.8)$$

로 표현된다. 우변, 즉 튜브내의 순수 생성율을 s 방향으로 적분한 값을

$$Q_j = \int_{s_0}^{s} A(P_j - L_j)ds \quad (10.9)$$

로 하여, 다시 전개하면

$$\frac{1}{Q_j}\frac{\partial Q_j}{\partial s} = \frac{1}{A}\frac{\partial A}{\partial s} + \frac{1}{n_j}\frac{\partial n_j}{\partial s} + \frac{1}{V_{js}}\frac{\partial V_{js}}{\partial s} \quad (10.10)$$

이고, 여기에 $\partial n_j/\partial s$ 를 치환하여 정리하면

$$(V_{js}^2 - V_t^2)\frac{1}{V_{js}}\frac{\partial V_{js}}{\partial s} = -\nu_{ji}V_{js} + \vec{g} \cdot \hat{B} + \frac{k_B T_e}{m_j H_p} - V_t^2[\frac{1}{Q_j}\frac{\partial Q_j}{\partial s} - \frac{1}{A}\frac{\partial A}{\partial s}] \quad (10.11)$$

로 쓸 수 있다. 여기서, $V_t = (k_B T_j/m_j)^{1/2}$ 로서 이온의 열평균 속도에 해당한다. 이 식은 $V_{js} = V_t$ 일 때, 특이점을 보이는데, 열평균 속도를 대략 음속으로 간주하면, 아음속과 초음속 구간에 구분해서 해를 각각 구할 수 있다. 이런 유체동역학 방정식은 Parker (1958)가 태양풍의 속도 프로파일을 이론적으로 설명하면서 도입되어, 그 해가 그림 10.12와 같이 알

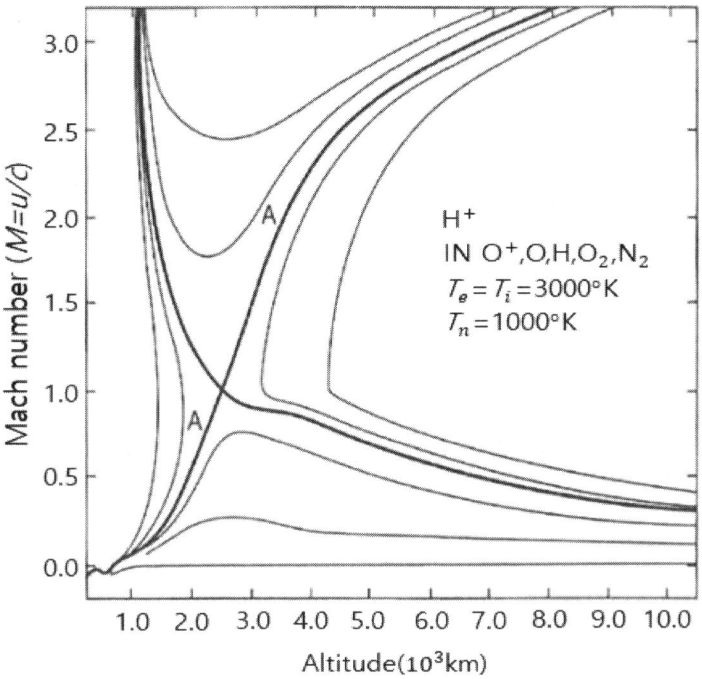

그림 10.12 O^+ 이온과 열권 중성 원소들로 구성된 기체에서 H^+ 이온에 대한 유체역학 방정식의 해. A는 아음속에서 초음속 흐름으로 전환되는 점. u와 c는 각각 H^+ 이온의 속도와 음속 (Banks and Holzer, 1969).

려져 있다. 실제 물리적으로 가능한 해는 **마하 수 (Mach number)**가 1이 넘는 초음속 구간과 그 아래 구간인 아음속 구간의 해가 서로 연결되는 곡선(A 로 표시)의 속도 프로파일이다. 구체적으로 H^+ 이온이 저고도에서 아음속의 속도를 가지다가, 고도 2500 km 근처에서 초음속으로 지속적으로 증가함을 나타낸다.

이런 경이온의 속도 프로파일에 대한 해석적 해가 충분히 정교해서, 이를 전제로 경이온에 대한 열전달과 에너지 균형을 고려하여 이온 온도를 계산하는 모델이 개발되었다. 이 모델 (Raitt et al., 1975)은 고도 3000 km 의 H^+ 이온의 유출 속도를 경계조건으로 주어지면, 이에 따른 밀도, 속도, 온도 프로파일을 계산한다.

고위도 전리권에서 H^+ 가 주이온인 O^+ 와 충돌로 가속되고, 온도도 비대칭적으로 증가함을 보여준다. 경계조건으로 H^+ 이온이 확산 평형 (즉 유출 속도 0)을 가정하면, H^+ 밀도가 최대이고 O^+ 와 H^+ 이온 온도가 같다. 반면, 최대 유출 속도 20 km/s에서 H^+ 밀도는 최소가 되며, H^+ 이온 온도가 O^+ 이온 온도보다 상당히 높아진다. 이온 온도의 비대칭성은 거의 모든 경계 조건에서 나타난다. H^+ 이온 속도는 고도 600 ~ 1400 km 구간에서 급격히 증가하는데, 이 고도 구간에서 주이온인 O^+ 와 전자간의 **극성 전기장 (polarization E field)** 에 의한 가속에 기인한다. 이 가속으로 H^+ 가 초음속의 **극풍(polar wind)**을 만들 수 있음을 의미한다. 그러나 이 모델의 결과가 위 고도 경계에서 주어진 조건에 매우 민감하게 의존하기 때문에 실제 관측되는 극풍을 예측하는데 한계가 있다. 즉, 고도 3000 km는 충돌이 거의 없는 자기권 영역으로, 이곳의 조건은 자기력선 튜브로 연결된 훨씬 외부의 자기권에서의 다양한 입자 에너지 분포와 연계되므로, 극풍 모델의 예측은 어려울 수밖에 없다.

10.4 자기력선 수직 전리권 동역학

앞 절에서 설명한데로 고위도 전리권은 자기권과 자기력선으로 연결되어 태양풍과 자기권의 상호작용으로 생성되는 자기권 대류의 영향을 직접 받는다. 또한 지표가 자전함으로서 태양 방향으로 고정된 자기권에 연결된 자기력선은 지표에 **공자전 전기장(co-rotational electric field)**을 발생시킨다. 이는 자기력선에 수직인 플라즈마 운동은 수직 방향의 전기장에 기인하는 것으로 등가적으로 해석할 수 있기 때문이다. 따라서 고위도 전리권의 플라즈마 운동은 자기권 대류에 의한 전기장과 지표 자전으로 인한 공자전 전기장에 동시에 반응한다. 이 플라즈마 운동은 자기권 중심 좌표, 즉 지자기극과 자기 불변위도 좌표계에서는 전형적이 2-세포 대류 운동을 하지만, 지리좌표계, 지리극과 지리위도 좌표계에서는 공자전 운동을 포함하는 다소 복잡한 궤적을 그린다.

그림 10.13은 대표적인 플라즈마 표류 패턴을 두 좌표계에서 나타내고 있다. 자기권 좌표계에서는 극관 지역에 반태양 방향 운동과 그 아래 위도에서의 새벽과 황혼을 중심으로 되돌아가는 태양 방향 운동하면서, 전형적이 2-세포 패턴을 보인다. 그러나 지표 좌표계에서 여기에 공자전 전기장 효과에 의해 자전 방향의 운동이 더해지기 때문에, 자정 전 중고위도 지역에 플라즈마 운동이 거의 정지되는 현상이 나타난다. 즉, 자기권 대류에 의한 태양방향 운동과 자전 방향 운동이 더해져 상쇄되는 구역이 생긴다. 이 구역의 전리권 플라즈마는 다른 지역보다 오랫동안 밤 시간에 머물러 있으면서 전자와 충분히 재결합되므로 소멸하면서 전자 밀도가 매우 낮아진다. 보다 구체적으로 그림 10.14에서 보듯이 전자 밀도 최소 구역이 **정체 선(stagnation line)**을 중심으로 생기며, 전자 밀도의 위도별 프로파일이 자기불변위도 ~58° 근처에서 급격히 낮아짐이 관측된다. 이를 전리권 **중위도 계곡(mid-latitude trough)** 이라 부르며, 평시에도 전지구 전리권 관측 망에 잘 나타난다. 그러나 이와 같은 중위도 전

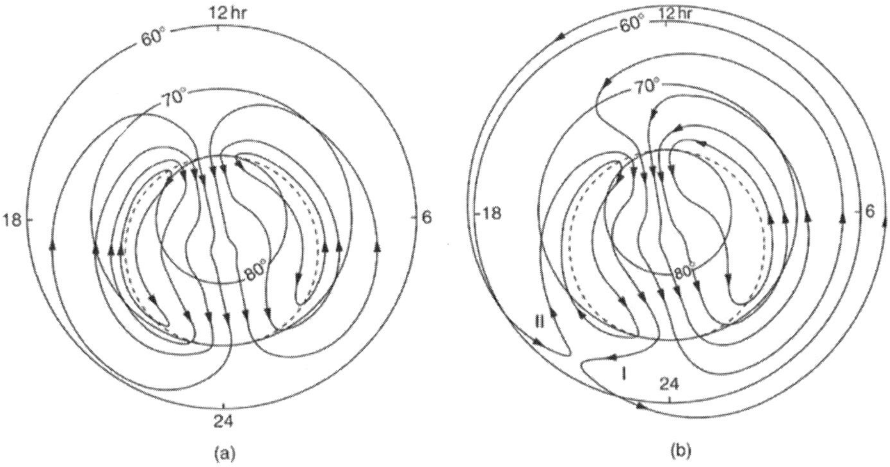

그림 10.13 간단한 2-세포 대류 패턴 (a) 에 공자전 속도를 더한 대류 패턴 (b). 전형적인 중위도 계곡 (mid-latitude trough) 현상이 II 와 I 사이에 보인다 (Spiro et al., 1978).

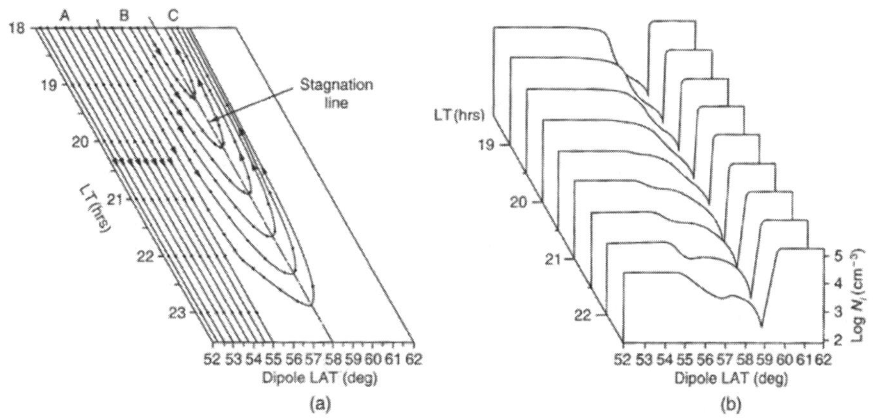

그림 10.14 a) 지방시-위도 면에서 전형적인 전리권 대류 패턴. b) 플라즈마 운동이 정체되는 선 근처에서 전자 밀도 감소 현상 (Spiro et al., 1978).

리권 감소 현상은 자정 후에도 발견되기 때문에, 반드시 플라즈마 운동의 정체선에 기인한 것으로만 해석할 수 없다. 다른 밤시간에 보이는 중위도 전리권 감소 현상은 자기극과 지리극의 차이 때문에 생기는 복잡한 운동으로 저밀도 플라즈마가 관측지역으로 이송되어 왔을 것으로 추측한다.

그림 10.13에서 자정 후에 극관 영역에서도 플라즈마 흐름이 역전되는 구역이 보인다. 이 구역에서도 겨울에 극관 전체에 태양빛이 안 들어와 오래 동안 생성없이 이온 소멸만 일어나므로, 플라즈마 밀도가 현저히 감소하게 된다. 이를 고위도 또는 **극관 구멍 (polar hole)**이라 하며, 겨울철 극관 전리권 분포에 종종 관측된다. 이 **극관 구멍**은 춘추분에도 가끔 관측되지만, 태양 빛이 들어오는 여름철에는 이 현상이 일어나지 않는다.

고위도 지역에서의 전리권 플라즈마의 자기력선에 수직인 운동은 지표에 대해 수평 운동을 하므로, 열권 대기의 중성 구성원과 상대 속도를 가지므로 충돌을 야기한다. 이 충돌은 이온과 전자가 중성 기체와 충돌하며, 중성기체의 온도, 이온 온도, 전자 온도를 증가시킨다. 특히 중성 기체에 가해지는 열을 전기장 방향으로 흐르는 피더슨 전류 (Pederson Current)에 의한 **줄 가열 (Joule heating)**이라 부른다. 중성 대기에 상대적으로 표류하는 전리권 이온 속도와 이온 온도와의 관계는

$$T_i = T_{eq} + (m_n\phi_{in}/3k_B\psi_{in})\left|\overrightarrow{V_i} - \overrightarrow{V_n}\right|^2 \tag{10.12}$$

$$T_{eq} = T_n + [(m_i + m_n)\nu_{ie}/m_i\nu_{in}\psi_{in}](T_e - T_i)$$

로 이론적으로 구해졌다 (St-Maurice and Hanson, 1982). 여기서 ϕ_{in}과 ψ_{in}는 이온과 중성 기체와의 충돌 성질에 관여하는 단위 없는 계수 (dimensionless parameter)로서, O^+와 O 원자가 주로 충돌하는 고도 200 km 이상에서는 대략 1의 값을 가진다. 이 식에 의하면 이온과 중성기체 간에 상대속도가 있을 때, 이온 온도가 평형 온도보다 증가함을 보여준다. 위성이 극지역 전리권 고도를 통과하며 측정한 자료에 의하면, 극관에서의 이온 온도 증가와 이온 표류속도와 좋은 상관관계가 명확히 나타나는 사례가 자주 보고된다. 그러나 이런 좋은 상관관계는 중성대기가 이온 표류 속도보다 아주 작을 때만 보인다. 극관에서 상당기간 유지되는 플라즈마 대류운동은 중성대기도 함께 운동하게 하므로, 이온 표류 속도와 중성대기 바람과 동조가 일어나게 되어 이온과 중성간의 마찰이 현저히 줄어들면 이온 온도의 증가 현상은 일어나지 않는다. 자기 부폭풍 등에 의해 갑자기 이온 표류가 시작되어 대략 1~2 시간 이내에서는 이온과 중성대기 운동의 동조가 이루어지지 못해, 이온 온도의 증가가 관측된다.

고위도 전리권 플라즈마의 수평 운동은 이온과 전자의 재결합률에도 영향을 준다. 전리권

주성분인 O^+ 이온은 주변의 산소분자나 질소 분자와의 반응하여 분자 이온으로 전환된 후에 전자와 빠르게 해리 재결합한다 (6장 참조).

$$O^+ + N_2 \rightarrow NO^+ + N \tag{R10.1}$$

실험실에서 측정한 바에 의하면, O^+와 질소 분자의 반응 계수,

$$k_1 = [1.53 \times 10^{-12} - 5.92 \times 10^{-13}(T_{eff}/300) + 8.6 \times 10^{-14}(T_{eff}/300)^2]\, cm^3/s \tag{10.13}$$

$$T_{eff} = 0.636\, T_i + 0.364\, T_n$$

로, O^+ 이온의 유효온도에 따라 변화한다. 전리권 O^+의 유효온도는 중성바람과 이온 표류 속도의 차이를 나타내는 전기장 (mV/m 단위) 과

$$E'_{\perp} = B\left|\vec{V}_{i\perp} - \vec{U}_{\perp}\right| \tag{10.14a, b}$$

$$T_{eff} = T_i + 0.33\, E'^2_{\perp}$$

의 관계를 가진다 (Schunk et al., 1975). 이온 표류속도가 중성바람과 뚜렷한 차이가 있으면, 반응 계수, k_1이 현저히 증가하게 되고, 이에 따라 분자이온 NO^+가 많이 생성되면서, 빠르게 전자와 재결합하므로, 전자밀도를 감소시킨다. 이런 NO^+ 밀도 증가와 전자 밀도 감소 현상은 위성이 극관을 통과하며 이온 표류 속도가 큰 구역에서 관측되었다.

이렇게 전리권 전자밀도가 이온표류 속도와 관련된 이온 온도에 영향을 받으므로, 전리권 플라즈마에 관한 에너지, 모멘텀, 연속 방정식을 모두 함께 고려해야 전리권 전자밀도를 이해할 수 있다. 자기폭풍 시기에 평시보다 전리권 전자밀도가 높거나 낮으면, 이를 전리권 양 또는 음의 폭풍 (positive, negative ionospheric storm)이라 부른다. **양의 폭풍**은 여러 가지 원인으로 생긴다. 강한 중성 바람이 적도 방향으로 불면서, 플라즈마를 자기력선을 따라 높이 올리면, 중성 분자 밀도가 낮으므로 O^+의 재결합이 느리게 일어나게 되고, 결과적으로 전리권 전자밀도가 평소보다 증가하는 양의 폭풍이 나타난다. 또한, 새벽-황혼 **행성간 전기장 (Interplanetary Electric Field)**과 연계되어, 침투한 동쪽 방향 전기장이 플라즈마를 상승시켜도 양의 폭풍이 일어난다. 이런 플라즈마 상승은 저위도 전리권에서 분수 효과를 강화시

켜 **적도 전리권 이상 (Equatorial Ionospheric Anomaly)** 현상을 중위도 까지 확장시킬 수 있다. 이렇게 중위도까지 확장된 플라즈마가 남북방향 침투 전기장에 의해 찢겨져서 채널 형태로 길게 극지역까지 뻗어 나가는 **폭풍 증대 밀도(Storm Enhanced Density, SED)** 현상이 일어나기도 한다 (Foster et al., 2005).

전리권 음의 폭풍은 열권의 중성 성분의 변화에 기인한다. 열권 하부에 분자가 풍부한 공기가 자기폭풍에 의한 가열로 상승하면, 전리권 F_2-층 고도의 $[O/N_2]$ 밀도비가 감소하게 된다. 즉, 평소보다 풍부한 중성 분자(N_2, O_2)들이 O^+ 이온과 반응하여 분자 이온으로 전환시켜 빠르게 재결합하여 전자 밀도를 감소시킨다. 이렇게 분자가 풍부한 공기는 자기 폭풍시에 극지방에서 매우 먼 곳까지 이동할 수 있어 중위도 전리권에도 영향을 미친다. 자기 폭풍의 급격한 가열이 파동형태로 바람을 발생시켜, 바람이 극 방향 위상에서는 밀도가 감소하고, 적도 방향 위상에서는 밀도 변화가 거의 없는 파동형태의 변화 현상, **이동 전리권 요동 (Traveling Ionospheric Disturbance, TID)**을 초래하기도 한다.

극 지역에서 플라즈마의 수평 운동은 기본적으로 자기권으로부터 전달되어 온 전기장에 기인함은 앞에서 설명한 바 있다. 이런 플라즈마 운동을 전류로 표현하면,

$$\vec{J} = \overleftrightarrow{\sigma} \cdot (\vec{E} + \vec{U} \times \vec{B}) \tag{10.15}$$

이다. 이 전류가 중성대기에 마찰력, $\vec{J} \times \vec{B}$ 로 작용하여 중성 바람을 가속시킬 수 있다. 이 전류에 의한 가속력은 F-층에서 전도도 텐서가 전기장에 평행화하므로 (대각선 성분만 있음), Pederson 전도도로 대체해서

$$\vec{F} = \sigma_P \vec{E}' \tag{10.16}$$

쓸 수 있다. 여기서 $\vec{E}'$ 은 바람을 따라 움직이는 중성대기 계에서의 전기장이다. 이런 전류에 의한 가속력으로 중성 바람을 플라즈마 표류 속도의 1/3 까지 가속시키는데 대략 2000초 정도 걸린다고 추산된다. 따라서 IMF의 변화로 **자기 부폭풍 (magnetic substorm)**이 극관에 전기장을 발생시키면, 대략 1시간 정도에 중성 바람이 플라즈마 표류 운동 방향으로 강화된다. 그러나 중성 바람은 기압 경사력, 점성력(viscosity), 코리올리 힘의 복합적인 영향을 받아 그 방향과 속도가 단순하게 계산되기 어렵다. 특히 중성바람은 공기의 과거 이동경로

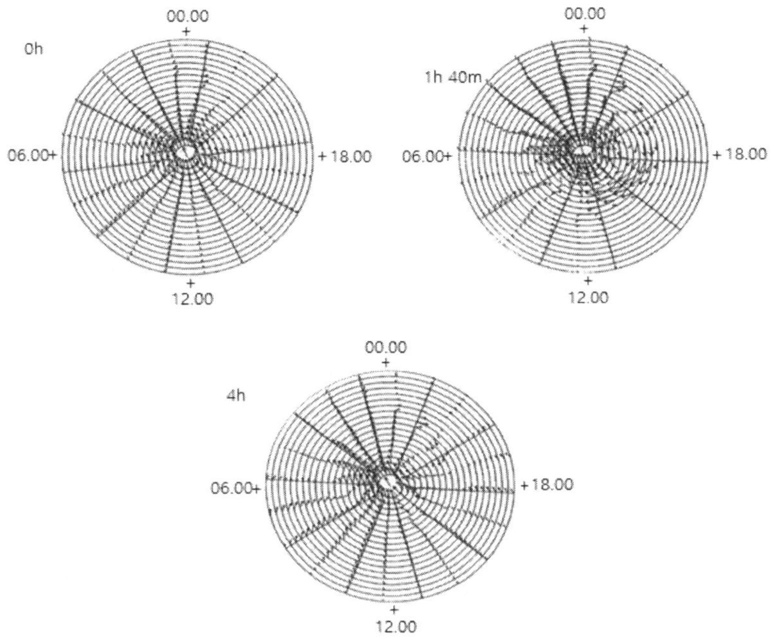

그림 10.15 자기부폭풍 시에 모델로 계산한 고도 240 km에서 바람 벡터 분포. 속도 160 m/s 가 2° 위도 눈금에 해당함. (Fuller-Rowell and Rees, 1981)

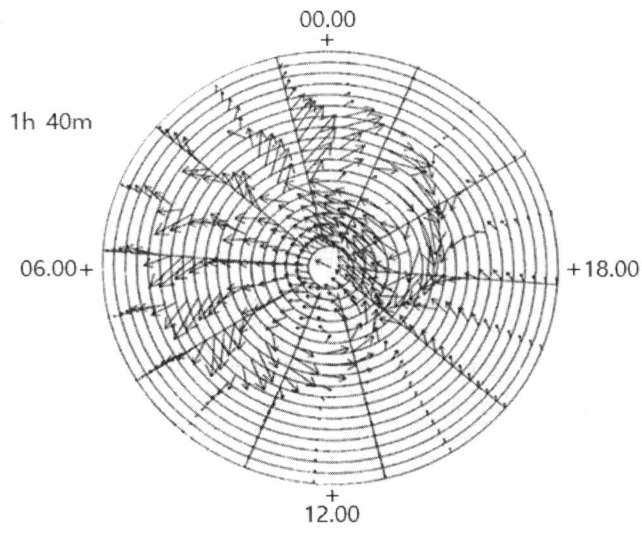

그림 10.16 모델로 계산한 자기부폭풍 발생 1시간 40분 후 고도 120 km에서의 바람 벡터 분포. 속도 40 m/s 이 2 위도 눈금에 해당함 (Fuller-Rowell and Rees, 1981).

의 관성을 표현하는 이류 항 (advection term)을 무시할 수 없기에, 실제 관측 자료를 분석 이해하기 대단히 어렵다. 중성 바람에 관여하는 모든 물리적 힘을 3차원으로 고려하는 수치 모델이 개발되어 있다. 그림 10.15는 자기 부폭풍이 시작한 시점에서 4 시간까지 계산한 극지역 F-층 고도에서의 중성 바람 분포이다. 시작 시점에는 낮 지역에서 밤 지역으로 기압 경사력에 의해 바람이 불다가, 1시간 40분후 부폭풍에 의한 전기장이 2-세포 대류를 활성화 시키면서, 이에 따른 중성바람 패턴이 형성되었다가, 4시간 시점에 원상으로 복귀하는 것을 보여준다.

그림 10.16은 1시간40분 후의 E-층 고도에서의 중성 바람 분포를 나타내는데, F-층 고도와 달리 2-세포 패턴이 저녁 방향으로 상당히 돌아가 있는 형태를 보인다. 이는 E-층 고도에서 전기장과 자기장에 모두 수직 방향의 Hall 전도도가 강하게 작용하기 때문이다. 때로는 부폭풍 시에 극지역에서 가속된 중성바람이 오로라 위도 남쪽 중위도까지 관성으로 진행하여, 중위도에서 F-층 다이내모로 전기장을 발생시킬 수도 있다. 이로 인해 중위도 전리권이 자기 부폭풍 시에 변화하는 현상을 초래하기도 한다.

10.5 고위도 전리권 F-층에서의 행성규모와 대규모 구조들

앞 절에서 자기장에 수직인 전리권 운동에 대해 기술하면서 고위도 전리권에 나타나는 몇몇 구조들을 소개하였다. 이 구조들은 거의 항상 나타나지만, 변동성이 상당하다. 임의적이긴 하나 500 km 이상을 행성규모로, 30 km ~ 500 km를 대규모 구조로 분류한다. 이런 규모의 구조에는 플라즈마 불안정성(instability)은 크게 중요하지 않고, 플라즈마의 생성, 손실, 이동 과정이 구조의 변화를 지배한다. 고위도 전리권의 30 km 이하 소규모 구조들은 다음 장에서 전리권 불안정성과 불균질 (irregularities)을 통합적으로 기술할 때 포함할 것이다.

고위도 전리권에서 행성 규모의 구조는 자기권의 대류 현상에 밀접하게 연관되어 있다. 자기권 대류 현상은 태양풍과 자기권의 상호 작용의 결과이고, 이 상호작용은 특히 행성간 자기장 (IMF)의 B_z 성분에 민감하게 영향을 받는다. IMF와 연결된 자기권 자기력선은 지구 주위로 먼 거리에서 이동하지만, 연결된 자기력선이 훨씬 작은 면적의 고위도 전리권에 초점을 맺어 행성규모의 구조를 만든다. IMF B_z 가 꾸준히 남쪽일 때, 고위도 전리권에 태양-지구 선을 기준으로 2-세포 (two-cell) 흐름 패턴이 어느 정도 일정하게 나타난다. 여기에 중성 대기가 일일 주기로 자전하며 전리권 행성규모 구조에 일일 변화를 만든다. IMF의 B_z 는 남쪽을 유지하며 B_y 성분이 변화할 경우, 2-세포 패턴은 새벽이나 저녁 방향으로 비대칭이 되고 이에 따라 행성규모의 전리권 구조도 변화한다. 2-세포 패턴의 이동뿐만 아니라, 태양풍이 자기권으로 전달하는 에너지도 시시각각 변화하므로, 결국 전리권 구조도 시간과 공간상에서 매우 변동성이 높다. IMF B_z 가 북쪽일 때는 태양풍으로부터의 에너지 전달이 확연히 줄어들고, 점성 작용이 자기권의 대류 패턴을 지배하고, 이 패턴이 고위도 전리권에 다세포 흐름을 만든다. (10.1절 참조)

행성 규모 구조의 플라즈마 원천은 태양빛에 의한 광이온화로서, 낮 반구에서 밤 반구 쪽으로 이동한 물질이다. 고도 200 km 이하에서는 밤 반구로 넘어오면 플라즈마가 빠르게 재결합으로 사라지지만, 고도 300 km 이상의 F-층에서는 1시간 이상 걸려 서서히 줄어든다. 따라서 광이온화 플라즈마가 밤 반구에 광대한 거리까지 이동하며 행성 규모의 구조를 만들 수 있다. 더욱이 자기 쌍극자 축이 자전축에 약 11° 어긋나 있어, 겨울에는 태양빛이 전혀 안 들어오는 지역에 극한된 대류 패턴을 가질 수 있다. 이곳에서는 F-층 플라즈마 밀도가 10^3 cm^{-3} 까지 줄어들 수 있고, 주이온이 He^+ 로 바뀌기도 한다. 또 하나의 행성규모 플라즈마 원천은 **오로라 환 (auroral oval)**에서 **입자 강하 (particle precipitation)**로 인한 **충돌 이온화 (impact ionization)**이다. 오로라 환은 IMF B_z가 남쪽일 때 폭과 반경이 확장되고 북쪽일 때 축소된다. 오로라 입자 충돌 이온화는 대부분 200 km 이하에 일어나지만, 저에너지 입자들은 F-층 고도에, 특히 겨울에 중요한 플라즈마 원천이 된다.

태양빛에 의한 광이온화로 생성된 플라즈마는 밤 반구로 들어오더라도 F-층에 복잡한 구조를 만들지 않을 것이라는 단순한 예상과 달리, 플라즈마 흐름 패턴이 **공자전(co-rotation)**과 **2-세포 흐름 (two-cell flow)**이 합쳐져서 수평적으로 복잡해지므로, 행성 규모보다 작은 대규모 구조를 만들 수 있다. 대표적인 사례가 겨울 극관 밤 반구에서 630 nm 대기광 전천 카메라로 보이는 대규모 구조이다. IMF B_z가 남쪽일 때 대표적인 새벽-저녁 전기장, 25 mV/m 은 표류속도 500 km/s를 유발하므로, **2-세포 흐름**에 의해 낮 반구에서 넘어온 플라즈마가 F-층 고도에서 1시간 정도 유지되면 수평거리 약 1800 km, 즉 위도 16° 정도에 걸쳐 있는 **극 조각 (polar patch)**을 만들 수 있다. 이런 구조는 결국 재결합으로 F-층 고도에서 없어지거나, 중력으로 아래고도로 떨어져 더 빨리 재결합되거나, 수평 방향으로 (자기장에 수직으로) 확산되어 없어진다.

자기장에 수직으로 플라즈마가 확산되는 과정은 평행 방향 보다 느리다. 이온이 전자보다 더 느리게 확산되므로, 수직 방향 플라즈마 확산계수는 이온에 의해 결정되는데, 대표적인 $D_{i\perp}$ 값은 10 – 50 m²/s 이다. 극관에서 플라즈마 수평 규모가 $1/k$ (k : wavenumber)인 구조는

$$\tau_D = (k^2 D_\perp)^{-1} \tag{10.17}$$

정도 시간 동안 유지될 수 있다. 이는 10 km 규모의 구조는 $D_{i\perp}$의 최대값을 사용하더라도 14시간 정도 유지됨을 의미한다. 따라서 대규모 구조는 확산보다는 중력, 생성, 소멸, 이동 과정에 의해 조정된다. 일단 낮 반구에서 밤 반구로 넘어오면 더 이상의 생성은 무시될 수 있고 (오로라 환이 아니면), 재결합과 중력 낙하가 느리므로 플라즈마 구조는 표류 이동, 즉 **이류 이동 (advection)**에 따라 주로 변화한다. F-층 플라즈마는 비압축성 유체로 근사할 수 있으므로 생성과 소멸을 무시하면,

$$\partial n/\partial t = -\vec{V} \cdot \nabla n \tag{10.18}$$

으로, 이류 이동 패턴에 따라 시간과 장소에 따라 변화한다. 그림 10.17은 이류 이동에 의한 플라즈마 덩어리의 형태 변화를 도식적으로 보여준다. 오로라 환 근처의 극관에서 원통으로 시작한 F-층 플라즈마 덩어리가 2-세포 대류 흐름에 따라 왜곡되어 형태가 길게 변화함을 잘 보여준다. 원형 덩어리가 남북 방향으로는 얇고 동서 방향으로 길게 늘어진 형태가 됨을 보여주지만, 실제로는 대류 흐름에 **난류(turbulence)**가 있어 작은 소용돌이로부터 조각들이 생성되고, 조각들은 극관 쪽으로 떨어져 나갈 수 있다.

오로라 환 밖에 밤 반구에 형성되는 **중위도 계곡 (mid-latitude trough)**은 자기폭풍 시에 특별히 깊어질 수 있다. 자기폭풍 시에는 자기권의 플라즈마 판 전류계의 적도 경계에서 매우 큰 전기장이 생성되는데, 이 전기장이 전리권에 맵핑되면 국지적인 전기장이 극 방향으로 향해서 저녁 밤낮 경계선 방향으로 강한 전리권 흐름을 유발한다. 자기 폭풍에 의한 강한 전기장은 **중위도 계곡**에 있는 플라즈마의 재결합을 증강시켜서 이곳에서의 전자 밀도 감소를 더 깊게 한다. 이런 강한 극방향 전기장을 **서브오로라 이온 표류 (subauroral ion drift, SAID)**라 부른다. 참고로 중위도 계곡은 차갑고 밀도가 높은 **플라즈마권(plasmasphere)**과 뜨겁고 밀도가 희박한 **플라즈마 판 (plasma sheet)**의 경계가 전리권에 맵핑된 지역이다. 자기권 내의 이 경계에 국지적으로 발생하는 강한 전기장은 흥미롭게도 두 영역의 온도차이 정도의 크기이

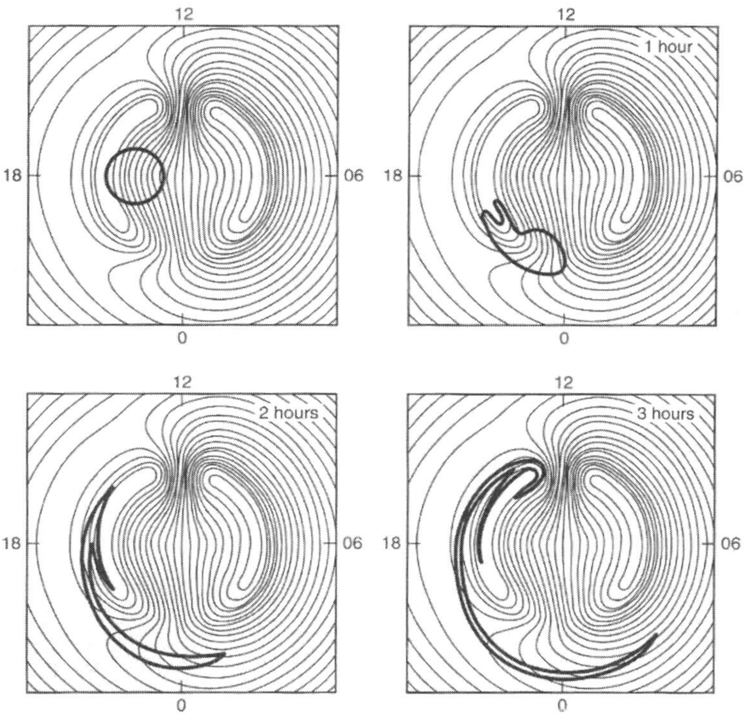

그림 10.17 극관에서 오로라 환을 통과하는 원형의 플라즈마 덩어리가 왜곡되어 가는 과정. 배경 등고선은 전형적인 2-세포 대류 패턴임. (Robinson et al., 1985)

다. 또한 자기폭풍 시에 **중위도 계곡**에서 깊은 밀도 결핍과 아울러 국지적인 높은 플라즈마 온도가 관측된다. 이는 뜨거운 자기권 플라즈마와 전리권 플라즈마가 열적으로 전반적으로 접촉되어 있는 상황에서, 중위도 계곡의 밀도가 특별히 낮으므로 인해, 그 곳에서만 국지적으로 온도가 높아질 수 있기 때문이다. 중위도 계곡에서의 높은 전자 온도는 충돌로 산소 원자를 $O(^1D)$로 여기시켜 630 nm의 방출선을 위도 방향으로 좁고 경도 방향으로 길게 적색 띠를 형성하게 한다. 이를 **안정 적색 오로라 (stable auroral red, SAR)** 아크라 한다.

오로로 환의 바깥영역에 위치하는 남극 세종기지의 대기광 전천 카메라에서도 SAR 아크가 관측된 적이 있다. 그림 10.18은 남북반구에서 공액 자기위도에서 동시에 관측된 SAR 아크로서 열전달이 자기력선을 따라 효율적으로 일어남을 시사한다.

플라즈마 판과 연계된 중위도 계곡의 극 방향 지역은 플라즈마 판으로부터 들어온, 넓게 퍼진 입자 강하에 의해 **확산 오로라 (diffuse aurora)**가 관측된다. 확산 오로라의 적도 쪽 경계에 때때로 조개 모양의 물결이 발생한다. 이는 플라즈마 판의 지구 쪽 경계가 구불구불해지면, 여기서 출발한 입자들이 전리권에 같은 모양의 확산 오로라 경계를 만들기 때문이다.

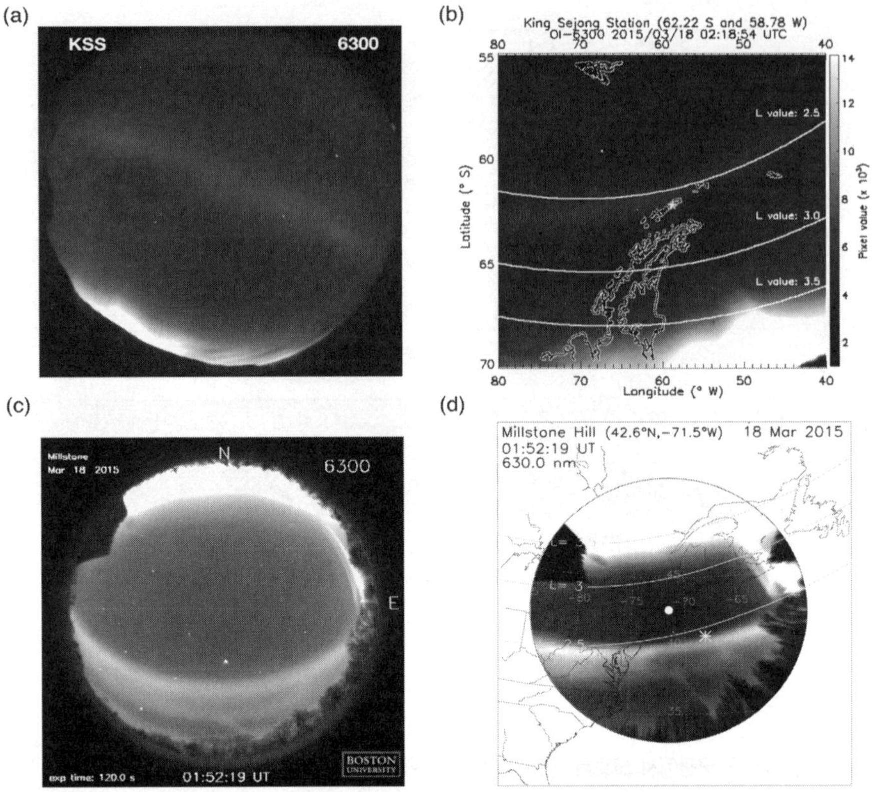

그림 10.18 남반구 세종기지와 북반구 Millstone Hill 상공에서 전천 대기광 카메라로 동시 관측된 SAR 아크. L = 2.5 근처에서 SAR 아크가 잘보임. 대기광 OI 630 nm 필터 사용함. (Hong et al., 2020).

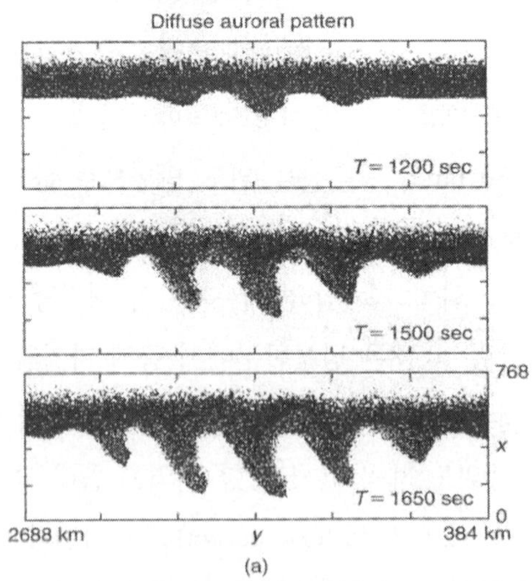

그림 10.19 확산 오로라 모양의 시뮬레이션. 오로라 경계의 물결 모양이 증가하고 있음. (Yamamoto et al., 1994)

즉, 자기권 영역의 불균질이 전리권에 맵핑된 대표적인 사례이다. 이런 현상은 강한 국지 전기장이 있을 때 **(SAID)** 주로 발생하는데, 이 전기장이 자기권에서 Kelvin-Helmholtz 같은 불안정을 초래하기 때문이라고 해석된다. 그림 10.19는 Yamamoto et al. (1994)가 시뮬레이션한 확산 오로라의 모습이다. 시간에 따라 확산 오로라 경계에서 물결 모양이 점차 증가함을 잘 보여주며, 이는 위성에서 관측한 모습과 매우 유사하다.

본격적인 오로라 현상은 오로라 환에서 고에너지 입자의 강하 (energetic particle precipitation)에 의해 일어난다. 강하 입자는 중성대기와 충돌하여 이온화로 에너지를 대기에 전달하는데, 입자 하나가 **충돌 이온화 (impact ionization)**로 이온-전자 쌍을 생성하는데 대략 35 eV의 에너지를 소모한다. 따라서 1 keV를 가진 오로라 전자가 강하하면, 약 30 개의 이온-전자 쌍을 만들 수 있다. 구체적으로 어떤 이온이 생성될지는 충돌 고도의 중성대기 성분에 따라 달라진다. 강하 오로라 입자의 최초 에너지가 높을수록 낮은 고도까지 도달하며 이온화 시킨다.

F-층 고도에는 약한 에너지 (soft energy, ~500 eV) 입자가 도달하여 이온을 생성한다. 약한 에너지 전자들은 주로 낮 반구의 **첨애(cusp)** 지역에서 많이 강하한다. 구체적으로 **첨애**는 자기불변위도 70 - 74°의 낮쪽 오로라 환 지역이다. 로켓과 위성은 강하하는 입자의 에너지 플럭스와 전리권 전자 밀도와 좋은 상관관계를 가짐을 관측하였다. 오로라 입자 강하의 충돌과정을 추적하는 이론적 모델들은 입사 에너지별로 고도별 이온 생성률을 계산한다. Roble and Rees (1977)은 1 erg/cm^2/s 플럭스의 100 eV 전자가 약 300 cm^{-3}s^{-1} 의 이온을 생성한다고 계산하였다. 이 모델 결과를 로켓이 고도 375 km 에서 측정한 1.5×10^5 cm^{-3} 전자 밀도와 5 erg/cm^2/s 입사 오로라 에너지 플럭스에 적용하면, 생성율이 1500 cm^{-3}s^{-1} 이므로, 이런 오로라 강하가 단지 100 초 동안만 유지되면 측정된 전자 밀도를 설명할 수 있다. 따라서 입사하는 오로라 입자 강하 플럭스에 따라 그 경로상의 전리권 F-층 밀도가 변화하는 상관관계를 가진다. 또한 밤쪽 오로라 환의 극 방향 경계에서도 약한 에너지 전자 강하가 빈번하여, 그 지역의 F-층 전자 밀도를 지배한다. 오로라 입자의 강하는 매우 동적이라 이에 따른 전리권 F-층의 밀도 증가 현상은 플라즈마 덩어리(plasma blob) 형태로 레이다로 관측된다. 이 덩어리의 크기는 매우 다양하여 이에 대한 공간적 스펙트럼이 연구되고 있다.

오로라 현상은 IMF B_z 성분에 따라 민감하게 변화한다. 즉, B_z가 남쪽이면 오로라 환에 집중적으로 입자가 강하하여 밝은 오로라를 일으키지만, B_z가 북쪽이면 극관에서 아크 형태로 오로라가 발생한다. 그림 10.20은 IMF B_z에 따라 오로라 아크의 분포를 보여준다. B_z가 북쪽일 때, 극관에서 아크 형태의 오로라는 주로 약한 에너지 입자 강하에 기인하므로 F-층

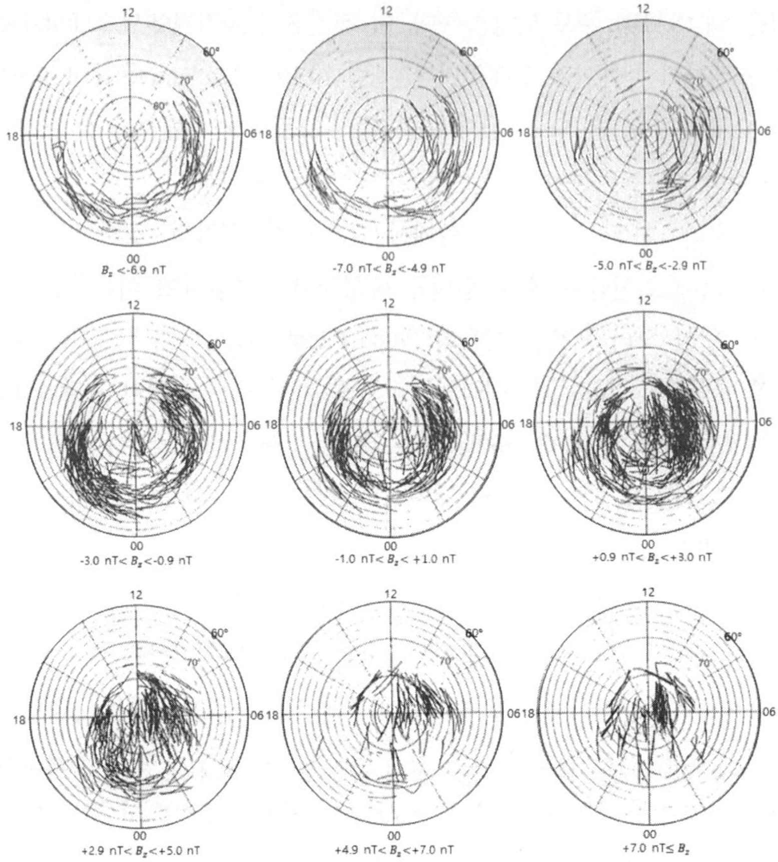

그림 10.20 다양한 IMF Bz 에 따라 생성된 오로라 아크의 분포 (Lassen and Danielsen, 1978)

밀도에 영향을 준다.

극관 오로라 아크 중에는 정형화된 형태로 극관을 가로지르는 경우가 있는데, 그림 10.21은 한 사례를 보여준다. 이 그림에는 약화된 오로라 환을 정오-자정 방향으로 가로 지르는 형태로 잘 나타는데, 희랍 문자 θ를 닮았다고 해서 **씨타 오로라 (theta aurora)** 라 부른다. 이 극관 오로라 아크는 주로 100 eV 보다 낮은 입자 강하에 기인하는 것으로 알려져 있다.

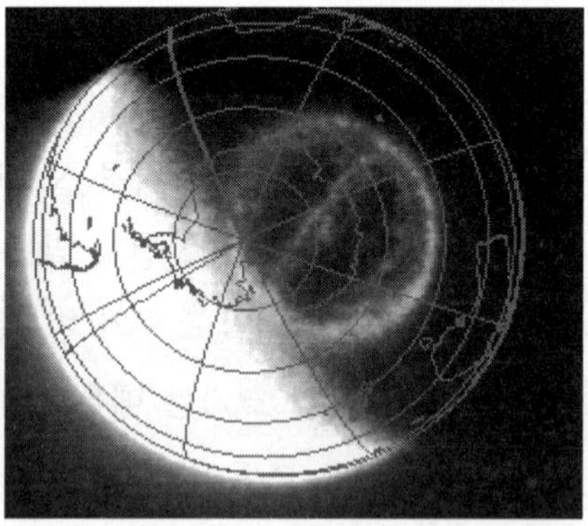

그림 10.21 NASA IMAGE 위성이 2005년 9월 15일 자외선으로 촬영한 남반구 오로라 환과 극통과 아크 (Fear et al., 2014)

오로라 환 (auroral oval)에서의 오로라는 대략 3 가지로 분류할 수 있다. 첫째로 **확산 오로라 (diffuse**

그림 10.22 DMSP 위성이 촬영한 전형적인 오로라 이미지 (Mauk and Bagenal, 2012)

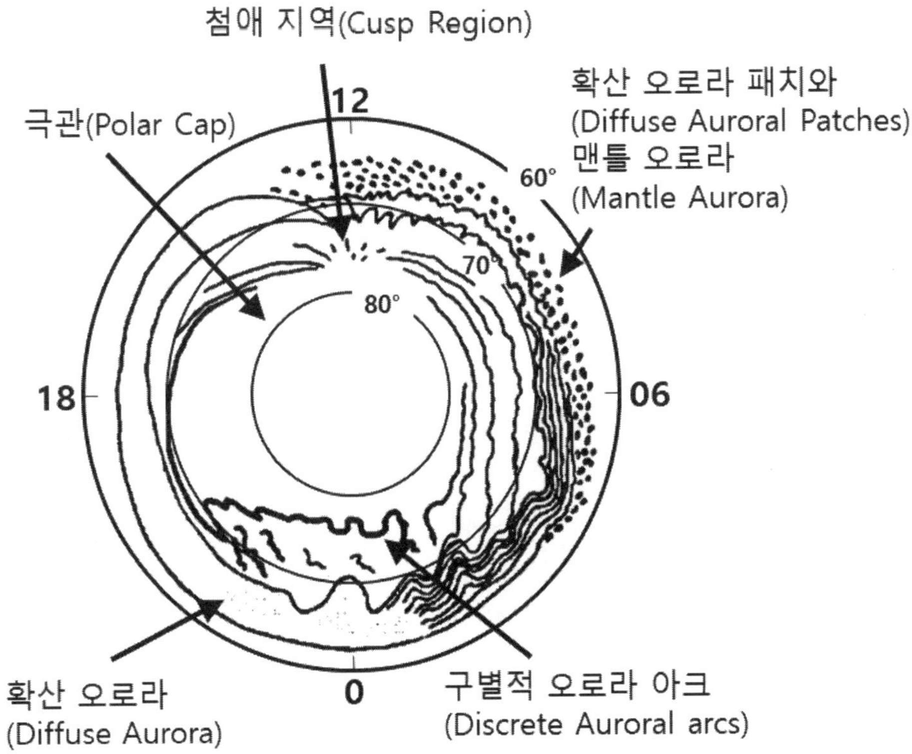

그림 10.23 오로라 분류 도식

aurora)는 넓은 영역에 거의 일정하게 입사하는 오로라로서, 이들은 **플라즈마 판 (plasma sheet)**에 기원한다. 뜨거운 플라즈마 판의 속성에 따라 자정 전에는 대략 서쪽 방향으로, 자정 후에는 동쪽으로 흐르는 경향이 있다. 둘째로, 확산 오로라에 묻혀서 개별적인 동서 방향 아크 형태의 오로라가 있다. 이 개별적 오로라 아크는 자기력선에 평행한 전기장이 전자를 아래로 가속시켜 고 에너지 전자 강하 현상이 생긴다.

오로라 전자 가속 고도는 2000 – 8000 km 구간임이 위성과 로켓으로 측정되었다. 낮 지역 오로라 환의 가속 지역은 ~100 - 1000 Volt 의 전위차를 자정 지역의 오로라 환은 그보다 더 높은 전위차를 가진다. 따라서 오로라 환의 강하 전자들은 E-층 고도까지 도달해서 E-층 전자밀도를 증가시킨다. 셋째로 지자기 부폭풍 (geomagnetic substorm)과 연계된 오로라로서 자정 무렵에 막대한 고에너지 입자가 난류 형태로 입사해서 발생한다.

그림 10.22는 오로라 환과 확산 오로라의 복잡한 구조를 보여준다. 이런 오로라 구조는 전리권의 전자 밀도와 온도를 더욱 복잡하게 할 수 있다. 예를 들어, E-층의 전자 밀도는 강하 입자에 의해 즉시 상승하지만, 재결합으로 빠르게 소멸될 수 있고, 밀도가 낮아지면 전자 온도를 상승시킬 수 있다. 또한 F-층 전자밀도가 높은 덩어리가 흘러들어 오면 전자 밀도를 감소시킬 수 있다. 그림 10.23은 여러 형태의 오로라를 자주 발생하는 위치에 따른 도식으로 정리해서 보여준다.

결론적으로 고위도 전리권 F-층은 약한 에너지 입자 강하에 의한 이온 생성과 가열로 인해 30 – 100 km 규모의 수평 구조를 가진다. 이 보다 더 큰 규모의 구조는 태양빛에 의한 광이온화, 화학적 소멸, 극관 전기장 패턴에 의한 수송에 지배된다.

11.

전리권 불안정성 (Ionospheric Instabilities)

전리권 플라즈마가 균질하게 분포하면 단파보다 파장이 짧은 전파는 별 영향을 받지 않고 투과해 나간다. 이는 마치 가시광선이 저층 대기까지 무난하게 투과해서 밤 하늘의 별을 잘 볼 수 있는 것과 같다. 그러나 전자기파가 통과하는 매질이 불균질하면 경로가 미세하게 굴절되어 깜박이는 현상이 별빛이나 위성 전파통신에 나타난다. 특히 지상 레이다로 송신한 전파는 전리권의 불균질한 매질에 반사되어 우주로 통과하지 못하고 되돌아온다. 전리권 불균질 현상이 심하면, 평소에 우주 상공의 위성까지 잘 통과되어 원활하던 통신 신호가, 심하게 깜박여서(scintillation) 약해지거나 두절될 수도 있다. 이런 불균질 현상은 전리권의 불안정성에 기인하는데, 그 기작이 위도와 고도별로 다양하게 발생한다. 이번 장에서는 전리권 불안정 기작을 적도 부근, 중위도, 고위도로 나누어 기술한다.

11.1 적도 F-층 플라즈마 불안정성

적도 전리권의 불균질(irregularities)은 단파 주파수 영역을 휩쓸면서 (sweeping) 송신하는 **이오노존데(ionosonde)**의 전리권 상시 관측에서 처음 발견되었다. 평소 불균질이 없는 전리권에서는 주파수에 증가함에 따라 반사되는 고도가 일정하게 증가하는 반송 궤적이 **이오노그램(ionogram)**에 나타난다 (이오노그램의 횡축은 주파수, 종축은 고도를 뜻함, 12장 참조). 그러나 종종 이오노그램 상의 반송 궤적이 F-층에서 고도 방향과 주파수 방향으로 넓게 퍼지는 현상이 나타나는데, 이를 **F-층 퍼짐 (spread F)**이라 한다. 이 현상을 더 잘 관측하기 위해서 단일 주파수를 송신하는 레이다를 적도 지역에 운영하고 있다.

그림 11.1은 페루 히카마카(Peru Jicarmarca)에서 균질 레이다(coherent scattering radar)가 파장 6 m (50 MHz) 신호를 송신하여, 각 시각 별로 고도에 따라 불균질한 전리권 플라즈마에 반사되어 오는 신호 세기를 나타내고 있다. 그림에서 검은 색일수록 반사 신호가 강함을 뜻하는데, 레이다 전파의 파장 6m 에 잘 반사되려면 **Bragg 일치 (Bragg matching)** 조건을 만족하는 3 m 크기의 플라즈마 불균질이 많이 존재함을 의미한다. Bragg 일치 조건은 반송전파의 파수(wavenumber) 벡터와 매질의 불균질 파수 벡터의 합이 송신 전파의 파수 벡터와 같다는 ($\mathbf{k_r} = \mathbf{k_s} + \mathbf{k_m}$) 조건이다. 따라서 반송전파의 파수 벡터는 송전파의 파수 벡터와 정반대이므로, 매질 불균질 파수 벡터는, $\mathbf{k_m} = 2\ \mathbf{k_r}$ 이므로, 히카마카 레이다의 6 m 송신전파는 3m 파장의 불균질에 잘 반사된다. 레이다 신호를 잘 반사하는 불균질 지역은 위성이 통과하며 측정한 결과 플라즈마 밀도가 낮은 지역으로 알려졌다. 따라서 그림에서 화

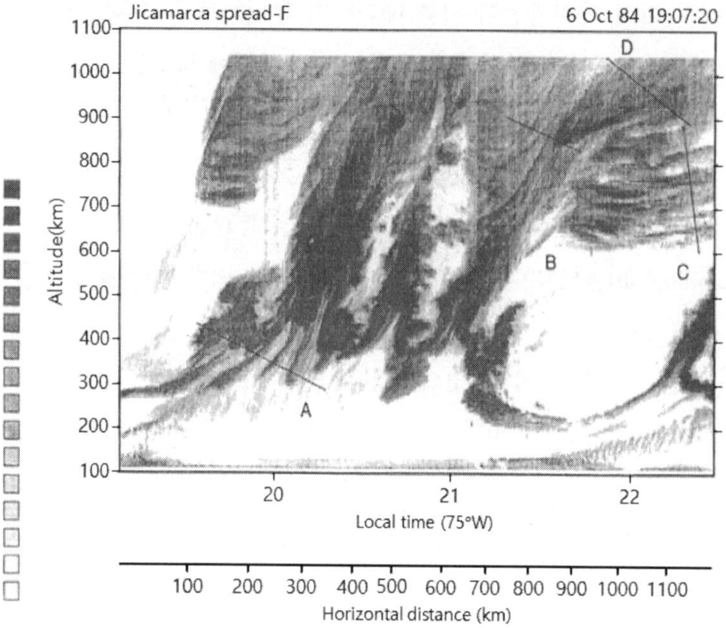

그림 11.1 Jicaramarca의 균질 레이다로 관측한 대류성 적도 전리권 폭풍(CEIS) (Hysell et al., 1990)

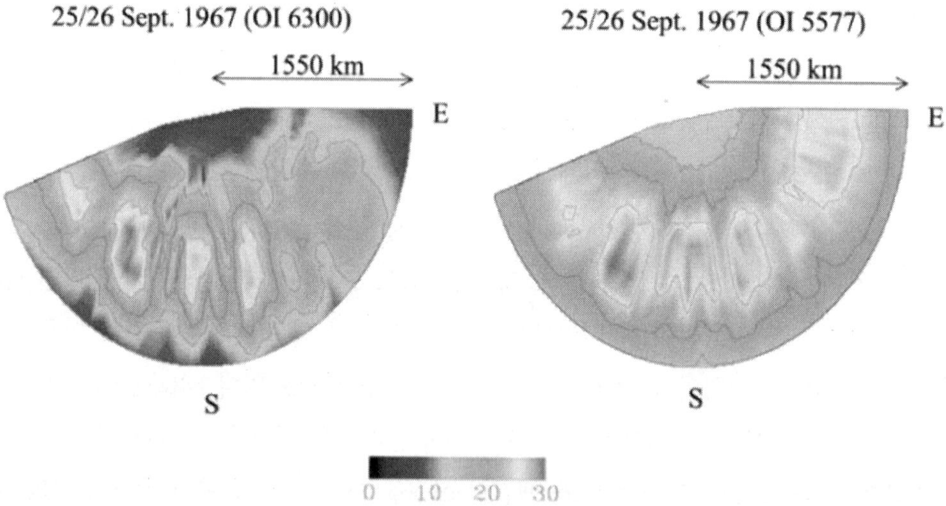

그림 11.2 하와이 Haleakala 산에서 관측한 대기광 스캔 이미지 (부채꼴의 중심이 관측소 위치). 남북 방향으로 정렬되어 있는 대기광 밝기 분포는 적도 전리권에 자기력선 튜브를 따라 발달한 플라즈마 거품 현상을 보여 줌. (Kim et al., 2002)

염 (plume) 형태의 위로 치솟는 모습은 밀도가 낮은 플라즈마가 아래 고도에서 위로 상승하면서 밀도가 높은 F-층을 통과하며 거품(bubble)이 올라가는 현상이다. 이렇게 적도 전리권에서 자정 전 시간에 **플라즈마 거품 (plasma bubble)**이 생겨 상승하는 현상을 **대류성 적도 전리권 폭풍 (convective equatorial ionospheric storm, CEIS)**이라 하며, 이오노그램 상에서는 **F-층 퍼짐 (spread F)** 현상에 해당한다.

그림 11.1의 수평 축이 관측된 지방시를 지시하지만, 플라즈마가 동쪽으로 125 m/s 으로 이동한다는 가정으로 계산한 수평거리도 표시하고 있다. 밤 시간에 적도 전리권은 동쪽으로 표류 운동함은 8장에서 소개한 바 있다. 시간이 흐를수록 플라즈마가 동쪽으로 이동하므로, 이 그림에서 왼쪽이 동쪽이라고 간주할 수 있다. 따라서 위로 솟구친 화염(plume) 형태가 오른쪽으로 기울어진 것은 플라즈마가 위로 올라가면서 서쪽으로 기울어짐을 뜻한다. 즉, 아래 고도보다 위 고도에서 플라즈마가 동쪽 표류속도가 작아짐을 의미한다. 이렇게 서쪽으로 기울어진 현상은 앞으로 **플라즈마 거품 (bubble)**의 비선형 시뮬레이션에서 설명할 것 이다. 그림 11.1에 직선으로 표시된 단면에서 종종 파동 패턴을 보이는데, 대략 50 km 징도의 규모이디. 또한 화염과 화염 사이 간격은 대략 500 km 규모이다.

플라즈마 거품의 수평 구조는 그림 11.2에서 보듯이 6300/5577 A 산소원자 대기광의 밝기 분포에 잘 나타난다. 이 대기광들은 F-층 고도의 산소원자 이온이 두 단계를 걸쳐 재결합하면서 여기된(excited) 산소 원자로부터 발생한다 (6장 참조). 따라서 이 대기광들은 F-층 플라즈마 밀도를 잘 대변한다. 그림 11.2에서 남북 방향으로 정렬되어 있는 대기광 밝기 분포는 자기력선 방향으로 발달된 저밀도 **플라즈마 거품 (bubble)**을 잘 보여 준다.

11.1.1. 레이레이-테일러 불안정성 (Rayleigh-Taylor Instability)

적도 전리권에서 플라즈마 거품 현상은 유체 역학의 **Rayleigh-Taylor 불안정성 (RTI)** 때문에 시작된다고 Dungey (1956)가 처음 제안했다. RTI는 낮은 밀도의 유체위에 높은 밀도의 유체가 놓이면, 중력에 의해 두 유체의 위치가 뒤바뀌려는 성질의 불안정성을 말한다.

적도 전리권에서 야간에 F-층 하부의 플라즈마 밀도가 급격하게 감소하면, 낮은 플라즈마 밀도 위에 높은 밀도가 위치하게 되어 RTI 조건이 만족된다. 구체적으로, 중력이 아래로 작용하는데 플라즈마 밀도의 경사가 위로 향하고, 지자기력선이 수평인 상황을 생각해보자. 그림 11.3은 지자기력선이 그림면에 수직으로 들어가는 방향(자기 북쪽)으로 오른쪽이 동쪽이고, F-층 하단부에 사인(Sine) 형태의 조그만 섭동이 생긴 경우를 나타낸다. 7장에서 기술

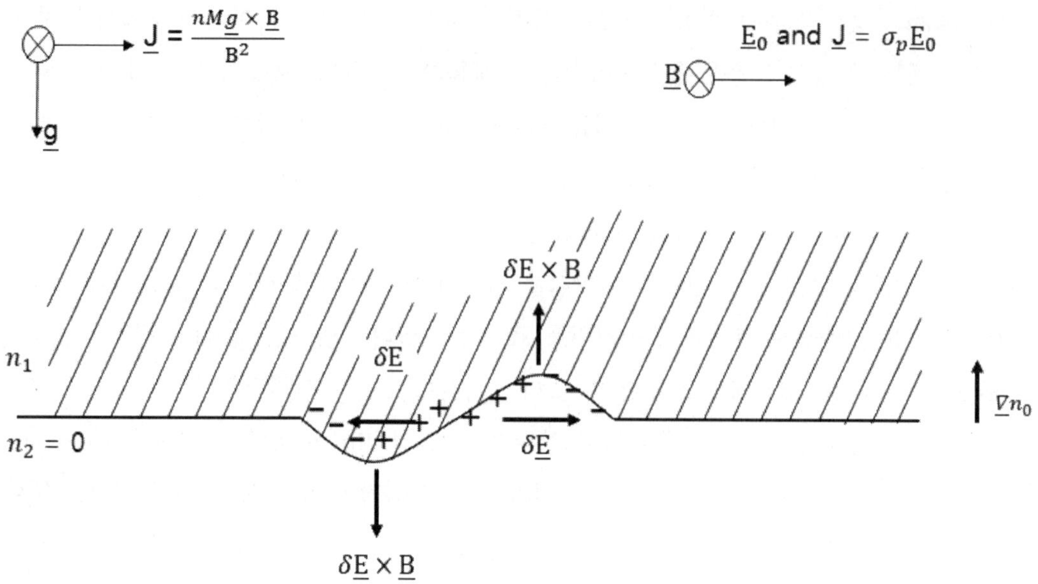

그림 11.3 적도 전리권에서 레이레이-테일러 불안정성(Rayleigh-Taylor Instability) 설명 도식

한 자기장에 수직 방향의 이온과 전자의 표류 속도는 전기장, 밀도 경사, 그리고 중력에 의해 생긴다 (7.2절 참조). 이온과 전자의 표류 속도 차이는 전류를 발생시키는데, 전자 질량이 이온 질량에 비해 너무 작아 무시할 수 있으므로 중력에 의한 차이가 전류를 생성함을 일단 먼저 생각하자. 이 전류는 동쪽 방향, x 성분이

$$J_x = n\,Mg/B \tag{11.1}$$

로 표현된다. 따라서 플라즈마 밀도, n 이 높은 곳에서 크고 작은 곳에서 작게 되므로, 섭동의 빗금친 부분에서 더 큰 동쪽 방향 전류가 흐르게 되고, 따라서 그림에 표시된 대로 섭동의 중심 부분에 양의 전하가 축적된다. 이렇게 축적된 양의 전하에 의해 **극성 전기장 (polarization field)**, δE 가 양쪽 방향으로 생성되고, 이 극성 전기장이 플라즈마를 $\delta E \times B$ 방향으로 이동시킴으로서, 작은 밀도 섭동은 점점 더 크게 자라게 된다. 이는 밀도가 높은 유체가 밀도가 낮은 유체 위에 놓였을 때, RTI에 의해 일어나는 섞임 현상과 유사하다.

이온과 전자의 표류 속도 차이에 의한 전류는 밀도 경사에 의해서도 생길 수 있으나, 이 전류는 섭동 면을 따라 동일하므로, 극성 전기장이 생기지 않기 때문에 불안정성을 유발하지 않는다. 그림에서처럼 외부에서 동쪽 방향 전기장, E_o 이 가해지는 경우, 섭동 면에서 전도도 차이 때문에, 전류, $J = \sigma_P E_o$ 의 차이가 생긴다. 이로 인해 극성 전기장이 섭동의 중심부에 그림과 같이 δE 가 생겨서, 중력과 마찬가지로 섭동이 자라게 할 수 있다.

적도 전리권에서 RTI가 섭동을 자라게 하는 **성장률(growth rate)**을 구체적으로 계산해보자. 7장에서 소개한 자기장에 수직인 전자와 이온의 표류속도는 중성 바람을 무시할 경우,

$$(V_j)_\perp = \frac{(W_j)_\perp}{1+\kappa_j^2} + \frac{\kappa_j (W_j)_\perp}{1+\kappa_j^2} \times \hat{B} \tag{11.2}$$

$$\overrightarrow{W}_j = b_j \overrightarrow{E} - D_j \overrightarrow{\nabla} n/n + \overrightarrow{g}/\nu_{jn} \tag{11.3}$$

으로 표현된다. 전자에 대해 F-층 고도에서 $\kappa_e \gg 1$ 이므로 첫째 항은 무시되고,

$$V_{e\perp} = \overrightarrow{E} \times \overrightarrow{B}/B^2 + (k_B T_e/eB^2 n)\overrightarrow{\nabla} n \times \overrightarrow{B} - (m/eB^2)\overrightarrow{g} \times \overrightarrow{B} \tag{11.4}$$

로 축약된다. 세 번째 항은 전자질량이 작음을 적용하여 전류 계산에서 무시될 수 있다. 이온에 대해서는 $\kappa_i \gg 1$ 이긴 하지만, 첫째 항을 무시할 수는 없고, $W_{j\perp}/\kappa_i^2$ 로 근사하여 다시 쓰면,

$$\begin{aligned} V_{i\perp} = {} & (b_i/\kappa_i^2)\overrightarrow{E} + \overrightarrow{g}/(\nu_{in}\kappa_i^2) - (D_i/\kappa_i^2)(\overrightarrow{\nabla} n/n) \\ & + \overrightarrow{E} \times \overrightarrow{B}/B^2 - (k_B T_i/eB^2 n)\overrightarrow{\nabla} n \times \overrightarrow{B} + (M/eB^2)\overrightarrow{g} \times \overrightarrow{B} \end{aligned} \tag{11.5}$$

이 된다. 여기서, 다시 $\kappa_i \gg 1$를 적용하여 두 번째와 세 번째 항을 무시하고, $n_i = n_e = n$ 을 사용하여 전류를 표현하면

$$\begin{aligned} \overrightarrow{J} &= ne(\overrightarrow{V}_i - \overrightarrow{V}_e) \\ &= \sigma_P \overrightarrow{E} + (nM/B^2)\overrightarrow{g} \times \overrightarrow{B} - (k_B/B^2)(T_i + T_e)\overrightarrow{\nabla} n \times \overrightarrow{B} \end{aligned} \tag{11.6}$$

이 된다. 여기서, $\kappa_i \gg 1$ 이므로 $\sigma_P = neb_i/\kappa_i^2$ 를 사용했다 (7.2절 참조). 이 식을 검사하

면, 중력에 의한 전류는 충돌이 무시되는 경우에도 존재하나, 전기장에 의한 전류는 충돌이 있을 경우에만 (즉, $\sigma_P \neq 0$) 존재한다.

이제 수직으로 층리화된 적도 F-층에서 불안정성을 선형으로 해석해보자. 7장에서 소개한 연속방정식은 해가 진 후의 전리권 F-층에서 플라즈마 생성과 소멸을 무시할 수 있으므로,

$$\partial n/\partial t + \vec{V} \cdot \nabla n + n(\nabla \cdot \vec{V}) = 0 \tag{11.7}$$

에서 플라즈마 속도, $\vec{V}$는 이온 속도 V_i 로 근사할 수 있다. 셋째 항은 유체의 압축성을 의미하는데, 위의 이온 속도 식에서 $\kappa_i \gg 1$ 를 적용하고, 외부 전기장이 없는 경우,

$$\nabla \cdot \vec{V} = \nabla \cdot [(M/eB^2)(\vec{g} \times \vec{B}) - (k_B T_i/en^2 B)(\nabla n \times \vec{B})] \tag{11.8}$$

로 표현된다. 중력과 자기장은 공간적으로 변하지 않으므로, 첫째 항은 없어지고, $\nabla \cdot (\nabla n \times \vec{B}) = 0$ 이며, $(\nabla n \times \vec{B}) \cdot \nabla n = 0$ 이므로, 전체적으로 0이 된다. 따라서 F-층 플라즈마는 비압축성 유체로 간주할 수 있다. 그러나 E-층에서는 플라즈마의 압축성이 중요한 역할을 하기 때문에 주의해야 한다. 이 비압축성 플라즈마의 연속방정식에 전류의 연속성 조건을 더하여

$$\partial n/\partial t + \vec{V} \cdot \nabla n = 0 \tag{11.9}$$

$$\nabla \cdot \vec{J} = 0 \tag{11.10}$$

이 두 방정식을 선형 분석하자. 층리화된 전리권에서 작은 플라즈마 밀도 섭동이 극성 전기장을 생성하는 상황을 묘사하기 위해, 밀도와 극성 전기장, $\delta\vec{E}$ 의 포텐셜($\delta\vec{E} = -\nabla\phi$)을

$$n = n_o(z) + \delta n\, e^{i(\omega t - kx)} \tag{11.11a, b}$$

$$\phi = \delta\phi\, e^{i(\omega t - kx)}$$

로 쓸 수 있다. 섭동에 의한 극성 전기장이 전류에 포함되므로, 전류 연속성 조건은

$$\nabla \cdot \vec{J} = \nabla \cdot [ne/\Omega_i \vec{g} \times \hat{B} + (ne^2\nu_{in}/M\Omega_i^2)\delta\vec{E}] = 0 \tag{11.12}$$

으로 표현된다. 여기서 $\nabla \cdot (\nabla n \times \vec{B}) = 0$ 등식을 사용해서 밀도 경사에 의한 전류 항을 제거했다. 이는 앞에서 설명한대로 섭동 면을 따라 생성되는 전류는 일정하기 때문에, 이에 대한 다이버전스는 자동으로 0이 됨을 뜻한다. 위 식의 각 항은 모두 수평 방향 즉 x 축 성분만 있기 때문에 x 축 미분 값만 존재하므로,

$$(eg/\Omega_i)(\partial n/\partial x) - (e^2\nu_{in}/M\Omega_i^2)(\partial n/\partial x)(\partial\phi/\partial x) - (ne^2\nu_{in}/M\Omega_i^2)(\partial^2\phi/\partial x^2) = 0 \tag{11.13}$$

으로 전개된다. 둘째 항은 섭동량의 제곱이므로 선형 분석에서 무시할 수 있으므로 선형 방정식은

$$(eg/\Omega_i)(\partial n/\partial x) - (ne^2\nu_{in}/M\Omega_i^2)(\partial^2\phi/\partial x^2) = 0 \tag{11.14}$$

$$Q(\partial n/\partial x) - P(\partial^2\phi/\partial x^2) = 0$$

$$Q \equiv Mg/B,\ P \equiv M\nu_{in}/B^2$$

으로 정리된다. 여기에 연속 방정식을 선형화하면

$$\partial n/\partial t + V_x(\partial n/\partial x) + V_z(\partial n/\partial z) = 0 \tag{11.15}$$

이 된다. 여기서 속도, V_x와 V_z는 이온 속도식에 섭동 전기장, $\delta\vec{E}$ 를 넣어 계산할 수 있는데, $\kappa_i \gg 1$를 적용하고 밀도 경사에 의한 항은 $\vec{V} \cdot \nabla n$ 에 기여하지 않음을 상기하자. 또한 이 식의 둘째 항의 $\partial n/\partial x$ 이 1차(1st order) 섭동 항이므로, V_x는 0차 항, 즉 $V_x = Mg/eB = Q/e$ 만이 기여할 수 있다. 셋째 항의 $\partial n/\partial z$ 은 수직 밀도 경사로서 배경 밀도의 미분이므로 0차 섭동이고, 따라서 V_z 는 섭동 전기장에 의한 1차 섭동 속도, $\delta E_x/B$ 를 사용할 수 있다. 그러므로 선형화된 연속 방정식은

$$\partial n/\partial t + (Q/e)(\partial n/\partial x) - (1/B)(\partial \phi/\partial x)(\partial n/\partial z) = 0 \tag{11.16}$$

로 정리된다. 이제 선형화된 전류 연속 조건과 연속방정식에 파동형태의 섭동을 대입하면

$$-ikQ\delta n + n_o k^2 P\delta\phi = 0 \tag{11.17a, b}$$

$$(i\omega - ikQ/e)\delta n + (ik/B)(\partial n_o/\partial z)\delta\phi = 0$$

로 표현된다. 이 두 방정식이 미지수 두 개, δn, $\delta\phi$ 에 대해 의미있는 해를 가지기 위해서는 계수의 디터미넌트가 0이 되어야 하므로, 이로부터 섭동의 파동에 분산 관계가 다음과 같이 구해진다.

$$\omega = (kQ/e) - i(g/\nu_{in})(1/n_o)(\partial n_o/\partial z) \tag{11.18}$$

이 분산 관계식에서 실수 부분은 섭동이 +x 방향으로 속도, $V_\phi = \omega_r/k = Mg/eB$ 로 전파될 수 있음을 나타낸다. F-층의 주 이온인 산소원자 이온의 질량을 사용하면, 이 속도는 약 6 cm/s 로 매우 느리다. 허수 부분에서 배경 밀도의 수직 경사가 양수 ($\partial n_o/\partial z > 0$) 이면, 시간에 따라 섭동 파동의 진폭이

$$e^{i\omega t} = e^{i\omega_r t}e^{\gamma t}, \qquad \gamma \equiv g/\nu_{in}(1/n_o)(\partial n_o/\partial z) \simeq g/(\nu_{in}L) \tag{11.19}$$

성장률 γ 로 지수적으로 증가하게 된다. 여기서 성장률이 배경 밀도의 경사 척도, L 과 이온-중성 충돌빈도수에 반비례함을 알 수 있다. 즉, 배경 밀도가 급격하게 감소할수록, 고도가 높을수록 성장률 γ 는 커진다.

이 선형 분석의 성장률은 **플라즈마 거품**에 관한 여러 관측 현상들을 설명한다. 첫째로 VHF 레이다가 적도 전리권 불균질을 F-층 최대고도 아래, 즉 플라즈마 밀도가 고도에 따라 증가하는 영역에서 주로 관측됨을 설명한다. 이때 F-층 최대고도 이상을 지나가는 위성은 플라즈마의 불균질없이 매끈하게 측정된 사실과도 잘 부합한다. 둘째로, 그림 11.1에서 보듯이, 플라즈마 화염이 충돌빈도수가 낮은 높은 고도에서 일어나고 있다는 사실도 잘 설명한다. 즉, F-층 고도가 높을수록 불안정성이 커져서 플라즈마 거품이 더 잘 생길 수 있음을 시

사한다. 여기서 성장률, γ 은 이온의 질량과 무관한데, 이는 앞의 선형 분석에서 단일 이온을 가정했기 때문이다. 실제로 F-층에 무거운 분자 이온을 상정한 다종 분석 연구에서 불균질의 성장률이 이온종의 질량과 밀도에 의존함이 보고되었다 (Sekar and Kherani, 1999).

지금까지의 선형 분석은 중력만을 고려하여 이루어졌다. 그러나 섭동에 의한 극성 전기장의 생성은 중력뿐만 아니라, 주변 전기장과 중성바람에 의해서도 생긴다. 이는 전기장과 중성바람을 통합하여, $E_o' = E_o + U \times B$ 에 전도도를 적용하면 $J = \sigma_P E_o'$ 가 발생하는 것으로 쉽게 적용할 수 있다. 즉, 불안정성의 근원은 전류의 연속성이 깨지면서 발생하는 극성 전기장이므로, 플라즈마 밀도 섭동에 의해 전도도에 섭동이 생기면 마찬가지로 극성 전기장이 생기고, 이에 따라 불안정성 조건이 충족된다. 적도 전리권에서 동쪽 방향으로 E_o' 가 존재하면 이는 $\vec{g} \times \vec{B}$ 방향과 같으므로, 앞의 선형 분석에서 구한 성장률에, g/ν_{in} 을 $g/\nu_{in} + E'_{ox}/B$ 로 대치하는 효과를 가져 온다. 여기서 E'_{ox} 는 중성바람과 함께 움직이는 계에서의 동쪽 방향 전기장을 의미하므로, 지표 좌표계에서는 동쪽 방향 전기장, E_x 이나 아래 방향 중성 바람이 동일하게 불안정 조건을 만든다. 반대로 F-층 하부에서 서쪽 전기장이나 위 방향의 중성바람은 플라즈마의 안정성을 증진시킨다. **일반적으로 $E'_{ox} \times \vec{B}$ 가 밀도 경사 방향과 일치하면 불안정성 조건이 충족한다고 할 수 있다.** 8장에서 소개하였듯이 적도 전리권은 초저녁부터 전기장이 동쪽 방향으로 증가하며 F-층을 상승시킨다. 이 상승은 플라즈마를 두 가지 방식으로 불안정하게 한다. 즉, 동쪽 방향 전기장 자체가 **레이레이-테일러 불안정성 (RTI)**을 만들기도 하고, 또한 F-층이 높은 고도로 올라감에 따라 중력에 의한 불균질 성장률 ($g/\nu_{in}L$) 이 커지게 한다. 전기장에 의한 성장률 (E'_{ox}/B)은 고도와 상관없이 일정하기 때문에 낮은 고도에서는 전기장에 의한 성장률이 더 중요하다. 전기장 0.5 mV/m 일 때, 이 두 성분의 성장률이 같아지는 고도는 375 km 이다.

앞에서 아래 방향으로의 중성 바람이 F-층 최대고도 아래에서 불안정성을 일으킬 수 있다고 언급했다. 그러나 중성바람은 보통 수평으로 불기 때문에, 전리권 밀도가 수직으로 증가하는 영역에서는 불안정성을 일으키지 않는다. 하지만 F-층이 수평에 대해 기울어지면, 수평 방향 밀도 경사가 생기고, 수평 방향 바람도 불안정성을 일으킬 수 있다. 즉, $E'_{ox} \times \vec{B}$ 안의 $(U \times B) \times B$ 이 수평 성분을 가지고, F-층이 기울어짐으로 인한 ∇n 의 수평 방향 성분과 일치하면 불안정 조건이 충족된다. 따라서 RTI의 성장률은 중력, 전기장, 그리고 수평 방향 밀도 경사들에 모두 의존한다. 이런 상황들을 고려하여 일반적 RTI 성장률은

$$\gamma_{RT} = [(E_x - wB)/LB]\cos\Delta + (g/\nu_{in}L)\cos\Delta + [(E_z + uB)/LB]\sin\Delta \qquad (11.20)$$

로 표현할 수 있다. 여기서 Δ는 F-층이 수평에서 기울어진 각이다. 이때 F-층 경사면에 구슬을 올려놓았을 때 서쪽으로 굴러 내려가는 경우를 양수로 잡았다. 물론 적도 자기력선이 수평임을 가정했다. 이 식을 이용하면 그림 11.1에서 서쪽으로 기울어진(시간이 지날 수록 낮아지는) F-층 영역에서 플라즈마 거품이 많이 생기는 이유를 동쪽 중성 바람에 기인한 것으로 해석할 수 있다. 즉, 동쪽 바람은 $(U\times B)\times B$ 가 서쪽을 향하게 되는데, 이 방향과 F-층의 밀도가 증가하는 방향이 같은 영역 (서쪽으로 기울어진)에서 불안정성이 커지기 때문이다. 위 식의 셋째 항은 F-층 다이내모가 완전히 일어날 경우, $E_z + uB = 0$ 이 되어 사라질 수 있다. 그러나 자기력선으로 E-층과 연결되어 전류가 흐르기 때문에 $|E_z| < |uB|$ 가 되어 영이 아닌 특정 값을 가진다. 또한, 첫째 항은 수직 중성 바람이 있을 경우, 의미있는 기여를 할 수 있다. 일반적으로 수직 중성 바람은 수평 바람에 비해 매우 약하지만, 중량파가 지나가는 경우에는 국지적으로 강해질 수 있다. 그림 11.2에 줄무늬 형태의 플라즈마 거품은 중량파의 하향 바람이 부는 위상에서 불안정성이 증가해서 생겼다고 볼 수 있다.

선형 RTI 분석 결과는 플라즈마 거품이 낮에 잘 생기지 않는 이유도 설명할 수 있다. 낮에도 밤처럼 F-층 하부에서 밀도 증가 방향과 중력 방향이 반대여서 RTI가 예상된다. 그러나 낮에는 E-층 밀도가 상당히 커서 전류가 자기력선을 따라 E-층으로 흐르기 때문에, F-층에 섭동 전기장이 축적되는 것을 방지한다.

적도 전리권 밤 시간에 강하게 나타나는 플라즈마 거품 현상은 전파 통신에 상당한 지장을 주기 때문에 예보의 필요성이 강조된다. 그러나 앞에서 기술하였듯이 적도 전리권 F-층에서 RTI는 중력, 전기장과 중성 바람에 직접적으로 영향을 받고, 또한 자기력선으로 연결되는 E-층의 밀도와 중량파에 의한 수직 바람에도 간접적으로 영향을 받기에, 현실적으로 예보하기 대단히 어렵다. 전기장과 중성 바람은 낮 시간의 **적도전리권 이상(EIA)**을 일으키기는 요인이므로, 이를 활용하여 밤 시간의 플라즈마 거품 현상을 예측하려는 시도가 있어왔다. 그러나 현실적인 예보 모델은 계절, 태양 활동, 경도 차이가 전기장, 중성 바람, 밀도, 온도 등에 어떻게 연결되는지에 대한 대단히 복잡한 물리적 과정 또는 측정 자료 동화 과정이 포함되어야 한다.

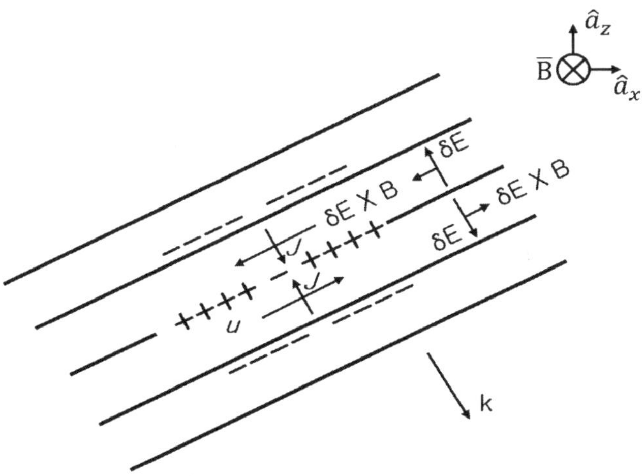

그림 11.4 중량파에 의한 바람 섭동이 생성하는 극성 전기장을 설명하는 도식

11.1.2. 대류성 전리권 폭풍의 시발 요인

위에서 기술한 RTI 성장률의 값들은 초저녁에 급격하게 발달하는 **CEIS**를 설명하기에는 상당히 느리다. 따라서 빠르게 CEIS를 일으킬 수 있도록 초기에 강한 섭동의 씨앗을 심어야 한다. 이런 강한 섭동 씨앗으로 중량파와 바람 시어(wind shear)가 제안되었다. 중량파는 국지적으로 강한 수직 바람을 일으켜서 RTI의 성장률을 급격히 증가시킬 수 있다. 또한 강한 바람 시어는 방향이 서로 다른 유체가 급격히 섞이게 하는 **켈빈-헬름홀쯔 불안정성 (Kelvin-Helmholtz Instability, KHI)**을 일으키는 것으로 알려져 있다.

그림 11.4는 적도 전리권 F-층에서 중량파가 아래 방향으로 비스듬히(k 방향) 진행하는 상황을 묘사한다. 자기장은 종이 면에 수직으로 들어가는 방향이고 오른쪽이 동쪽이다. 중량파는 횡파이므로 파동 진행 방향에 수직으로 위상에 따라 바람(u)이 방향을 바꾸어가며 분다. 이에 따라 $u \times B$ 방향으로 전류가 발생하며, 이 전류가 몰리는 면에 극성 전하가 축적되어 이로 인한 **극성 전기장,** δE 가 파동 면에 수직으로 생긴다. 따라서 전리권 플라즈마는 $\delta E \times B$ 방향으로 상승 또는 하강하게 된다. F-층 하부에서 플라즈마 밀도가 고도에 따라 증가하므로 ($\nabla n > 0$), 중량파의 상승하는 위상에서 RTI 조건이 충족한다. 또한 전리권의 F-층은 초저녁에 아래로 이동하면서 동쪽으로 표류하므로, 동쪽 아래 방향으로 비스듬히 전파하는 중량파와 공명할 수 있다. (중량파 이론에서 근원이 저층 대기에서 발생한 중량파의 위상은 아래 방향으로 이동함을 상기하자.) 따라서 이런 공간적 공명현상이 RTI 조건을

국지적으로 심화시킬 수 있어서 강한 섭동의 씨앗으로 여겨질 수 있다.

공간적으로 공명하는 중량파의 경우, RTI의 성장률을 구체적으로 계산해보자. **극성 전기장**에 의한 플라즈마 표류 속도, $\delta V = \delta E \times B/B^2$ 이고, 이는 완전한 F-층 다이내모 경우에는 중량파의 위상에 따른 중성 바람 속도, u 와 같다. 앞에서 F-층 플라즈마를 비압축성으로 간주할 수 있다는 것을 이용하면, 연속 방정식은

$$\partial n/\partial t + \delta V \cdot \nabla n = 0 \tag{11.21}$$

으로 쓸 수 있다. 여기에 F-층 플라즈마와 중량파가 완전히 공명하며 이동한다고 가정하면, 이동하는 F-층 플라즈마 계에서 중량파 파동식의 시간 항은 도플러 효과에 의해 영이 되고, 공간에 관한 변동만이 δV 에 반영될 것이다. 동쪽 방향을 x, 수직 방향을 z 로 비스듬히 이동하는 중량파의 경우,

$$\partial n/\partial t + w_o e^{-ik_x x + ik_z z} \partial n/\partial z = 0 \tag{11.22}$$

로 표현된다. 이를 F-층 밀도의 초기 값 $n_o e^{z/L}$ 을 가정하여 풀면,

$$n(x,z,t) = n_o e^{z/L} e^{\gamma t} \qquad (11.23a,\ b)$$

$$\gamma(x,z) \equiv R[-(w_o/L)e^{-ik_x x + ik_z z}]$$

로 쓸 수 있다. 여기서 R 은 실수 부분을 의미한다. 중량파 내의 바람 수직 성분, w_o= 2 m/s, F-층 밀도 증가 파라미터, L = 20 km를 사용하면, 최대 성장률, γ 는 10^{-4} s^{-1} 로서, 5 % 까지 증가하려면, 550 초가 걸린다. 이런 성장 속도는 완전 공간 공명을 가정한 낙관적인 추산 값으로서, 실제는 이보다 느릴 것이지만, **CEIS**의 씨앗으로서는 충분하다. 다만, CEIS에서 보이는 거품의 상승 속도, ~80 m/s 는 중량파 내의 바람 속도로는 설명이 불가하다. 때때로 CEIS의 화염은 1000 m/s 까지 빠르게 상승하는데, 이는 중성 바람이 초음속으로 불수는 없기에 불가능한 속도이다. 이런 빠른 속도는 섭동 씨앗이 RTI에 의해 증폭되어야만이 가능하다. 그림 11.4처럼 중량파가 동쪽으로 하향 전파하는 경우가 공간 공명을 일으켜서 가장 효율적으로 CEIS의 씨앗이 될 수 있는 반면, 남북 방향의 파동은 효과적이지 않다. 고위도 오로라 지역에서 종종 발생하는 거대한 파동인, **이동 전리권 요동(traveling**

ionospheric disturbances, TID)은 적도 지역까지 전파되어도 CEIS를 촉발하기 어렵다. 따라서 CEIS의 씨앗이 되는 중량파는 대류권에서 뇌우 폭풍, 전선, 산악에 의한 것으로 보인다. 이런 대류권 현상은 기상과 지형에 따라 변화하므로 CEIS의 발생 정도는 경도별로 다를 것이 예상된다.

F-층 아래에서 관측되는 바람 시어는 예상과 달리 RTI를 억제한다고 보고되었다 (Satyanarayana et al., 1984). 바람 시어의 강도를

$$\hat{S} = \frac{dV/dz}{[(g/n)dn/dz]^{1/2}} \equiv 1/R_{ip}^{1/2} \tag{11.24}$$

로 표시한다. 여기서 R_{ip}는 **플라즈마 리차드슨 수 (Plasma Richardson number)**로서, 대기과학에서 바람시어의 안정성을 판단하는 **리차드슨 수 (Richardson number)**,

$$R_i = (g/\theta)(d\theta/dz)/(dV/dz)^2 = \omega_B^2/(dV/dz)^2 \tag{11.25}$$

와 유사하다. 여기서 θ 는 온위이고 ω_B 는 **부력 진동수 (Brunt-Väisälä 진동수)**로서, 리차드슨 수는 부력에 의한 안정성과 바람 시어에 의한 불안정성을 비교하는 개념으로, $R_i < 0.25$ 이면 유체에서 **켈빈-헬름홀즈 불안정성 (KHI)**이 일어난다고 알려져 있다. 따라서, 바람 시어 강도가 $\hat{S} > 2$ 이면 F-층 플라즈마도 불안정하다고 볼 수 있다. 이 불안정 조건을 만족하려면, $\hat{S} = 2$ 에 대해 $V = 2(gL)^{1/2}$ 이므로, 수직척도 L = 15 km 고도 구간에서 속도 760 m/s 의 변화가 있어야 한다. 이 속도는 보통의 플라즈마 속도보다 훨씬 빠르기에 일반적으로는 불안정성 조건을 만족하기 어렵다. 그러나 Satyanararyana et al. (1984)의 자세한 연구 결과는 주어진 바람 시어 하에서 특정 수평 규모의 변동이 RTI를 최대화 시킬 수 있음을 보여준다. Kelley et al. (1986)은 이를 이용하여 보통 관측되는 바람 시어에서 45 ~ 180 km 범위의 수평 변동이 가장 효율적으로 RTI를 초래할 수 있음을 주장하였다. 이 수평 거리는 바람 시어가 CEIS의 씨앗으로 작용하는 거리로서 관측된 플라즈마 거품의 화염 간의 거리와 어느 정도 일치한다.

요약하면, 중량파에 의한 CEIS의 씨앗은 중량파의 파동과 관련되어 수평거리 약 100 - 600 km 간격으로 생길 수 있고, 바람 시어에 의한 씨앗은 30 - 80 km 의 비교적 짧은 거리에서 반복되는 **플라즈마 거품 화염(plasma bubble plume)**을 설명할 수 있다.

11.2.3. 대류성 전리권 폭풍의 비선형 이론

앞에서 기술한 RTI 선형 분석은 불안정성이 플라즈마 밀도가 증가하는 구간, 즉 F-층 하부에서만 일어나고, F-층 상부에서는 일어날 수 없다는 단점이 있다. 레이다 관측은 그림 11.1에서 보듯이 F-층 보다 훨씬 높은 고도까지 플라즈마 거품이 화염처럼 상승하는 현상을 선형 분석이 설명할 수 없다. 이에 많은 연구자들이 방정식을 선형화하지 않고, 그대로 수치적분하여 플라즈마 거품을 시뮬레이션 했다. 이 비선형 모델들은 적도 전리권을 2차원 상에서 다양한 초기 조건을 가정하여 관측과 유사한 결과들을 재현하였다. 비선형 모델들은 선형 분석에서처럼 F-층 밀도 경사가 클수록, 초기 섭동이 더 높을수록, 거품, 즉 밀도가 낮은 지역의 성장은 빠르게 일어남을 확인했다. 또한 초기 섭동의 수평 규모가 클수록 자라난 거품의 밀도 역시 더 심하게 낮아짐을 보였다. 즉, 3 km 규모의 섭동은 상층에서 거품 밀도가 주변보다 10 % 정도만 낮은 반면, 150 km 규모의 섭동은 1/100 정도로 낮은 거품 밀도를 보였다. 이는 플라즈마 상승을 일으키는 전기장이 F-층보다 훨씬 낮은 고도까지 침투하여 이 고도의 낮은 밀도의 플라즈마를 F-층 위로 상승시키기 때문이다. 이 기작은 적도 전리권 F-층에서 종종 무거운 금속 이온이나 분자 이온이 발견되는 현상을 설명할 수 있다. 즉, 무거운 이온들이 평소에 낮은 고도에 분포하고 있다가, 거품 상승과 더불어 F-층까지 이동하여 발견될 수 있음을 시사한다.

그림 11.5는 비선형 모델의 결과로서 플라즈마 거품이 F-층을 뚫고 상승함을 잘 보여준다. 이 모델은 동쪽으로 중성 바람이 불고, 적도 양쪽으로 E-층과 연결되어 F-층 다이내모가 완전하지 않은 조건을 가정하였다. 초기에 중량파의 씨앗을 전제하여 수평거리 150 km 간격으로 섭동을 주었는데, 이 섭동이 거품을 비스듬하게 상승하여 불과 40여분 만에 F-층을 뚫고 고도 500 km 이상으로 상승 발달함을 보여준다. 이 결과는 그림 11.1의 레이다 관측에서 보이는 화염이 서쪽으로 기울어짐 현상과 잘 일치한다.

동쪽 방향 중성 바람이 충분히 강하여 E-층의 부하에도 불구하고 F-층 다이내모를 잘 일으켜서 RTI에 의한 거품의 성장이 빠르게 일어남을 시사한다. 또한 고도가 올라갈수록 플라즈마의 동쪽 흐름이 약화되어 서쪽으로 기울어지는 현상이 관측에서처럼 잘 나타난다. 이는 다이내모에 의해 생성되는 수직 전류, $\sigma_P(E_z+uB)$가 밀도가 낮은 거품 화염 안에서 전도도가 작아지므로, 경계에서 전류를 유지하기 위해서는 $|E_z|$ 가 작아져야하고, 이는 거품안의 플라즈마가 동쪽으로 주변보다 더 느리게 표류하게하기 때문이다. (여기서 E_z 는 아래 방향임을 상기하자) 결과적으로 이 과정은 레이다 관측처럼 화염이 서쪽으로 기울어지게

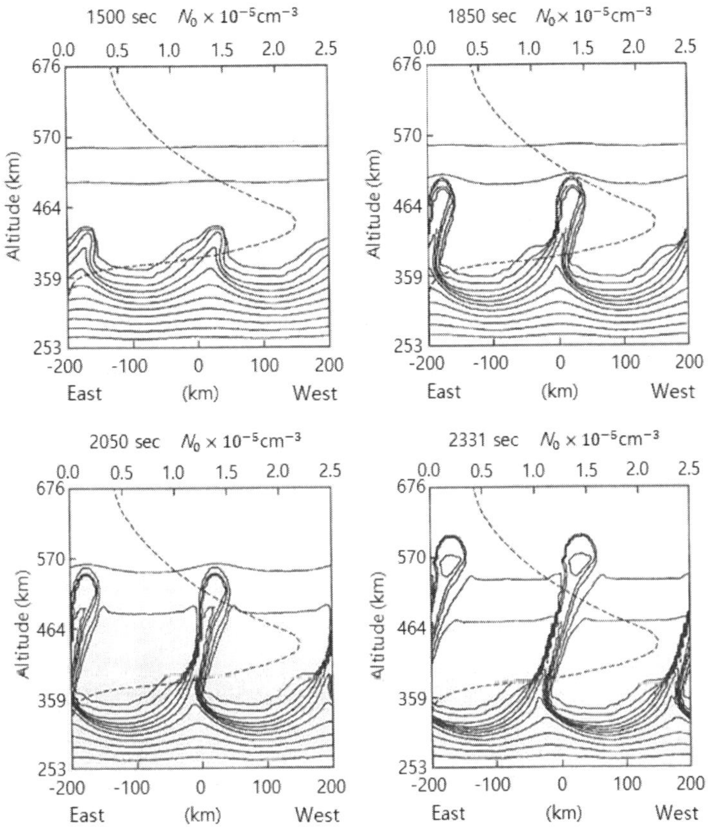

그림 11.5 동쪽 배경 바람과 특정한 Pederson 전도도를 전제한 플라즈마 거품의 컴퓨터 시뮬레이션 (Zalesak et al., 1982)

만든다.

비선형 모델에서 중량파를 씨앗으로 가정한 시뮬레이션이 주목받았다. Huang and Kelley (1996)은 중량파 내의 수직 바람 속도를 4 m/s 에 수평 파장이 240 km 로 주었을 때, 초기의 섭동이 전혀 없이도 플라즈마 거품이 고도 500 km 까지 300 m/s 의 속도로 상승함을 보여줬다. 이런 상승 속도는 중량파의 수직 바람 속도가 플라즈마 내에서 비선형적 RTI 에 의해 증폭되었음이 분명해졌다. 또한 바람 시어를 가정한 비선형 모델은 플라즈마와 중성 대기와의 충돌 과정에 의한 복잡한 전기장이 생성되어 큰 규모의 플라즈마 불균질을 만들어 냄을 보였다. 해가 진후의 F-층 바람 시어 규모가 ~20 km 인 경우, **KH 불안정성**의 시뮬레이션에서 처음에는 30 km 정도의 불균질 파동이 생성되었다가, 빠르게 250 km 까지 성장한다. 따라서 중량파 없이도 바람 시어에 의한 **KH 불안정성**이 거대 규모의 플라즈마 거품을 설명할 수 있다. 실제로는 중량파와 바람 시어가 함께 작용하여 레이다 및 전천 카메라로 관측한 복잡한 플라즈마 거품 화염들이 생길 가능성이 크다.

11.2 적도 E-층 플라즈마 불안정성

적도 전리권 E-층은 8장에서 다루었듯이 **Cowling 전도도**에 의해 강한 **전류제트 (electrojet)**가 흐른다. 다이내모에 의해 동서 방향 전기장과 이에 반응하여 **Hall 전류**가 발생과 동시에 E-층 고도의 수평 자기력선 사이에 수직 방향 극성 전기장을 발생시킨다. 즉,

$$\begin{aligned} E_z &= (1+\sigma_H/\sigma_P)E_x \\ &\cong (\nu_i/\Omega_i)[E_x/(1+\nu_e\nu_i/\Omega_e\Omega_i)] = [\kappa_i^{-1}/(1+\Psi_o)]E_x \end{aligned} \tag{11.26}$$

로 쓸 수 있다. E-층에서 전자-중성과 이온-중성의 충돌 빈도수, ν_e, ν_i 와 자이로 주파수, Ω_e, Ω_i 의 차이로 인해서 동서 전기장의 약 3배인 최대 수직 극성 전기장은 10 – 15 mV/m을 가진다. E-층 고도에서는 이미 전자-중성 충돌빈도수가 자이로주파수보다 작아져서 '자화된다' (magnetized)고 표현한다. 따라서 전자는 $E_z \times B$ 로 낮에는 서쪽, 밤에는 동쪽 방향으로 빠르게 표류한다. 반면, 이온은 E-층 고도에서 중성분자와의 충돌이 빈번하기 때문에 $E_z \times B$ 로 표류하지 못하고 거의 정지해 있다. 적도 E-층의 전자 표류 속도는 이 고도에서의 음속보다 빠른 400 – 600 m/s 에 이를 수 있다. 이런 빠른 전자 표류 속도는 플라즈마 불안정성을 유발할 수 있음을 시사한다.

적도 E-층에서의 불안정성으로 인한 플라즈마 불균질은 전리권 표준 감시 장비인 이오노존데의 관측에서는 강한 E-층 반사로 처음 알려지기 시작했다. 중위도 전리권 E-층 고도에서 때때로 얇고 강하게 보이는 **산발 E-층(sporadic E. E_s)**과 유사해서, **적도 산발 E-층(E_{sq})**이라 불리기도 했으나, 중위도 산발 E-층과 전혀 다른 기작으로 생김이 나중에 밝혀졌다. 본격적인 적도 E-층 불균질은 레이다와 로켓으로 관측되어 왔다. 특히, 히카마카 50 MHz 레이다는 두 종류의 E-층 불균질을 관측했다. 레이다로 관측된 **유형 I과 II 불균질 (Type I, II irregularities)**은 다음과 같은 특징을 가졌다.

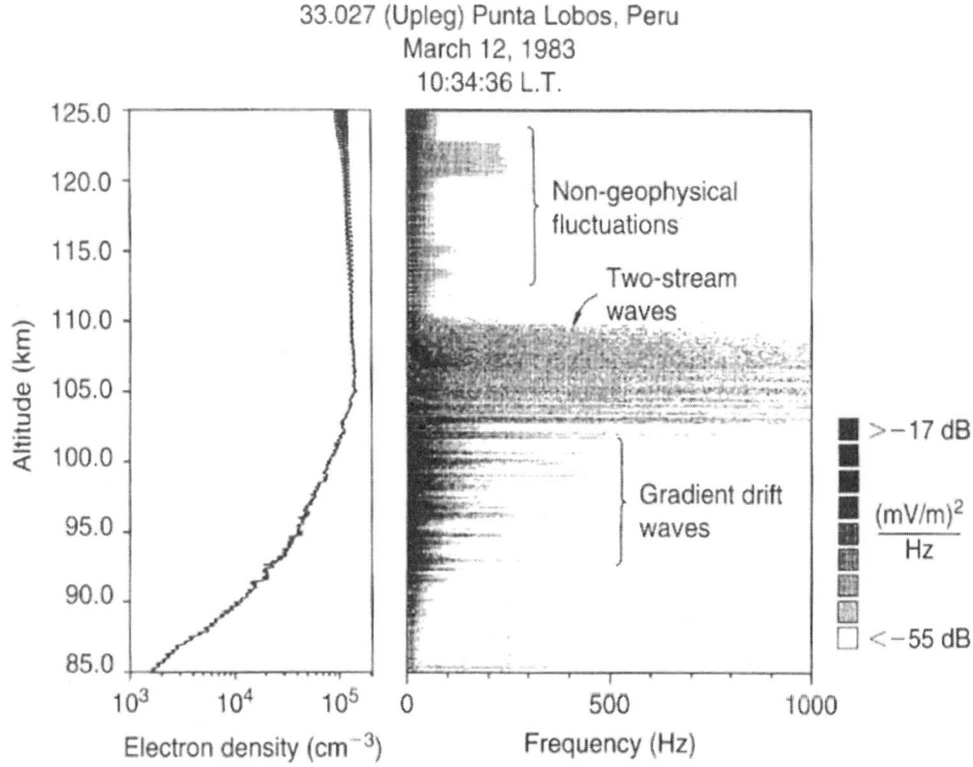

그림 11.6 로켓이 측정한 두 종류의 적도 E-층 불안정성 파동 (Pfaff et al., 1987)

유형 I 불균질 (Type I irregularities) : 적도 전기제트가 강할 때 천정거리 각과 거의 무관하게 이온 음속 (ion acoustic speed) 정도의 매우 빠른 동서 방향 속도가 동서 방향의 좁은 영역에서 관측됨.

유형 II 불균질 (Type II irregularities) : 플라즈마 수직 밀도 경사가 있는 고도 구간에서 특정한 임계속도(threshold speed) 없이 전자 표류 속도가 낮을 때도 관측됨.

그림 11.6은 전기제트가 강할 때 Peru에서 로켓으로 측정한 전자밀도 수직 프로파일과 플라즈마 파동 스펙트럼을 보여준다. 전자밀도가 증가하는 고도 102 km 이하 구간에서 낮은 주파수대의 플라즈마 파동이 보이는데 이는 유형 II 불균질로 여겨지며, 그 위 고도에서 보이는 강한 플라즈마 파동 스펙트럼은 유형 I 불균질로 간주된다. 이론적으로 유형 I 불균질은 **두 흐름 불안정성(two-stream instability, TSI)**, 유형 II 불균질은 **경사 표류 불안정성 (gradient drift instability, GDI)**에 기인한다고 밝혀졌다.

11.2.1. 전류제트 불안정에 대한 선형 이론

적도 E-층 유형 I 불균질은 Farley (1963)와 Buneman (1963)에 의해 **두 흐름 불안정성 (two-stream instability)**으로 설명되었다. (때때로 Farley-Buneman Instability 라 부르기도 함) 이 이론은 플라즈마에서 이온은 중성과의 충돌에 의해 거의 정지해있지만 그 속을 전자가 빠르게 흐르는 상태, 즉 2개의 흐름 (two-stream)을 전제한다. 여기서 아래 방향의 배경 (zero-th order) 전기장, $-E_z\hat{a_z}$ 에 의해 전자 흐름이 남북 방향 수평 자기력선을 가로질러 동쪽 방향으로, $V_D\hat{a_x}$ 로 표류한다고 가정한다. 이 조건은 보통 밤 시간 적도 전리권 E-층에 해당한다. E-층 고도에서 전자는 충분히 자화되어 있어 $E_z \times B$ 방향으로 표류하는 반면, 이온 충돌에 의해 ($\nu_{in} \gg \Omega_i$) 거의(zero-th order) 정지되어 있다. 일단 배경 플라즈마의 밀도 경사는 없다고 가정하자. 섭동에 의한 밀도, 전기 포텐셜, 속도가 $\delta n e^{i(\omega t - kx)}$, $\delta\phi e^{i(\omega t - kx)}$, $\delta V e^{i(\omega t - kx)}$ 형태를 가진다고 하면, 이 섭동은 동쪽 방향, 즉 자기장, $B\hat{a_y}$ 의 수직으로 k 의 파동수를 가지고 진행할 것이다. 이를 대입하여 전자에 대해서 연속방정식을 선형화하면

$$i\omega\,\delta n + V_D(-ik\delta n) - ikn_o\delta V_{ex} = 0 \tag{11.27}$$

로 표현된다. 여기서 둘째 항과 셋째 항은 각각 $V \cdot \nabla n$ 과 $n\nabla \cdot V$ 에서 왔다. 섭동 파동이 수평이고 수직 밀도 경사가 없기 때문에 수직 방향은 고려할 필요가 없다. 또한 전자와 이온밀도가 항상 같다는 전하 중성 조건을 가정하여, $n_e = n_i = n$ 을 사용하였다. 전자의 운동 방정식에 정상조건(steady state)을 적용하고 ($md\overrightarrow{V_e}/dt = 0$), 전자 질량이 작음을 고려하여 중력을 무시하면

$$0 = (-e/m)(\overrightarrow{E} + \overrightarrow{V_e} \times \overrightarrow{B}) - (k_BT_e/m)\overrightarrow{\nabla}n/n - \nu_e\overrightarrow{V_e} \tag{11.28}$$

로 쓸 수 있다. 이 방정식에서 배경 전기장이 수직 방향 $-E_z\hat{a_z}$, 이며 전자의 배경 표류 속도, V_D 와 평형을 이루기에 소거되고, 수직 방향 밀도 경사는 없다고 가정했으므로, 수직 방향 선형화 식은

$$0 = -\Omega_e \delta V_{ex} - \nu_e \delta V_{ez} \tag{11.29}$$

이 된다. 전자의 x 방향 선형화 식은

$$0 = (-eik/m)\delta\phi + \Omega_e \delta V_{ez} + ik(k_B T_e/m)(\delta n/n_o) - \nu_e \delta V_{ex} \tag{11.30}$$

이 된다. 이온에 대한 연속 방정식의 선형화 식은 이온의 배경 속도가 0임을 사용하면

$$i\omega\, \delta n/n_o - ik\delta V_{ix} = 0 \tag{11.31}$$

로 표현된다. 마지막으로 이온의 x 방향 운동방정식에 $\Omega_i \ll \nu_i$ 를 적용하여 선형화하면,

$$(i\omega + \nu_i)\delta V_{ix} = ik[(e/M)\delta\phi + (k_B T_i/M)\delta n/n_o] \tag{11.32}$$

로 정리된다. 5개의 선형화식에 대해 5개의 변수, $\delta V_{ex}, \delta V_{ez}, \delta V_{ix}, \delta\phi, \delta n/n_o$가 의미있는 해를 가지려면, 연립 방정식의 계수의 디터미넌트가 0이 되어야 하는 조건에서

$$(\omega - kV_D) = (-\Psi_o/\nu_i)[\omega(i\omega + \nu_i) - ik^2 C_s^2] \tag{11.33}$$

$$C_s^2 \equiv k_B(T_e + T_i)/M$$

이 구해진다. 여기서, C_s 는 이온 음속이고, $\Psi_o = \nu_e \nu_i/\Omega_e \Omega_i$ 이다. 주어진 섭동이 시간에 따라 변동하는 양상을 살피기 위해, 섭동의 진동 주파수를 실수 부분과 허수 부분으로, $\omega = \omega_r - i\gamma$ 로 나누어 구하면,

$$\omega_r = kV_D/(1+\Psi_o) \tag{11.34a, b}$$

$$\gamma = (\Psi_o/\nu_i)(\omega_r^2 - k^2 C_s^2)/(1+\Psi_o)$$

이다. 허수 부분, γ가 양수이면 섭동은 자라나므로, 불안정성 조건은

$$\omega_r > k^2 C_s^2 \rightarrow V_D > (1+\Psi_o) C_s \tag{11.35}$$

가 된다. 이는 전자의 표류 속도가 이온들 속에서 음속을 초과할 경우 섭동이 자라남을 의미하기 때문에, 이런 상황을 **두 흐름 불안정성 (two-stream instability)**이라 부르게 되었다.

이 불안정성이 섭동의 파장에 따라 어떻게 변하는지를 알아보자. 수식을 간소화하기 위해, $\omega_r \gg \gamma$ 를 상정하면 (즉, $\gamma \simeq 0$, 겨우 불안정인 경우), 전자의 연속 방정식은

$$\delta V_{ex} = (\omega_r/k - V_D)\delta n/n_o = -(\Psi_o/[1+\Psi_o])\, V_D \delta n/n_o \tag{11.36}$$

로 쓸 수 있다. 전자의 x 방향과 z 방향 운동방정식에서 δV_{ez}을 소거하면

$$\delta V_{ex} = -[\nu_e/(\Omega_e^2+\nu_e^2)][(ike/m)\delta\phi - ik(k_B T_e/m)(\delta n/n_o)] \tag{11.37}$$

로 표현된다. 이 두 식에서 δV_{ex}를 같다고 두면

$$[\nu_e/(\Omega_e^2+\nu_e^2)](ike/m)\delta\phi = [ik(k_B T_e/m)\nu_e/(\Omega_e^2+\nu_e^2) + \Psi_o V_D/(1+\Psi_o)](\delta n/n_o) \tag{11.38}$$

이 된다. 전기장과 포텐셜의 관계를 이용하면, $\delta E_x = ik\delta\phi$ 이고, $V_D = E_{zo}/B$ 이므로

$$\delta E_x/E_{zo} = [\Psi_o(\Omega_e^2+\nu_e^2)/[\nu_e\Omega_e(1+\Psi_o)] + ik(k_B T_e/eE_{zo})](\delta n/n_o) \tag{11.39}$$

로 표현된다. 이는 x 방향 섭동 전기장과 밀도 섭동과의 관계를 나타내는데, 그 관계가 파동수 k 에 의존함을 알 수 있다. 우변의 첫째 항과 둘째 항이 같을 때의 섭동의 파장은

$$\lambda_c = \pi C_s^2(1+\Psi_o)/(\nu_i V_D) \tag{11.40}$$

로 계산된다. 여기서 등온도 ($T_i = T_e$)를 가정하여 $C_s^2 = 2k_B T_e/M$ 를 사용하였다.

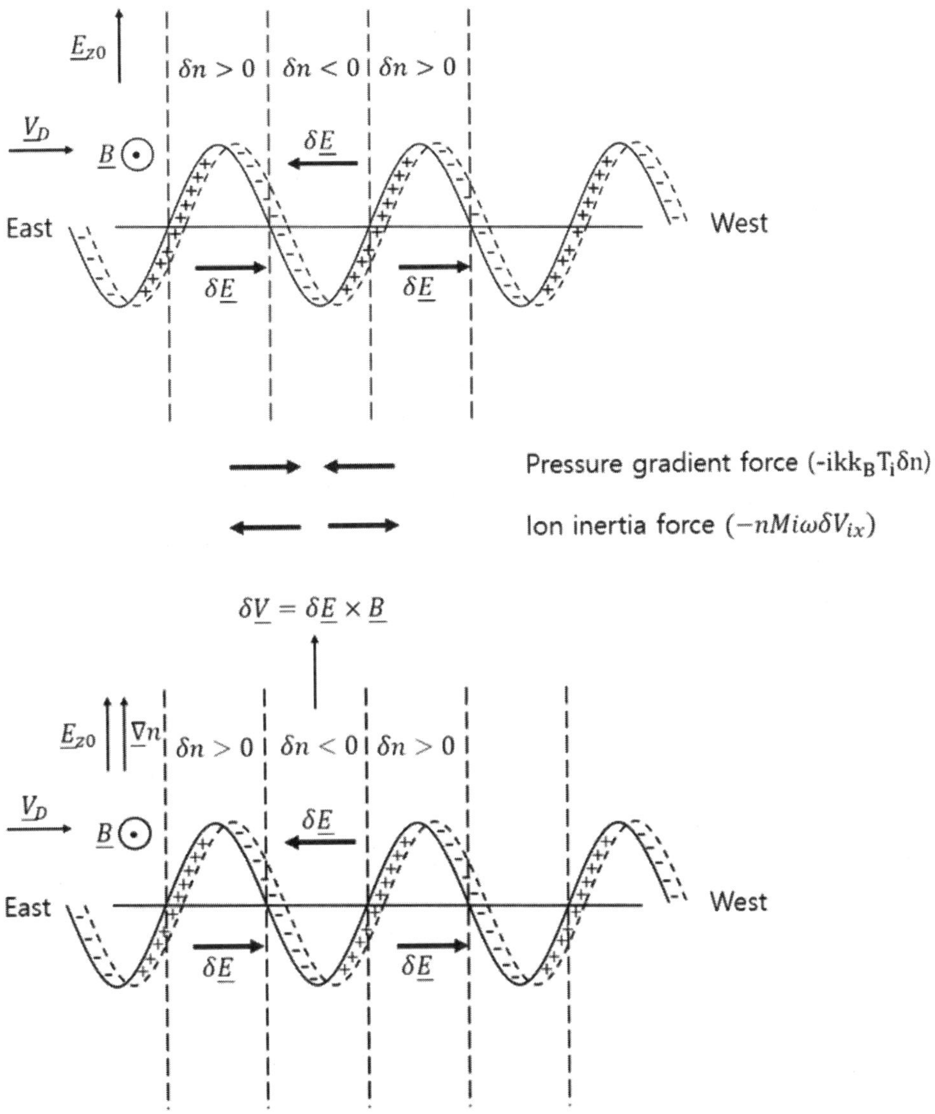

그림 11.7 선형 불안정성 기작 설명 도식도. a) 두-흐름 불안정성 (two-stream instability) b) 낮시간 경사표류 불안정성 (gradient drift instability)

고도 105 km에서 Ψ_o= 0.22 와 표류 속도가 음속이라 하면, $V_D = C_s$= 360 m/s 이고, ν_i = $2.5\times10^3\ s^{-1}$ 을 사용하면, $\lambda_c \simeq 0.4$ m 를 얻을 수 있다. 레이다가 관측하는 플라즈마 불균질의 규모가 이보다는 훨씬 크므로 현실적으로 둘째 항을 무시할 수 있다. 따라서 허수 부분이 없어지므로 ($k\rightarrow0$), 섭동 전기장과 밀도 섭동은 같은 위상 ($E_{zo} > 0$)이거나 180° 다른 위상 ($E_{zo} < 0$)을 가진다. 이 경우 $\Omega_e \gg \nu_e$이므로

$$\delta E_x / E_{zo} = [\nu_e / [\Omega_e (1+\Psi_o)]] (\delta n / n_o) \qquad (11.41)$$

로 근사된다. 이는 RT 불안정성과 유사한 관계이다.

이 관계와 그림 11.7을 이용하여 **두 흐름 불안정성 (two-stream instabiliy)**을 개념적으로 이해해 보자. 그림에서 수직 배경 전기장이 위로 향하는 경우이므로 $(E_{zo} > 0)$ 낮시간 조건에 해당한다. 이 전기장에 반응하여 이온과 전자가 서쪽으로 $V_D = E_{zo}/B$ 로 표류하고 플라즈마 밀도 섭동 (δn)의 파장이 긴 $(\lambda \gg \lambda_c)$ 사인파 형태로 동서 방향으로 존재하는 상황이다. 이온은 전자보다 무거워서 자기장에 더 잘 묶여 있어, 이온과 전자의 표류 속도차이가 생겨 동쪽 방향으로 전류가 발생한다. 그러나 이 전류가 밀도가 작은 쪽에서 상대적으로 작게 밀도가 큰 쪽으로 크게 흐르기 때문에, 작은 쪽에서 큰 쪽으로 이동하는 경계에서 음의 전하가 축적되고, 그 반대의 경우는 양전하가 축적된다. 따라서 밀도 섭동의 경계에 축적된 양전하와 음전하로부터 극성 전기장, δE가 그림과 같이 발생한다 $(\rho_c = \epsilon_o \nabla \cdot E = -\epsilon_o i k \delta E_x)$. 이 상황에서 플라즈마가 고밀도 지역으로 들어오는 것이 나가는 것보다 많으면 섭동은 자라나서 불안정성 조건이 될 것이다. 선형화된 이온의 운동방정식을 살펴보면 마찰에 의한 항 $(\nu_i \delta V_{ix})$과 전기장에 의한 항 $(ike\delta\phi/M = \delta E_x e/M)$은 실수 부분이므로 섭동과 같은 위상으로 변하기 때문에 밀도의 순증가/감소가 없다. 그러나 압력 경사에 의한 항 $(ik(k_B T_i/M))$은 밀도 변화와 90° 위상 차이가 있고, 관성항 $(i\omega\delta V_{ix})$도 반대 방향으로 90° 위상 차이가 있다. 이 항들에 의한 힘을 그림에 화살표로 표시하였다. 압력 경사에 의한 힘은 밀도 섭동을 줄이는 방향으로 작용하지만, 이온 관성힘은 밀도 섭동을 증가시키는 방향으로 작용한다. 따라서 섭동이 자라기 위해서는

$$\omega_r \delta V_{ix} > k(k_B T_i/M)(\delta n/n_o) \qquad (11.42)$$

가 요구된다. 그림에서 섭동이 순수하게 사인 변동한다고 가정했으므로, 복소수 ω 대신해서 ω_r 을 사용했다. 이 조건은 이온 연속방정식 $(i\omega\delta n/n_o - ik\delta V_{ix} = 0)$을 사용하면,

$$\omega_r \omega / k^2 > (k_B T_i/M) \qquad (11.43)$$

로 전환된다. 겨우 불안정성 조건을 만족하는 경우 $(\omega \cong \omega_r)$, 이 조건은

$$V_D/(1+\Psi_o) > (k_B T_i/M)^{1/2} \tag{11.44}$$

으로 다시 쓸 수 있다. 이는 앞에서 구한 정확한 불안정 조건식, $V_D > (1+\Psi_o)C_s$ 과 거의 같다. 따라서 **두 흐름 불안정성 (two-stream instability, TSI)**은 빠르게 표류하는 전자 흐름 속에서 이온의 섭동 운동의 관성이 압력 경사 힘을 이겨서 발생하는 것으로 이해할 수 있다.

그림 11.7b는 **경사 표류 불안정성 (gradient drift instability, GDI)**을 도식적으로 설명한다. 이 불안정성은 수직 방향으로 배경 플라즈마 밀도의 경사 (∇n) 가 존재하는 경우, 섭동 전기장 (δE)에 의한 수직 위 방향 표류 ($\delta V_{ez} = \delta E_x/B$)가 밀도 섭동이 낮은 곳 ($\delta n < 0$)에서 일어난다. 이는 밀도가 낮은 플라즈마 섭동이 배경 밀도가 높은 지역으로 뚫고 들어가는 상황이므로, 마치 거품이 상승하는 것과 같다. RT 불안정성에서 이런 저밀도 플라즈마 섭동이 상승하는 것과 유사한 기작이다. 만약에 배경 플라즈마 밀도의 수직 경사가 반대로 주어지면 (즉 고도에 따라 밀도 감소하는 경우), 섭동 전기장에 의한 위 방향 표류가 여전히 섭동 밀도가 낮은 곳에서 일어나므로, 저밀도 섭동이 배경 밀도가 낮은 곳으로 이동하기 때문에 섭동 ($\delta n/n_o$)이 커지지 않는다. 즉, 이런 경우는 안정적이라 플라즈마 불균질이 자라지 않는다. 적도 전리권에서 낮시간에는 배경 밀도가 고도에 따라 증가하는 지역, 밤시간에는 감소하는 지역에서 **GDI**를 일으키다. 그림 11.6에 낮시간에 밀도가 증가하는 고도 구간에서 플라즈마 불균질이 측정된 것은 **GDI**로 잘 설명된다. 또한, **TSI**와 달리 **GDI**를 일으키기 위해서는 전자 표류 속도, V_D가 클 필요가 없다. 좀 더 자세한 선형 분석에 의하면 **GDI**를 일으키기 위한 문턱 속도,

$$V_D > L[2\alpha_o n_o(\Omega_i/\nu_i) + (k^2 C_s^2 \nu_e/\nu_i \Omega_e)](1+\Psi_o) \tag{11.45}$$

로 계산된다 (Fejer et al., 1975). 여기서 α_o는 이온의 **재결합 계수 (recombination coefficient)**이고, L은 배경 플라즈마 밀도의 수직 경사 척도 ($L^{-1} = (dn/dz)/n)$) 이다.

여러 가지 자세한 선형 분석 이론 연구를 요약하면, (1) 유형 I 불균질은 이온 음속 이상의 전자 표류 속도가 요구됨은 **TSI**로 설명되며, (2) 유형 II 불균질에서 낮은 문턱 표류 속도는 **GDI**로 설명되고, (3) 유형 II 불균질은 낮에는 위 방향 밀도 경사, 밤에는 아래 방향 밀도 경사가 요구됨을 **GDI**로 설명되고, (4) 유형 II 불균질의 파장과 각도가 위상 속도와 상

관있음을 설명하고, (5) 대규모 불균질 파동은 느린 위상속도를 가짐을 설명하고, (6) 유형 I 불균질의 파장 스펙트럼에 최대치가 있음을 설명한다. 그러나 선형이론은 **GDI**의 경우, (1) 3 m 규모 불균질 (50 MHz 레이다 에코), (2) km 규모의 불균질 사각 파형 (square wave form), (3) 수직으로 전파되는 **두 흐름 파동 (two-stream waves)** (4) 관측 방향과 상관없는 유형 I 불균질의 일정한 위상 속도, (5) 불균질 파동 스펙트럼의 자세한 구조를 설명하지 못한다. 이런 현상들은 비선형 이론들에서 대부분 설명되고 있다.

11.3 중위도 전리권 불균질 현상들

중위도 전리권에서의 불균질 현상은 크게 수직 구조와 수평 구조의 불균질로 나누어 볼 수 있다.

11.3.1 수직 구조 불균질

수직구조의 불균질은 고도 두께 수 km 이내의 얇은 전리층에 나타난다. 이오노존데 관측에서 특정 고도에 넓은 주파수대의 반사가 일어나는 **산발 E-층 (sporadic E layer, E_s)** 이 대표적 사례이다. 그림 11.8은 로켓이 전리권을 통과하며 측정한 이온 밀도 프로파일로서 다수의 얇은 층에 주로 금속 이온으로 구성되어 있음을 보인다. 금속 이온은 유성으로부터 나온 원자 이온으로서 E-층 고도에서도 재결합 시간이 길어서, 중량파 또는 조석파의 영향으로 이온들이 수직으로 수렴되어 얇은 층을 만든다고 알려졌다.

중량파의 진동수가 부력 주파수보다 작을 때, 분산관계식은

$$k_y v + k_z w \cong 0 \rightarrow |v/w| = |\lambda_y/\lambda_z| \tag{11.46}$$

으로 근사할 수 있고, 보통 중량파의 수평파장이 수직파장보다 훨씬 크므로, 파동 내의 수평 바람속도가 수직 바람 속도보다 크다. 이런 파동 내에서 전리권 플라즈마의 이동은 그림 11.9와 같이 도식화 할 수 있다. 중량파의 수평 바람이 자기 경도선 방향 (~남북 방향)으로 고도에 따라 변화하면, 경사진 자기력선을 따라 플라즈마가 상승 또는 하강하게 되어, 플라

즈마 밀도가 증가하는 고도 층이 생긴다. 이렇게 층이 형성될 수 있는 고도 구간은 F-층 하부이다. 그보다 높은 고도에서는 **쌍극성 확산(ambipolar diffusion)**이 커서 몰려있는 플라즈마를 자기력선 방향으로 퍼지게 하여 층이 생기지 못하게 한다. 정량적으로 중량파에 의해 밀도가 집중될 수 있는 시간은, $(k_z v \cos I)^{-1}$ 이고, 쌍극성 확산에 의해 퍼지게 하는 시간은, $(k_z^2 D_A)^{-1}$ 이므로, 층이 생길 수 없는 조건은

$$D_A \geq v \cos I / k_z \tag{1.47}$$

이다. 중량파의 수직 변동이 대기의 높이 척도보다 작고 ($k_z^{-1} \leq H$), $v \cos I \cong 10$ m/s, 인 경우, $D_A \sim 10^4$ m²/s 이다. 이 정도의 확산 계수는 분자이온이 500 K 에서 $D_A = 64 \times 10^4 / \nu_i$ m²/s 이므로, 고도 약 200 km 이상에서는 층이 생길 수 없다. 또한 고도 130 km 아래에서는 이온과 중성 충돌이 너무 자주 일어나므로, 중성 바람이 남북 수평방향으로 이온들을 너무 강하게 몰고 다녀서 이온의 층이 생길 수 없다.

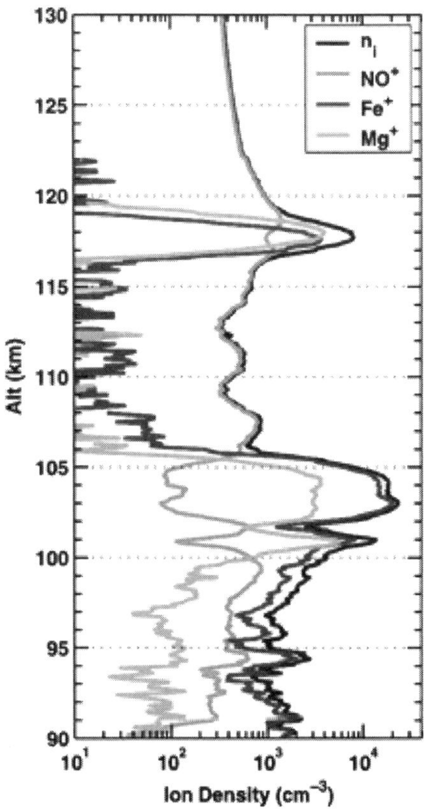

그림 11.8 로켓이 측정한 전자 및 이온 프로파일. 프로파일상의 국지적인 전자 최대치는 금속 이온과 낮시간 조석파에 기인한다. (Roddy et al., 2004)

그러나 동서 방향 바람은 로렌츠 힘으로 층을 만들 수 있다. 7장의 이온 운동 방정식에서 평형상태 ($dV_i/dt = 0$), 전기장, 중력, 기압 경사력을 무시하면

$$\kappa_i(\vec{V}_i \times \hat{B}) = \vec{V}_i - \vec{U} \tag{11.48}$$

로 간단히 쓸 수 있다. 여기서 $\kappa_i = \Omega_i / \nu_i = eB/M\nu_i$ 이다. 중성 바람이 동서 방향 ($\vec{U} = u\,\hat{a}_x$)이고, 자기력선이 남북 방향이라 하면, 이온 속도의 세 성분은

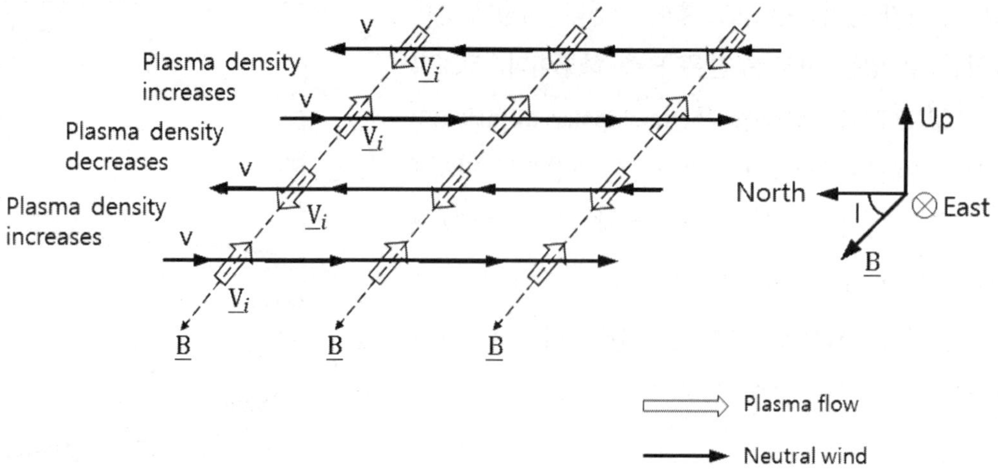

그림 11.9 중위도 전리권에서 중량파에 의한 남북방향 중성바람과 이온 표류 벡터의 도식도. 중량파의 파장은 남북방향으로 크고, 수직 방향으로 작다.

$$V_{iz} = \frac{u}{\kappa_i(\tan I \sin I + \cos I) + (\kappa_i \cos I)^{-1}} = \frac{u\kappa_i \cos I}{\kappa_i + 1} \qquad (11.49a\ ,b,\ c)$$

$$V_{ix} = \frac{V_{iz}}{\kappa_i \cos I}$$

$$V_{iy} = V_{iz} \tan I$$

로 계산된다. 자기력선 경사각이 작고 $(\cos I \sim 1)$, 고도 130 km 근처에서 $(\kappa_i \sim 1)$

$$V_{ix} = V_{iz} = u/2,\ V_{iy} = 0 \qquad (11.50)$$

이므로, 이온 속도가 수직 방향에 대해 대략 45° 남북으로 기울어진다. 따라서 중량파 내에서 중성 바람이 동쪽 또는 서쪽으로 번갈아 변화하면, 이온이 수직 방향으로 몰리는 고도 구간이 생겨서, 이온의 층이 생길 수 있다 (그림 11.9, 11.10). 이는 중량파에 의한 동서 방향 중성 바람이 로렌츠 힘 $(q\vec{U} \times \vec{B})$에 의해 45° 방향으로 작용해서, 동쪽 바람은 위쪽으로 서쪽 바람은 아래쪽으로 이온을 구동한 결과이다. 그러나 κ_i가 작으면 (고도가 낮으면), 이온은 단순히 중성 바람 방향으로 이동하여 수직 방향 성분이 없어 층을 만들지 못한다. 이런 수직 중성 바람 시어에 의한 층 형성은 중량파/조석파에 의해 생길 수 있다. 이런 파동에

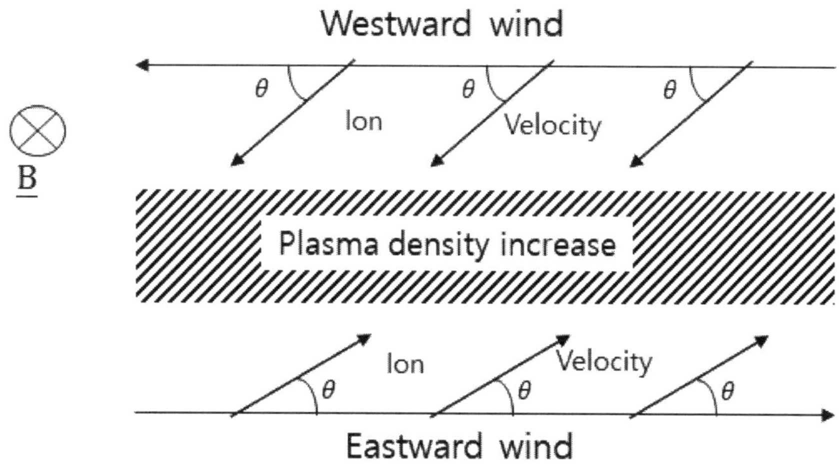

그림 11.10 중위도 E-층과 F-층 하부에서 조석파의 바람 시어로 인해 플라즈마 밀도가 증가할 수 있음을 설명하는 도식

의한 층은 파동의 위상이 일반적으로 하향이므로 (군속도가 상향이므로, 3장 참조), 생성된 층도 아래로 이동한다. 이렇게 생성된 이온층이 유지되기 위해서는 낮은 고도에서도 이온이 재결합하지 않고 유지되어야 한다. 주성분인 O^+ 이온은 낮은 고도에서 분자이온으로 바뀌기 때문에 빠르게 재결합하여 이온층을 유지할 수 없다. 그러나 그림 11.8에서 측정되었듯이, 이온층의 주성분은 유성으로부터 온 금속 원자 이온으로서, 재결합율(recombination rate)이 분자 이온에 비해 100 배 이상 느려서 층 구조를 유지할 수 있다. 아울러 금속 이온의 층에 Na 중성 원자 층도 함께 관측되는데, 이는 Na^+ 이온과 주변 대기와의 화학 반응의 결과로 생성됨이 알려졌다.

11.3.2. F-층 수평구조 불균질

수평 불균질은 다양한 규모의 플라즈마 밀도 변화가 수평으로 이동하는 양상을 보이므로, **이동 전리권 요동 (Traveling Ionospheric Disturbances, TID)**으로 총칭된다. 수평 규모가 작은 **TID**는 이오노존데 관측에서 F-층 에코가 거리 방향으로 퍼짐을 초래하는데, 이를 **F-층 거리 퍼짐(range spread F)**이라 한다. 반면 수평 규모가 큰 TID 는 F-층 퍼짐 현상 대신에 **F_2-층 최대주파수(foF2)**가 시간에 따라 변하는 현상을 초래할 수 있다. 그림 11.11은 이 두 현상을 보여준다. 즉, F-2 층 아래에 50 km 정도의 수평 파동이 있으면, 이오노존데의 전파가 여러 파장에 걸쳐 파동과 수직하게 반사되어 되돌아옴으로서, 이오노그램 상에 F-층 추

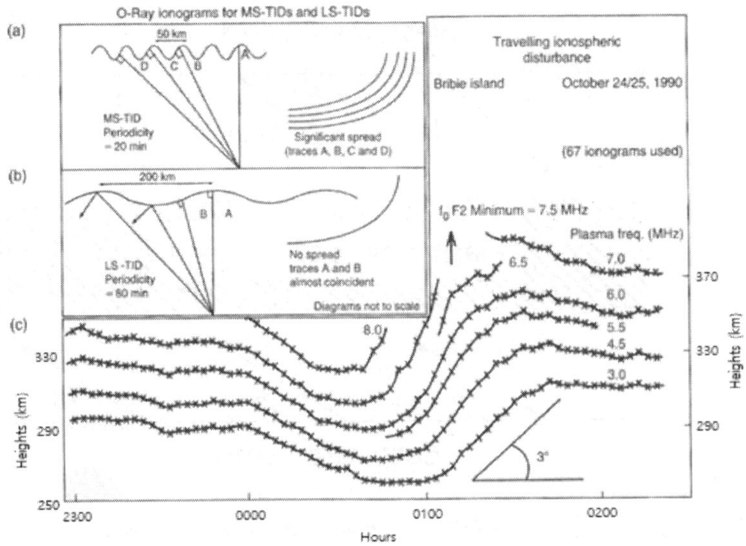

그림 11.11 구불구불한 전리층이 이오노존데 관측에서 퍼짐 현상을 일으키는 설명도 (Bowman, 1981)

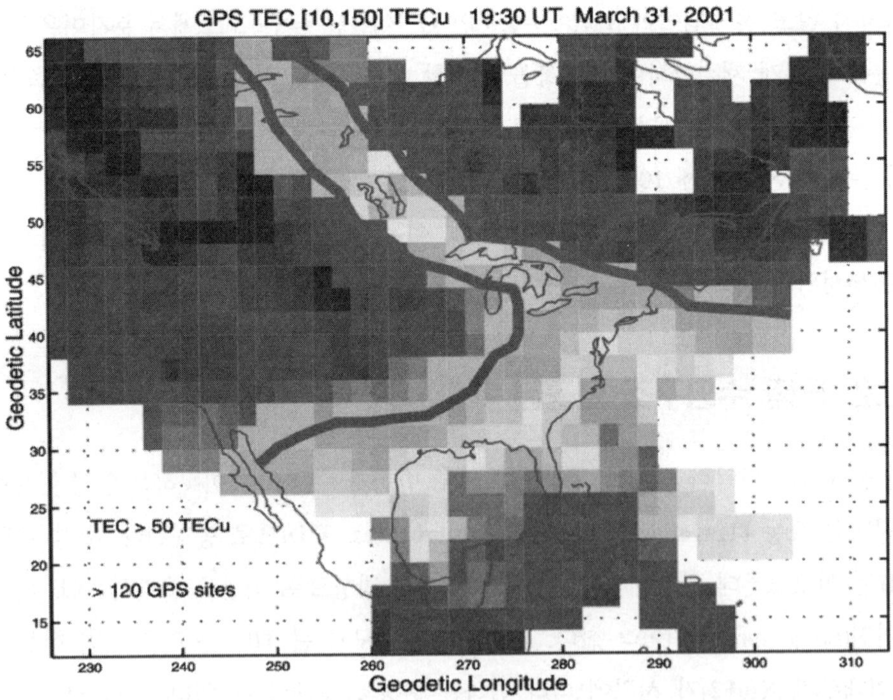

그림 11.12 극관근처의 GPS 수신기로 측정한 총전자량 맵. 중위도 이상 지역에서 출발한 좁은 회랑이 반태양 방향으로 뻗어 극관으로 흘러가는 모습 (Foster et al., 2002)

적 프로파일이 거리방향으로 퍼지는 현상을 일으키지만, 규모가 200 km 정도의 수평 파동은 반사 수직면이 단순히 고도 방향으로 진동하는 현상을 일으켜서, 그림 11.11과 같은 동일 주파수 궤적이 시간에 따라 진동하게 한다. TID는 수평 파장에 따라 500 km 상을 **대규모 (large scale TID, LSTID)**, 50 – 500 km 를 **중규모 (medium scale TID, MSTID)**로 나누어 부르기도 한다.

LSTID는 보통 오로라 지역에서 발원하여 적도 방향으로 매우 빠르게 전파된다. 이는 고위도 지역에 **오로라 입자 강하 (auroral precipitation)**나 **줄 가열 (Joule heating)**로 중성대기의 갑작스런 온도 상승에 의해 발생한다. 이 갑작스런 온도 상승은 남쪽 방향으로 중성 바람을 일으키는데, 이 바람이 전리권을 상승시키는 파동 현상이 적도 방향으로 진행한다. 이런 중성 대기의 열 파동은 열권의 O/N_2 비를 변화시켜 전리권에 밀도를 감소시킬 수도 있다. 때때로 고위도의 자기 폭풍이 중위도 전리권에 음의 폭풍, 즉 전리권 밀도 감소 현상을 일으키기도 한다.

비교적 최근에 위성항법체계인 GPS(Global Positioning System)의 지상 수신기 망으로 전리권의 총전자량(total electron content, TEC)을 넓은 영역에 걸쳐 동시에 측정하게 되어, 자기 폭풍 동안에 중위도 전리권에 규모가 큰 새로운 수평 변동 현상이 발견되었다. 그림 11.12에 이런 대규모 전리권 변화를 보여주는데, 이를 **폭풍 증대 밀도(storm enhanced density, SED)**라 부른다. 이 현상은 보통 늦은 오후에 중위도 좁은 회랑의 고밀도 지역으로 나타나는데, 점차 전리권 대류에 잡혀서 오로라 환과 극관으로 이동한다. SED의 발원지는 낮 시간 적도 전리권으로서, 여기서 강한 동쪽 전기장이 태양 빛으로 생성된 플라즈마를 위로 상승시킨 후 분수 효과에 의해 중위도로 전달하여 생긴다. 이 과정 중에 태양풍으로부터 **즉각 침투 전기장 (prompt penetrating E field, PPE)**이 작용한다고 추측된다.

중규모 TID(MSTID)는 OI 630.0 nm 대기광 전천카메라로 잘 관측되었다. 그림 11.13은 일본과 **자기력선 공액지점 (magnetic conjugate point)**인 호주에서 동시에 관측된 대기광 전천 화상을 고도 300 km 면에 투영한 그림이다. 여기서 OI 630.0 nm 대기광의 세기는 F-층 플라즈마 밀도를 대변한다. 더나가서, F-층이 상승할 경우 주이온인 O^+ 의 재결합율이 느려져서 밀도가 증가하고, 하강할 경우는 그 반대로 밀도가 감소한다. 따라서 OI 630.0 nm 대기광의 세기는 F-층의 상승과 하강을 반영하기도 한다. 일본과 호주에서 줄무늬 형태가 서로 상응하고 있음을 보인다. 일본에서 줄무늬는 북서-남동 방향으로, 호주에서는 북동-남서 방향으로 자기력선 공액점으로 연결되고 있어, 자기력선을 따라 전달된 공통의 전기장 변동에 의한 불균질 임을 시사한다. 줄무늬로 보이는 MSTID는 대부분 줄무늬에 수직으로 전파

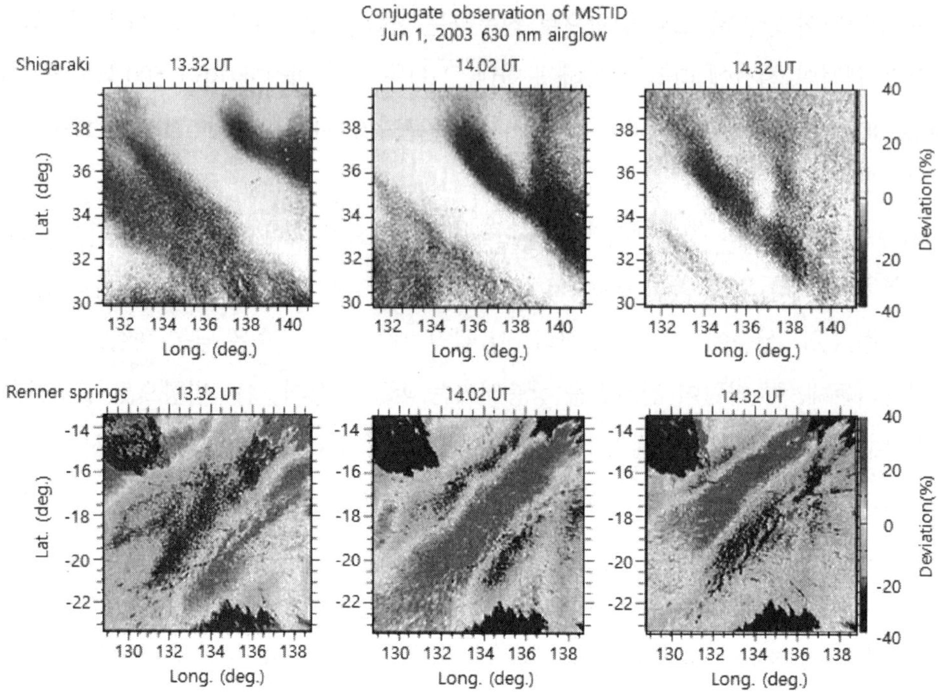

그림 11.13 북-남반구의 자기장 공액 지점에서 동시에 관측한 MSTID 현상 (Otsuka et al., 2004)

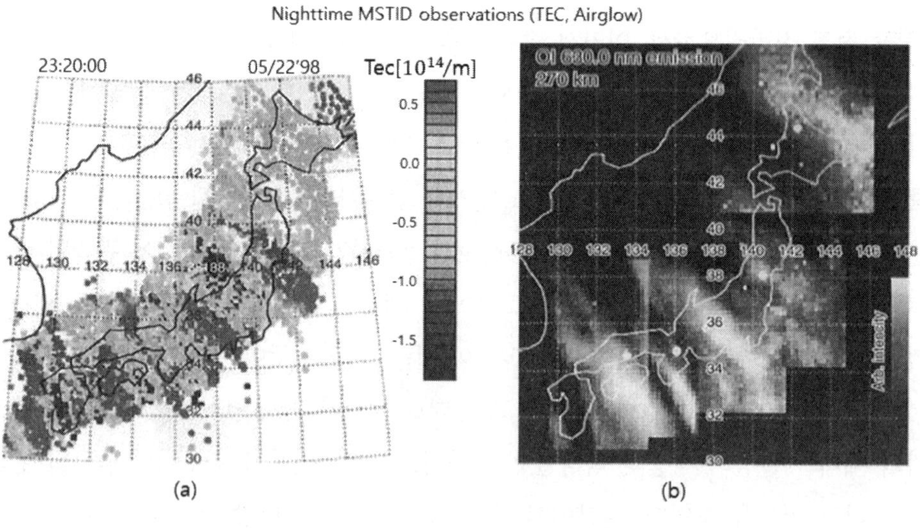

그림 11.14 a) 일본 GPS 수신기 망으로 구성한 총전자량 맵에 나타난 MSTID 현상.
b) 동일한 MSTID 현상을 전천 대기광 카메라로 관측한 화상. (Saito et al., 2001)

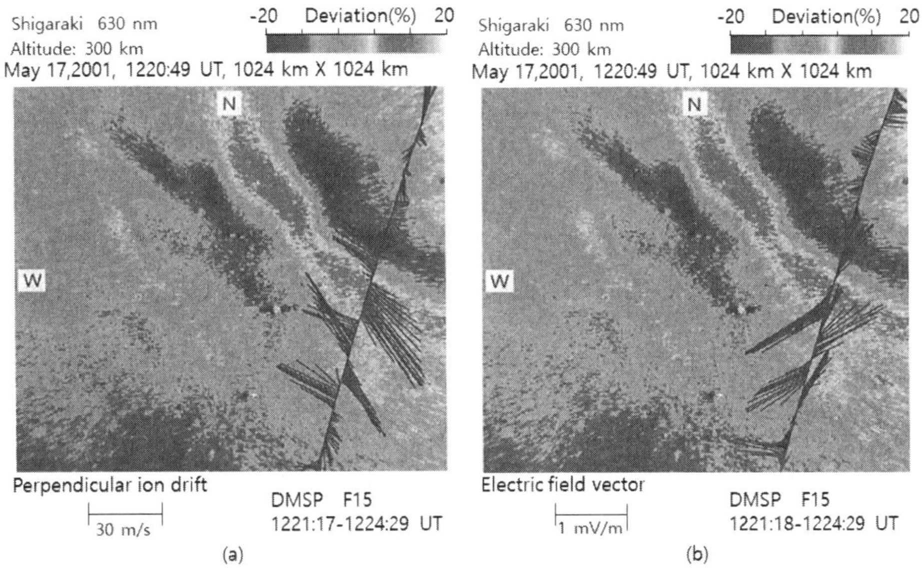

그림 11.15 630 nm 대기광으로 관측한 MSTID와 위성에 측정한 극성 전기장 (Shiokawa et al., 2003)

된다. 대표적인 사례로 남서 방향으로의 전파되는 MSTID를 일본 전역의 TEC 지도와 대기광 전천카메라 망을 함께 비교한 그림 11.14이 잘 보여준다.

남서 방향으로 전파되는 MSTID의 생성 기작을 이해할 수 있게 하는 자료로서, 그림 11.15은 전천카메라로 관측한 MSTID의 줄무늬와 동시에 위성이 측정한 이온 표류 속도와 전기장을 보여준다. 여기서 MSTID의 줄무늬와 전기장이 수직을 유지하면서, 파동의 위상에 따라 방향이 바뀜을 주목해야 한다. 줄무늬의 반복은 F-층의 상승과 하강의 파동 형태 ($e^{i(\omega t - \vec{k} \cdot \vec{r})}$)로 진행됨을 의미한다. 이 상승/하강은 섭동 전기장에 기인하므로, 전기장과 파동의 전파 방향과 나란함 (파동의 위상면인 줄무늬와 수직)은, $-i\vec{k} \times \vec{E} = 0 = \nabla \times \vec{E}$ 을 의미하고, 따라서 섭동 전기장이 정전기적 (electrostatic) 성질을 가짐을 시사한다. 이는 전기장의 변화가 자기장의 변화를 일으키지 않는 경우로서, 지자기장이 강력해서 섭동 자기장을 무시할 수 있는 전리권 현상 대부분에 해당한다. 또한 대부분의 MSTID가 북서-남동 위상면 (wavefront)과 이에 수직인 남서 방향으로 진행되는 특징을 보이는데, 이는 다음에 소개할 **Perkins 불안정성** 이론으로 대부분 설명된다.

11.3.3. 퍼킨스 불안정성 (Perkins Instability)

밤시간 중위도 전리권 F-층은 동쪽 방향 전기장 (E_e)이나 남쪽 방향 중성바람(U_s)에 의해 아래로 향하는 중력과 균형을 이룰 수 있음을 9 장에서 소개했다. 이 균형은 안정된 평형 상태(stable equilibrium)로서 E_e 나 U_s 가 강해져서 F-층이 올라가면, 그에 상응하는 충돌 빈도수가 작아져서 상수값인 중력 가속도와 균형을 이룬다. 그러나 Perkins (1973)은 북쪽 방향 전기장이나 동쪽 방향 바람은 중위도 전리권 F-층이 불안정(unstable)할 수 있음을 제창했다.

그림 11.16은 북반구에서 자기장 방향을 북쪽으로 잡고, 외부 전기장, $\vec{E}_o$ 와 $\vec{k}$ 방향으로 F-층 적분 Pederson 전도도, Σ 가 파동 형태, $e^{i(\omega t - \vec{k} \cdot \vec{r})}$로 변화하는 상황을 나타낸다. 파동 방향의 전기장 성분, $\hat{k} \cdot \vec{E}$은 Perderson 전류를 발생시키는데, 이 전류가 Σ의 불균질에도 불구하고 다이버전스가 0이 ($\nabla \cdot \vec{J} = 0$) 되도록, 극성 전기장, $\vec{E}_p$가 $\vec{k}$ 방향으로 발생한다. 한편 정전기적 성질에 의해 ($\nabla \times \vec{E} = 0$) 파동면에 나란한 전기장 성분은 일정하지만, 파동의 위상에 따라 Pederson 전도도가 변화하므로, Pederson 전류는 증가 또는 감소한다. 따라서 전체 전류에 의한 F-층에 미치는 힘, $\vec{J} \times \vec{B}$ 는 전도도가 큰 위상 ($\Sigma > \Sigma_o$)에서 균형치 ($\vec{J}_o \times \vec{B}$) 보다 아래 방향으로 강해지고, 전도도가 작은 위상 ($\Sigma < \Sigma_o$)에서는 위 방향으로 강해진다. 자기력선을 따라 F-층 전체를 적분한 Pederson 전도도는 $\Sigma_P = Ne^2 < \nu_{in} > / M\Omega_i^2 = eN < \nu_{in} > / \Omega B$ 이므로 (N 은 전자 기둥밀도), F-층 고도가 낮아지면 충돌빈도수가 커져 전도도가 커진다. 전도도가 큰 위상의 F-층은 균형 고도보다 낮으므로, 아래 방향으로 $\vec{J} \times \vec{B}$ 가 작용하면 더 낮은 고도로 하강한다. 반대로 전도도가 작은 F-층은 균형 고도보다 높으므로, 위 방향 $\vec{J} \times \vec{B}$ 가 작용하면 더 높은 고도로 상승한다. 따라서 F-층 고도 불균질이 파동 형태로 진폭이 확대되는 불안정성이 생긴다 (Zhou and Mathews, 2006; Hamza, 1999).

이 과정을 수식으로 나타내기 위해 자기력선 방향을 z 로 삼고, 이에 수직/북쪽을 x 축, 수직/동쪽을 y 축으로 삼으면, $\vec{E}_o = E_{ox}\hat{x} + E_{oy}\hat{y}$, $\vec{B} = B\hat{z}$ 이다. 먼저, $\nabla \cdot \vec{J} = 0$ 조건을 근사적으로 쓰면,

$$\nabla_\perp \cdot (\Sigma \vec{E}_p) = \nabla_\perp \cdot (\Sigma(-\nabla\phi)) = 0 \qquad (11.51)$$

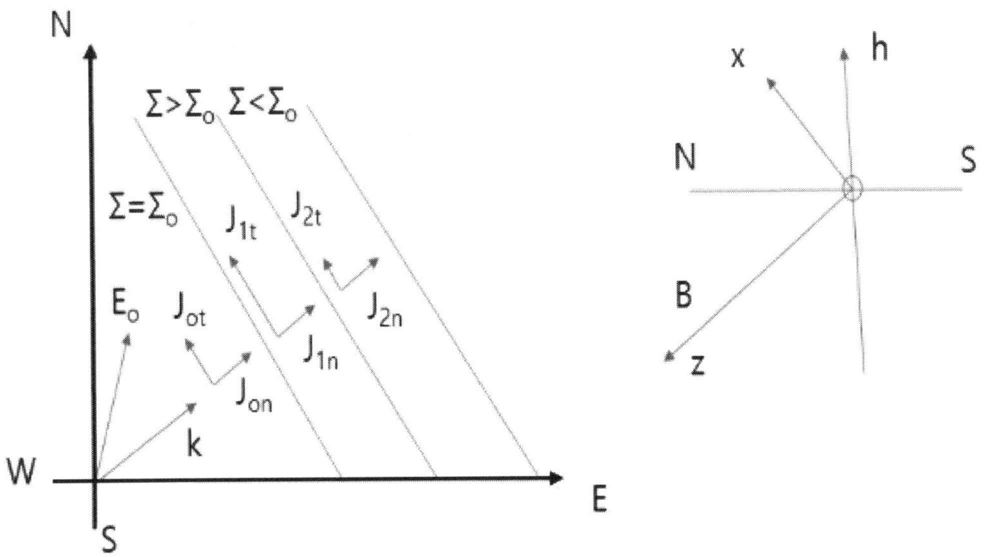

그림 11.16 Perkins 불안정성을 설명하는 도식도. 비스듬한 평행선은 중량파의 파동 전단 (wave fronts)이다.

이다. 여기에 선형화 과정을 적용하면, $\Sigma = \Sigma_o + \widetilde{\Sigma}$, $\phi = \phi_o + \tilde{\phi} = -E_{ox}x - E_{oy}y + \tilde{\phi}$, 섭동항은 같이 $e^{i(\omega t - \vec{k} \cdot \vec{r})}$ 형태를 가지면, 섭동항끼리의 곱은 무시하고

$$\tilde{\phi} = \frac{\widetilde{\Sigma}}{\Sigma_o}\left(\frac{i\vec{k} \cdot \vec{E_o}}{k^2}\right) \tag{11.52}$$

로 구해진다.

다음으로 연속 방정식에 $e < \nu_{in} > / \Omega B$ 를 곱하여

$$\frac{\partial n}{\partial t} + \nabla \cdot (n\vec{V}) = 0 \tag{11.53a, b}$$

$$\frac{e\nu_{in}}{\Omega B}\left[\frac{\partial n}{\partial t} + \vec{V}_\perp \cdot \nabla_\perp n + n\nabla_\perp \cdot \vec{V} + \frac{\partial(nV_z)}{\partial z}\right] = 0$$

다음 관계를 적용하고

$$\nu_{in}\nabla_\perp n = \nabla_\perp(n\nu_{in}) + \frac{nnu_{in}}{H_n}\cos I\hat{x}\ ,\ \partial\nu_{in}/\partial z = \sin I\nu_{in}/H_n \tag{11.54}$$

여기에 $\partial N/\partial t = 0$ 가정하여, 자기력선을 따라 적분하면

$$\frac{\partial \Sigma}{\partial t} + \vec{V}_{\perp} \cdot \nabla_{\perp} \Sigma = \frac{\partial \phi}{\partial y} \frac{\cos I}{BH_n} \Sigma + \frac{eg \sin^2 I}{\Omega BH_n} N \tag{11.55}$$

로 정리된다. 이 식의 좌변 두 번째 항은 매우 작아서 무시할 수 있고, 선형화하면

$$\frac{\partial \Sigma}{\partial t} = -E_{oy} \frac{\cos I}{BH_n} \Sigma + \frac{eg \sin^2 I}{\Omega BH_n} N \equiv K_1 N - K_2 \Sigma$$

$$\frac{\partial (\Sigma_o + \widetilde{\Sigma})}{\partial t} = K_1 N_o - K_2 (\Sigma_o + \widetilde{\Sigma}) \rightarrow \frac{\partial \widetilde{\Sigma}}{\partial t} = -K_2 \widetilde{\Sigma} \rightarrow \frac{1}{\widetilde{\Sigma}} \frac{\partial \widetilde{\Sigma}}{\partial t} = -K_2 \equiv \gamma$$

(11.56a, b)

로 쓸 수 있어, 성장률, γ가 음수라 전도도 불균질이 자랄 수 없다. 즉, 동쪽 방향 전기장으로 만은 불균질이 성장하지 못하고 안정된 균형 고도에서 평형을 이룬다. 이는 중위도 야간 전리권이 동쪽 전기장으로 중력과 균형을 이루어 유지되는 현상을 설명한다. 그러나 수직/북쪽 전기장이 전도도 불균질 파동에 극성 전기장을 유도하고, 이 극성 전기장의 동쪽 방향 성분이 더해지면 γ가 양수가 될 수 있어 불균질은 자랄 수 있다. 즉,

$$\gamma = \frac{\cos I}{BH_n} \left(-E_{oy} + \frac{k_y}{k^2} \vec{E}_o \cdot \vec{k}\right) \tag{11.57}$$

$$= \frac{\cos I}{BH_n} \left(-E_e + \frac{k_e}{k^2}(E_e k_e + E_n k_n)\right) = \frac{\cos I}{BH_n} \left(\frac{k_e k_n}{k^2} E_n + \left(\frac{k_e^2}{k^2} - 1\right) E_e\right)$$

$$= \frac{\cos I}{BH_n} E_o \sin(\theta - \alpha) \sin\alpha$$

로 축약된다. 성장률은 북쪽 방향 전기장이 없으면 항상 음수이므로 자랄 수 없다. 또한 성장률은 주어진 전기장의 각도의 반이 되는 파동각에서 최대가 된다. 즉, 전기장 방향이 정북이면 45° 각(북서-남동 파장면)의 파동이 가장 잘 자랄 수 있다. 전기장이 서쪽 방향 성분이 있으면 중력과 같이 아랫 방향으로 표류하므로, 균형 고도 자체가 없어 F-층은 붕괴하고 만

다. 위 성장률은 동쪽 방향과 남쪽 방향 중성바람이 있을 때도 마찬가지로 성립한다.

$$\gamma_W = \frac{\cos I}{BH_n}(\frac{k_e k_n}{k^2} U_e + (\frac{k_e^2}{k^2} - 1) U_s \sin I) \quad (11.58)$$

보다 자세한 선형화 분석에 의하면 파동의 실수 부분 주파수 ω_r은 주어진 전기장에만 다음과 같이 의존한다.

$$\omega_r = \vec{k} \cdot (\vec{E_o} \times \vec{B})/B^2 \quad (11.59)$$

이는 대부분의 경우 $k_e E_e > k_n E_n$이므로, ω_r이 음수가 되어 파동이 남서쪽으로 이동하게 된다. 이는 대부분의 MSTID가 남서쪽으로 전파되는 것을 잘 설명한다. 전기장이 없고 중성바람에 의해서만 불안정성이 생길 경우, ω_r 이 0이 되므로, 파동은 전파되지 않고 제자리에 머물게 된다. 이런 특성 관측을 해서하는데 많은 도움을 주어 **Perkins 불안정성**이 유명하게 되었다. 그러나 선형 해석으로 구한 성장률은 대부분 매우 느려서 실제 관측과 잘 맞지 않는다. 또한 Perkins 이론은 F-층의 전자기둥 밀도가 변하지 않음 ($\partial N/\partial t = 0$)을 가정했으나, 실제 GPS 수신기로 관측한 총전자량은 그림 11.14에서 보듯이 MSTID의 형태로 상당히 변한다. 보다 실질적인 3차원 비선형 모델이 최근에 개발되어 이러한 단점을 보강하고 있다.

11.3.4. 중위도 E-층 불안정성

중위도 E-층의 불균질은 VHF 레이다와 이오노존데의 관측에서 얇은 고도 층(~105 km)에서 강한 신호로 나타난다. 이 현상은 전통적으로 이오노존데 자료 분석에서 **산발 E-층 (sporadic E layer, Es)**으로 불려왔다. Es 층은 주로 밤시간에 E-층이 빠르게 사라진 후 얇은 고도 구간에 넓은 주파수 영역을 반사한다. Arecibo 레이다에서 측정한 전자 밀도 프로파일에서도 Es 층이 잘 나타난다. 구체적으로 Es 층에 반사한 전파의 스펙트럼은 적도 E-층에서 보인 유형 I 과 II (type I, II) 에코 특성을 보여준다. 즉, 도플러 편이된 특정 주파수가 강하게 보이는 유형 I 신호가 보이는 스펙트럼과, 넓은 주파수 범위를 가지는 유형 II 신호가 보이는 스펙트럼들이 있다. 강한 Es 레이다 에코는 준 주기성(quasi-periodic, Q-P)을 보이는데,

인도 Gadanki 레이다는 에코가 경사진 방향으로 주기적으로 변화하는 현상도 관측하였다. 여기서 경사진 에코는 고도 변화가 아니고, 일정 고도에서 이동하는 불균질 덩어리가 수직에서 약간 떨어진 방향에서 수직 레이다 빔으로 들어오면서 거리차이가 줄어드는 현상을 고도차이로 인식되기 때문이다. 수평 간섭 레이다로 관측한 에코의 수평구조는 보통 북서-남동 방향으로 등줄기(ridge) 형태로 알려졌다. 이는 Es 층이 수평으로 균일하지 않고 북서-남동 방향으로 길게 등줄기를 가지며, 이런 구조가 준 주기적으로 반복됨이 밝혀졌다.

Es 층에 의한 레이다 에코는 적도 E-층 불안정성 이론으로 어느 정도 설명이 가능하나, 단순히 적용하기 어렵다. 일단 **두 흐름 불안정성 (two-stream instability, TSI)**과 **경사 표류 불안정성 (gradient drift instability, GDI)**을 적용해보자. **TSI**는 플라즈마 표류 속도가

$$V_D \simeq E_o/B > (1+\Psi_o)C_s \tag{11.60}$$

조건을 만족해야 일어난다. 그러나 자기장은 위도에 따라 강해지고, 전기장은 중위도 지역이 적도보다 약하다. 따라서 위 조건을 만족하기 어렵다. 그러나 Es 층이 수평적으로 조각나 있어 극성 전기장이 발생하여 전기장을 강화할 경우, 위 조건을 만족할 수도 있다. 이는 다음에 설명할 것이다.

GDI는 중위도 지역에서 자기력선이 Es 층을 비스듬히 지나가므로, 밀도 경사가 약화되어 작용하는 문제가 있다. 또한 Es 층의 상층부는 밀도 경사가 전기장이나 서향 중성 바람에 의해서 불안정해질 수 있으나, 층의 하부는 안정을 유지한다. 따라서 Es 층 전체가 불안정해진다는 보장이 없다.

그림 11.17a는 Es 상층부에서 전기장이 아래로 향할 경우, Hall 전류가 오른쪽 방향 (전자가 $E_o \times B$ 방향, 즉 왼쪽으로 표류함에 따라 생기는 전류)으로 흐르다가 불균질한 경계면에서 전하가 축적되고, 이에 따라 극성 전기장 $\delta\vec{E}$ 가 생겨서 밀도가 낮은 지역을 아래로 높은 지역을 위로 ($\delta\vec{E}\times\vec{B}_o$) 이동시켜 불균질을 강화시킴을 보여준다. 이는 중성바람이 오른쪽으로 불 때에도 성립하는데 (그림 11.17b), 이는 바람에 의한 다이내모 전기장 ($\vec{E} = \vec{u}\times\vec{B}$) 이 마찬가지로 아래로 작용하기 때문이다. 그러나 TSI와 GDI에 의한 불균질의 수평 규모는 수 m 이고, 그 이상 규모의 수평 불균질 구조는 F-층과 연결되어 안정화된다. 따라서 준 주기성을 보이는 Es 층의 수평 등줄기 구조는 다른 기작에 의해 설명되어야 한다.

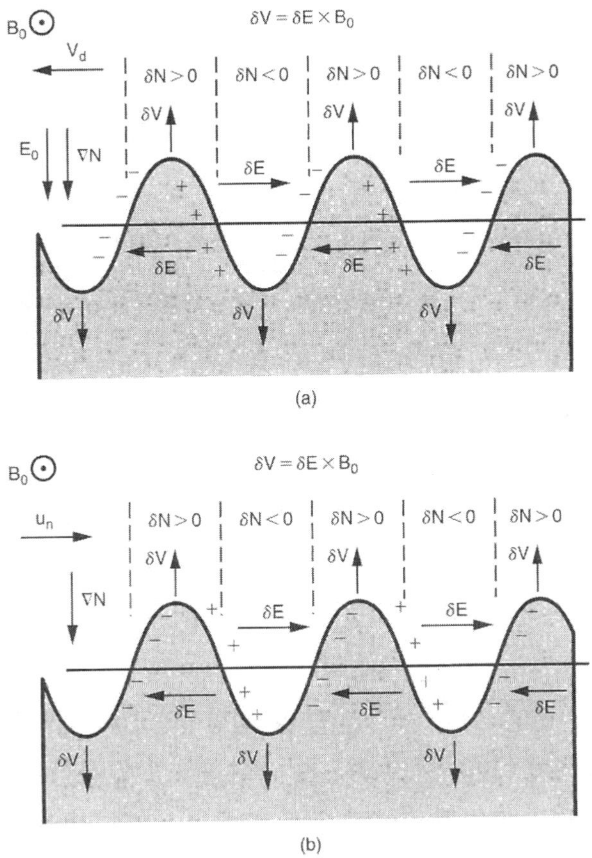

그림 11.17 a) 전기장에 의해 주도된 경사표류 불안정성 (GDI). b) 중성 바람에 의해 주도된 GDI. 검은 색이 밀도가 높은 영역.

준주기성 Es 구조는 중성대기의 Kelvin-Helmholtz 불안정성(KHI)에 의해 설명이 가능하다. 바람 시어가 KHI 조건,

$$R_i = \omega_b^2 / (dU/dz)^2 < 1/4 \tag{11.61}$$

즉, Richardson 수가 0.25 보다 작은 경우 KHI가 일어난다. 여기서 ω_b 는 **부력진동수 (buoyancy frequency, Brunt-Väisälä frequency)**이다. KHI가 발생하면, 바람시어의 수직 규모의 수배에 해당하는 규모로 수평 준-파동을 발생한다. 로켓의 화학물질 분사 궤적 사진에서 KHI에 의해 발생한 **큰 물결 (billow)** 구조들이 관측되었다. 이런 큰 물결 구조가 5-15

km 간격의 Es 등줄기를 생성할 수 있고, 이 구조들이 준-주기성 Es 층 레이다 에코를 설명할 수 있다. KHI에 의한 중성대기의 이런 **큰 물결** 구조는 순차적으로 작은 규모의 불균질로, 궁극적으로 **난류(turbulence)**로 에너지를 전파하게 된다. 그러나 이런 작은 규모의 중성 불균질이 Es에서의 플라즈마 불균질을 어떻게 생성할지는 분명치 않고, 더욱이 Es 불균질 파동 벡터가 자기장에 수직인 성질은 전기역학적 과정이 요구됨을 시사한다.

비교적 최근에 Es의 수평 구조가 **Perkins 불안정성**과 유사한 기작으로 밤시간 E-층의 동서방향 바람 시어가 Hall 전류를 발생시켜 불안정성을 일으킬 수 있음이 제창되었다 (Cosgrove and Tsunoda, 2002, 2004). 이 **Es 층 불안정성 (Es layer instability, EsLI)**은 북반구(남반구)에서 파동면이 북서-남동 방향 (남서-북동)으로 정렬된 파동에 불안정하다는 특징을 가진다. **EsLI** 시뮬레이션에 의하면 파장이 500 m 에서 수백 km 에 이르는 구조가 불안정해지는데, 필요한 바람 시어가 중성 대기의 KHI 조건보다 작을 때에도 일어남을 보였다. 이는 관측된 준-주기성 Es 에코와 Es의 수평 구조를 용이하게 설명한다. 따라서 F-층의 Perkins 불안정성에 상응하는 Es 층 불안정성이 바람시어에 의해 쉽게 발생할 수 있음을 시사한다.

때때로 관측되는 Es 층의 유형 I 에코를 TSI로 설명하려고 하지만, 전지구 규모의 전기장 세기로는 **TSI**를 일으키기 어렵다. 그러나 Es 층이 날카롭게 불연속 구조를 가지면, 이로 인해 극성 전기장이 생겨 적도 전리권 E-층에서처럼 Cowling 효과로 전기장이 강화될 수 있다. Haldoupis et al. (1996, 1997)은 동서 방향으로 Es 층이 날카롭게 불연속이면, 외부에서 주어진 남북 방향 전기장이 Cowling 효과에 의해 동서 방향 전기장을 증폭될 수 있음을 제창하였다. 그림 11.18은 중위도 Es 층이 남북 방향으로 연속적으로 길게, 동서 방향으로는 단편적 경계를 가지는 상황에서 극성 전기장 동서 방향으로 발생시키는 과정을 보여준다. 여기서 자기력선에 수직인 남쪽을 y 축, 동쪽을 x 축, 자기력선 방향을 z 축으로 잡았다. 이 구도에서 외부 전기장, E_y^o 가 Hall 전류, $J_H = \sigma_H E_y^o$ 를 서쪽으로 발생시키는데, Es 층의 서쪽 경계면에서 전류가 흘러가지 못하므로 양전하가 축적되고 동쪽 경계면에서는 음전하가 축적된다. 따라서 극성 전기장, E_x^p 가 동쪽 방향으로 다음 식을 만족하며 발생한다.

$$\sigma_H E_y^o = \sigma_P (E_x^p + E_x^o) \rightarrow E_x^p = (\sigma_H / \sigma_P) E_y^o - E_x^o \tag{11.62}$$

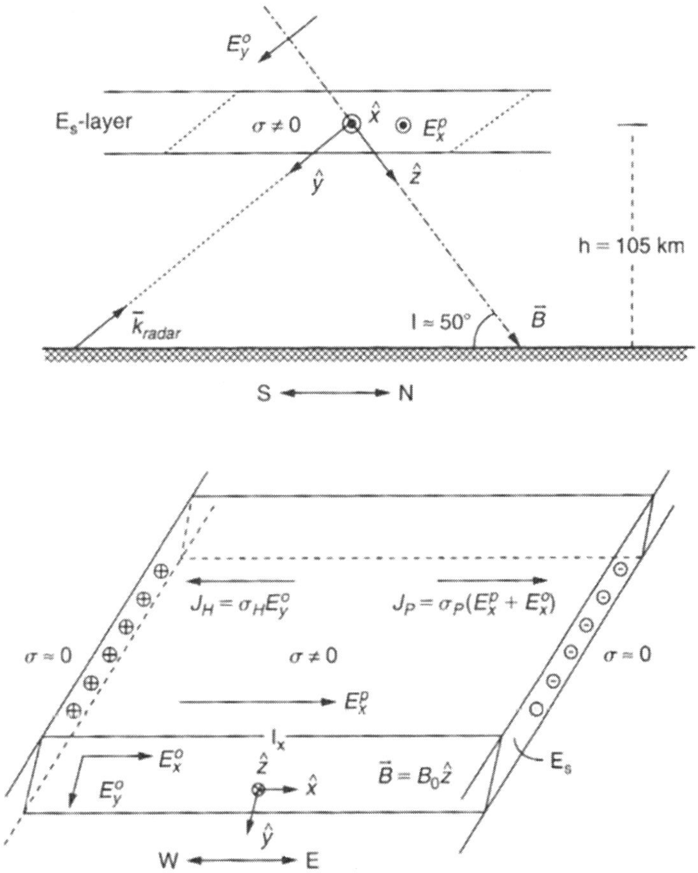

그림 11.18 전리권 산발 E-층 (sporadic E)에서 강한 극성 전기장 (polarization electric field)이 생성되는 기하 특성 (Haldoupis et al., 1996)

여기서 E_x^o, E_y^o 는 다이내모에 의해 생긴 외부 전기장이다. 이 식은 외부 전기장의 남쪽 성분, E_y^o 가 극성 전기장을 동쪽으로 σ_H/σ_P 배 만큼 증폭함을 의미한다. 7장에서 소개하였듯이, E-층 고도에서 Hall 전도도가 Pederson 전도도에 비해 크기 때문에 (약 10 배) 증폭현상이 일어난다. 이는 적도 전리권 E-층에 전기제트 발생의 원인이 되는 Cowling 전도도와 같이 증폭현상을 의미한다. 따라서 이렇게 증폭된 Es 층 내에 강한 동쪽 전기장은 **두흐름 불안정성 (TSI)**을 일을 킬 수 있다. 남쪽 방향 외부 전기장 대신에, 동쪽 방향 중성 바람도 마찬가지로, 극성 전기장을 $(\sigma_H/\sigma_P)u_eB$ 로 증폭되어 발생시킬 수 있다 (다이내모 전기장은 $\vec{U}\times\vec{B}$ 임을 상기할 것). Es 층에서 금속 이온이 많이 존재함은 TSI를 발생시키는데 3가지 면에서 더 유리하다. 첫째로 금속 이온은 Es 층에서의 이온 음속을 감소시켜, 이에 따라 문턱 표류속도 (문턱 전기장)를 낮추어 TSI가 잘 일어날 수 있다. 둘째로 금속이온은 유성흔에서 오기 때문에, Es 층이 조각 구조를 더 잘 가질 수 있다. 셋째로 금속 원자 이온은 분자이온보다 σ_H/σ_P 비를 증가시켜 증폭현상을 더 커지게 할수 있다.

극성 전기장 증폭 현상은 동서 방향 단절 경계뿐만 아니라 남북 방향 단절 경계로도 생길 수 있다. 그러나 두 방향 모두의 단절이 있을 경우에는, 발생한 극성 전기장에 의한 Hall 전류가 서로 상쇄되어 증폭 현상이 생기지 않는다. 이를 수식적으로 확인해보자. 자기력선에 수직인, x, y 방향의 전류는

$$\begin{pmatrix} J_x \\ J_y \end{pmatrix} = \begin{pmatrix} \sigma_P & -\sigma_H \\ \sigma_H & \sigma_P \end{pmatrix} \begin{pmatrix} E_x^o + E_x^p + u_s B \sin I \\ E_y^o + E_y^p - u_e B \end{pmatrix} \tag{11.63}$$

이다. 여기에 경계에서 $J_x = J_y = 0$ 조건을 부여하여, 정리하면

$$E_x^p = -E_x^o - u_s B \sin I \ ; \ E_y^p = -E_y^o + u_e B \tag{11.64}$$

이다. 이 식은 극성 전기장이 Hall 전도도에 의해 증폭되지 않음을 의미한다. 전체 전기장은 간단하게

$$E_x = -u_s B \sin I \quad ; \quad E_y = u_e B \tag{11.65}$$

로 축약된다. 이 전기장에 인한 $\vec{E} \times \vec{B}$ 표류 운동에 자기장 방향 $-u_s \cos I$ 을 더하면, 더 간단하게 원래 중성 바람 $\vec{u}$ 와 같다. 이는 플라즈마가 중성바람과 같이 움직임을 뜻하고, 경계면에 의한 증폭 효과를 전혀 가지지 않음을 의미한다. 결론적으로 Es 층의 날카로운 경계면 효과로 전기장 증폭 현상이 생기려면, 한쪽 방향으로 분명한 경계가 있되, 다른 쪽 방향은 경계가 없는 구조를 가져야 한다. 관측된 Es 층이 대체로 북서-남동 방향으로 길게 이어진 구조이므로 이 요구 조건을 만족한다. Es 층이 수직으로 날카로운 불연속면을 가지므로, 이에 의한 극성 전기장이 발생하기는 한다. 그러나 Es 층 상부와 하부 경계에 축적된 전하는 비스듬하게 연결된 자기력선을 따라 전류로 흐르게 되어, 결국 수직 방향 극성 전기장은 사라지게 된다.

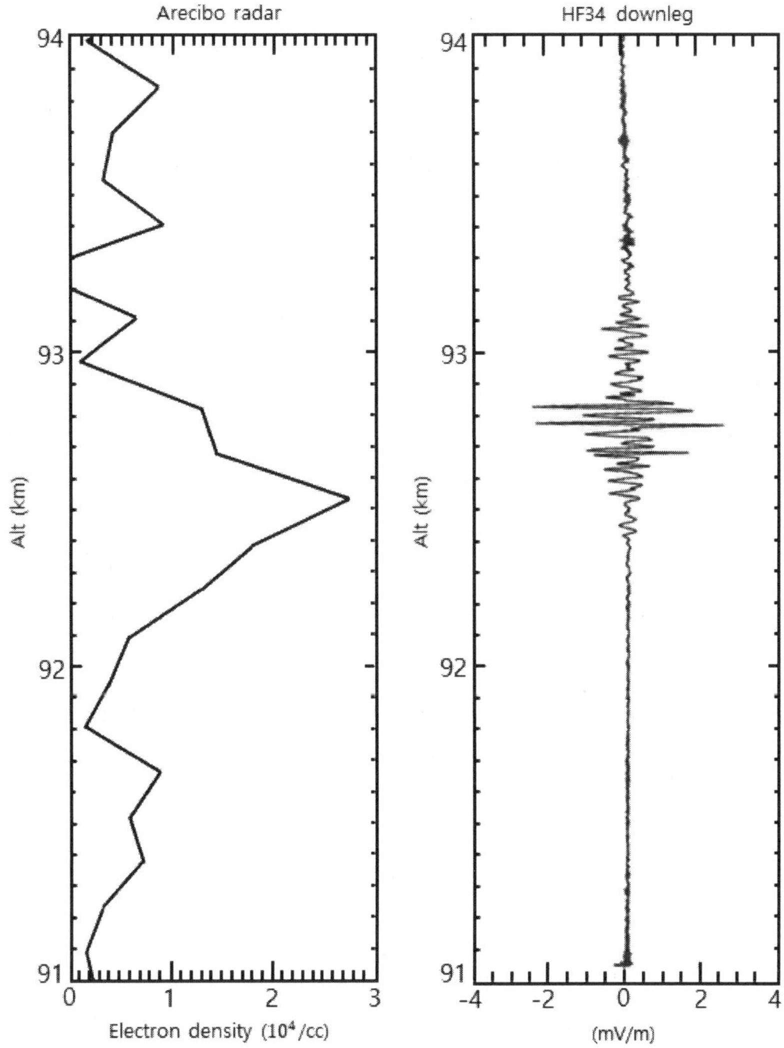

그림 11.19 산발 E-층 (sporadic E)의 전자 밀도 프로파일과 요동치는 전기장 (Kelley and Gelinas, 2000)

극성 전기장 증폭 현상은 전류가 Es 층의 동쪽 단면과 서쪽 단면에서 전류가 흐르지 못하기 때문에 발생함을 유의해야 한다. 만약 이 경계에서 전류가 자기력선을 따라 F-층으로 흘러간다면, 축적되는 전하량이 줄어들고 따라서 극성전기장도 약화되어 증폭현상이 감소된다. 실제로 Es 층 조각이 동서 방향 규모가 수 km 이상으로 커지면, F-층과 연결되는 전도도가 매우 커져서 F-층의 Pederson 전도도에 따라 Es 층의 극성 전기장의 증폭 정도가 약화된다. 즉, 연결된 F-층의 Pederson 전도도가 작으면 (저항이 크면) F-층으로 전류가 적게 흐르게 되므로 Es 층의 극성 전기장의 증폭현상이 유지되지만, 그 반대의 경우는 Es 층의 극성 전기장이 약화되어 TSI 가 일어나지 않게 된다. 앞에서 Perkins 불안정성 분석에서 F-층 MSTID의 위상에 따라 전도도의 강약 변화를 강화시킴을 소개하였다. 따라서 F-층의 MSTID 내의 전도도가 작은 위상과 연결된 Es 층은 증폭된 극성전기장을 가질 수 있고, 결국 TSI를 일으켜 유형 I 전파 에코가 발생할 수 있다. 실제 관측에서 F-층 MSTID와 Es 층 에코와 좋은 상관관계가 발견되었다.

보통 $\Sigma_P^F > \Sigma_P^E$ 이므로 E-층에서 발생한 전기장은 자기력선에 연결된 2개의 F-층과 공액 E-층을 구동해야 한다. 이는 발생한 E_x^p 를 현저히 감소시키기 때문에 중위도 지역에서 TSI가 잘 일어나지 않는다. 반면 Es 층의 Hall 전도도, $\Sigma_H^E \simeq neh/B$ 이므로, h = 5 km, n_{max} = 10^5 cm^{-3} 을 적용하면, Σ_H^E = 5 mho 정도로 상당히 커서, 증폭효과를 기대할 수 있다. 여러 연구에 의해서 E-층과 F-층의 연계가 분석되었는데, 큰 규모에서는 E-층과 F-층을 연결하는 자기력선의 저항이 영에 가까워서 잘 연계되는 반면, 작은 규모에서는 연결 자기력선의 저항이 커져서 둘 사이의 연계가 약하다 (Cosgrove and Tsunoda, 2004). 따라서 작은 규모의 불균질은 F-층에서 Perkins 불안정성에 의한 성장률로, E-층에서 EsLI에 의한 성장률로 각각 자라날 수 있다. 그러나 큰 규모의 불균질은 E-층과 F-층이 연계되어 약화된 성장률로 자란다.

자기력선에 의해 연계되는 현상은 Es 층 내부에서도 일어날 수 있다. GDI에 의해서 불균질이 Es 층 상부 또는 하부에서 발생하면, 자기력선을 따라 극성 전기장이 반대 면에 전달되면, 이곳에서는 안정된 상황으로 불균질을 감소시킬 수 있어, 결과적으로 Es 층 불균질이 생기지 않을 수 있다. 그러나 자기력선 방향 전도도는 수평 규모가 작을수록 작아지기 때문에, 일정 규모 이하의 불균질은 자기력선의 연계 효과를 무시하고 발생할 수 있다. 이 때문에 관측된 불균질의 파장이 일정 규모 이하로 제한될 수 있다. 그림 11.19는 Es 층 상층부에서만 전기장 파동이 관측되며, 그 파동의 파장이 ~30 m 이하임을 보여준다. 즉, 파장이 30 m 이상인 불균질은 이를 일으키는 전기장 섭동이 자기력선을 따라 안정된 Es 층 하부와 전달되기 때문에 자라지 못함을 시사한다.

마지막으로 Es 층이 없는 곳에서 3m 규모의 불균질이 레이다로 관측되는데, 이를 설명할 수 있는 **열적 불안정성 (thermal instability)**을 소개한다. 그림 11.20은 자기력선에 수직인 중성 바람이 플라즈마 밀도 섭동이 있는 지역을 가로질러 부는 상황을 나타낸다. 중성 바람과 거의 나란하게 이온이 표류하며 전류($\vec{J}$) 를 발생시키면, 밀도 불균질 경계면에 전하가 축적

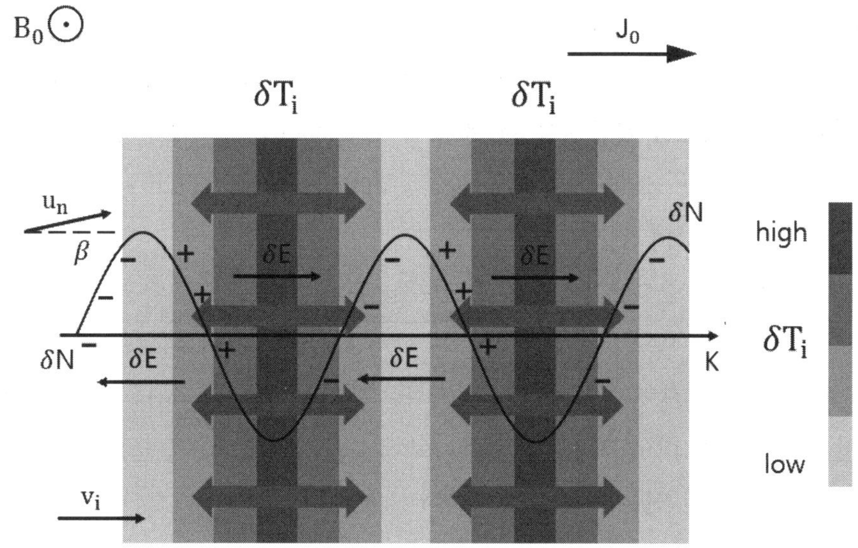

그림 11.20 전리권 E-층 열적 불안정성 (thermal instability) 설명 도식.

되어 섭동 전기장($\delta\vec{E}$)이 생긴다. 전류와 섭동전기장이 같은 방향인 위상에서, **줄 가열(Joule heating)**이 일어나지만, 다른 위상에서는 가열이 일어나지 않는다. 가열이 있는 위상은 밀도가 낮은 지역이고, 이곳에서 온도가 상승하여 압력이 높아지면 다른 위상 쪽으로 물질을 밀어내어 더 밀도가 낮아져서 불균질이 성장한다. 이를 열적 불안정성이라 한다. 이 이론은 Es 층보다 위의 넓은 고도 영역에서 레이다 에코가 관측되는 현상을 GDI에서 요구되는 밀도의 수직 경사 없이도 설명할 수 있는 장점을 가진다 (Kegan and Kelley, 2000).

11.4 고위도 전리권 불균질 현상들

중•저위도처럼 고위도 전리권도 F-층과 E-층에 나타나는 불균질 현상의 특성과 원인이 다르다. 고위도 F-층의 대규모 불균질은 10장에서 설명하였듯이 생성, 재결합, 전기역학적 수송이 중요하나, 중규모 (0.1 - 30 km) 불균질은 주로 **일반 레이레이-테일러 불안정성 (generalized Rayleigh-Taylor Instability, RTI)**에 기인한다. 소규모 (0.1 km 이하) 고위도 F-층 불균질은 저위도와 달리 VHF/UHF 레이다로 관측이 기하학적으로 불가능하다. HF 레이다는 굴절에 의해 빔이 휘어 자기장에 수직인 지점의 플라즈마 불균질에 반사되어 되돌아오는 신호를 감지할 수 있다. 수십 m 규모의 불균질은 일반 RTI의 일종인 **E×B 불안정성**

으로 설명이 가능하고, 그보다 작은 규모는 큰 규모의 불균질이 파쇄되어 생긴다고 본다. 고위도 E-층 불균질은 VHF 전파 에코로 나타나는데, 중•저위도처럼 **두흐름 불안정성 (two-stream instability)**과 **경사표류 불안정성 (gradient drift instability)**으로 대부분 설명된다. 그러나 자기력선이 거의 수직인 고위도에서 이런 불안정성에 중요한 영향을 미치고, 고위도 특유의 전기동역학에 따른 전류와 전기장이 불균질 현상을 복잡하게 한다. 또한 오로라와 극관의 강한 플라즈마 표류가 중성대기의 바람과 난류를 일으켜서, 난류에 의한 불균질도 무시할 수 없다. 고위도에서 E-층 보다 낮은 고도 90 - 95 km 에서 층의 형성이 관측되는데, 이는 대부분 소디움(Na) 원자이온에 기인한다. 자기장이 거의 수직인 고위도에서 층 구조를 갖기 위해서 강력한 수직 방향 전기장이 작용하고 있음을 암시한다. 고위도 소규모 F-층 불균질과 소디움 층에 대한 연구는 아직 부족하다.

11.4.1 고위도 일반 E×B 불안정성

앞의 11.1 절에 소개된 **레이레이-테일러 불안정성 (RTI)**는 플라즈마 밀도 경사가 중력 방향과 반대인 경우에 발생한다. 그러나 고위도에서는 자기력선이 거의 수직이므로 불안정에 미치는 중력은 무시될 수 있기에, 자기력선에 수직인 전기장과 자기장의 작용, **E×B**가 중력을 대신하여 불안정성을 일으킬 수 있다. 즉 **E×B** 방향이 플라즈마 밀도 경사와 같은 방향이면 밀도가 낮은 섭동이 밀도가 높은 곳으로 이동하여 섭동을 심화하는 불안정성을 초래한다 (그림 11.3 참조). 이는 일반 RTI에서 중력을 제외한 전기장에 (중성바람에 의한 전기장 포함) 의한 **E×B 불안정성**이라 한다. 이를 수식으로

$$(\vec{E}' \times \vec{B}) \cdot \nabla n > 0 \tag{11.66}$$

표현된다. 여기서 E'은 중성대기와 같이 움직이는 계의 전기장 ($E' = E + U \times B$) 이다. 그림 11.21은 AUROEOL-3 위성이 측정한 비행경로 상 플라즈마 밀도인데, 밀도가 증가할 때 또는 감소할 때 밀도의 불균질이 커짐을 보여준다. 이는 전기장의 방향에 따라서 **E×B 불안정성** 밀도가 증가/감소하는 구간에 발생함을 시사한다.

이런 불안정성은 전기장이 F-층에 잘 유지될 때 가능한데, E-층의 전도도가 높은 경우 고위도의 거의 수직인 자기력선을 따라 전류가 흘러서 F-층 전기장을 약화시킬 수 있다. 더욱이 태양풍과 자기권의 작용에 의해 **연자기 전류 (field aligned currents)**가 자기권으로부터

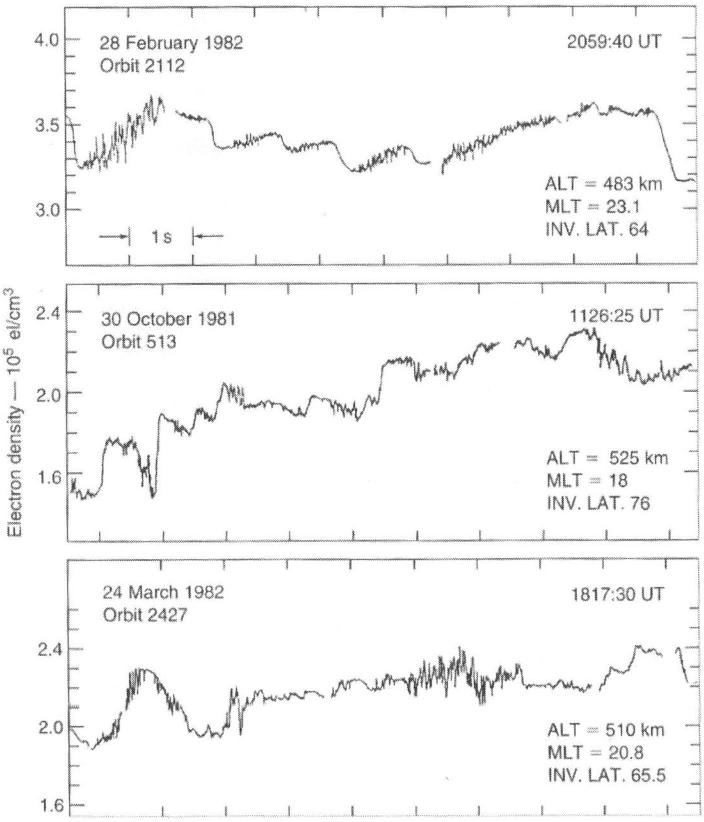

그림 11.21 위성이 고위도 전리권을 측정한 전자밀도 수평 프로파일. 밀도가 증가/감소하는 구간에서 불균질이 많이 보임. (Cerisier et al., 1985)

강하게 들어오는 경우, 단순한 **E×B 불안정성**이 아닌 다른 불안정성이 발생할 수 있는데, 이를 **전류 대류 불안정성 (current convective instability, CCI)** 라 부른다. 개념적으로 이 불안정성은 전자와 이온이 자기력선을 따라 다른 속도로 표류하기 때문에 발생한다. 이로 인해 **E×B 불안정성**이 생기지 않을 밀도 경사에서도 **CCI**에 의해 자기력선과 평행한 특정한 파장 ($k_\parallel$)에서 불안정해질 수 있다. **E×B 불안정성**은 자기력선 평행 섭동이 없을 때 ($k_\parallel = 0$) 가장 잘 발생한다.

CCI를 구체적으로 이해하기 위해 그림 11.22에 북반구에 **연자기 전류**, 자기력선이 아래 방향 (-z 방향), $J_{o\parallel}$ 이 위로 (z 방향) 향하고, 배경 전기장, $E_{o\parallel}$ 이 위 방향인 상황을 고려하자. 여기서 배경 전기장을 자기력선에 평행으로 잡았으므로, **E×B 불안정성**은 배제된다. 유한한 섭동이 파수, $k_\parallel$ 를 가진다면, 파동 전파 방향으로 플라즈마 밀도가

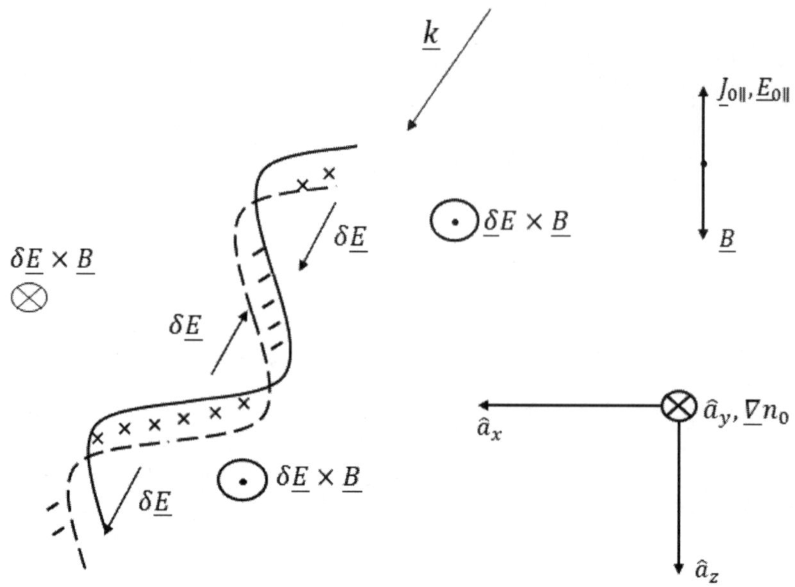

그림 11.22 고위도 전리권에서 연자기 전류(field aligned currents)가 있을 때 발생하는 정전기 파동의 도식도

$$\tilde{n}(s,t) = \delta n' e^{i(ks - \omega t)} \tag{11.67}$$

로 변화한다. 여기서 s 는 파동 전파 방향으로의 거리이고, 섭동파동이 시간에 따라 아래로 진행한다. 또한 섭동 파동 벡터, $\vec{k}$ 는 x-z 평면에 위치하고, 배경 플라즈마 밀도의 경사, ∇n_o 는 y 축 방향이다. 밀도 섭동에 의해 발생하는 자기력선 평행 전도도와 Pederson 전도도는

$$\sigma_o(s,t) = \sigma_o^o + \delta\sigma_o e^{i(ks - \omega t)} \tag{11.68a, b}$$

$$\sigma_P(s,t) = \sigma_P^o + \delta\sigma_P e^{i(ks - \omega t)}$$

로 표현된다. 또한 섭동 파동의 경로 상에 축적되는 전하로 인해 발생하는 정전기 전기장은

$$E_k(s,t) = \delta E_k e^{i(ks - \omega t)} \tag{11.69}$$

로 쓸 수 있다. 전체 전기장과 전도도에 의해 발생하는 전류는

$$J = (\sigma_o^o + \delta\sigma_o e^{i(k_x x + k_z z - \omega t)})(-E_{o\parallel} + \delta E_k \sin\theta\, e^{i(k_x x + k_z z - \omega t)})\hat{a}_z \tag{11.70}$$
$$+ (\sigma_P^o + \delta\sigma_P e^{i(k_x x + k_z z - \omega t)})(\delta E_k \cos\theta\, e^{i(k_x x + k_z z - \omega t)})\hat{a}_x$$

이고, 여기에 $\nabla \cdot \vec{J} = 0$ 조건을 적용하여 섭동항의 곱은 무시하여 정리하면

$$-ik_z\delta\sigma_o E_{o\parallel} + ik_z\sigma_o^o\delta E_k\sin\theta + ik_x\delta\sigma_P\delta E_k\cos\theta = 0 \tag{11.71}$$

이 된다. 여기에 $k_z = k\sin\theta,\, k_x = k\cos\theta$ 를 적용하여 정리하면

$$\delta E_k = E_\parallel\left(\frac{\delta\sigma_o}{\sigma_o}\right)\frac{\sin\theta}{\sin^2\theta + (\sigma_P/\sigma_o)\cos^2\theta} \tag{11.72}$$

로 표현된다. 여기서 배경 전기장과 전도도의 위첨자, 아래첨자 o은 편이상 생략했다. 이 식은 그림 11.22에 보인 것처럼, 섭동플라즈마 밀도가 양이면 섭동 전기장, δE_k가 섭동 파동 방향으로 만들어지고, 밀도 섭동이 음이면 그 반대임을 나타낸다. 따라서 양(음)의 밀도 섭동 부분이 $\delta E_k \times B$ 에 의해 지면으로부터 나오는(들어가는) 방향이므로 배경 밀도 경사, ∇n_o가 감소(증가)하는 방향으로 운동하게 되어 불균질을 심화시킨다. Osakow and Chaturvedi (1979)은 이 섭동 전기장을 이용하여 연속 방정식을 선형화하고, $\nabla \cdot \vec{J} = 0$ 조건을 적용하여 불균질의 성장률을 구하였다. 이는 11.2절에 소개한 **두흐름 불안정성 (TSI)** 의 성장률을 구하는 방식과 동일하다. 최대 성장률을 가지는 섭동 파동의 전파 각은

$$\theta = \left(\frac{\nu_i}{\Omega_i}\right)^{1/2}\left(\frac{\Omega_i}{\nu_i} + \frac{\Omega_e}{\nu_e}\right)^{-1/2} \tag{11.73}$$

로 구해지는데, 여기에 $\sigma_P = (ne^2\nu_i/M\Omega_i^2)$, $\sigma_o = (ne^2/m\nu_e)$ 와 $M\nu_i = m\nu_e$ 관계를 적용하여 정리하면,

$$\theta = \left(\frac{\sigma_P}{\sigma_o}\right)^{1/2}\left(1 + \frac{\Omega_e\nu_i}{\Omega_i\nu_e}\right)^{-1/2} \cong \left(\frac{\sigma_P}{2\sigma_o}\right)^{1/2} \tag{11.74}$$

로 축약된다. 마지막 근사식은 F-층 고도에서 $\Omega_e \nu_i \cong \Omega_i \nu_e$ 임을 사용하였다. 따라서 최대 성장률을 가지는 섭동 전기장은

$$\delta E_k = \frac{\sqrt{2}}{3} E_{\parallel} \left(\frac{\delta\sigma_o}{\sigma_o}\right)\left(\frac{\sigma_P}{\sigma_o}\right)^{-1/2} = 0.47\, E_{\parallel}\, (\delta n/n)\left(\frac{\sigma_P}{\sigma_o}\right)^{-1/2} \tag{11.75}$$

으로 표현된다. 여기서 $\sigma_o \propto n$ 관계를 사용하였다. 성장률은 밀도의 시간 증가율이 섭동 밀도에 비례한다고 생각하고, 연속 방정식을 적용하면

$$\partial n/\partial t\, (\cong \gamma \delta n) = -\delta V \bullet \nabla n \tag{11.76}$$

으로 표현된다. 배경 밀도 경사, $\nabla n \sim n/L$ 로 근사하고, $\delta V = \delta E_k \times B/B^2 = \delta E_k/B$ 를 적용하면, **전류대류 불안정성 (current convective instability, CCI)**의 최대 성장율은

$$\gamma_{CC} = (\delta E_k/B)\frac{n}{L}\frac{1}{\delta n} = \frac{\sqrt{2}}{3}\frac{E_{\parallel}}{BL(\sigma_P/\sigma_o)^{1/2}} \tag{11.77}$$

로 쓸 수 있다. 자기력선 평행 전기장은 이온과 전자의 표류 속도 차이로 생긴다고 보면

$$\sigma_o E_{\parallel} = J_{\parallel} = ne\, V_{\parallel} \tag{11.78}$$

관계가 성립한다. 이 전류는 전리권의 열적 이온과 전자에 의해 운반되는 것으로, 오로라 환에서 고에너지 전자나 이온들에 의해 자기권과 주고 받는 자기정렬 전류와는 성격이 다르다.

그림 11.22에 자기장에 수직인 직류 전기장, $E_{o\perp}$을 -x 방향으로 추가하면, 전형적인 **E×B 불안정성**이 생긴다. 즉 $E_{o\perp} \times B$ 가 지면으로 들어가는 방향 (y) 이므로 밀도 경사와 같은 방향으로 저밀도 플라즈마가 파고들어가는 불균질을 일으킨다. 이 **E×B 불안정성**의 성장률은

$$\gamma_{EB} = E_{o\perp}/BL = V_{o\perp}/L \tag{11.79}$$

로 쓸 수 있다. **E×B 불안정성**의 성장률과 **전류대류(CC) 불안정**의 성장률을 비교하면

$$\frac{|\gamma_{EB}|}{|\gamma_{CC}|} = \frac{3}{\sqrt{2}} \frac{V_{o\perp} B(\sigma_o \sigma_P)^{1/2}}{V_{\parallel} ne} \tag{11.80}$$

로 표현된다. 성장률이 음수의 경우는 섭동이 자라지 않고 안정화됨을 의미하기 때문에, 두 성장률 절대 값의 비는 어느 기작이 안정 또는 불안정을 지배하는 가를 판단할 수 있게 한다. 즉, 위의 비가 1보다 크면서, **E×B 불안정성**은 안정화 방향인데, **CC 불안정성**이 불안정 방향이면, 결과적으로 **E×B** 과정이 지배해서 섭동이 자라지 못한다. 그 반대의 경우는 **E×B** 과정의 안정화에도 불구하고 CC 과정에 의해 불안정해져 섭동이 자랄 수 있다. 예를 들어 수직 전기장이, 10 mV/m ($V_{o\perp}$ = 400 m/s)으로 안정화 방향이면, 이를 극복하여 불안정해지려면, n = 5×10^4 cm^{-3} 일 때 자기장 정렬 전류가 $J_{\parallel}\ (= ne\,V_{\parallel}) \geq$ 7 μA/m^2 이어야 한다. 이는 상당히 큰 전류이긴 하지만, 오로라 지역에서 가능한 정도이다. F-층의 전도도 관계, $(\sigma_P \sigma_o)^{1/2} = (ne/B)(\Omega_e \nu_i / \Omega_i \nu_e)^{1/2}$ 를 사용하면,

$$\frac{|\gamma_{EB}|}{|\gamma_{CC}|} = \frac{3}{\sqrt{2}} \frac{V_{o\perp}}{V_{\parallel}} (\frac{\Omega_e \nu_i}{\Omega_i \nu_e})^{1/2} \cong 2 \frac{V_{o\perp}}{V_{\parallel}} \tag{11.81}$$

로 근사할 수 있다. 단순하게 해석하면 자기 정렬 표류 속도가 자기 수직 표류 속도의 2배 이상이어야 **CC 불안정성**이 지배적일 수 있음을 시사한다. 그러나 주어진 전류 크기에서 자기 정렬 표류 속도, $V_{\parallel}$ 가 플라즈마 밀도 n에 반비례하므로, 밀도가 낮은 F-층 상부에서 불안정성이 생길 경우라도, 밀도가 높은 F-층과 하부에서는 안정성이 지배할 것이다. 따라서 전체적으로 **CC 불안정성**이 상당히 줄어들 수 있다. 더욱이 자기력선으로 연결된 E-층의 전도도로 인해 CC 섭동 전기장이 약화 될 것이다. 이런 점들을 고려하면, **E×B** 과정이 안정화 된 경우, 이를 극복하고 CC 과정이 고위도 F-층의 불안정성을 유발하기는 어려울 것으로 판단 된다.

관측되는 중규모 이하의 고위도 F-층 불균질은 **E×B 불안정성**이나 **전류대류 불안정성** 이외에도 강한 자기장 정렬 전류가 수직 전기장을 유발하여 불안정성을 유발한다는 이론이 제시되었다 (Erukhimov and Kagan, 1994). 또한 자기권 내의 대류에 난류(turbulence)가 자주 발생하는데, 이 난류가 고위도 전리권에 투영되어 전리권의 다양한 불균질을 만들 것으

로 예상된다. 자기권 난류가 전리권에 투영되면 다양한 파장의 전기장, $E(k)$ 을 발생시키고, 이로 인한 **E×B 불안정성**의 성장률이 $\gamma_m = E(k)/BL$ 로 표현할 수 있는데, 실제로는 전체 스펙트럼에 대한 **제곱근 제곱 평균 (root mean square, rms)**에 대한 성장률

$$\Gamma_m = [\int_{\Delta k} E^2(k)dk]^{1/2}/\, BL \tag{11.82}$$

이 작용할 것이다. 그러나 난류 전기장 스펙트럼에 대한 관측 자료가 부족하여, 이 기작에 의한 성장률이 고위도 불균질을 얼마나 잘 설명할 수 있는 지에는 연구가 더 필요하다. 이 기작의 장점은 자기권의 난류에 의한 전기장은 전리권 E-층의 전도도와 거의 무관하게 F-층에 투영된다는 점이다. 이는 자기권이 내부저항이 매우 낮은 배터리 역할을 하기 때문에, E-층에 연결된 저항과 거의 무관하게 전위차를 유지할 수 있기 때문이다.

11.4.2 자기수직 확산

고위도 F-층 불균질은 기본적으로 자기력선으로부터 얼마나 빠르게 확산 되어 가는가에 따라 수명이 결정된다. 불균질이 특정한 파수에서 안정적이거나 불안정인가는 불안정성에 따른 성장률이 확산에 따른 감쇄율을 초과하는지 여부에 의존한다. **E×B 불안정성** 기작에서 실제 성장률은 간단하게

$$\gamma = \frac{E_o{}'}{BL}\left(\frac{\Sigma_P^F}{\Sigma_P^E + \Sigma_P^F}\right) - k^2 D_\perp \tag{11.83}$$

표현된다 (Vickrey and Kelley, 1982). 여기서 $D_\perp$은 고도 평균 수직 확산계수이다. 자기력선 평행 확산은 앞장에서 다루었듯이, 기본적으로 **쌍극성 확산 (ambipolar diffusion)**으로서, 전자가 이온보다 빠르게 자기력선으로 따라 이동함에 따라 극성 전기장이 발생한다. 이 전기장으로 인해 전자가 느리고 무거운 이온을 함께 끌고 가기 때문에, 결국 이온이 확산계수를 결정한다. 즉, $D_\parallel = 2D_i$ 인데, 여기서 2는 쌍극성 확산 때문이다 (9.1 참조).

수직 확산계수는 운동량 방정식으로부터 구할 수 있는데, 중성 바람과 함께 움직이는 계에서 정상 상태 $(dV'/dt = 0)$ 에 도달하면,

$$0 = -k_B T_j \overrightarrow{\nabla} n + nM_j \overrightarrow{g} + nq_j(\overrightarrow{E}' + \overrightarrow{V_j}' \times \overrightarrow{B}) - nM_j \nu_{jn} \overrightarrow{V_j}' \tag{11.84}$$

로 표현된다. 거의 수직인 B를 z 방향으로 잡고, 중력과 중성 바람을 무시하면,

$$0 = -k_B T_j (\partial n/\partial x) + nq_j(E_x + V_{jy}B) - nM_j \nu_{jn} V_{jx} \qquad (11.85a,\ b)$$

$$0 = -k_B T_j (\partial n/\partial y) + nq_j(E_y - V_{jx}B) - nM_j \nu_{jn} V_{jy}$$

이 된다. 이식들을 V_{jx}와 V_{jy}에 대해 풀면,

$$V_{jx}\left(1 + \frac{q_j^2 B^2}{M_j^2 \nu_{jn}^2}\right) = \frac{-k_B T_j}{M_j \nu_{jn}} \frac{1}{n} \frac{\partial n}{\partial x} + \frac{q_j}{M_j \nu_{jn}} E_x - \frac{q_j B k_B T_j}{M_j^2 \nu_{jn}^2} \frac{1}{n} \frac{\partial n}{\partial y} + \frac{q_j^2 B^2}{M_j^2 \nu_{jn}^2} E_y$$

$$V_{jy}\left(1 + \frac{q_j^2 B^2}{M_j^2 \nu_{jn}^2}\right) = \frac{-k_B T_j}{M_j \nu_{jn}} \frac{1}{n} \frac{\partial n}{\partial y} + \frac{q_j}{M_j \nu_{jn}} E_y - \frac{q_j B k_B T_j}{M_j^2 \nu_{jn}^2} \frac{1}{n} \frac{\partial n}{\partial x} + \frac{q_j^2 B^2}{M_j^2 \nu_{jn}^2} E_x$$

(11.86a, b)

로 쓸 수 있다. 이 두 식을 $E \times B$ 표류에 의한 속도, $V_{Ej} = E \times B/B^2$ 와 밀도 경사에 의한 표류 속도 (diamagnetic drift velocity),

$$V_{Dj} = \frac{k_B T_j}{q_j B^2 n} \nabla n \times B \tag{11.87}$$

로 치환하면,

$$V_{j\perp}\left(1 + \frac{q_j^2 B^2}{M_j^2 \nu_{jn}^2}\right) = -\frac{k_B T_j}{M_j \nu_{jn} n} \nabla_\perp n + \frac{q_j}{M_j \nu_{jn}} E_\perp + \frac{q_j^2 B^2}{M_j^2 \nu_{jn}^2} V_{Dj} + \frac{q_j^2 B^2}{M_j^2 \nu_{jn}^2} V_{Ej}$$

(11.88)

로 합칠 수 있다.

수직 확산계수를 밀도 경사에 반대 방향으로, $V = -D(\nabla n/n)$ 형태로 정의하면,

$$D_{j\perp} = (k_B T_j / M_j \nu_{jn})(1 + \frac{\Omega_j^2}{\nu_{jn}^2})^{-1} \quad (11.89)$$

로 구해진다. F-층 고도에서 $\Omega_j \gg \nu_{jn}$ 이므로,

$$D_{j\perp} = (k_B T_j / M_j)(\nu_{jn}/\Omega_j^2) \quad (11.90)$$

로 쓸 수 있다. 이 확산계수를 물리적으로 이해하기 위해서 자이로 반경으로 표현해보면,

$$r_{gj} = v_j M_j / eB = (k_B T_j / M_j)^{1/2} \Omega_j^{-1} \quad (11.91)$$

$$D_{j\perp} = r_{gj}^2 \nu_j$$

이다. 따라서 확산계수는 입자가 충돌 시간 간격 동안 무작위로 자이로 반경만큼 이동하는 속도를 반영한다. 이온의 자이로 반경이 전자보다 훨씬 크기 때문에 이온이 자기력선에 수직으로 훨씬 더 빨리 확산한다. 그러나 이온과 전자가 분리되면 극성 전기장이 발생하므로, 이 전기장에 의해 이온 확산은 느려지고 전자 확산은 좀 더 빨라진다. 따라서 자기장에 묶여 있는 플라즈마 덩어리는 느린 전자 확산 계수로 자기장에 수직으로 확산될 수 있다.

F-층 전기장의 E-층 맵핑 현상을 고려한 수직 확산계수를 수식적으로 이해해보자. 고위도에서 $g \times B$ 는 무시할 수 있으므로, 이온의 수평 속도는 간단하게

$$V_{ix} = (\sigma_{Pi}/en)E - D_{i\perp}/n \nabla_x n \quad (11.92)$$

으로 쓸 수 있다. (7장 참조) 여기서 x 는 밀도 경사가 있는 방향이고, 전하 중성 조건 $(n_i = n_e = n)$을 전제한다. 이온의 Pederson 전도도와 수직 확산계수는

$$\sigma_{Pi} = (e^2 n \nu_{in}) / M_i (\Omega_i^2 + \nu_{in}^2) \quad (11.93a,\ b)$$

$$D_{i\perp} = (k_B T_i \nu_{in}) / M_i (\Omega_i^2 + \nu_{in}^2)$$

로 주어진다. (7장 참조)

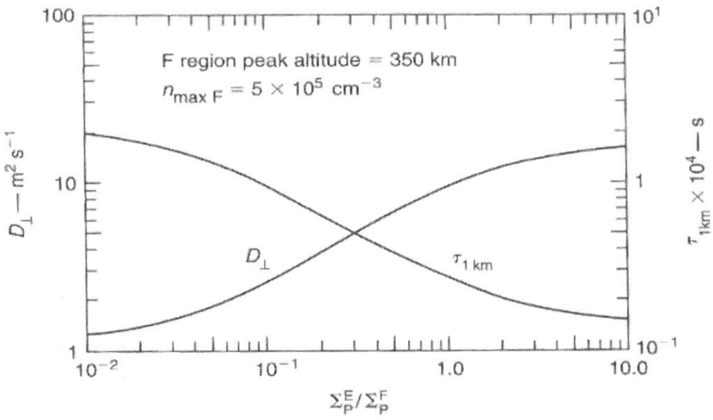

그림 11.23 F-층과 E-층의 Pederson 전도도 비에 따른 수직 확산계수와 1 km 크기의 불균질의 지속 시간 (Vickrey and Kelley, 1982).

마찬가지로 전자의 수평 속도는

$$V_{ex} = -(\sigma_{Pe}/en)E - (D_{e\perp}/n)\nabla_x n + R V_{ix} \tag{11.94a, b}$$

$$R = \frac{\Omega_e^2 \nu_{ie}/\nu_{in} + \nu_{ei}/\nu_e}{\Omega_e^2 + \nu_e^2}$$

로 쓸 수 있다. 여기서 마지막 항은 이온과 전자의 충돌이 전자의 속도에 영향을 주기 때문에 포함되었다. 이온과 전자의 속도로부터 수평 Pederson 전류를 표현하면

$$J_P = [(1-R)\sigma_{Pi} + \sigma_{Pe}]E - e[(1-R)D_{i\perp} - D_{e\perp}]\nabla_x n \tag{11.95}$$

이 된다. F-층 고도에서 전자와 이온의 충돌이 매우 드물기에, $R \ll 1$ 이 성립해서 무시될 수 있다. 만약, 수평 전류가 0이라고 가정하면, x 방향으로 **쌍극성 전기장 (ambipolar electric field)**은

$$E_x = \frac{e(D_{i\perp} - D_{e\perp})}{\sigma_{Pi} + \sigma_{Pe}}\nabla_x n \tag{11.96}$$

이 형성된다.

전리권 불균질 구조와 시간 진화는 일반적으로 운동량방정식에서 구한 플라즈마 속도를 연속방정식에 대입하여

$$\partial n/\partial t = -L - \nabla \cdot (nV_{i\perp}) - \nabla \cdot (nV_{i\parallel}) \tag{11.97}$$

로 쓸 수 있다. 여기서 L은 이온의 재결합으로 인한 소멸률이고, 자기장에 수직과 평행으로 다이버전스를 나누어 표현했다. 자기력선 평행 운동을 무시하고, 위에서 구한 이온의 수직 방향 속도를 대입하면,

$$\partial n/\partial t = -L - \nabla \cdot (\sigma_{Pi}/e)E + \nabla \cdot (D_{i\perp} \nabla n) \tag{11.98}$$

가 된다. 플라즈마 불균질 밀도를 배경 밀도와 작은 섭동 밀도의 합으로 표현하고, 위 식에 대입해 섭동의 곱들을 무시하는 선형화하면

$$\partial n/\partial t = -(\sigma^o_{Pi}/e)\nabla_x E + D^o_{i\perp} \nabla^2_x n \tag{11.99}$$

로 섭동 밀도의 시간 진화가 표현된다. 위첨자 o 은 배경 조건을 사용한 물리량들이다. 우선 섭동에 의해 발생하는 **쌍극성 전기장**을 무시하면, 위 식은 확산계수, $D_\perp = D_{i\perp}$를 가지는 간단한 확산 방정식이 된다. 이는 앞에서 설명한 대로 빠른 이온 확산으로 불균질이 해소됨을 의미한다. 그러나 일반적으로 쌍극성 전기장을 무시할 수 없으므로, 앞에서 구한 전기장을 대입하면

$$\frac{\partial n}{\partial t} = [D^o_{i\perp} - \sigma^o_{Pi}(\frac{D^o_{i\perp} - D^o_{e\perp}}{\sigma^o_{Pi} + \sigma^o_{Pe}})]\nabla^2_x n \tag{11.100}$$

로 표현된다. F-층에서 $\sigma_{Pi} \gg \sigma_{Pe}$ 가 성립하므로, 위 식은 확산계수가 $D_{e\perp}$인 확산 방정식이 된다. 따라서 위에서 언급한 것과 같이 느린 전자 확산계수에 따라 불균질이 오랫동안 유지될 수 있음을 의미한다. 그러나 실제로는 다음에 기술하는 E-층과의 연관성 때문에 이

두 양극단 사이의 계수로 확산이 일어난다.

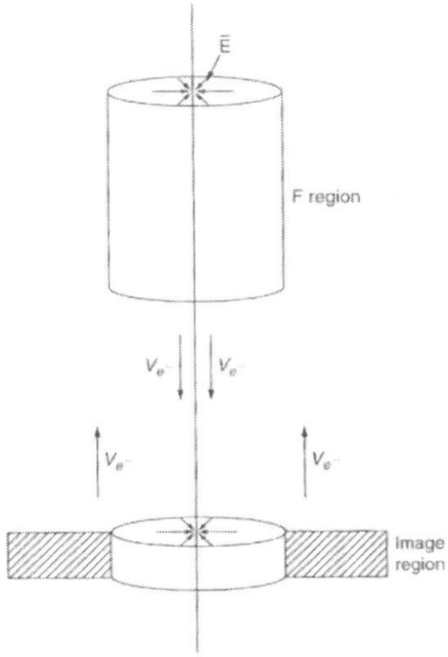

그림 11.24 F-층 불균질의 수직 확산과 E-층과의 연계를 설명하는 도식도

고위도 F-층에서 자기장에 수직 방향 확산 과정에서 이온과 전자의 분리로 인한 **쌍극성 전기장 (ambipolar electric field)**은 연결된 E-층의 전도도가 클 경우 약화 된다. 결과적으로 수직 확산은 이온 확산으로 빠르게 진행되고, 자기장에 묶여 있는 전자는 자기력선을 따라 아래로 이동하여 E-층에서 회로를 완성한다. 따라서 F-층에서 수직 방향의 쌍극성 확산은 무산되고, 이온 확산이 지배하게 된다. 이 과정에 대한 정량적인 계산 결과가 그림 11.23에 제시되었다 (Vickrey and Kelley, 1982). F-층에 대해 적분된 수직 확산계수는 E-층과 F-층의 전도도 비에 따라 ~ 1 m^2/s에서 10 m^2/s 이상으로 증가한다. 확산에 따른 1 km 규모의 **e-감쇄 시간(e-folding time),** $\tau_\perp = (k^2 D_\perp)^{-1}$ 은 10^4 s에서 10^3 s 로 감소한다. 이 결과는 E-층 전도도가 높은 경우에도 수 km의 구조는 수직 확산에 수 시간 이상 걸리므로, 고위도 F-층 구조는 상당히 긴 거리의 수송 동안에도 유지될 수 있음을 시사한다. 그러나 이 계산은 F-층의 전기장이 E-층에 전달되는 효율이 구조의 규모가 작을수록 비효율적임을 고려하지 않았다. 또한 F-층의 불균질이 E-층에 영향을 주는 효과(imaging effect)가 있음을 감안해야 한다.

그림 11.24는 F-층에 의한 E-층 이미징 효과를 설명한다. F-층에 자기력선을 따라 원통형 플라즈마 덩어리는 이온의 빠른 확산으로 쌍극성 전기장이 원통의 중심을 향한다. 이에 따라 Pederson 전류가 중심으로 모이는데, 이곳에서의 전하 중성 조건을 만족하기 위해 전자가 자기력선을 따라 E-층으로 흘러 내려간다. 결과적으로 E-층의 플라즈마 밀도가 중심에서 증가하는 이미징 효과를 발생시킨다. 즉, 중심에 고밀도와 변두리에 양쪽으로 저밀도 지역이 생성되어 E-층의 불균질을 야기한다. 이런 E-층의 플라즈마 몰림은 E-층의 플라즈마가 압축성이 있음을, 반대로 F-층의 경우는 비압축성을 의미한다.

결론적으로 고위도 F-층 불균질은 E-층의 밀도가 아주 크면 F-층의 쌍극성 전기장이 유지될 수 없고, 아주 작으면 유지될 수 있어서, 각각 빠르게 또는 느리게 확산된다. 그러나 E-층 밀도가 아주 크지도 아주 작지도 않으면, 불균질의 규모에 따라 전기장의 맵핑 효율이 감소하는 효과가 있으며, 또한 이미징 효과로 인한 E-층의 전도도 변화로 인해 유효 확산 속도도 달라진다.

11.4.3 고위도 E-층 불균질

고위도 E-층 불균질은 중·저위도와 마찬가지로 주로 레이다 에코로 감지되는데, 로켓의 전기장 변화로도 측정된다. 레이다 에코 스펙트럼은 적도 전리권의 경우와 유사한 유형 I 과 II 에 추가하여 유형 III 과 IV 가 발견되었다. 그림 11.25는 이들의 스펙트럼을 보여주는데, **두-흐름 불안정성 (two-stream instability, TSI)**에 의한 유형 I과 **경사표류 불안정성 (gradient drift instability, GDI)**에 의한 유형 II가 뚜렷하다. 즉, 표류속도가 이온 음속에 가깝게 빠른 유형 I 과 저속의 표류속도가 넓게 분포하는 유형 II가 보인다. 유형 III은 표류속도가 이온 음속보다 훨씬 느리지만, 도플러 주파수 70 Hz 로 특정 값을 가진다. 특정 주파수 신호는 매우 균질한 파동이 존재함을 의미하며, 70 Hz 는 O^+ 이온의 자이로 주파수 (gyro-frequency)의 40%로 써, E-층 상부나 하부에서 산소이온의 **사이크로트론 파동 (cyclotron wave)**이 발생함을 시사한다.

유형 IV는 비정상적으로 빠른 표류속도를 보이는데, 이는 **오로라 전류제트 (auroral electrojet)**의 난류에 기인한 비정상적 가열 과정이 플라즈마 온도를 높혀 이온 음속을 빠르게 했을 것으로 추측한다.

〈선형 오로라 전류제트 파동 이론〉

오로라 전자제트에서 **TSI**와 **GDI**는 적도의 전자제트에서 소개했던 이론과 동일하다. E-층 하부 (90 -100 km)에서 이온은 중성과의 충돌이 빈번하여 ($\nu_i \gg \Omega_i$), 자기장과 무관하게 중성 바람과 함께 이동한다. 반면, 전자는 충돌 주파수가 자이로 주파수보다 작아서 ($\nu_e \ll \Omega_e$) 자기장 영향 아래 있어, $V_D = E \times B / B^2$ 로 표류한다. 앞에서 소개한 TSI와 GDI을 통합하여 공명 주파수와 성장률을 표현하면 다음과 같다 (Fejer and Providakes, 1988):

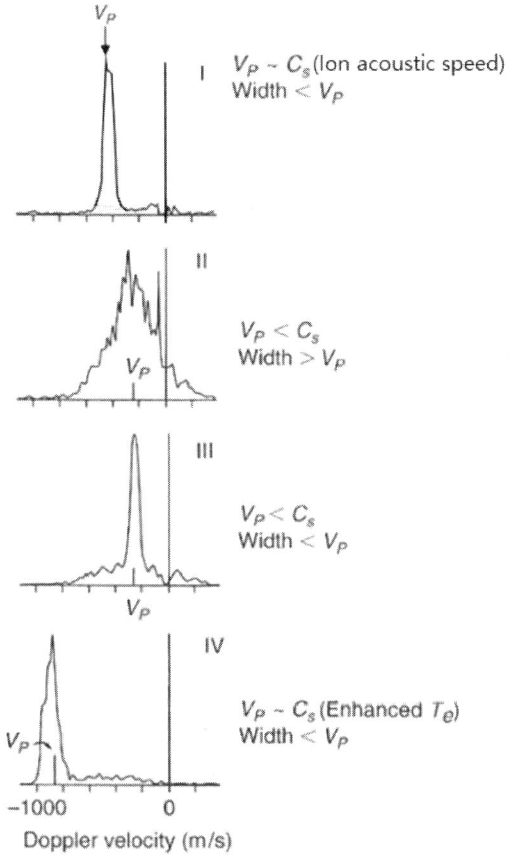

그림 11.25 고위도 E-층 오로라 제트에서 관측된 4가지 유형의 레이다 에코 스펙트럼 (Riggin et al., 1986).

$$\omega_r = k \cdot (V_D + \Psi V_{Di})/(1+\Psi)$$

$$\gamma = (1+\Psi)^{-1}[(\Psi/\nu_i)[(\omega_r - k \cdot V_{Di})^2 - k^2 C_s^2)] + (1/Lk^2)(\omega_r - k \cdot V_{Di}) + (\nu_i/\Omega_i)k_y] - 2\alpha n_o$$

$$\Psi = \Psi_o[(k_\perp^2/k^2) + (\Omega_e^2/\nu_e^2)(k_\parallel^2/k^2)$$

$$\Psi_o = \nu_e \nu_i/\Omega_e \Omega_i$$

(11.101a, b, c, d)

여기서 앞 절에서 0으로 가정했던 이온 표류속도, V_{Di}를 포함했는데, 중성 바람이나 또는 주변 전기장에 의해 이온이 표류할 수 있음을 고려했다. 이 식은 앞 절에서 가정했듯이

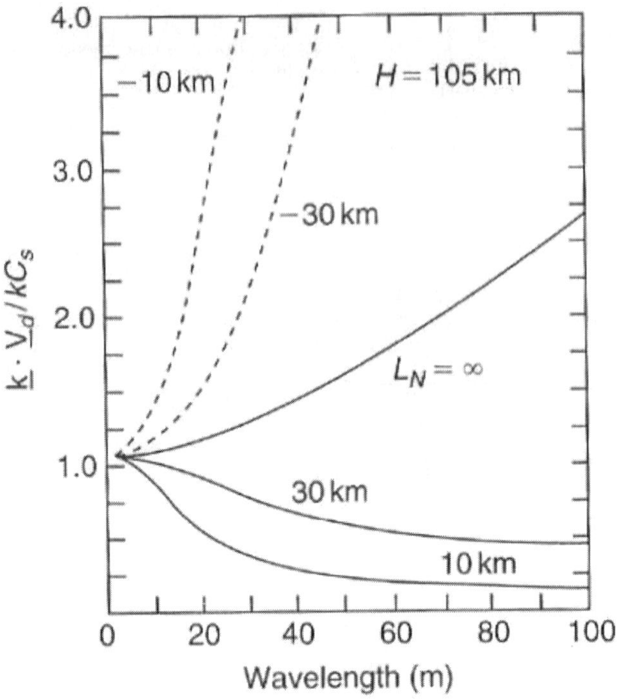

그림 11.26 파장에 따른 불안정성 문턱 표류 속도 (Fejer et al., 1984)

$|\gamma| \ll \omega_r$ 와 $k \gg k_o = (\nu_i/\Omega_i)[(1+\Psi)L]^{-1}$인 근사를 적용했다. 따라서 이 식은 수 m에서 수백 m 파장의 불균질 파동에 성립한다. 이보다 짧은 파장은 **입자 운동학 이론 (kinetic theory)**을 적용해야 한다. 성장률의 첫 번째 항은 TSI의 성장률, 두 번째 항은 GDI의 성장률, 세 번째 항은 이온의 재결합에 의한 감쇄율을 의미한다. 짧은 파장 (1 ~ 20 m)에서는 $k \bullet V_D > kC_s(1+\Psi)$ 일 때 TSI의 성장률이 지배적이다.

그림 11.26은 고위도 고도 105 km에서 파동이 자기력선의 수직으로 전파되는 경우 ($k_\parallel = 0$), 파장에 따라 TSI와 GDI의 임계 표류속도를 계산한 결과를 보여준다. 여기서, $\nu_e = 4\times10^4$ s^{-1}, $\nu_i = 2.5\times10^3$ s^{-1}, $\Omega_e = 10^7$ s^{-1}, $\Omega_i = 180$ s^{-1}, $C_s = 360$ m/s, $2\alpha n_o = 0.06$ s^{-1}을 사용했다. 배경 밀도 경사 변수, L이 양수일 때 (즉, 전기장 방향과 밀도 증가 경사 방향이 일치할 때), 긴 파장에서 임계 표류 속도가 낮으므로 GDI에 의해 긴 파장의 파동이 쉽게 성장할 수 있음을 알 수 있다. L이 음수 일 때는 GDI에 의해 성장할 수 있는 임계속도가 가파르게 상승해서, 앞 절에서 예상했던 것처럼 파동이 일어나기 힘들다. 밀도 경사가 없을 때 ($L = \infty$), TSI에 의해 불균질 파동이 발생할 수 있는 임계 표류속도가 짧은 파장 영역

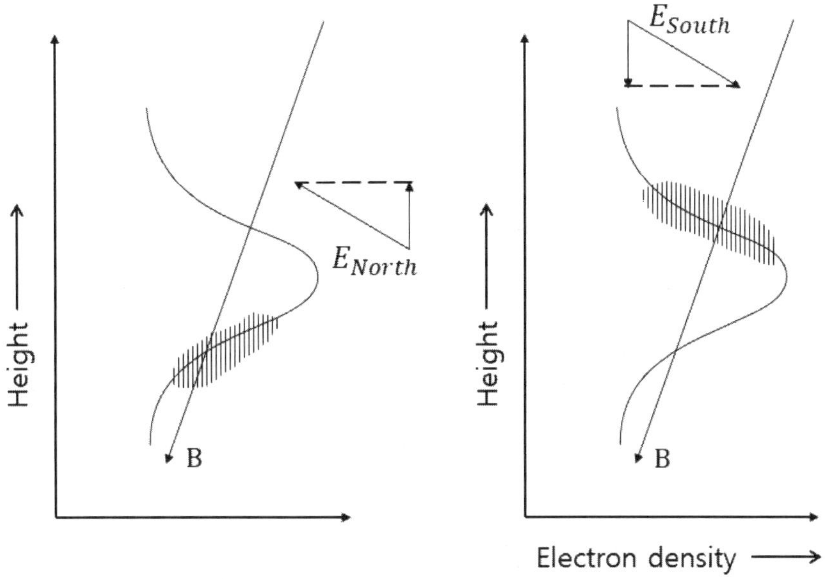

그림 11.27 고위도 전리권에서 경사표류 불안정성 (Gradient Drift Instability)이 나타나는 경우의 도식도

에서만 이온 음속에 가깝다. 따라서 TSI에 의한 파동은 짧은 파장에 국한된다.

자기력선이 거의 수직인 고위도 지역에서 GDI를 일으킬 수 있는 배경 밀도 경사는 E-층 하부와 상부에서 모두 가능하다. 그림 11.27은 북반구 고위도 지역에서 전기장이 북쪽을 향하면 E-층 하부가, 남쪽을 향하면 E-층 상부가 GDI에 의해 불균질 파동이 생길 수 있음을 보여준다. 이때 GDI를 일으키는 실제 경사는 자기력선에 수직 방향에 대한 경사로서, $L_{\perp} = L_N(\cos I)^{-1}$ 이다. 따라서 고위도에서 $L_{\perp}$ 값은 실제 고도 경사 값 L_N 보다 훨씬 크게 되어서 GDI가 발생하기 어렵다. 그러나 오로라 아크 근처에서 수평 밀도 경사가 가파를 수 있기 때문에, GDI 가능성이 높아진다. 반면, 오로라 아크에서 전자밀도가 높아서 재결합율이 빨라지므로, GDI 성장률을 극적으로 감쇄할 수 있어, 여전히 GDI 발생이 어렵다. 그럼에도 불구하고 소수의 오로라 전자제트 로켓 관측에서 특정한 경사가 있는 고도에서 파동이 발생하는 것이 확인되었다.

마지막으로 불안정성으로 생긴 파동의 전기장 변동이 다른 고도로 전달될 가능성을 살펴보자. 7장에서 언급했듯이 자기력선을 따라 전기장이 맵핑되는 효율성은 변동의 규모가 클수록 높다. 자기력선 평행 전도도가 무한대가 아니므로, 수직 전기장이 맵핑 도중에 감쇄하는 길이는 근사적으로

$$\lambda_{\parallel} \cong (\sigma_o/\sigma_P)^{1/2}\lambda_{\perp} \quad (11.102)$$

로 표현된다. 즉, 수직 전기장의 수평 규모 ($\lambda_{\perp}$)가 클수록, 평행전도와 Pederson 전도도의 제곱근비 ($(\sigma_o/\sigma_P)^{1/2}$)가 클수록, 긴 거리를 감쇄 없이 전달된다. 전도도는 충돌빈도에 민감하게 변하고, 충돌 빈도는 고도에 따라 밀도와 온도에 따라 변한다. 고도 96 km에서 T_e = 250 K를 가정 시, 300 m 파장의 수직 전기장은 10.5 km 까지 감쇄 없이 맵핑될 것으로 추산된다. 이는 E-층 불안정성에 의해 생긴 불균질 파동은 생성고도에 국한됨을 시사한다. 즉, 관측된 E-층 불균질은 그 고도에서의 국지적 경사에 의해 발생한 GDI에 기인한 것이지 다른 고도의 파동이 전달된 것은 아니다 라는 의미이다.

〈레이다 에코 유형 III 과 IV의 원인〉

오로라 지역에서만 관측되는 유형 III과 IV는 보통 TSI나 GDI에 의해 생성된 파동이 아마도 E-층의 전자를 가열하여 중성 온도보다 훨씬 높은 전자 온도 때문에 생기는 것으로 현재는 해석하고 있다. 파동과 입자의 작용 과정은 자기권 플라즈마 물리에서 매우 중요하게 다루어지므로 독자는 자기권 물리 교재를 참조하기 바란다.

우선 유형 IV의 도플러 속도가 이온 음속이 900 m/s 에 달하는 관측은 전자와 이온이 열평형인 경우 (isothermal), 전자온도가 2500 K 까지 올라갈 수 있음을 시사한다. **비균질 레이다 (incoherent radar)**가 오로라지역에서 직접 관측한 전자온도가 때때로 이 정도가 될 수 있다. 또한 우주 전파 흡수 (cosmic noise absorption) 관측도 이 정도 고온이 국지적으로 발생함을 확인하였다. 이 고온의 전자 온도는 처음에 TSI에 의해 발생한 파동과의 관련성이 제안되었다 (St-Maurice et al. 1981). 그러나 고온의 전자온도에 필요한 TSI 파동의 진폭이 관측된 것보다 훨씬 크다는 것이 보고되었다 (Phaff et al., 1984). 이후 전자 가열이 GDI 로 생긴 파동의 자기력선 평행 전기장에 기인한다거나, GDI의 수직 파동이 비정상적인 충돌 주파수 (anomalous collisional frequency)를 초래해서 가열한다고 제안되었다. 고온의 전자 온도를 설명하는 가열 과정에 대한 연구는 아직도 진행 중에 있으나, TSI와 GDI에 의한 파동이 궁극적 원인이라 점은 동의되고 있다.

유형 III 에코는 주로 E-층 상부에서 **연자기 전류 (Field aligned current, FAC)**와 관련되어 관측된다. 이 에코의 원인으로 **정전기 이온 사이크로트론 (eletrostatic ion cyclotron, EIC)** 파동이 제안되었다 (Kindel and Kennel, 1971). 그러나 EIC 파동이 발생하기 위해서는 E-층 상부의 이온-중성 충돌 빈도수가 너무 커서 안정화되기 때문에, 다른 기작이 필요하다고 지적되었다. 이후 제창된 충돌을 고려한 EIC 이론은 자기 정렬 표류속도가 약 30 km/s 이면 약 20 m 파장의 EIC 파동을 E-층 상부에서 발생시킬 수 있다. 전자밀도가 5×10^4 cm^{-3} 을 적용하면, 이 표류속도는 100 $\mu A/m^2$ 에 해당하는데, 이는 국지적으로 위성에서 관측된 연자기 전류의 범위 내에 충분히 속한다. 비균질 산란 레이다로 넓은 영역에 평균된 전류는 약 10 $\mu A/m^2$ 정도이다. 따라서 오로라 지역의 **연자기 전류**는 10 – 20 m 파장의 충돌 EIC 파동을 E-층 상부에서 발생시키기 위해 충분하다. 그러나 가장 대표적으로 관측되는 3 m 파동을 설명하려면 **연자기 전류**가 관측보다 훨씬 커야 하는 문제점이 있다. 또한 이론이 예측하는 EIC 파동의 각도가 자기장에 너무 평행해서 관측과 다소 맞지 않는다. 이런 문제점들을 해결하기 위해 비선형 이론들이 제안되어 연구되고 있다. 그중에는 두 파동간의 공명 합산 과정(three-mode system)을 고려한 이론이 관측을 비교적 잘 설명한다고 평가된다 (Otani and Oppenheimer, 1998; Bahcivan and Hysell, 2006).

결론적으로 고위도 불균질은 중•저위도에서 제시된 이론들을 사용하여 상당 부분을 이해하였으나, 아직도 설명할 특성이 많이 남아있는 연구의 첨단 영역이다.

12. 고층대기 관측 기술

이번 장에서는 고층 대기의 연구를 구체적으로 수행하기 위해 자료를 획득하는 관측 또는 측정 수단들을 소개한다. 고층대기 자료는 지상이나 위성에서 원격으로 얻을 수 있다. 원격 탐사는 크게 전파/광학 빔을 사용한 능동적 탐사와 자연적으로 발생하는 대기광이나 오로라를 원격 관측하는 수동적 탐사로 나누어 소개한다. 원격 탐사는 광범위한 영역을 관측하는 장점을 가지지만, 특정 지역의 정확한 물리량을 추출하기에는 한계가 있다. 고층 대기 영역을 접근하는 위성이나 로켓은 이 영역의 물리량을 현장 측정 (in situ measurement)하는 장점이 있다. 현장 측정 기술은 고층대기/전리권의 밀도, 온도, 압력 등의 기본적인 물리량뿐만 아니라, 중성/이온 입자의 밀도, 온도, 속도, 에너지 등의 운동학적 특성 (kinetic characteristics)을 측정하여 중성과 플라즈마 간의 상호 작용을 이해하는데 중요한 정보를 제공한다.

12.1 원격 탐사 (Remote Sensing)

원격 탐사 기법 중에서 먼저 전파와 광학 레이저를 능동적으로 사용하는 각종 레이다와 라이다 기기를 다루고, 그 다음 자연광을 수동적으로 관측하는 카메라와 분광기를 소개한다.

12.1.1. 레이다 (Radars)

레이다(radar)는 전파를 송출하여 매질에 산란되어 오는 신호를 분석하여 매질의 물리적 정보를 획득하는 기기이다. 매질의 공간적 변화나 불균질성이 있을 때 전파가 산란하므로, 이를 측정하는 기기를 보통 레이다로 부른다. 반면에 매질의 공간적 변화나 불균질이 없어도 플라즈마(전자)가 충분히 존재하면, 그 밀도에 따라 굴절과 반사가 일어나 되돌아 올 수 있다. 전리권을 상시 감시하는 **이오노존데(ionosonde)**는 불균질이 거의 없는 전리권 플라즈마 (전자)의 밀도에 따라 점진적으로 굴절되어 결국 반사되어 오는 주파수를 측정하기에 좁은 의미의 레이다와 구분된다. 일정 부피의 매질에 의한 산란은 불균질 때문에 굴절률이 불연속인 경계에서 부분 반사하는 과정을 **부피 산란 (volume scattering)**이라 하고, 레이다는 이 산란되어 오는 신호를 감지 분석하여 매질의 물리적 성질을 추정한다.

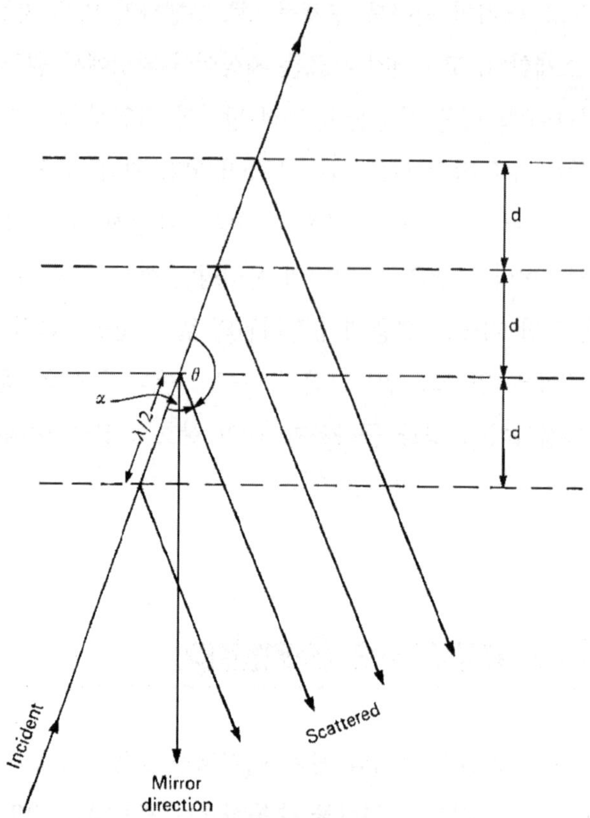

그림 12.1 레이다 전파의 산란 기하 도식

매질의 이온화 여부와 상관없이 대기는 크고 작은 불균질을 가진다. 불균질 덩어리 경계에서 부분 반사하여 수직으로 되돌아 올 경우, 불균질 간의 거리가 전파 신호의 파장의 반이면 되돌아오는 신호들이 보강 간섭으로 강해져서 레이다가 감지할 수 있게 된다. 수직이 아닌 전파 빔이 불균질에 되돌아오는 관계는 그림 12.1로 이해할 수 있다. 즉,

$$d = \frac{\lambda}{2\cos(\alpha/2)} = \frac{\lambda}{2\sin(\theta/2)} \tag{12.1}$$

로 파장과 불균질 간격과의 관계를 표현할 수 있다. 수직 송출과 반사인 경우 ($\theta = 180°$), 레이다 파장의 1/2배가 되는 불균질 간격을 탐지한다. 즉, 50 MHz VHF 레이다는 3m 간격의 불균질을 탐지한다. 불균질이 일정한 간격으로 분포하지 않아도, 위 관계를 만족하는 반송되는 신호만 강화되기 때문에 레이다는 결국 유사한 불균질의 존재와 분포를 측정할 수 있

다. 반송되어 더해지는 거리 범위는 감지 신호를 시간적 범위를 한정함으로서 (gating) 정할 수 있다. 즉, 매 10 μs 마다 신호를 한정하면 (게이팅하면), 불균질에 의한 반사 거리 범위(range gate)는 1.5 km로 정해진다. 반송 신호의 강도는 불균질에 의한 산란 기작에 의존하며, 반송 신호의 주파수는 불균질의 시선 방향운동에 따른 Doppler 편이에 따라 변화한다. 따라서 레이다는 불균질 산란자의 운동 속도도 측정할 수 있다. 또한 반송 신호의 스펙트럼은 매질의 온도 또는 불균질의 난류정도에 대한 정보를 제공할 수 있다.

〈이오노존데(Ionosonde)〉

이오노존데는 전리권의 존재가 알려진 후 처음으로 전파를 사용하여 전리권을 탐사하기 시작한 장비로서, 지금도 전 세계에 걸쳐 전리권 자료를 가장 널리 획득하고 있다. 이오논존데는 전리권이 밀도에 따라 특정 주파수의 전파를 반사하는 특성을 이용하는데, 실제로 비행기를 탐지하는 레이다가 이 장비의 기법으로부터 개발되었다. 전리권 발견 직후 1930년대에 개발된 자기-이온 이론은 전파가 자기장을 가진 플라즈마 매질을 통과할 때의 굴절률을 다음의 Appleton-Hartree 식으로 표현한다 (c.f. Hargreaves, 1992).

$$n^2 = 1 - \frac{X}{1 - iZ - [\frac{Y_T^2}{2(1-X-iZ)}] \pm [\frac{Y_T^4}{4(1-X-iZ)^2} + Y_L^2]^{1/2}} \quad (12.2)$$

$$X = \omega_N^2/\omega^2, \quad Y = \Omega_e/\omega, Z = \nu_e/\omega$$

$$Y_L = \omega_L (= \Omega_e \cos\theta)/\omega, \quad Y_T = \omega_T (\equiv \Omega_e \sin\theta)/\omega$$

여기서 굴절률은 복소수로서, 실수 부분은 주어진 각주파수 ω를 가진 전파의 경로를 변하게 하는 역할을, 허수 부분은 전파의 흡수를 의미한다. 전파의 흡수는 전자의 충돌 빈도수에 직결되어 있는데, 충돌을 무시할 수 있고, 자기장도 무시할 수 있으면, 간단히

$$n^2 = 1 - \frac{\omega_N^2}{\omega^2} \quad (12.3)$$

로 쓸 수 있다. 여기서 $\omega_N = (N_e e^2/\epsilon_o m_e)^{1/2}$ 로서 플라즈마 주파수라 한다. 전리권의 전자

밀도가 고도에 따라 증가하는 구간에서 지상에서 송출한 전파는 굴절률이 1에서부터 점점 감소하여 전파의 주파수와 플라즈마 주파수가 같은 고도에서 0이 되고, 그보다 더 높은 고도로 진행하지 못하고 반사되어 되돌아온다. 따라서 되돌아 온 주파수는 그 고도의 전리권 전자 밀도를 의미하므로,

$$(f_N(kHz))^2 = (\omega_N/2\pi)^2 = 80.5\,N_e\,(cm^{-3}) \tag{12.4}$$

로 kHz 단위의 반송파 주파수는, 전자밀도를 cm^{-3} 단위로 구할 수 있게 한다.

그림 12.2는 반송 주파수와 **가상고도(virtual height)**의 관계를 보여주는데, 이를 **이오노그램(ionogram)**이라 한다. 여기서 가상고도는 돌아오는 시간의 반에 단순히 광속을 곱해 구한 값으로 실제 고도와는 다르다. 펄스 형태의 이오노존데의 신호는 군속도, $u = c/n_g$를 가지고 여행하는데, **군 굴절률 (group refractive index)**,

$$n_g = c\frac{\partial k}{\partial \omega} = c\frac{\partial(\omega n/c)}{\partial \omega} = \frac{\partial(\omega n)}{\partial \omega} = \frac{\partial(\sqrt{\omega^2 - \omega_N^2})}{\partial \omega} = \frac{2\omega}{2\sqrt{\omega^2 - \omega_N^2}} = \frac{1}{n} \tag{12.5}$$

으로 표현된다. 위에서 보듯이 플라즈마 매질에서 위상 굴절률이 1 보다 작아지면, 군 굴절률은 1보다 커지므로, 신호의 속도는 광속보다 느려진다. 따라서 느려진 군속도 때문에 실제 고도는 가상고도보다 항상 작다. 군 굴절률이 전리권 밀도에 따라 달라지므로, 실제 고도와 가상 고도의 관계는 비선형적이지만, 이오노그램을 해석하는 프로그램은 가상 고도를 실제 고도로 바꾸는 알고리즘을 내장하고 있다. 그림 12.2의 반송 신호의 궤적에 첨애(cusp) 형태의 불연속은 전자밀도가 가장 천천히 변하는 고도 (즉, 전리층 밀도 최대 고도)에서 군속도가 가장 느려지기 때문에 가상 고도가 급격히 증가한 것처럼 나타나기 때문이다. 이오노그램의 반송 신호 궤적(echo trace)에 불연속 일어나는 곳의 주파수를 각 층의 **임계 주파수 (critical frequency)**라 하고, F_2-층의 임계주파수 보다 큰 전파는 전리권을 통과하므로 위성 통신에 사용할 수 있는 대역이 된다.

전리권에는 지구 자기장이 항상 존재하므로, 굴절률 식에서 Y를 고려해야 한다. Y 값에 따라 굴절률의 두 개의 부호가 있으므로 이오노존데 신호는 두 가지의 속도로 전파될 것이다. 굴절률에 양의 부호로 전파되는 경우를 **정상파(ordinary waves)**, 음의 부호를 **이상파**

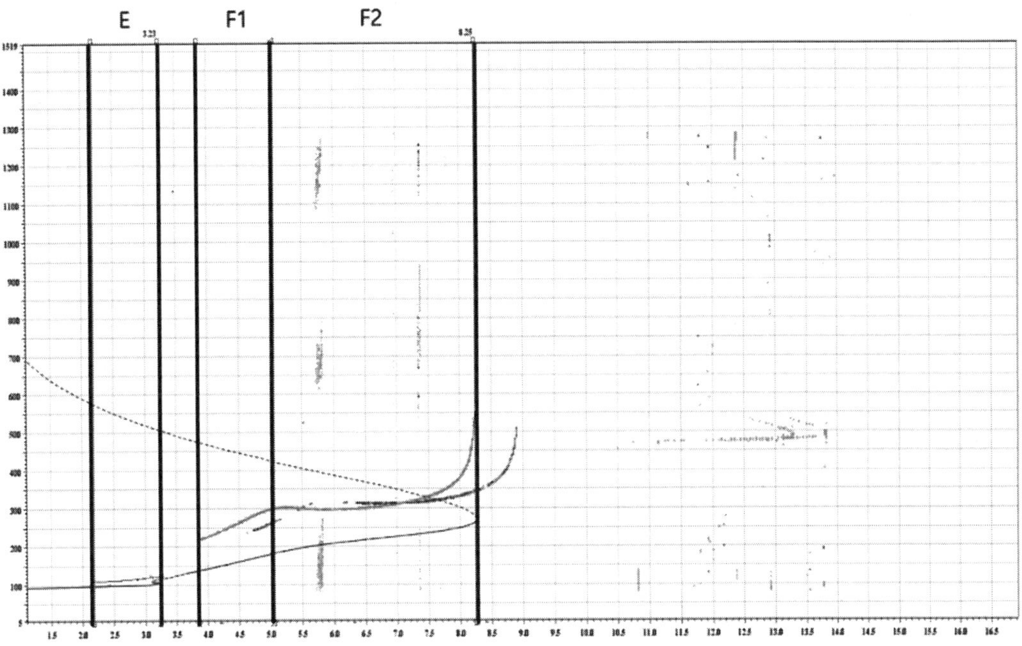

그림 12.2 전형적인 이오노그램. 2012년 9월 6일 06:30UT 에 제주 이오노존데가 측성함. 검은 실선 곡선은 이오노존데 분석 프로그램(ARTIST4.0)이 계산한 전자 밀도 프로파일. 점선 곡선은 F-층 상부의 추정 전자 밀도. E, F1, F2 층의 임계주파수가 수직선으로 표시됨. (정세헌 제공, Jeong et al., 2018)

(extra-ordinary waves)라 한다. 따라서 이오노그램 상에 O-파와 E-파의 궤적이 각각 나타는데, 각각의 반사 조건은

$$\text{E-파 :}\quad \omega_N^2 = \omega\,(\omega - \omega_N) \tag{12.6a, b}$$
$$\text{O-파 :}\quad \omega_N^2 = \omega^2$$

이다. $\Omega_e \ll \omega_N$ 인 경우, E-파와 O-파의 임계주파수 차이는 $\Omega_e/2$ 이다. 때때로 O- 파에서 두 번째 반사 조건이 $\omega_N^2 = \omega\,(\omega + \omega_N)$ 성립할 수 있는데, 그러면 추가로 궤적이 하나 더 생긴다. 이 궤적을 Z- 궤적(Z-trace) 라 부른다.

이오노그램을 분석하는 프로그램은 우선 O-파 와 E-파 궤적을 동정하고, 이로부터 E-층, F_1-층, F_2-층의 가상고도, h'E, h'F1, h'F2 와 O-파(E-파) 궤적 임계주파수, f_oE (f_EE), f_oF1 (f_EF1), f_oF2 (f_EF2)를 구한다. 분석 프로그램은 가상 고도는 알고리즘을 통해 실제 고도,

hmE, hmF1, hmF2를 전환하고, 전자밀도의 실제 고도 프로파일을 구해준다. 보통은 전리권이 조용하지 않으므로, 이오노그램에서 반송파 궤적이 고도 방향으로 퍼져 보이거나 (range spread), 주파수 방향으로 퍼지는 (frequency spread) 현상이 자주 발생해서 각종 파라미터를 결정하는데 어려움을 준다. 또한 전리권에서 반사되어 온 신호가 지표에 반사되어 올라가서 전리권에 2차 반사되는 궤적, 3차 반사되는 궤적도 종종 나타난다. 이렇게 복잡한 이오노그램을 표준적으로 분석하는 방식이 제창되었다 (Wakai et al., 1987). 이오노존데가 구한 각종 파라미터는 순수 연구 목적뿐 만아니라, 아마추어 무선가들이 통신에 전리층이 미치는 영향을 이해하는데 중요한 역할을 한다 (McNamara, 1994).

〈유성 레이다 (Meteor Radar)〉

평소 밤하늘에서 화살처럼 지나가는 유성의 개수는 얼마 되지 않지만, 눈에 보이지 않는 작은 유성을 포함하면 하루에 수백 톤이 지구 대기로 진입한다 (Murad and Williams, 2002). 진입하는 거의 대부분의 유성체는 고도 70 - 110 km 에서 대기 마찰로 빛을 내며 소멸한다. 마찰로 인해 빛나는 **유성흔(meteor trail)**은 고온의 플라즈마로서 전파를 잘 반사한다. 유성 레이다는 VHF 대역의 전파를 전 하늘로 송출하여 진입하는 유성 꼬리 플라즈마에 반사 (혹은 후방산란) 하여 오는 신호를 감지함으로서, 유성의 고도, 속도뿐만 아니라, 배경 대기의 상태를 측정한다. 유성흔에 반사되어 온 전파신호는 유성흔의 수평 이동 궤적과 **소멸 시간 (decay time)**을 측정할 수 있게 하고, 이로부터 각각 바람속도와 대기의 확산 정도를 알 수 있다. 유성레이다는 비교적 적은 출력 (수십 kW)으로도 시간당 수천 개의 유성을 밤낮 구분 없이 날씨와 거의 무관하게 측정할 수 있기 때문에, 유성흔 발생 고도 70 – 110 km 구간의 대기를 감시하는데 효율적인 장비로 인정되고 있다.

유성 레이다는 보통 VHF 전파를 전 방향으로 송출하는 안테나 1개와 전 방향에서 반사되어 오는 신호를 수신하는 5개로 구성되어 있다. 수신 안테나들의 간격을 송출 전파의 반파장 (0.5λ) 의 정수배 (2λ, 2.5λ) 로 십자 (+) 형태로 배치하여 각 안테나가 수신한 신호의 위상차로 도래각(angle of arrival)을 정밀하게 구함으로서, 반사시키는 유성흔의 방향을 결정한다. 송신 신호는 유성흔 플라즈마에 **직각으로 반사 (specular reflection)**되는 경우만, 되돌아와서 수신 안테나로 감지된다.

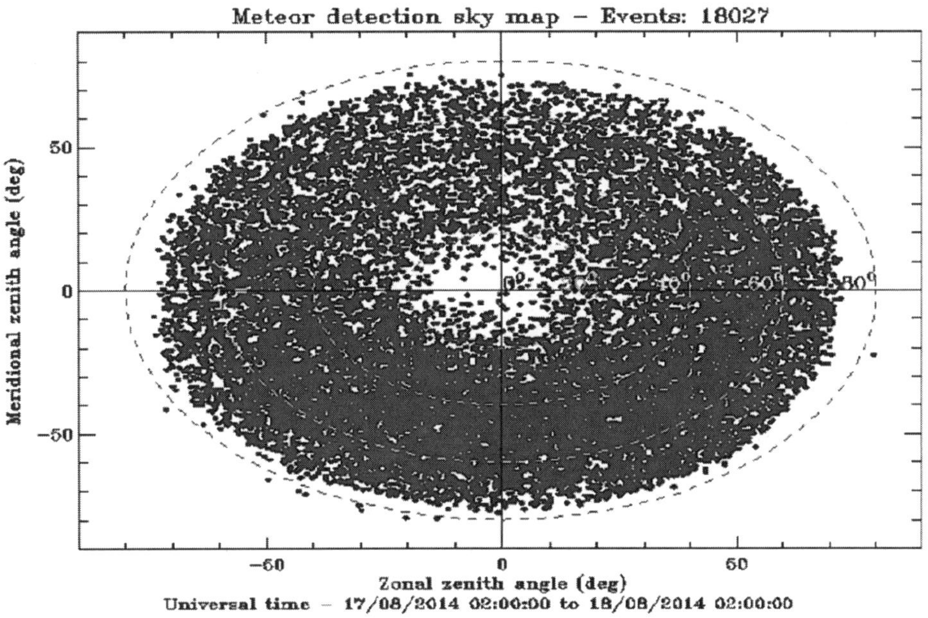

그림 12.3 남극 세종기지 유성레이더의 일일 측정 유성 분포. 횡축은 동서, 종축은 남북 천정각 (한국해양과학기술원 부설 극지연구소).

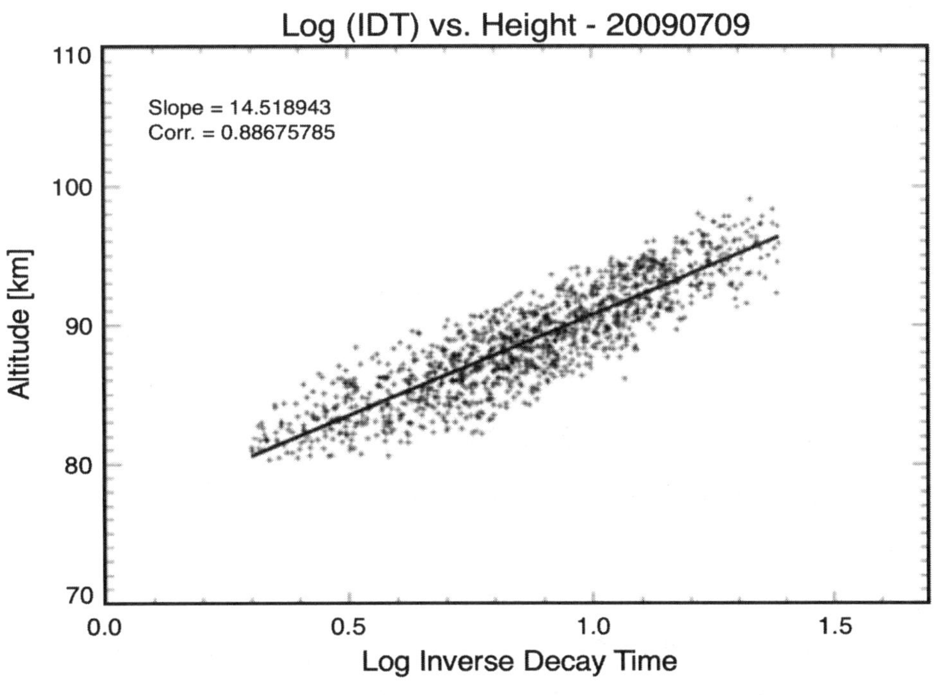

그림 12.4 세종기지 유성레이더가 측정한 유성흔 소멸시간의 고도 분포 (김정한 제공, Kim et al., 2012).

그림 12.3은 세종기지 유성레이다가 하루 동안 18000 여개의 유성을 측정한 분포이다. 충분히 많은 유성이 전 하늘에 걸쳐 분포하기에 유성 고도 구간의 대기 상태를 파악할 수 있게 한다. 그림 12.4는 하루 동안 측정한 유성흔 소멸시간의 고도 분포를 보여준다 (로그 역수 형태). 유성흔 소멸시간의 역수는 대기의 확산 계수에 비례하고, 쌍극성 확산 계수는 대기온도와 기압의 함수로 표현되므로 온도를 추산할 수 있다. 즉,

$$1/\tau_{1/2} \propto D_a \propto T^2/P \quad (12.7)$$

이다 (Hocking, 1999). 기압은 정역학 평형이므로

$$P = P_o \exp[-\int (mg/k_B T)dz] \quad (12.8)$$

로 쓸 수 있고, 대기온도가 유성 고도 구간에서 선형적으로 변한다고

$$T = T_o + T_g z' \quad (12.9)$$

가정하면, 대기 온도는

$$T_o = S(2T_g + mg/k_B)\log_{10}e \quad (12.10)$$

로 쓸 수 있다. 여기서 S 는 그림 12.4의 로그 역소멸시간 -고도 분포의 기울기이고, T_g는 온도 경사이다. 온도 경사 T_g는 대략 ± 2 K/km 로 기후 모델로부터 얻으면, 유성레이다가 측정한 S 값으로부터 대기온도를 구할 수 있다. 이런 온도 추산 방법은 온도 경사를 가정해야 하는 불확실성이 있어, 최근에는 유성흔의 고도 분포만으로 온도를 추정하는 방법이 제창되었다 (Lee et al., 2016).

그림 12.5는 세종기지 유성레이다로 측정한 동서, 남북 바람의 고도-시간 분포이다. 고도 75 - 105 km 구간에서 바람이 반일 주기 조석파 형태로 변화함을 분명히 볼 수 있다. 다른 광학 장비나 레이다로는 이렇게 넓은 고도 구간에서 바람 속도를 측정하기 어렵다. 따라서 중간권 상부와 열권 하부의 동역학을 연구하는데 유성레이다의 바람 자료가 중요하게 사용된다.

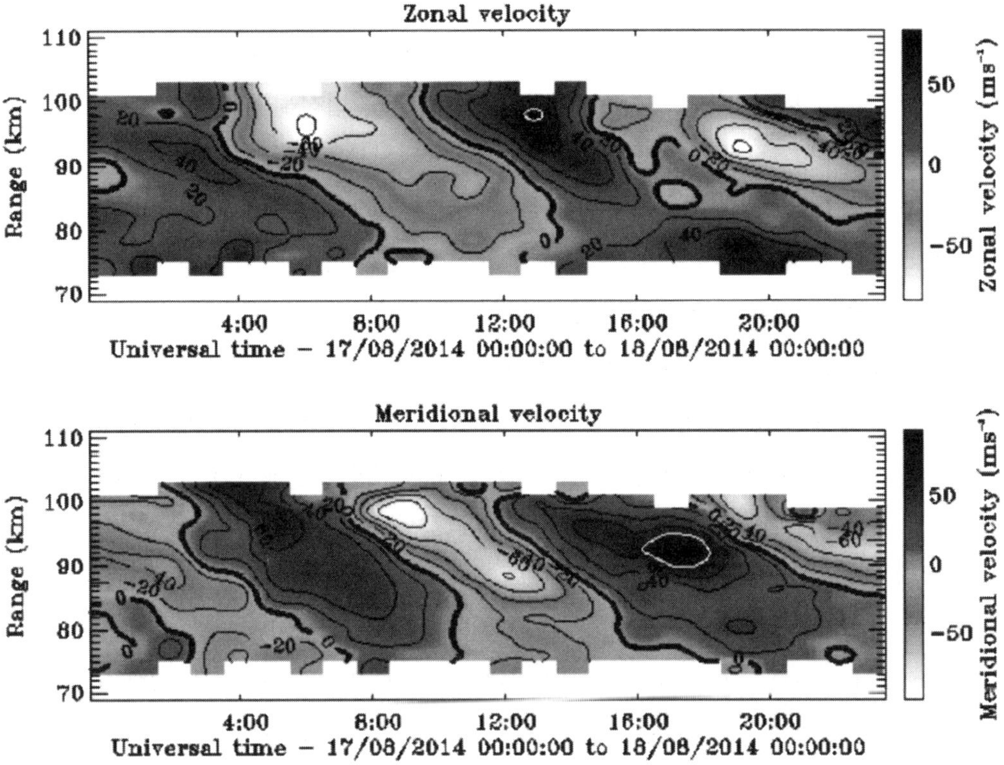

그림 12.5 세종기지 유성레이다로 측정한 동서, 남북 방향의 고도-시간 분포. 반일 주기 조석파가 뚜렷하게 보인다. (한국해양과학기술원 부설 극지연구소)

〈균질 산란 레이다 (Coherent Scattering Radar)〉

균질 산란 (coherent scattering)과 **비균질 산란 (incoherent scattering)**의 구분은 매질의 안정성에 즉 얼마나 빨리 변화하고, 이 변화를 레이다가 측정하는지 여부에 달려있다. 레이다가 산란지역이 변화하기 전에 빠른 간격으로 측정하여 연속된 반송파에서 진폭과 위상이 변화하지 않아 균질하게 더할 수 있다면, 레이다의 감응도(sensitivity)가 높아진다. 반면, 매질의 변동성이 너무 빠르면 (즉 균질시간이 짧으면), 연속된 반송파의 진폭과 위상이 무질서하므로, 연속 반송파를 더해도 진폭이나 위상에 대한 정보를 얻을 수 없고, 단지 반송파의 파워 (power, 진폭의 제곱) 만 더해진다. 이 경우 레이다의 감응도는 현저하게 떨어진다. 일반적으로 매질의 **균질시간(coherent time)**이 짧은 열적 변동을 측정하는 레이다는 비균질 산란 레이다라 하고, 반면 매질 내의 비교적 균질시간이 긴 불균질 구조에 반사되는 신호를 탐지하는 레이다를 균질 산란 레이다라 한다. 그러나 균질 산란 레이다로 매질의 균질시간이 짧은 구조는 탐지할 수 없다. 따라서 **균질 시간**이 중요한 파라미터임을 유의해야 한다.

균질 레이다가 전리권의 E-층과 F-층 불균질 구조를 측정하기 위해서는 상당히 다른 주파수와 기법을 사용해야 한다. 고위도 지방의 E-층은 자기력선을 따라 오로라에 의한 불균질성이 높은데, 이를 수직으로 전파 빔이 탐사하기 위해서는 적도 방향으로 수백 km 떨어진 곳에 레이다가 설치되어야 한다. 반대로 자기력선이 거의 수평인 적도 지역에서는 전파 빔이 거의 천정 방향으로 송출/반송되어야 한다. 고위도 지역에서 두 개의 레이다로 동일한 영역을 탐지하면, E-층 불균질 구조의 2차원 속도를 추산할 수 있다. 각 레이다는 여러 방향으로 빔을 송출하고, 반송 신호를 게이팅(gating)으로 거리를 지정할 수 있으므로, 두 개의 레이다 빔이 겹치는 격자에서 E-층 불균질 구조와 속도를 측정할 수 있다. 이 레이다들은 주로 오로라환의 불균질에 반사되어 오는 전파 에코를 측정하는데, VHF (약 70 MHz) 대역의 전파를 사용한다. 고위도 지역에서 자기력선에 정렬된 F-층 불균질을 측정하기 위해서는 HF 대역의 전파를 사용해야 한다. VHF 대역의 전파는 직진성이 좋아 F-층에 반사되는 빔은 레이다 사이트로 되돌아 올 수 없다. 반면, HF 전파(8 – 20 MHz)는 전리권에서 굴절 효과로 휘어져서 수직으로 F-층 불균질에 반사되어 사이트로 되돌아 올 수 있다. 물론 이 경우 반송파의 분석이 E-층 신호 분석보다 복잡해진다. F-층 레이다는 F-층의 운동을 측정할 수 있어 극지역 전리권의 대류에 대한 중요한 정보를 제공한다.

〈비균질 산란 레이다 (Incoherent Scattering Radar)〉

전리권의 불균질에 산란되어 오는 균질 산란 레이다에 반해, 비균질 산란 레이다는 개개 자유 전자에 산란되어 오는 신호를 측정한다. **Thomson 산란 (Thomson scattering)** 이론에 의하면 일개의 자유 전자는 입사하는 전자기파에 단위 입체각 당 $(r_e \sin\Psi)^2$ 의 에너지를 산란한다. 여기서 Ψ 는 전자기파 내의 전기장 벡터와 관측자 방향과의 각이고, r_e는 전자의 고전 반경 (classical radius) 인데,

$$r_e = \frac{e^2}{4\pi\epsilon_o m_e c^2} = 2.18 \times 10^{-15}\ m \tag{12.11}$$

로 주어진다. 되돌아오는 신호를 감지하는 레이다는 전자의 산란다 단면적은

$$\sigma_R = 4\pi r_e^2 = 1.0 \times 10^{-28}\ m^2 \tag{12.12}$$

로 주어진다 (Hargreaves 1992). 전리권 전자 밀도가 10^{12} m^{-3} 일 때, 3 km 직경에 20 km 길이의 원통에 있는 전자들의 총 단면적은 1.4×10^{-5} m^2 로서, 반경 약 2 mm 의 원에 해당한다. 전리권 하부에서 전자 밀도가 더 낮고 (10^{10} m^{-3}), 탐사 부피가 더 작은 경우 (1 km 직경에 1 km 길이 원통), 총 전자 단면적 (0.78×10^{-9} m^2)의 반경 (0.016 mm)이 더 작아진다. 따라서 이렇게 작은 단면적에 산란되어 오는 신호를 감지하기 위해서는 송출 전파의 파워가 막대해야 하고, 수신 안테나의 크기도 대단히 커야 한다. 표 12.1은 현재까지 운영되었던 비균질 산란 레이다의 위치와 제원을 보여준다. 모든 레이다가 MW 급의 파워를 가지고 있고, 안테나도 대형임을 알 수 있다. 참고로 Arecibo 레이다는 현재 더 이상 운영하지 않는다.

비균질 산란 레이다의 반송 신호는 전자의 산란에 기인하므로 전자의 열운동에 따라 반송 신호의 선폭이 결정될 것으로 예상되었다. 그러나 실제 선폭은 예상된 선폭보다 무려 200 배 더 좁게 측정되어 레이다의 감응도를 증진시켰다. 이 좁은 선폭은 전자가 이온에 구속되어 전자보다 훨씬 느린 이온의 열운동 속도에 더 의존하기 때문이라고 설명되었다. 따라서 비균질 산란 레이다는 주로 이 이온 선을 측정하도록 설계되었다. 측정된 이온선의 선폭은

$$\Delta f_i = \frac{(8k_B T/m_i)^{1/2}}{\lambda} = 65\,T_i^{1/2}/\lambda \quad (Hz) \tag{12.13}$$

의 관계를 이용하여 이온온도로 환산된다.

자세한 반송파의 선 스펙트럼은 이온선과 전자선이 혼합되어 나타나는데, 이를 분석하면, 전자 온도와 이온 온도의 비를 구할 수 있다. 또한 선폭과 선의 도플러 전이를 측정하여 이온 질량, 전자 밀도, 플라즈마의 전체 이동 속도를 추산할 수 있다. 그 외에도 이온과 전자의 상대속도, 중성바람 속도, 중성대기 온도, 중량파, 오로라 전자의 에너지 등에 관한 정보도 얻을 수 있다.

산란 레이다는 **단일 사이트 (monostatic)** 또는 **다중 사이트 (multistatic)** 방식으로 운영된다. 단일 사이트 방식은 송신기와 수신기가 한 사이트에 설치된 경우로서, 송출 전파는 맥동 (pulse) 으로 구성되고 맥동의 길이는 고도 해상도를 결정한다. 반송파를 시간에 따라 게이팅(gating)하면 동시에 넓은 고도 범위를 측정할 수 있다.

표 12.1 전 세계 비균질 산란레이다 제원 및 분포

시설 위치	지리 좌표 위도	경도	*L*	Mode	Power (MW)	주파수 (MHz)	안테나
Jicamarca, Peru	11.6°N	76.5°W	1.1	M	6	50	Broadside Array, 290×290 m,
Arecibo, Puerto Rico	18.3°N	66.8°W	1.4	M	2	430	Spherical dish, 300 m diameter
Millstone Hill, USA	42.6°N	71.5°W	3.2	M	5	440	68 m parabola, fixed 46 m parabola, fully steerable
EISCAT (UHF)							
Tromso, Norway	67.0°N	19.2°E	6.5	T	2	933	
Kiruna, Sweden	67.9°N	20.4°E	5.6		RX only		32m parabolas, all fully steerable
Sodankyla, Finland	67.4°N	51.0°E	5.2		RX only		
EISCAT (VHF)							
Tromso, Norway	67.0°N	19.2°E	6.5	M	5	224	Parabol. cylinder 120×40 m. steerable 30°N to 60°S of zenith
Sondre Stromfjord, Greenland	67,0°N	51.0°W	14	M	5	1290	27 m parabola fully steerable
AMISR							
Poker Flat, USA	65.1°N	147.5°W	6.0		2	450	Modular 128*32 ~715 m2
Resolute Bay, Canada	74.7°N	94.9°W	58		2	442	
Kharkov, Ukraine	49.6°N	36.3°E	2.0	M	2	158	100 m parabola
Irkusk, Rusia	52.8°N	103.3°E	1.9	M	1.6	154	246*12 m
Qujing, China	25.6°N	103.8°E	1.1	M	2	500	29 m parabolic
Shigaraki, Japan	34.8°N	136.1°E	1.2		1	46.5	MU radar 475 crossed Yagi
ALTAIR Roi-Namur Island	9.4°N	167.5°E	1.0	Dual	4	422	150ft Parabola

M: 단일 송출 (Monostatic), T: 삼중송출 (Tristatic), L: 자기불변위도 지시값 (10.1 참조)

다중 사이트 방식은 연속파를 송출하는데 반사 영역에 수신 안테나를 지향하여 한 번에 한 고도만을 측정한다. 대부분의 비균질 산란 레이다는 단일 사이트 방식과 3중 사이트 방식을 번갈아 운영할 수 있다. 예를 들어, EISCAT (UHF) 시스템은 이런 조합 방식으로 전리권의 3차원적 속도를 측정할 수 있는 강력한 도구로 활용된다.

〈MST 레이다 (Mesosphere-Stratosphere-Thermosphere Radar)〉

비균질 산란 레이다의 기법은 중성대기에도 적용될 수 있다. 고도 100 km 이하의 중성대기는 난류(turbulence)를 상당히 포함하고 있어서, 레이다 전파가 이 난류에 산란되어 돌아오는 신호를 감지할 수 있다. 중성대기의 난류는 온도와 습도의 불균질을 야기하는데, 온도와 습도는 대기의 전파 굴절률을 결정한다.

대기의 굴절률(n)은 거의 1에 근접하기 때문에, 작은 굴절률 변화를 감지하기 위해, $N = (n-1)\times 10^6$ 로 굴절지수를 정의한다. 이 굴절지수는

$$N = \frac{77.64\,p}{T} + \frac{37.34\,\epsilon^2}{T^2} \tag{12.14}$$

로 대기압, p (millibar)와 수증기 분압, ϵ (millibar), 기온, T (K)로 표현될 수 있다 (Hargreaves, 1992). 위 식의 첫째항은 건조 굴절지수, 둘째 항은 습윤 굴절지수로 부른다. 처음에는 비균질 산란 레이다의 신호의 잡음을 분석하다가, 저층대기에서 이런 불균질 굴절지수에 의한 산란이 있음을 인지하여, 본격적으로 저층 대기용 레이다가 개발되었다. 이를 중간권-성층권-대류권 (MST) 측정용 레이다라 해서 MST 레이다라 부른다. MST 레이다의 최적 주파수는 50 MHz 로서, 난류로 생긴 3 m 규모의 불균질을 측정한다.

보통 가장 강한 MST 레이다 에코는 대류권계면으로부터 약 12 km 고도 구간과 60 – 75 km 고도 구간에서 나온다. 이 신호는 일 변화, 계절 변화뿐만 아니라, 에코의 도플러 효과로부터 중량파에 의한 파동성 변동과 난류의 규모와 성질에 관한 정보를 포함한다. 다른 장비로 중간 대기층을 관측하기 어렵기 때문에, MST 레이다는 기상학과 상층 대기학에 중요한 기여를 하고 있다.

12.1.2. 라이다(Lidar)

라이다는 레이저를 대기 중에 송출하여 대기 중의 특정 원자 또는 분자가 일으키는 산란 현상으로 되돌아오는 레이저를 수신하여 대기 밀도, 온도, 바람을 측정하는 고정밀 관측 장비이다. 빛은 자신의 파장보다 작은 대기 분자에 의해서도 산란되는데, 이를 **레이레이 산란 (Rayleigh scattering)**이라 한다. 따라서 대기 밀도는 라이다가 송출한 레이저 빛이 산란된 세기를 거리에 따라 측정할 수 있다. 일단 대기 밀도를 고도에 따라 측정하면, 정역학 방정식을 사용하여 기압과 온도 프로파일도 구할 수 있다.

라이다 시스템은 레이저 출력부, 광학부, 수신부로 구성된다. 레이저는 단일 파장의 빛을 균질하게 매우 좁은 빔 형태로 수직으로 송출할 수 있는데, **레이레이 산란 라이다**의 경우는

530 nm 나 355 nm를, **공명산란 라이다**의 경우는 금속 원자의 공명선 파장을 사용한다.

공명산란 라이다는 유성으로부터 공급된 K, Na, Fe 원자가 고도 80 km – 120 km 구간에 금속 층을 이루고 있음을 활용한다. 광학부는 보통 대구경 (1m 이상) 반사망원경으로 구성되어 있는데, 레이저 송출과 수신을 동시에 할 수 있는 광학 구조도 가능하다. 수신부는 송신-수신 신호간의 시간 지연을 측정할 수 있도록 **쵸핑(chopping)** 장치와 **협대역 간섭필터**, 고감도 **광전증배관(photomultiplier tube)**으로 구성된다.

대기 분자에 산란된 레이저 신호의 도플러 효과를 측정함으로서, 바람의 속도도 구할 수 있다. 따라서 라이다는 저층에서 고층까지 넓은 고도에 걸쳐 고해상도 온도, 바람 관측이 가능하다. 사용된 레이저 파장에 따라 탐사하는 고도가 달라진다. 고도가 높아질수록 레이레이 산란 신호가 약해지므로, 고도 80 km 이상에서는 K, Na, Fe 원자에 공명 산란되는 라이다가 효과적이다. 라이다는 바람 분포를 상당히 자세히 측정하므로 대기 파동 연구에 중요하게 활용된다.

12.1.3. 대기광 카메라와 분광기

고층 대기는 희박한 밀도 때문에, 광화학적으로 **여기된(excited)** 원자나 분자가 **금지된 선(forbidden lines)**을 방출한다. 대표적인 대기광 선들은 OI 557.7 nm (녹색선, green line), OI 630.0 nm (적색선, red line), Na 589.7 nm, OH Meinel band (720 – 1800 nm), O_2 Atmospheric band (866.6 nm) 등이 있다. 이 대기광 선을 야간에 카메라로 화상 관측하거나 분광기로 분광 관측하여 대기광 층 고도의 대기 상태를 연구할 수 있다.

〈전천 대기광 카메라 (All-sky Airglow Camera)〉

전천 대기광 카메라는 대기광 층에 발생하는 대기파동을 직접 관측하는 장비이다. 앞 장들에서 다루었듯이 대기 파동은 중간권 상부에서 진폭이 커지며, 배경 바람과 상호 작용하여 고층 대기 동역학에 중요한 역할을 한다. 전천 카메라는 시야각이 180°로서 하늘 전체의 화상을 제공하는데, 이는 대기광 고도 층에서 수백 km의 평면에 나타나는 중량파(gravity waves)를 효율적으로 관측할 수 있다.

전천 대기광 카메라는 전체 하늘에서 오는 대기광의 특정 파장만을 선택하여 화상 관측해야 하므로 광학계가 다소 복잡하다. 그림 12.6은 전천 카메라의 광학부 구조를 보여주는데, 전천의 빛을 모으는 어안 렌즈와, 필터 세트 (필터 휠), 초점 렌즈, CCD로 구성된다.

표 12.2 전천카메라의 대기광 관측 파장과 필터 사양

대기광(Airglow)	최대 방출 고도 (km)	중앙 파장 (nm)	반치전폭(FWHM) (nm)
OI 557.7	97	557.81	1.53
Na 589.7	94	589.7	2.0
OI 630.0	250	630.3	1.8
OH Meinel band	87	720.0 – 910.0	865 nm notch
O2 Atmospheric band	92	866.6	10

여기서 필터는 대기광 파장만을 통과하도록 수 nm 의 **반치전폭(FWHM)**을 가져야 하는데, 이런 파장 정밀도를 얻기 위해서는 입사광이 필터에 거의 수직을 유지해야 하며, 일정한 온도를 유지해야 한다. 표 12.2는 대표적인 대기광 전천 카메라가 사용하는 필터의 반치전폭과 직경을 보여준다.

필터 휠을 사용하면 여러 종의 대기광을 순차적으로 관측할 수 있는데, 따라서 대기의 여러 고도 층의 화상을 얻을 수 있다. OI 630.0 nm 필터의 경우는 전리권 F-층 하부를 관측할 수 있고, 나머지 필터는 중간권 상부와 열권 하부에 나타나는 대기 파동을 고도 별로 관측할 수 있게 한다. 전천 카메라는 오로라 지역에서 오로라 관측에도 유용하다. 오로라 관측에 특화된 전천 카메라는 주로 OI 630.0 nm 와 OI 557.7 nm 필터를 사용하여, 오로라 입자 강하로 발생하는 방출선을 E-층에서 F-층까지 넓게 관측할 수 있다.

그림 12.7는 보현산 전천 대기광 카메라로 관측한 화상으로, OI 557.7nm 대기광층에 나타난 중량파가 줄무늬 형태로 선명히 보인다. 이 전천 화상을 별의 위치를 동정하여 대기광층에 수평으로 전환하면, 약 500 × 500 km 의 평면화상을 구할 수 있다 (Kam 2017, Hwang et al., 2022). 이렇게 전환한 평면 화상을 2차원 푸리에 전환 기법을 통해 파동의 특성, 즉 파장, 주기, 진행 방향, 진행 속도 등을 추출한다. 추출된 파동의 특성은 중량파 이론과 접목하여, 파동의 기원과 주변 대기와의 상호 작용에 대한 정보를 분석할 수 있다.

최근에는 전천카메라로 근적외선 영역의 OH 대기광을 협대역으로 관측하여 OH 온도의 수평 분포 맵을 만들기도 한다. 이런 전천 카메라는 **화상 감지기 (image sensor)**로 CCD 대신에 근적외선에 감응도가 높은 InGaAs 감지기를 사용한다. 그림 12.9은 OH Meinel band 대기광 스펙트럼을 보여주는데, 근적외선 영역에 강한 선들이 많이 분포함을 알 수 있다. 이 선들은 **진동-회전선 (vibration-rotational lines)**으로, 이들의 상대적 세기는 OH 온도를 지시한다, 이를 이용해서 OH 대기광 층 (고도 87 km) 의 대기온도를 측정할 수 있다. 이 진동-회전 선을 분해하여 측정하기 위해서는 협대역 필터보다 분광기가 더 효율적이다.

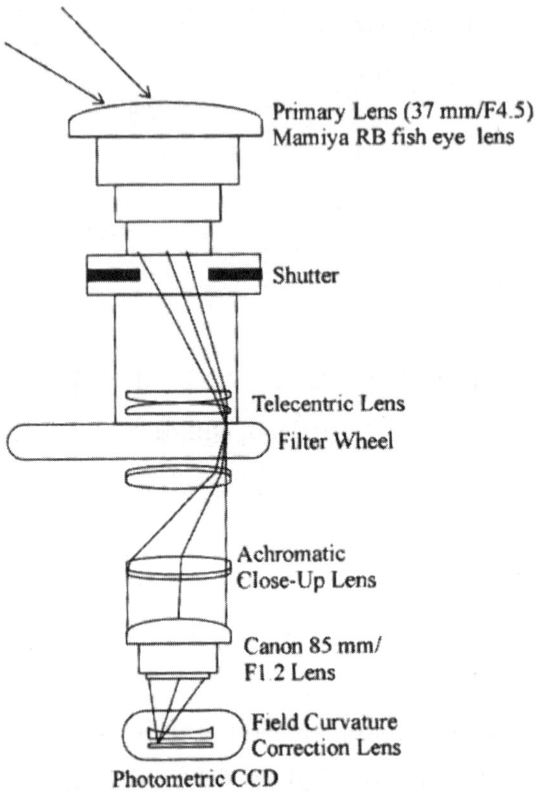

그림 12.6 일반적인 대기광 전천카메라의 개요도.

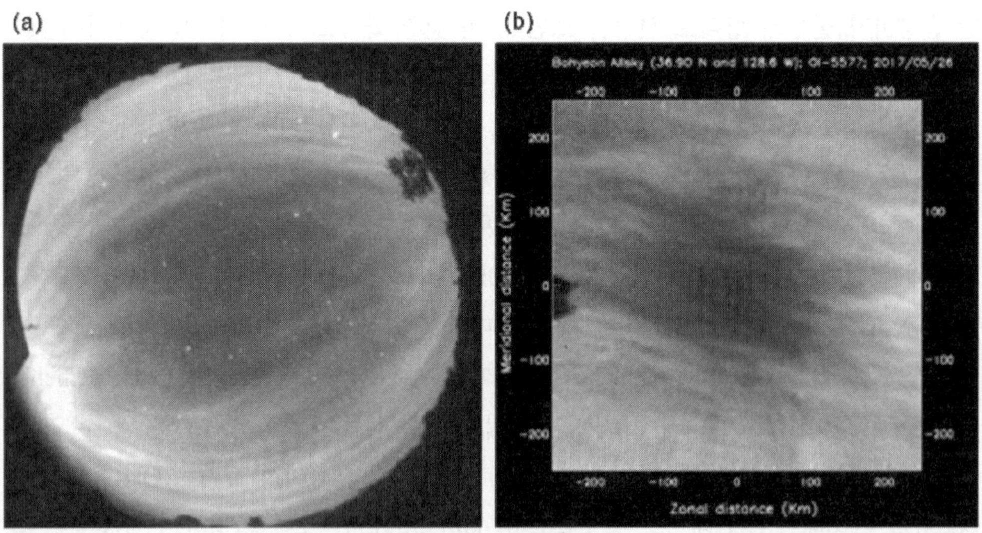

그림 12.7 (a) OI 557.7nm 필터로 찍은 전천 이미지와 (b) 별 제거 및 좌표 변환 후 이미지. 이 이미지는 2017년 5월 26일 15:32:33UT에 보현산에서 관측되었다. (황준영 제공)

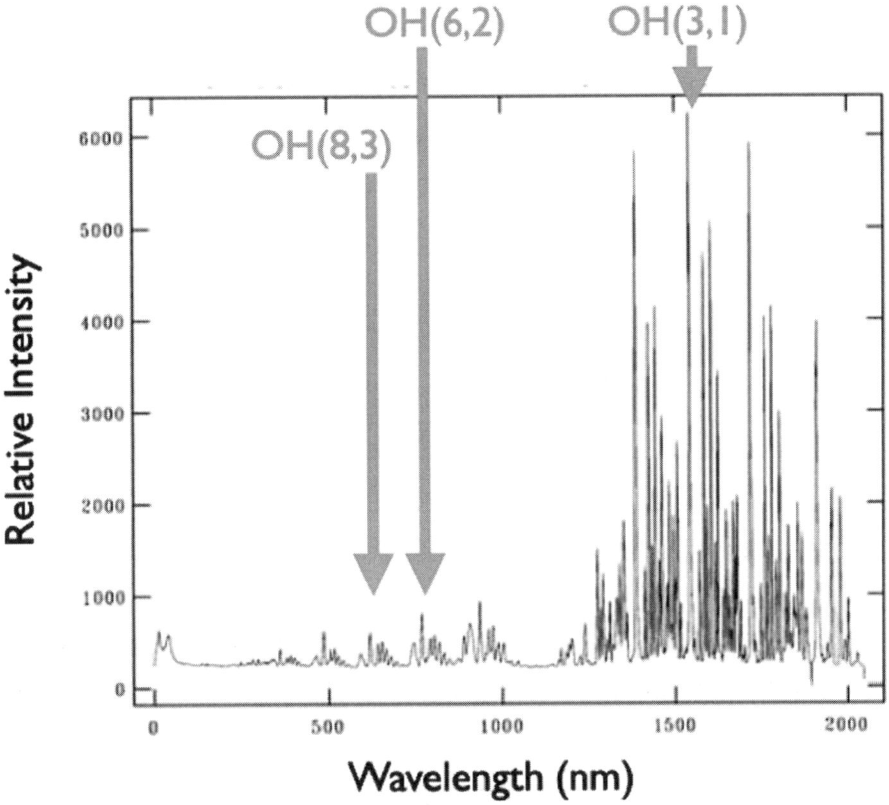

그림 12.8 OH Meinel band 대기광의 천이 레벨에 따른 상대적인 세기 (이용호, Kim et al., 2017)

〈분광기(Spectrograph)〉

대기광의 선위치, 선폭, 선세기를 정밀하게 측정하기 위해서는 분광기를 사용해야 한다. 가장 일반적인 대기광 분광계는 고층대기로부터 오는 대기광을 광학계로 수집하여 분광기의 슬릿(slit)에 입사시키면 콜리메이터(collimator)로 평행광으로 전환 후에 그레이팅(grating)에 반사시켜 간섭 무늬 패턴을 만들고, 이를 렌즈로 다시 모아 감지기에 보내는 방식이다. 그레이팅은 코팅한 금속면에 일정 간격으로 톱니 형태의 세밀한 선을 그어, 경로차이에 따라 간섭 무늬가 생기게 해 준다 (그림 12.9 참조). 그림 12.10는 실험실에서 널리 사용되는 **Czerny-Turner 방식 분광기**의 도식을 보여준다. 분광기의 성능은 스펙트럼의 파장 해상도나, 분광선의 반치전폭(FWHM)으로 표현될 수 있다. Czerny-Turner 방식 분광기의 FWHM 은

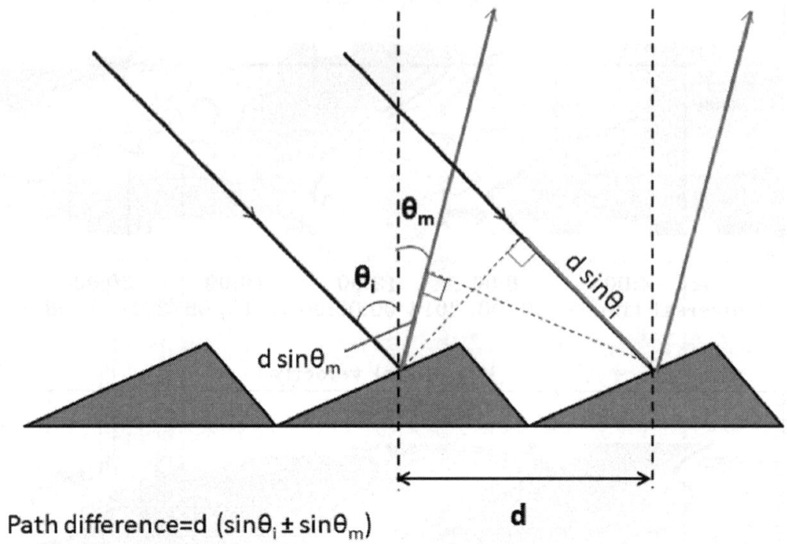

그림 12.9 분광기에 사용되는 그레이팅(grating)이 간섭 효과를 일으키는 기하 특성 설명도. 입사 빔이 일정 간격의 경사면에 반사하면서 경로차($d \sin \theta_i$)를 발생하여 간섭 효과를 만든다.

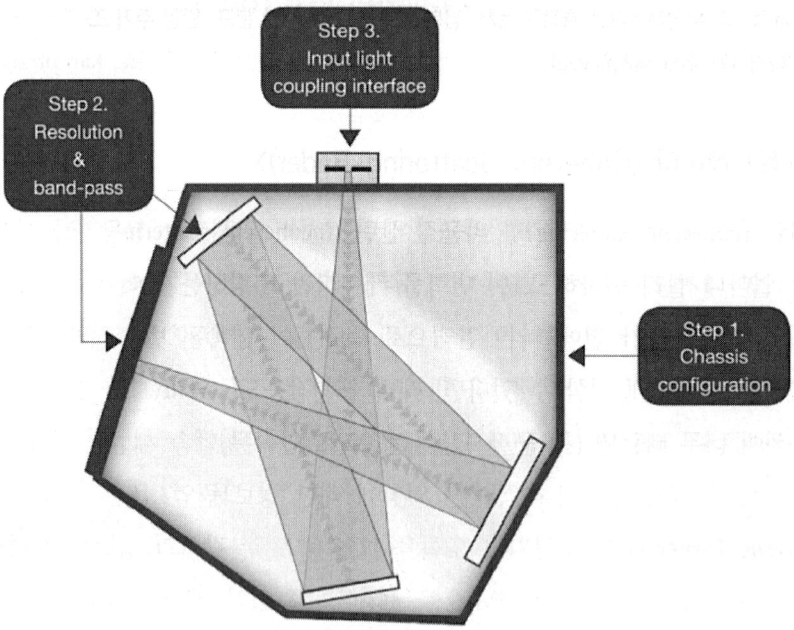

그림 12.10 Czerny-Turner 방식 분광기의 광 경로 도식.

FWHM = 슬릿 폭 × Grating 선 간격 / 카메라 초점거리 (12.15)

로 구해진다. 따라서 입사 슬릿 폭이 작을수록, 그레이팅의 선 간격이 작을수록, 초점 거리가 길수록 분광기의 파장 분해능은 좋아진다. 그러나 슬릿 폭이 작아지면, 입사광의 세기가 약해져서 감응도가 나빠지며, 카메라 초점거리가 길면 분광기의 크기가 커져야 하는 단점이 있다. 최종 단계의 감지기는 가시광선 영역에서는 CCD를 사용하지만, 근적외선 영역에서는 InGaAs 배열 감지기 (array detector)를 사용한다. 그레이팅을 이용한 분광기의 파장 분해능은 OH 회전선을 분해하는 정도는 되지만, 개개 대기광 선의 폭을 정밀하게 측정하여 대기온도를 추정하기에는 한계가 있다.

높은 파장 해상도를 얻을 수 있는 분광기로는 **마이켈슨 간섭계 (Michelson interferometer)**가 사용된다. 원래 마이켈슨이 광속을 측정하기 위해 고안된 장치를 분광기로 응용되었는데, 그 원리는 그림 12.11에 보이듯이, 입사한 빛을 평행광으로 바꾸어 2개의 거울로 보내었다가 돌아오는 빛을 모아서 감지기가 간섭 현상을 측정하는 방식이다. 2개의 거울 중에 1개가 이동하면 경로차이에 따라 보강 간섭과 상쇄 간섭이 일어남을 감지기가 측정하여 높은 파장 해상도를 구현할 수 있다. 그러나 이 분광기는 거울 이동 장치에 의존하기 때문에 견고한 바닥 설치가 필요하고, 실제 활용 환경에서 안정성 확보가 어려운 약점이 있다.

이 분광기는 OH Meinel 밴드의 선들을 잘 구분하기 때문에 OH 대기광 온도 관측에 활용되고 있다. OH 대기광의 진동 밴드 내에 있는 회전선의 2개를 선정하여, 이들 세기의 비를 측정하면 다음 식으로부터 OH 회전온도를 구할 수 있다.

$$T = \frac{(hc/k_B)(E_{ab})}{\ln\left[I_a A_b (2J_b' + 1) / I_b A_a (2J_a' + 1)\right]} \quad (12.16)$$

여기서 E_{ab} 는 두 회전 레벨의 에너지 차이이고, I_a, I_b는 두 회전선의 세기, A_a, A_b 는 두 회전레벨의 Einstein A 계수 (Einstein A coefficient)이며, J_a', J_b' 는 회전 레벨의 **회전 양자번호 (rotational quantum number)**이다. 이 식은 OH의 회전 레벨이 주변 대기와 **국지 열평형 (Local Thermodynamic Equilibrium, LTE)** 상태에 있어, **볼쯔만 분포 (Boltzmann distribution)**를 가진다고 가정한다. 이 가정은 고도 87 km의 OH 대기광층, 즉 중간권 상부에서 대기 밀도가 충분히 커서 OH 분자가 LTE 상태에 있기 때문에 적절하다.

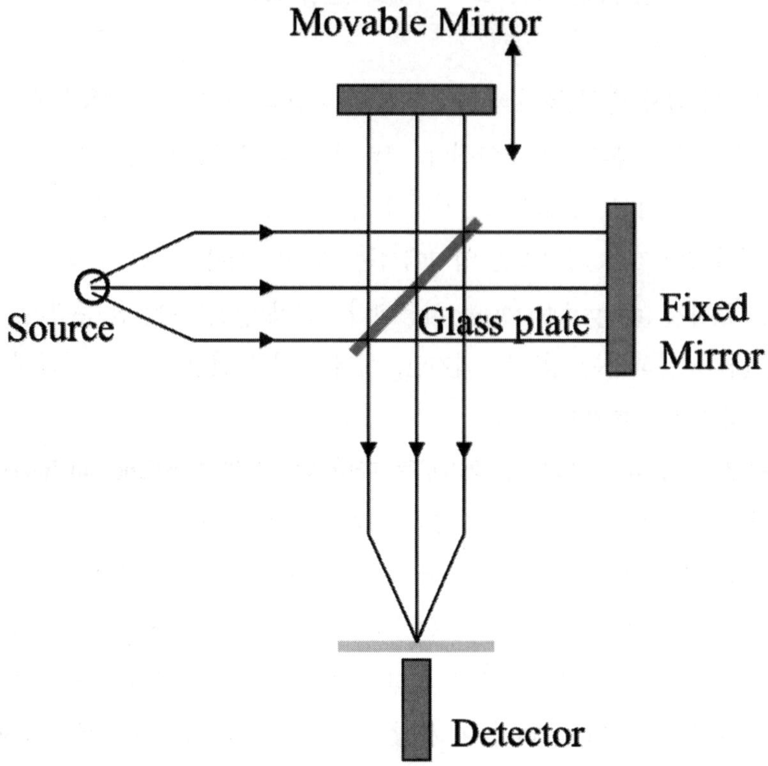

그림 12.11 마이켈슨 간섭계의 원리

마이켈슨 간섭계가 이동 거울에 의존하는 약점을 극복하면서 고 파장 해상도를 얻을 수 있는 장치로 **Fabry-Perot 간섭기 (Fabry-Perot Interfermeter, FPI)**가 사용된다. FPI는 **에탈론 (Etalon)**이라는 간섭 장치를 사용하는데, 이는 입사한 빛이 두 평행면 사이를 여러 번 반사하면서 경로차이에 따라 간섭 무늬를 만들어 낸다. 만들어진 간섭 무늬는 렌즈로 모아서 **배열 감지기 (array detector)**에 동심 원형의 간섭무늬 상을 형성한다 (그림 12.12 참조). 각 동심원 간섭 무늬를 원주 방향으로 적분하고, 여러 개의 동심원을 반경 방향으로 중첩하여 최종적으로 한 개의 선 프로파일을 만들어낸다 (그림 12.13 참조). 이렇게 구해진 선 프로파일은 선 중심 위치와 선폭을 정밀하게 측정할 수 있다. 선 중심 위치는 바람 속도에 따라 운동하는 대기광의 도플러 전이를 지시하므로, 대기 바람 속도를 구할 수 있게 한다. 또한 선폭은 대기광 원천의 분자/원자가 무질서한 열운동으로 넓어진 것이므로, 대기 온도를 추산할 수 있게 한다 (Doppler broadening, 5장 참조).

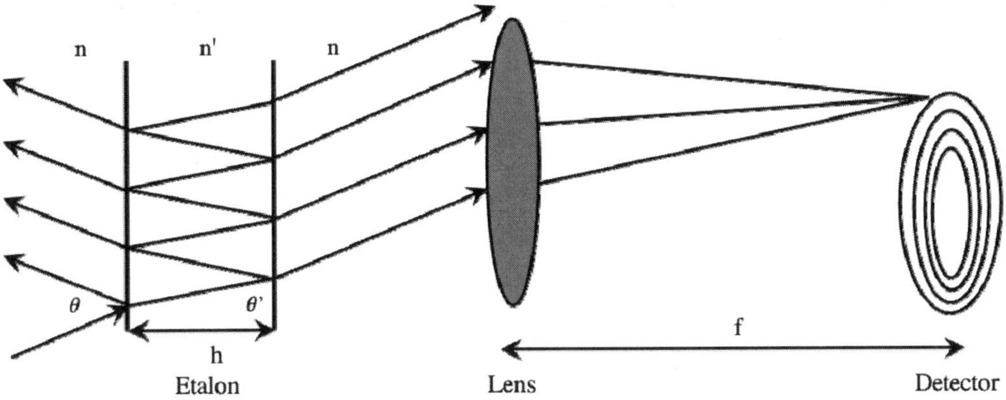

그림 12.12 Fabry-Perot 간섭계의 작동 원리

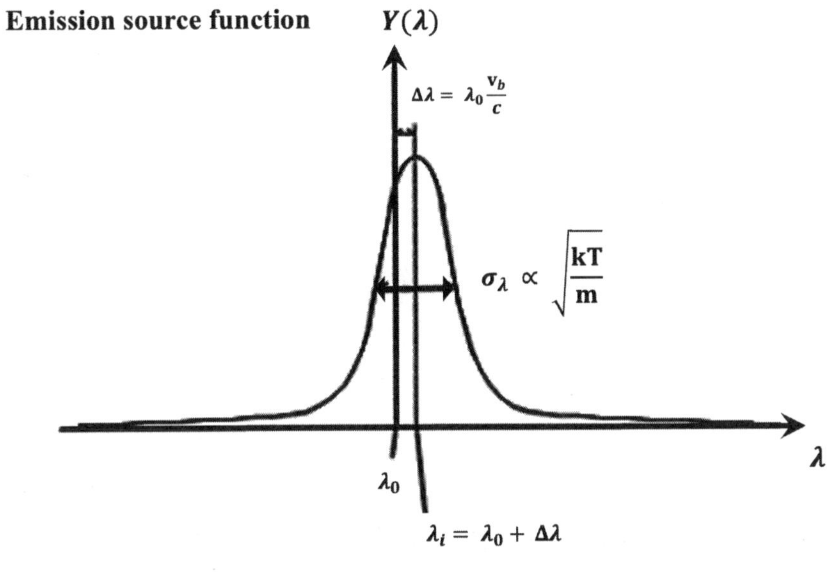

그림 12.13 선폭과 온도의 관계와 선 위치와 속도 관계

FPI는 소형으로도 제작될 수 있어 위성에 탑재되어 고층대기광을 스펙트럼을 정밀 측정할 수 있어, 효과적인 위성 원격 탐사 기기로 활용되고 있다. 남극 장보고 기지와 세종기지에 FPI가 설치되어 중간권 상부와 열권 하부의 바람과 온도를 측정하고 있다.

12.2 위성 현장 측정 (Satellite In-situ Measurements)

고층 대기를 현장에서 측정하려면 위성이나 로켓을 사용해야 한다. 위성과 로켓은 빠르게 이동하기 때문에 빠른 현장 샘플링 (sampling rate)이 요구된다. 또한 희박한 매질과 플라즈마 환경, 지구자기장에 의한 유도 전기장 효과, 샘플 채취 방향을 고려해야 한다. 초기의 고층대기 탐사 대형 인공위성 프로그램으로 미국의 Atmospheric Explorer(AE) 위성 시리즈가 1970 년대 운영되었다. AE 위성은 태양의 극자외선 복사의 흡수에 관련되어 중성/이온 대기의 물리적 과정에 대한 자료가 측정되었다. AE 위성 후속으로 Dynamic Explorer 위성 시리즈가 발사되어 주로 고층대기의 전기적 과정에 대한 자료를 측정하였다. 자기권 현상은 주로 정지궤도의 기상 위성에 탑재된 우주환경 측정기들에 의해 수집되었는데, 미국의 정지궤도 기상 위성, GOES 시리즈는 현재도 우주환경 기기를 탑재하고 있다. 이들 위성뿐만 아니라 연구용 우주환경/고층대기 위성 시리즈가 다양한 현장 측정기기를 탑재하여 귀중한 자료들을 얻고 있다. 여기서는 대표적 위성 현장 측정기들의 원리와 특성을 간단히 소개한다.

〈중성대기의 직접 측정〉

고층 대기의 밀도와 압력은 실험실의 진공 챔버와 유사하다. 따라서 현장 측정기 기술은 진공실험 기술에 근거한다. AE 위성은 고도 120 - 370 km 구간의 기압을 처음으로 측정했다. 이 압력 측정은 진공 실험실에서 쓰이던 capacitance manometer라는 장치와 cold-cathode gauge를 사용했다 (Dalgarno et al., 1973). 온도는 질소분자의 속도분포 분석기를 사용하여 추정하는데, 이 기기는 위성의 방향에 따라 변하는 압력의 변화로부터 위성 속도 (~8 km/s)와 공기의 열운동 속도 ($(2k_BT/m)^{1/2}$~ 400 m/s)를 비교하여 온도를 구한다.

〈랭무어 탐침기 (Langmuir Probes)〉

랭무어 탐침기는 이온과 전자의 질량 차이로 인한 전류와 전압과의 관계를 이용한다. 전리권을 이루는 이온과 전자는 열운동을 하는 저에너지 **열적 플라즈마 (thermal plasma)** 이다. 열적 플라즈마 매질에 개방된 전선을 넣으면 이온과 전자가 자유롭게 흘러가는 상태일 경우, 이 전선이 가지는 전압을, **지표 기준 전압 (ground potential)**에 상대적인 **우주 전압 (space potential)**, V_s 라 한다. 열적 이온과 전자가 위성에 부딪치며 전자 전류, $-Nev_e$와 이온 전류, Nev_i 를 제공한다. 여기서 N 은 전자와 이온의 밀도로 같다고 가정한다. 전자

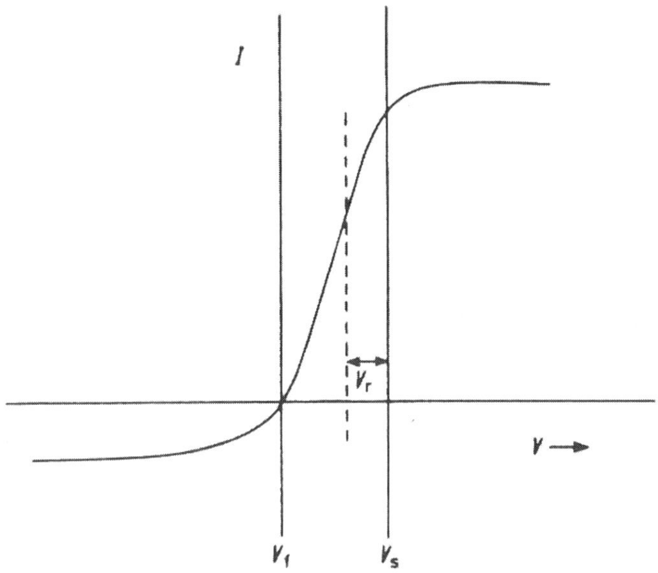

그림 12.14 랭무어 탐침기의 전압-전류 곡선

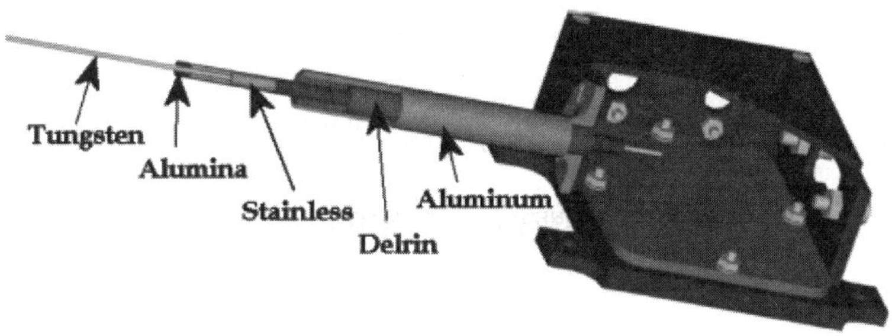

그림 12.15 랭무어 탐침기(LP)의 구조 (류광선 제공)

속도가 이온 속도보다 빠르므로 **우주 전압** 하에 있는 도체에는 $Ne(v_i - v_e)$ 의 음전류가 흐른다. 이 도체를 우주 전압에서 단절시키면 음전하가 축적되어, 결국 전류가 영이 되는 전압이 형성되는데 이를 **유동 전압 (floating potential)**, V_f 라 한다. 이 상태에서 도체는 음전하로 충전되고, 그 주위 공간은 이온으로 장막 (sheath)이 형성되어, 플라즈마 매질에서 더이상 전류가 흘러들어오지 못한다. 이 장막의 두께는 **드바이 길이 (Debye length)**이다.

그림 12.14은 플라즈마 매질 안에 있는 도체의 전압과 전류의 관계를 보여준다. 전압이 V_s 보다 높은 곳에서는 이온은 배척되고 전자만이 자유롭게 도체로 진입한다. 진입 전류의 양은 전자 밀도에 비례하므로, 이를 이용하여 전리권 전자 밀도를 측정한다. 전압이 V_s 와 V_f 사이에서는 **감속 전압 (retarding potential)**, $V_r = V_s - V$ 가 느린 전자를 배척하고, 운동에너

지가 감속 전기에너지보다 큰 속도, $v > (2V_r e/m_e)^{1/2}$ 인 전자만이 진입한다. 전자의 운동 속도가 맥스웰 분포를 하므로 전류의 세기는

$$\int_{(2eV_r/m)^{1/2}}^{\infty} v_x \exp(-mv_x^2/k_B T) dv_x \propto I_o \exp(-eV_r/k_B T) \tag{12.17}$$

로 표현될 수 있다. 따라서 전압에 따른 전류 변화 정도를 측정하면 전자의 온도를 구할 수 있다. 전압이 V_f 보다 작은 영역에서는 전자는 모두 배척되고 이온만이 진입하므로, 원리적으로는 전류로부터 이온 밀도 N_i 를 측정할 수 있다. 그러나 일반적으로 이온 속도가 위성의 속도보다 느리기 때문에 조금 다른 방식이 요구된다.

랭무어 탐침기는 전리권 밀도와 온도를 측정할 수 있는 가장 기본적인 기기로서 개발 기술이 안정화 되어 있다. 우리나라에서도 랭무어 탐침기를 자체 개발하여 여러 위성에 운영한 실적이 있다. 그림 12.157은 과학위성 1호에 탑재되었던 랭무어 탐침기의 구조를 보여준다.

〈감속전압분석기 (Retarding potential analyzer)〉

저에너지 이온을 측정에 특화된 장비로서, 컵 형태의 수신부 앞에 전기장 그리드를 설치해서 입사하는 이온들의 에너지를 선택하는 **감속전압분석기 (Retarding potential analyzer, RPA)**가 있다. **RPA**는 때로 **이온 덫 (ion trap)**이라 불리기도 한다. 여러 종류의 이온이 거의 같은 속도로 진입하지만, 가변 그리드 전기장을 통해 가벼운 이온은 배척할 수 있다. 따라서 이온 질량에 따라 그 밀도를 측정할 수 있다.

RPA의 변형으로 위성 궤도 운동의 수직으로 이온 표류 속도를 측정할 수 있는 **이온표류속도측정기 (ion drift meter)**가 있다. 이 기기는 감속 그리드를 사용하지 않고 진입 방향에 따라 이온 전류의 변화를 측정하는데, 절대 속도를 얻기 위해서 RPA와 함께 운용된다.

〈이온/중성 질량 분석기 (ion/neutral mass spectrometers)〉

화학 실험실에서 사용하는 질량분석기는 입사 입자의 진공을 유지하는데 복잡한 장치가 요구된다. 그러나 고층대기 (~100 km 이상)에서는 그 자체가 거의 진공에 가깝기 때문에, 특별한 입사 조절 장치가 필요 없다. 실험실 질량분석기와 또 다른 점은 위성에 탑재하기

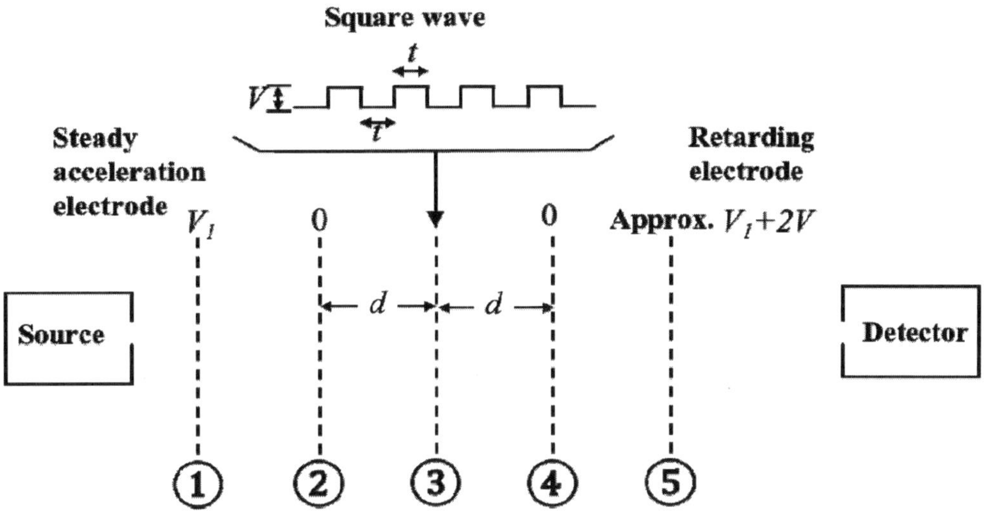

그림 12.16 질량분석기에 사용되는 비행시간(Time of Flight, TOF) 방식의 원리

위해서는 무거운 자석(magnet)을 사용할 수 없다. 자석을 대신해서 입사하는 입자 질량을 선별하기 위해 Bennet이 발명한 **비행시간(time of flight, TOF)** 방식을 사용한다. 입사하는 이온은 여러 층의 그리드에 걸린 전기장으로 가속되는데, 그리드 간의 간격을 통과하는 시간과 그리드 전기장의 변화로 질량을 선별한다.

그림 12.16은 TOF 방식의 원리를 보여준다. 그리드 ①과 ②사이에 전압 V_1은 입사 이온을 속도 $(2e\,V_1/m_i)^{1/2}$ 로 가속시킨다. 그리드 ③에 시간 t와 진동하는 전압 V는 그리드 ②에서 ③까지 속도가 d/t 에 근접한 이온만을 통과시킨다. 이후 그리드 ⑤가 최대 가능 속도 이하인 이온을 배척시키면, 결국 선택된 질량/전하 비율을 가진 이온만이 감지기에 도달한다. 전리권 이온은 거의 대부분 +e 의 단일 전하를 가지므로, 이온 질량을 구별하여 측정하게 된다. 중성 질량분석기는 입사하는 중성입자를 광이온화하여 이온으로 전환하여 이온 질량분석기에 입사시키므로 작동 원리는 같다. TOF 방식에서 발전하여 전기장 그리드 배열과 전기장 변조를 고도화시킨 질량분석기(예: quadrupole mass spectrometer)가 최근에는 위성용으로 사용되고 있다. 고층대기의 표준 모델인 MSIS 모델은 대부분 AE 위성 시리즈에 탑재된 질량분석기 자료로부터 구축되었다.

〈고에너지 입자 검출기 (energetic particle detectors)〉

전리권의 열적 플라즈마는 앞에서 소개한 **랭무어 탐침기 (LP)**로 측정되지만, 고에너지 입자는 다른 방식의 기기가 필요하다. 고에너지 입자(1 keV 이상)는 개수가 적기 때문에, 전류 측정방식으로는 어렵고, 개개 입자를 세는 **카운터(counter)** 방식이 사용된다. 고에너지 입자 검출은 크게 **Geiger 계수기**, **신칠레이터(scintillator)**, **체널 멀티프라이어(channel multiplier)** 방식으로 나눌 수 있다. 가이거 계수기 방식은 기체에 고에너지 입자가 입사하여 파괴시킨 전기적 성질을 측정한다. 신칠레이터 방식은 투명한 고체에 고에너지 입자가 발생시키는 섬광을 감도가 좋은 **광전증배관(photo-multiplying tube, PMT)**으로 측정하는 방식이다. **채널 멀티프라이어 (channel multiplier)** 방식은 길고 가는 관에 입자를 입사시켜 발생한 2차 전자를 높은 전기장으로 가속하고 3차 4차 전자를 산사태 (avalanche)처럼 증배시켜 관의 끝단에서 그 세기를 측정하는 방식이다. 최근에는 이런 증배관들을 2차원 배열로 묶은 **micro-channel plate (MCP)**가 고에너지 입자 검출기에 사용된다. 보통 입자 검출기 앞단에 입자 에너지를 선별하는 장치를 부착하여 여러 에너지 체널의 입자를 측정하게 되면, 입자의 에너지 스펙트럼도 구할 수 있다.

국내 개발된 고에너지 입자 검출기로는, 오로라 전자 검출을 목적으로 한 **Electro-Static Analyzer(ESA)**와 입자의 방향성을 검출할 수 있는 **Solid State Telescope (SST)**가 과학위성에 사용된 바 있다. **ESA**는 입사 단에 전기장을 걸어 입자의 에너지를 선별한 후 **MCP**로 검출하는 방식이다. **SST**는 입사하는 고에너지 입자가 실리콘에 전자와 전공 (hole) 쌍을 만들면서 생기는 전하를 검출하는 방식이다. Telescope라는 명칭은 앞단에 원뿔 모양의 collimator로 입사 방향을 한정할 수 있기 때문에 부쳐졌다.

〈자기장/전기장 측정기 (Magnetometers and electric field sensors)〉

대부분의 인공위성들은 자세 감지용으로 **관성항법장치 (Inertial Navigation System, INS)**나 **별 감지기 (star sensor)**, **태양 감지기 (sun sensor)**, **지평선 감지기 (horizon sensor)**, **자기장 측정기 (magnetometer)**를 탑재한다. 우주환경 연구용 위성들은 지자기장을 정밀하게 측정하기 위해 **플럭스게이트 자기장측정기 (fluxgate magnetometer)**를 탑재한다.

플럭스게이트 자기장측정기 (FM)는 1차 코일에 교류 전류를 흐르게 하고, 이로부터 발생하는 자기장이 2차 코일에 유도한 전류를 1차 코일의 전류와 비교하는 방식이다. 주변에 자기장이 있으면 2차 코일에 유도된 전류와 1차 코일의 입력 전류 간에 크기와 위상이 달라지므로, 이 차이를 감지하여 자지장의 세기를 측정한다. 3축으로 1차 코일을 구성하면, 3축방향의 벡터 자기장을 측정할 수 있다. **FM**은 지구 자기장의 저속 변화를 민감하게 감지할 수 있어, 위성에 널리 사용된다. FM은 위성 자체의 전자기기로부터 발생하는 자기장의 영향을 최소화하기 위해 붐/안테나로 이격시켜 설치하지만, 기기의 정밀도는 검보정하는 기술에 많이 영향 받는다. 국내에서도 FM을 개발하여 위성에 탑재한 경험이 있으나, 측정된 자기장 자료의 정밀도에 대한 검증에 발전 여지가 있어 보인다.

변하는 자기장을 측정에는 **서치코일 자기장측정기 (search coil magnetometer, SM)**를 사용한다. **SM**은 파라데이 유도 법칙(Faraday's law of induction)에 따라 주변 자기장의 변화로 코일에 생기는 전압을 측정하는 방식이다. 즉 자기장 플럭스가 변화하면 코일에 전압이 발생하므로, 지자기장의 **교류(Alternating Current)** 변화를 감지하는데 사용된다. 보통 SM은 자기장의 mHz ~ 수백 MHz 범위의 변화를 측정할 수 있어, 자기권 활동으로 발생하는 각종 파동을 연구하는데 적합하다.

위성에서 전리권 전기장 측정은 원리적으로 긴 두 안테나 사이의 전위차로부터 구할 수 있다. 그러나 지자기장을 가로질러 운동하는 위성의 궤도 속도에 의해 유도된 전기장을 먼저 제거해야 한다. 이를 위해서 위성궤도상에서 지자기장의 세기와 방향을 정확히 알아야 하므로, 자기장측정기와 함께 유영된다. 또한 위성 주위에 형성되는 **플라즈마 방패 (plasmas sheath)**의 효과를 제거해야 한다. 플라즈마 방패의 크기를 고려하여 DE 위성시리즈는 3축으로 전체 길이 11 m 의 안테나를 탑재했는데, 안쪽 9 m 는 절연되고, 양끝 1 m에서 유도된 전압을 측정하였다. 안테나 양단의 전압 차이에 위성 운동으로 발생하는 ~450 mV/m 정도의 전기장을 보정해야 하는데, 정밀한 보정을 위해서는 궤도의 고도와 지자기장 세기를 정확히 알아야 했다.

12.3 전리권 변형 실험 (Ionospheric Modification)

전리권을 현장에서나 원격으로 의도적으로 변화시키는 다양한 실험이 실시된 바 있다. 의도적 변형 실험은 일반적으로 작은 범위에서 짧은 시간에 걸쳐 수행되지만, 잘 조정된 섭동에 대한 고층대기/전리권의 반응은 귀중한 자료를 제공한다. 수행된 변형 실험으로 플라즈마의 주입, 전자 빔 투사, 전자기파 가열, 수증기 주입에 대해 간략히 소개한다.

일반적으로 전리권 플라즈마는 눈에 보이지 않기 때문에, 눈에 보이는 플라즈마 덩어리를 투척하여 그 변화를 관측하는 실험이 인상적이다. 황혼 무렵에 바륨 (Barium) 원소를 고층대기에 투입하면, 태양 빛에 의해 바로 이온화되어 전리권과 같은 운동을 하게 되는데, 지상에서 검은 하늘에 태양 빛에 공명 산란하여 보라색 구름으로 보여서 그 변화과정을 사진으로 기록할 수 있다. 이 **바륨 실험 (Barium Experiment)**은 전기장에 이온이 표류하는 양상을 잘 보여주기 때문에 고층 대기의 전기장 측정의 중요한 수단이다.

로켓이 원하는 고도에 이르렀을 때 바륨 알갱이(barium grain)와 산화구리(CuO) 가루를 혼합시켜 화학반응 일으키면, 열기에 의해 통 안의 바륨이 튀어나간다. 이 바륨 알갱이 내에 불순물로 들어 있는 스트론튬(strontium)이 중성을 유지하면서 청색 또는 녹색 구름을 형성한다. 따라서 스트론튬 구름은 중성 대기의 운동을 추적할 수 있게 한다. 때로는 스트론튬 대신에 리튬(Lithium)을 중성 대기 추적자로 사용하기도 한다. 또한 강한 폭발물을 사용하여 특정 방향으로 바륨 제트를 쏘기도 한다. 이 제트의 속도가 10 km/s 이상으로 수만 km를 도달할 수 있어 자기권의 자기장을 추적하는 역할도 할 수 있다.

바륨/스트론튬 투입 실험에서 중성 스트론튬 구름은 균질하게 팽창하는 반면, 이온화된 바륨 구름은 전기장에 의해 층화되거나 수백 m 직경의 덩어리들로 분리되기도 한다. 이런 덩어리 구조는 플라즈마 투입에 의해 변화된 전도도가 전기장을 국지적으로 변화시켜 운동을 왜곡하기 때문이다. 중성 바람이 있을 경우, 덩어리 구조화는 **경사표류 불안정성 (Gradient drift instability)**에 의해 생기기도 한다.

전리권에서 전하 빔을 투입하는 실험은 주로 위성 대전 현상, 빔-플라즈마 상호작용에 대한 플라즈마 과정을 규명하는데 사용되었다. 빔의 세기로 1 - 1000 mA와 100 eV - 40 keV 에너지 입자들이 다양한 기체 밀도와 전자 밀도 조건에 투입된 바 있다. 또한 빔 실험은 우주에서의 실용적 (군사적 포함) 목적으로 수행되기도 한다.

전자기파를 사용한 **전리권 가열 실험 (ionospheric heating)**은 강한 **연속파(continuous wave, CW)**를 대형 안테나로 송출하는 방식이다. 사용되는 전파는 2.5 - 8 MHz 의 단파이고 송출 파워는 수백 KW 에서 1 MW 범위로 방출되었다. 안테나의 지향성을 고려하면, 유효 송출파워는 300 MW 에 달할 수 있으며, 이는 전리권에 1 W/m^2 에너지 밀도를 투입할 수 있다. 이 에너지는 주로 전자에 의해 흡수되는데, 여러 가지 흥미로운 현상을 일으킨다. 전리권 가열 효과는 원격 탐사나 로켓으로 감지된다.

D-층은 단파(HF)를 주로 흡수하는 역할을 하는데, 가열되면 부분 반사 세기가 약해져서 VLF 통신 신호가 변화한다. 가열에 의해 E-층의 전도도가 변화하며 E-층 전류가 조정된다. 조정 정도는 전자밀도의 시간 상수에 의존하는데, E-층 전류가 가열에 따라 동조할 수도 있다. E-층이나 F-층의 전파 가열은 전파의 주파수가 전리권의 플라즈마 주파수가 일치하는 고도에서 흡수된다. 이 고도에서 작은 불균질이나, 층리화 현상이 생기거나, 아주 큰 전리권

구멍이 만들어지기도 하는데, 이 구조들은 다양한 플라즈마 불안정성에 기인한다. 이 불균질은 균질 레이다 관측에 **스프레드 F** 현상으로 나타나기도 한다. 비균질 레이다 상에는 플라즈마 선과 이온선의 강화가 나타날 수 있다. 또한 가열된 전자가 산소원자를 여기시켜서 630 nm 산소 대기광이 발생할 수도 있다.

로켓의 연소에서 배기가스로 나오는 수증기와 수소 분자가 전리권에 구멍 (ionospheric hole)을 만들 수 있다. 로켓 배기가스의 H_2O 나 H_2 는 전리권의 O^+ 이온과 바로 전하 교환 반응하여, H_2O^+ 와 OH^+를 생성한 후, 빠르게 분자 재결합으로 중성화된다. 따라서 로켓의 비행 경로를 따라 전리권의 플라즈마 밀도를 낮추는 효과, 즉 전리권 구멍을 만든다. 전리권 구멍은 로켓 분사가 강할수록 더 크고 오래 지속되기 때문에, 대형 로켓의 발사 지역 근처의 GPS 총전자량 지도에 흔적을 남긴다고 자주 보고 된다. 북한의 로켓 발사 후 궤도상의 동해에서 총전자량의 감소 관측으로부터 로켓의 분사율을 추산하는 연구도 수행된 바 있다 (Ssessanga et al., 2017; Kim et al., 2021).

참고문헌

1장

Bittner, M., Offermann, D., Graef, H. H., Donner, M., and Hamilton, K., (2002). An 18-year time series of OH rotational temperatures and middle atmosphere decadal variations. J. Atmos. Sol. Terr. Phys. 64, 1147–1166.

Kim, G., Kim, J.-H., Kim, Y. H., and Lee, Y. S., (2017). Long-term trend of mesospheric temperatures over Kiruna (68N, 21E) during 2003–2014. J. Atmos. Sol. Terr. Phys. 161, 83- 87.

2장

Andrews, D. G., Holton, J. R., and Leovy, C. B., (1987). Middle Atmosphere Dynamics, Academic Press, San Diago.

Andrews, D. G., and McIntyre, M. E., (1976). Planetary waves in horizontal and vertical shear: the generalized Eliassen-Palm relation and the mean zonal acceleration. J. Atmos. Sci. 33, 2031- 2048.

Andrews, D.G., and McIntyre, M. E., (1978). Generalized Eliassen-Palm and Charney-Drazin theorems for waves on axisymmetric mean flows in compressible atmosphere. J. Atmos. Sci. 35, 175-185.

Charney, J. G., and Drazin, P. G., (1961). Propagation of planetary-scale disturbances from the lower into the upper atmosphere. J. Geophys. Res. 66, 83-109.

Dunkerton, T. J., (1978). On the mean meridional mass motions of the stratosphere and mesosphere. J. Atmos. Sci. 35, 2325-2333.

Eliassen, A., and Palm, E., (1961) On the transfer of energy in stationary mountain waves. Geofys. Publ. 22(3), 1-23.

Ertel, H., (1942). Ein neure hydrodynamischer Wirebelsatz. Meteorol. Z. 59, 271-281.

3장

Chung, J.-K., Kim, Y. H., and Won, Y.-I., (2003). Observation of mesospheric waves with an all-sky camera in Korean Peninsula. Adv. Space Res. 32, 825-830.

Dukowicz, J. K., (2013). Evaluation of Various Approximations in Atmosphere and Ocean

Modeling Based on an Exact Treatment of Gravity Wave Dispersion. Mon. Weather Rev, 141 (12), 4487-4506.

Hines, C. O., (1965). Atmospheric gravity waves: a new toy for the wave theorist, Radio Science, 69D, 375-380.

Kam, H., Song, I.-S., Kim, J.-H., Kim, Y. H., Song, B.-G., Nakamura, T., et al. (2021). Mesospheric short-period gravity waves in the Antarctic Peninsula observed in all-sky airglow images and their possible source locations. J. Geophys. Res: Atmos, 126, e2021JD035842

Kim, Y. H., Chung, J.-K., and Won, Y.-I., (2004). Observation of a persistent Leonid meteor train with an all-sky camera. J. Atmos. Solar-Terr. Physics, 66, 1001-1009.

Nappo, C. J., (2013). An introduction to atmospheric gravity waves, Academic Press. 2nd ed. Amsterdam.

4장

Andrews, D. G., Holton, J. R., and Leovy, C. B., (1987). Middle Atmosphere Dynamics, Academic Press, San Diago.

Chapman, S., and Lindzen, R.S., (1970). Atmospheric Tides, Reidel, Dordrecht, Netherlands.

Karoly, D. J., and Hoskins, B. J., (1982). Three dimensional propagation of planetary waves. J. Meteorol. Soc. Jpn. 60, 109-123.

Matsuno, T., (1970). Vertical propagation of stationary planetary waves in the winter hemisphere. J. Atmos. Sci., 27, 871-883.

Volland, H., (1988). Atmospheric Tidal and Planetar Waves, Kluwer, Academic Publ. Boston, MA.

wikiwand.com/en/Atmospheric_tides#Media/File:Eigenvalue.jpg

5 장

Ahrens, C. D., (2002). Essentials of Meteorology. Brooks Cole, 민경덕 역, 시그마프레스

Andrews, D. G., Holton, J. R., and Leovy, C. B., (1987). Middle Atmosphere Dynamics, Academic Press, San Diago.

Dickinson, R.E., (1984). Infrared radiative cooling in the mesosphere and lower thermosphere. J. Atmos. Terr. Phys. 46, 995-1008.

Farooq, Z., Chestakov, (2014). D. A., Yan, B., Groenenboom, G. C., van der Zande, W. J., and Parker, D. H., Photodissociation of singlet oxygen in the UV region, Phys. Chem. Chem. Phys. 16, 3305, DOI: 10.1039/c3cp54696a

Fels, S. B., (1984). The radiative damping of short vertical scale waves in the mesosphere. J. Atmos. Sci. 41, 1755-1764.

Houghton, J. T., (1969). Absorption and emission by carbon dioxide in the mesosphere. Q. J. R. Meteorol. Soc. 95, 10-20.

Karplus, M., and Porter, R. N., (1970). Atoms and Molecules: An Introductin for students of physical chemistry Benjamin Inc. Menlo Park, California.

Leovy, C. B., (1984). Infrared radiative exchange in the middle atmosphere in the 15 micron band of carbon dioxide, in "Dynamics of the middle atmosphere" (J.R. Holton and T. Matsuno, eds) pp 355-366, Terrapub. Tokyo.

Rybicki, G. B., and Lightman, A. P., (1979). Radiative Processes in Astrophysics, John Wiley, New York.

Won, Y-I, Cho, Y-M, Niciejewski, R J., and Kim, J., (2001). Observations of OH(3,1) airglow emission using a Michelson interferometer at 62°S. *Adv. Space Res. 27* (6–7), 1165-1170, doi.org/10.1016/S0273-1177(01)00192-2.

6장

Hinteregger, H. E., Fukui, K., and Gilson, B. R., (1981). Observational reference and model data on solar euv from measurements on AE-E, Geophys. Res. Lett., 8, 1147-50.

Kelley, M. C., (2009). The earth's ionosphere: plasma physics and electrodynamics. Academic Press., 2nd ed. Burlington, MA.

Rees, M. H., (1989). Physics and chemistry of the upper atmosphere. Cambridge Univ. Press, Cambridge.

Schunk, R. W., and Nagy, A. F., (2000). Ionospheres physiscs, plasma physics and chemistry. Cambridge Univ. Press, Cambridge.

7장

Dickinson, R. E., Ridley, E. C., and Roble, R. G., (1981). A three-dimensional general circulation model of the thermosphere. J. Geophys. Res. 86, 1499-1512.

Farley, D. T., (1959). A theory of electrostatic fields in a horizontally stratified ionosphere subject to a vertical magnetic field. J. Geophys. Res. 64, 1225.

Gonzales, C. A., Kelley, M.C., Carpenter, D. L., Miller, T. R., and Wand, R. H., (1980). Simultaneous measurements of ionospheric and magnetospheric electric fields in the outer plasmasphere. Geophys. Res. Lett. 7, 517.

Kelley, M. C., (2009). The earth's ionosphere: plasma physics and electrodynamics. Academic Press., 2nd ed. Burlington, MA.

Richmond, A. D., Ridley, E. C., and Roble, R. G., (1992). A Thermosphere / Ionosphere General Circulation Model with coupled electrodynamics. Geophys. Res. Lett. 19, 601-604.

Roble, R. G., and Ridley, E. C., (1987). An auroral model for the NCAR thermospheric general circulation model (TGCM). Annales Geophys. 5A, 369-382.

8장

Dalgarno, A., and Smith, F. J., (1962). Thermal conductivity and viscosity of atomic oxygen. Planet. Space Sci. 9, 1.

Fejer, B. G., dePaula, E. R., Gonzalez, S. A., and Woodman, R. F., (1991). Average vertical and zonal F-region plasma drifts over Jicarmarca. J. Geophys. Res. 96, 13,901.

Fejer, B. G., Kueki, E., and Farley, D. T., (1985). Equatorial F-region zonal plasma drifts. J. Geophys. Res. 90, 12,249.

Heelis, R. A., Kendall, P. C., Moffet, R. J., Windle, D. W., and Rishbeth, H., (1974). Electrical coupling of the E and F-regions and its effect on F-region drifts and winds. Planet. Space Sci. 22, 743.

Kelley, M. C., Fejer, B. G., and Gonzales, C. A., (1979). An explanation for anomalous ionospheric electric fields associated with a northward turning for the interplanetary magnetic field. Geophys. Res. Lett. 6, 301.

Lindzen, R. S., (1967). Reconsideration of diurnal velocity oscillation in the thermosphere. J. Geophys. Res. 72, 1591.

Nishida, A., (1968). Geomagnetic Dp2 fluctuation s and associated magnetospheric phenomena. J. Geophys. Res. 73, 1795.

Rishbeth, H., (1972). Superrotation of the upper atmosphere, Rev. Geophys. Spac Phys. 10, 799.

Yamazaki, Y. and Maute, A., (2017). Sq and EEJ—A Review on the Daily Variation of the Geomagnetic Field Caused by Ionospheric Dynamo Currents. Space Sci. Rev. 206, 299-405.

9장

Angerami, J. J. and Carpenter, D. L., (1966). Whistler studies of the plasmapause in the magnetosphere. 2. Electron density and total tube electron content near the knee magnetospheric ionization. J. Geophys. Res. 71, 711.

Behnke, R. A., Kelley, M. C., Gonzales, G., and Larsen, M., (1985). Dynamics of the Arecibo ionosphere: A case study approach. J. Geophys. Res. 90, 4448.

Fong, W., Lu, X., Chu, X., Fuller-Rowell, T. J., Yu, Z., Roberts, B. R., Chen, C., Gardner, C. S., and McDonald, A. J., (2014). Winter temperature tides from 30 to 110 km at McMurdo (77.8°S, 166.7°E), Antarctica: Lidar observations and comparisons with WAM. J. Geophys. Res. 119(6), 2846-2863.

Forbes, J. M., Codrescu, M., and Hall, T. J., (1988). On the utilization of ionsonde data to analyze the latitudinal penetration of ionospheric storm effects. Geophys. Res. Lett. 15, 249.

Immel, T. J., Sagawa, E., England S. L., Henderson, S. B., Hagan, M. E., Mende, S. B., Frey H. U., Swenson, C. M., and Paxton, L. J., (2006). Control of equatorial ionospheric morphology by atmospheric tides. Geophys. Res. Lett. 33, L15108, doi:10.1029/2006GL026161.

Makela, J. J., Kelley, M. C., Gonzalez, S. A., Aponte, N., and Sojka, J. J. (2003). Mid-latitude plasma and electric field measurements during space weather month,

September 1999. J. Atmos. Solar-Terr. Phys. 65, 1077, doi:10.1016/j.jastp.20003.07.002.

Mozer, F. S., (1973). Electric fields and plasma convection in the plasmasphere. Rev. Geophys. Space Phys. 11, 755.

Perkins, F. W., (1973). Spread F and ionospheric currents. J. Geophys. Res. 78, 218.

Richmond, A. D., Blanc, M., Emery, B. A., Wan, R. H., Fejer, B. G., Woodman, R. F., Ganguly, S., Amayenem, P., Behnke, R. A., Calderon, C., and Evans, J. V., (1980). An empirical model of quiet-day ionospheric electric fields at middle and low latitudes. J. Geophys. Res. 85, 4658.

10장

Axford, W. I., and Hines, C. O., (1961). A unifying theory of high-latitude geophysical phenomena and geomagnetic storms. Can. J. Phys. 39(10, 1433.

Banks, P. M., and Holzer, T. E., (1969). Features of plasma transport in the upper atmosphere. J. Geophys. Res. 74, 6304.

Burke, W. J., Kelley, M. C., Sagalyn, R. C. Smiddy, M., and Lai, S. T., (1979). Polar cap electric field structures with a northward interplanetary magnetic field. Geophys. Res. Lett. 6, 21.

Dungey, J. W., (1961). Interplanetary magnetic field and the auroral zones. Phys. Rev. Lett. 6, 47.

Fear, R. C., Millan, S. E., Maggiolo, R., Fazakerley, A. N., Dandouras, I., and Mende, S. B., (2014). Direct observation of closed magnetic flux trapped in the high latitude magnetosphere. Science, 346, 1507-1510.

Foster, J. C., Coster, A. J., Erickson, P. J., Rideout, W., Rich, F. J., Immel, T.J., and Sandel, B. R., (2005). Redistribution of the storm time ionosphere and the formation of a plasmaspheric bulge. Inner Magnetosphere Interactions: New Perspectives from Imaging. Geophys. Monogram Series, American Geophysical Union Press, Washington D.C., 277.

Fuller-Rowell, T. J., and Rees, D., (1981). A three-dimensional simulation of the global dynamical response of the thermosphere to a geomagnetic substorm. J. Atmos. Terr. Phys. 43, 701.

Heelis, R. A., (1984) The effects of interplanetary magnetic field orientation on dayside high latitude convection, J. Geophys. Res. 89, 2873.

Heelis, R. A. and Hanson, W. B., (1980). High latitude ion convection in the nighttime F-region. J. Geophys. Res. 85, 1995.

Heelis, R. A., Reiff, P. H., Winningham, J. D., and Hanson, W. B., (1986). Ionospheric convection signatures observed by DE-2 during northward interplanetary magnetic field. J. Geophys. Res. 91, 5817.

Heppner, J. P., and Maynard, N. C., (1987). Empirical high latitude electric field models, J. Geophys. Res. 92, 4467.

Hoffman, J. H., and Dodson, W. H., (1980). Light ion concentration and fluxes in the polar regions during magnetically quiet times. J. Geophys. Res. 85, 626.

Hong, J., Kim, J.-H., Chung, J.-K., Kim, Y. H., Kam, H., Park, J., and Mendillo, M., (2020). Simultaneous Observations of SAR Arc and Its Ionospheric Response at Subauroral Conjugate Points (L ≃ 2.5) During the St. Patrick's Day Storm in 2015. J. Geophys. Res. 124, doi.org/10.1029/2019JA027321.

Lassen, K., and Danielsen, C., (1978). Quiet time pattern of auroral arcs for different directions of the interplanetary magnetic field in the y-z plane. J. Geophys. Res. 83, 5277.

Mauk, B., and Bagenal, F., (2012). Comparative auroral physics: Earth and Other planets, Auroral Phenomenology and Magnetospheric Processes: Earth and Other Planets. Geophysical Monograph Series 197, American Geophysical Union.

Parker, R. N., (1958). Dynamics of the interplanetary gas and magnetic fields. Astrophys. J. 128, 664.

Raitt, W. J., Schunk, R. W., and Banks, P. M., (1975). A comparison of the temperature and density structure in high and low speed thermal proton flows. Planet. Space Sci. 23, 1103.

Robinson, R. M., Tsunoda, R. T., Vickey, J. F., and Guerin, L., (1985). Sources of F-region ionization enhancements in the nighttime auroral zone. J. Geophys. Res. 90, 7533.

Roble, R. G., and Rees, M. H., (1977). Time-dependent studies of the aurora: Effects of particle precipitation on the dynamic morphology of ionospheric and atmospheric properties. Planet. Space Sci. 25, 991.

Schunk, R. W., (1977). Mathematical structure of transport equations for multi-species flow. Rev. Geophys. Space Phys. 15, 429.

Schunk, R. W., Raitt, W. J., and Banks, P. M., (1975). Effect of electric fields on the daytime high-latitude E and F regions., J. Geophys. Res. 80, 3121.

Spiro, R. W., Heelis, R. A., and Hanson, W. B., (1978). Ion convection and the formation of the P90, mid-latitude F-region ionization trough. J. Geophys. Res. 83, 4255.

St-Maurice, P., and Hanson, W. B., (1982). Ion frictional heating at high latitudes and its possible use for an in situ determination of neutral thermospheric winds and temperatures. J. Geophys. Res. 87, 7580.

Weimer, D. R., (1995) Models of high-latitude electric potentials derived from a least error fit of spherical harmonic coefficients, J. Geophys. Res. 100, 19,595.

Weimer, D. R., (2001). An improved model of ionospheric electric potentials including substorm perturbations and application to the Geospace Environment Modeling November 24, 1996 event. J. Geophys. Res. 106(A1), 407-416.

Yamamoto, T., Ozaki, M., Inoue, S., Makita, K., and Meng, C. I., (1994). Convective generation of "gian" undulations on the evening diffuse auroral boundary. J. Geophys. Res. 99, 19,499.

11장

Bahcivan, H., and Hysell, D. L., (2006). A model of secondary Farley-Buneman waves in the auroral electrojet. J. Geophys. Res. 111, A01304, doi:10.1029/2005JA011408.

Bowman, G. G., (1981). The nature of ionospheric spread-F irregularities in mid-latitude regions. J. Atmos. Terr. Phys. 43, 65.

Buneman, O., (1963). Excitation of field-aligned sound waves by electron stream. Phys. Rev. Lett. 10, 285.

Cerisier, J. C. Berthelier, J. J., and Beghin, C., (1985). Unstable density gradients in the high-latitude ionosphere. Radio Sci. 20, 755.

Cosgrove, R. B., and Tsunoda, R. T., (2002). A direction-dependent instability of sporadic-E layers in the nighttime midlatitude ionosphere. Geophys. Res. Lett. 29(18) 1864, doi:10.10292002GL014669, 11-1.

Cosgrove, R. B., and Tsunoda, R. T., (2004). Coupling of the Perkins instability and the sporadic E layer instability derived from physical argument. J. Geophys. Res. 109, A06301, doi:10.1029/2003JA010295.

Dungey, J. W., (1956). Convective diffusion in the equatorial F-region. J. Atmos. Terr. Phys. 9, 304.

Erukhimov, L. M., and Kagan, L. M., (1994). Thermo magnetic effects in ionospheric plasma. J. Atmos. Terr. Phys. 56, 133.

Farley, D. T., (1963). A plasma instability resulting in field-aligned irregularities in the ionosphere. J. Geophys. Res. 68, 6083.

Fejer, B. G., Farley, D. T., Baisley, B. B., and Woodman, R. F., (1975). Vertical structure of the VHF backscattering region in the equatorial electrojet and the gradient drift instability. J. Geophys. Res. 80, 1313.

Fejer, B. G., Providakes, J., and Farley, D. T., (1984). Theory of plasma waves in the auroral E region. J. Geophys. Res. 89, 7487.

Fejer, B. G., and Providakes, J., (1988). High latitude E region irregularities: New results. Phys. Scr. T18, 167.

Foster, J. C., Erickson, P. J., Coster, A. J., Goldstein, J., and Rich, F. J., (2002). Ionospheric signatures of plasmaspheric tails, Geophys. Res. Lett., 29. 10.1029/2002GL015067

Hamza, A., (1999). Perkins instability revisited. J. Geophys. Res. 104(A10), 22,567-22.576.

Haldoupis, C., Farley, D. T., and Schlegel, K., (1997). Type-1 echoes from the midlatitude E-region ionosphere. Ann. Geophys. 15, 908-917.

Haldoupis, C., Schlegel, K., and Farley, D. T., (1996). An explanation for type-1 echoes from the midlatitude E-region ionosphere. Geophys. Res. Lett. 23, 97.

Huang, C. S., and Kelley, M. C., (1996). Nonlinear evolution of equatorial spread F, 1. On the role of plasma instabillities and spatial resonance associated with gravity wave seeding. J. Geophys. Res. 101, 283.

Hysell, D. L., Kelley, M. C., Swartz, W. E., and Woodman, R. F., (1990). Seeding and layering of equatorial spread F by gravity waves. J. Geophys. Res. 95, 17,253.

Kegan, L. M., and Kelley, M. C., (2000). A wind-driven gradient drift mechanism for midlatitude E-region ionospheric irregularities. Geophys. Res. Lett. 25, 4141.

Kelley, M. C., and Gelinas, L. J., (2000). Gradient drift instability in the midlatitude sporadic E layers: Localization of physical and wave number space. Geophys. Res. Lett. 27, 457.

Kelley, M. C., LaBell, J., Kudeki, E., Fejer, B. G., Basu, Sa., Basu, Su, Baker, K. D., Hanuise, C., Argo, P., Woodman, R. F., Swartz, W. E., Farley, D. T., and Merriwether, J. W. Jr., (1986). The Condor equatorial spread F campaign: Overview and results of the large scale measurements. J. Geophys. Res. 93, 137.

Kim, Y. H., Hong, S. S., Weinberg, J. L., (2002). Equatorial Spread F found in 5577 A and 6300 A airglow observation from Hawaii, J. Geophys. Res. Space Physicsm 107, 1264, doi:10.1029/2001JA/JA009232

Kindel, J. M., and Kennel, C. F., (1971). Topside current instabilities. J. Geophys. Res. 76, 3055.

Osakow, S. L., and Chaturvedi, P. K., (1979). Current convective instability in the diffuse aurora. Geophys. Res. Lett. 6, 332.

Otani, N., and Oppenheimer, M., (1998). A saturation mechanism for the Farley-Buneman instability. Geophys. Res. Lett. 25(11), 1833.

Otsuka, Y., Shiokawa, K., Ogawa, T., and Wilkinson, O., (2004). Geomagnetic conjugate observations of medium-scale traveling ionospheric disturbances at midlatitude using all-sky airglow imagers. Geophys. Res. Lett. 31, L15803, 10,1029/2004GL020262.

Perkins, F. W., (1973). Spread F and ionospheric currents. J. Geophys. Res. 78, 218.

Pfaff, R. F., Kelley, M. C., Fejer, B. G., Kudeki, E., Carlson, C. W., Pedersen, A., and Hausler, B., (1984). Electric field and plasma density measurements in the auroral electrojet. J. Geophys. Res. 89, 236.

Pfaff, R. F., Kelley, M. C., Kudeki, E., Fejer, B. G., and Baker, K. D., (1987). Electric field and plasma density measurements in the strongly driven daytime equatorial electrojet.

1. The unstable layer and gradient drift waves. J. Geophys. Res. 92, 12578.

Riggin, D., Swartz, W. E., Providakes, J. and Farley, D. T., (1986). Radar studies of long-wavelength waves associated with mid-latitude sporadic E layers, J. Goeophys. Res., 91, A7, 8011-8024

Roddy, P. A., Earle, G. D., Swenson, C. M., Carlson, C. G., and Bullett, T. W., (2004). Relative concentrations of molecular and metallic ions in midlatitude intermediate and sporadic-E layers, Geophys. Res. Lett., 31, L19807

Saito, A., Nishmura, M., Yamamoto, M., Fukao, S., Kubota, M., Shiokawa, K., Otsuka, Y., Tsugawa, T., Ogawa, T., Ishii, M., Sakanoi, T., and Miyazaki, S., (2001). Traveling ionospheric disturbances detected in the FRONT campaign. Geophys. Res. Lett. 28(4), 689-692, 10.1029/2000GL011884.

Satyanarayana, P., Guzdar, P. N., Huba, J. D., and Ossakow, S. L., (1984). Rayleigh-Taylor instability in the presence of a stratified shear layer. J. Geophys. Res. 89, 2945.

Sekar, R. and Kherani, E. A., (1999). Effects of molecular ions on the Rayleigh-Taylor instability in the nighttime equatorial ionosphere, J. Atmos. Soar-Terr. Phys. 61, 399.

Shiokawa, K., Otsuka, Y., Ihara, C., Ogawa, T., and Rich, F. J., (2003). Ground and satellite observations of nighttime medium-scale traveling ionospheric disturbance at midlatitude. J. Geophys. Res. 108(A4), 1145, doi:10.1029/2002JA009.639.

St.-Maurice, J.-P., Schlegel, K., and Banks, P. M., (1981). Anomalous heating of the polar F region by unstable plasma waves. 2. Theory. J. Geophys. Res. 86, 1453.

Vickrey, J. F., and Kelley, M. C., (1982). The effects of a conducting E layer on classical F region cross-field plasma diffusion. J. Geophys. Res. 87, 4461.

Zalesak, S. T., Ossakow, S. L., and Chaturvedi, P. K., (1982). Nonlinear equatorial sperad F: The effect of neutral winds and background Pederson conductivity. J. Geophys. Res. 85, 2131.

Zhou, Q., and Mathews, J. D., (2006). On the physical explanation of the Perkins instability. J. Geophys. Res. 111, A12309, doi:10.1029/2006JA011696.

12장

감호식 석사학위 논문, 2017, 충남대학교.

황준영 석사학위 논문, 2023, 충남대학교

Dalgarno, A., Hanson, W. B., Spencer, N. W., and Schmering, E. R., (1973). The Atmosphere Explorer mission, Radio Science 8, 263.

Hargreaves, J. K., (1992). The solar-terrestrial environment. pp44, Cambridge University Press, Cambridge.

Hocking, W. K., (1999). Temperature using radar-meteor decay times. Geophys. Res. Lett. 26(21), 3297-3300.

Hwang, J.-Y. Lee, Y.-S., Kim, Y. H., Kam, H., Kwak, Y.-S., and Yang, T.-Y., (2022). Propagating characteristics of mesospheric gravity waves observed by an OI 557.7 nm airglow all-sky camera at Mt. Bohyun (36.2N, 128.9E), Anales Geophysica 40, 247-257, doi.org/10.5194/angeo-40-247-2022.

Jeong, S., Kim, Y. H., and Kim, K.-N., (2018). Manual scaling of ionograms measured at Jeju (33.4N, 126.3E) throughout 2012. J. Astron. Space Sci. 35(3), 143-149.

Kim, G., Kim, Y. H., Lee, Y. S., (2017). Mesospheric temperatures over Apache Point Observatory derived from Sloan Digital Sky Survey Spectra, J. Astron. Space Sci., 34, 119-125.

Kim, G. S., Kim, Y. H., Choi, B.-K. Hong, J., Ssessanga, N., (2021). Characterizing ionospheric disturbances caused by the North Korean rocket (Hwasung-15) using a four-dimensional variational (4D-VAR) data-assimilation model. J. Kor. Phys. Soc. doi.org/10.1007/s40042-021-00282-0.

Kim, J.-H., Kim, Y. H., Jee, G., Lee, C., (2012). Mesospheric temperature estimation from meteor decay times of weak and strong meteor trails, J. Atmos. Solar-Terr. Phys. 89, 18-26.

Lee, C., Kim, J-H., Jee, G., Lee, W., Song, I. S., and Kim, Y. H., (2016). New method of estimating temperatures near the mesopause region using meteor radar observations. *Geophysical Research Letters*, *43*(20), 10,580-10,585, doi.org/10.1002/2016GL071082.

McNamara, L. F., (1994). Radio Amateurs Guide. Krieger, Malabar FL32950, USA.

Murad, E., and Williams, I. P., (2002). *Meteors in the Earth's Atmosphere: Meteoroids and Cosmic Dust and Their Interactions with the Earth's Upper Atmosphere*. Cambridge University Press, Cambridge.

Ssessanga, N., Kim, Y. H., Choi, B., and Chung, J.-K., (2017). The 4D-var Estimation of North Korean Rocket Exhaust Emissions Into the Ionosphere. J. Geophys. Res. 123, doi.org/10.1002/2017JA024596.

Wakai, N., Ohyama, H., and Koizumi, T., (1987). Manual of ionogram scaling (Ministry of Posts and Telecommunication, Japan.

부록

부록 1.
유체역학 방정식으로부터 구형 자전 대기 운동방정식 유도하기

유체는 오일러 운동방정식을 따른다

$$\rho\frac{\partial\vec{v}}{\partial t} = -\nabla p + \rho\vec{g} \qquad ;\ \text{Euler equation}$$

여기에 대기의 점성(viscosity)을 고려하면

점도와 응력 텐서 (Viscosity and stress tensor)

: 내부 마찰(internal friction)에 의해 생기는 마찰력

⇒ 속도의 경사(gradient)가 있을 때만 존재

$\therefore\ \dfrac{\partial \mathrm{v}_i}{\partial x_j}$에 비례 (혹은 이것의 linear combination)

: 균일 자전 (uniformly rotating) 경우 속도의 경사가 있지만, 내부 마찰이 존재하지 않음.

$$\mathrm{v} = \boldsymbol{\Omega}\times\boldsymbol{r} = \begin{vmatrix} i & j & k \\ \Omega_1 & \Omega_2 & \Omega_3 \\ x_1 & x_2 & x_3 \end{vmatrix}$$
$$= (\Omega_2 x_3 - \Omega_3 x_2)\hat{\boldsymbol{i}} + (\Omega_3 x_1 - \Omega_1 x_3)\hat{\boldsymbol{j}} + (\Omega_1 x_2 - \Omega_2 x_1)\hat{\boldsymbol{k}}$$

$$\frac{\partial \mathrm{v}_1}{\partial x_2} = -\Omega_3,\ \frac{\partial \mathrm{v}_2}{\partial x_1} = \Omega_3 \rightarrow \frac{\partial \mathrm{v}_1}{\partial x_2} + \frac{\partial \mathrm{v}_2}{\partial x_1} = 0 \cdots$$

$\therefore \dfrac{\partial \mathrm{v}_i}{\partial x_j} + \dfrac{\partial \mathrm{v}_j}{\partial x_i}$ (변형 텐서의 대칭 성분)에 비례

: 일반 응력 텐서 (general stress tensor)는 다음과 같이 표현가능

$$\sigma_{ik} = a\left(\frac{\partial \mathrm{v}_i}{\partial x_k} + \frac{\partial \mathrm{v}_k}{\partial x_i}\right) + b\frac{\partial \mathrm{v}_l}{\partial x_l}\delta_{ik}$$

: 점성 응력 텐서(viscosity stress tensor)는 다음과 같이 정의

$$\tau_{ik} = P\delta_{ik} + a(\frac{\partial v_i}{\partial x_k} + \frac{\partial v_k}{\partial x_i}) + b\frac{\partial v_l}{\partial x_l}\delta_{ik}$$
$$= \eta(\frac{\partial v_i}{\partial x_k} + \frac{\partial v_k}{\partial x_i} - \frac{2}{3}\delta_{ik}\frac{\partial v_l}{\partial x_l}) + \hbar\delta_{ik}\frac{\partial v_l}{\partial x_l}$$

여기서 η 는 shear viscosity, $\hbar$ 는 bulk viscosity 로 불림.

유체를 따라 움직이는 계 (Lagrange system) 에서 운동방정식은

$$\rho\frac{d\mathbf{v}}{dt} = -\nabla p + \rho \boldsymbol{g} + \underbrace{\frac{\partial}{\partial x_k}\left\{\eta(\frac{\partial v_i}{\partial x_k} + \frac{\partial v_k}{\partial x_i} - \frac{2}{3}\delta_{ik}\frac{\partial v_l}{\partial x_l})\right\} + \frac{\partial}{\partial x_i}(\hbar\frac{\partial v_1}{\partial x_l})}$$

$\rightarrow$

$$\eta(\frac{\partial^2 v_i}{\partial x_k \partial x_k} + \frac{\partial}{\partial x_i}\frac{\partial v_k}{\partial x_k} - \frac{2}{3}\frac{\partial}{\partial x_i}\frac{\partial v_l}{\partial x_l}) + \hbar\frac{\partial}{\partial x_i}\frac{\partial v_l}{\partial x_l}$$
$$= \eta\frac{\partial^2 v_i}{\partial x_k \partial x_k} + (\frac{1}{3}\eta + \hbar)\frac{\partial}{\partial x_i}\frac{\partial v_l}{\partial x_l}$$
$$= \eta\nabla^2\mathbf{v} + (\frac{1}{3}\eta + \hbar)grad(\nabla\cdot\mathbf{v})$$

비압축 유체의 경우, $\nabla\cdot\mathbf{v} = 0$ 이므로,

Navier-Stokes equation : 비압축 유체 (incompressible fluid)의 경우

$$\frac{\partial \mathbf{v}}{\partial t} + (\mathbf{v}\cdot\nabla)\mathbf{v} = -\frac{1}{\rho}\nabla p + \boldsymbol{g} + \frac{\eta}{\rho}\nabla^2\mathbf{v}$$

$$\begin{cases} \eta : dynamic\ viscosity\ (gm/cm/\mathrm{sec}) \\ \dfrac{\eta}{\rho} \rightarrow \nu(cm^2/\mathrm{sec}) : kinemetic\ viscosity \end{cases}$$

자전 대기의 운동 방정식

각속도 Ω 로 자전하는 계 i와 관성계에서의 속도는

$$\mathrm{v} = \mathrm{v}' + \Omega \times \mathrm{r}$$

$$\frac{d\mathrm{v}}{dt} = \frac{d'\mathrm{v}}{dt} + \Omega \times \mathrm{v} \quad \leftarrow \text{일반적인 벡터 v에 대해서 다 성립}$$

$$\frac{d\mathrm{v}}{dt} = \frac{d'}{dt}(\mathrm{v}' + \Omega \times \mathrm{r}) + \Omega \times (\mathrm{v}' + \Omega \times \mathrm{r})$$
$$= \frac{d'\mathrm{v}'}{dt} + 2\Omega \times \mathrm{v}' + \Omega \times (\Omega \times \mathrm{r})$$

$$\rightarrow \Omega \cdot (\Omega \times \mathrm{r}) - \mathrm{r}\Omega^2 = -\Omega^2 \mathrm{R}$$

$$\frac{d'\mathrm{v}'}{dt} = \frac{d\mathrm{v}}{dt} - 2\Omega \times \mathrm{v}' + \Omega^2 \mathrm{R}$$
$$= -2\Omega \times \mathrm{v}' - \frac{1}{\rho}\nabla p + (g + \Omega^2 \mathrm{R}) + \nu \nabla^2 \mathrm{v}$$

$$\rightarrow \boxed{\frac{d'\mathrm{v}'}{dt} = -2\Omega \times \mathrm{v}' - \frac{1}{\rho}\nabla p + g_e + \nu \nabla^2 \mathrm{v}'} \Leftarrow$$ *Navier − Stokes Eaquation* for *rotiating system*

$$\because \nabla^2 \mathrm{v} = \nabla^2(\mathrm{v}' + \Omega \times \mathrm{r}) = \nabla^2 \mathrm{v}' + \underbrace{\frac{\partial^2}{\partial x_k^2}(\Omega_2 x_3 - \Omega_3 x_2)\hat{\boldsymbol{i}} + \frac{\partial^2}{\partial x_k^2}(\Omega_3 x_1 - \Omega_1 x_3)\hat{\boldsymbol{j}} + \frac{\partial^2}{\partial x_k^2}(\Omega_1 x_2 - \Omega_2 x_1)\hat{\boldsymbol{k}}}_{\text{두번 미분하므로 0}}$$
$$= \nabla^2 \mathrm{v}'$$

구형 행성 좌표계

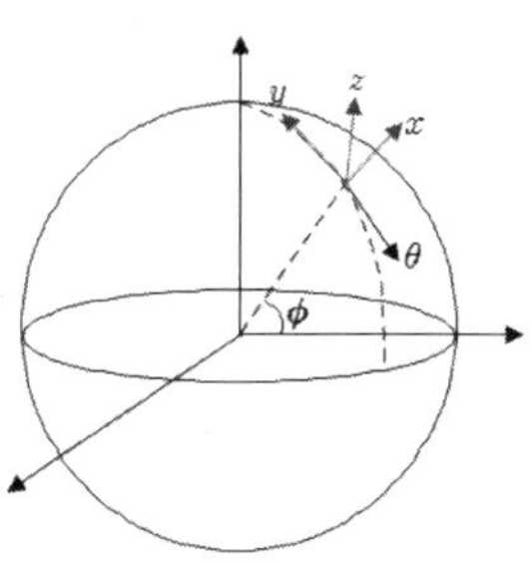

$$\frac{d'x}{dt} = u,\ \frac{d'y}{dt} = v,\ \frac{d'z}{dt} = w\ (east,\ north,\ up)$$

$$\mathrm{r}(t) = \hat{\mathrm{r}}(t)\mathrm{r}(t) = [\sin\theta\cos\varphi\hat{\boldsymbol{i}} + \sin\theta\sin\varphi\hat{\boldsymbol{j}} + \cos\theta\hat{\boldsymbol{k}}]\mathrm{r}(t)$$

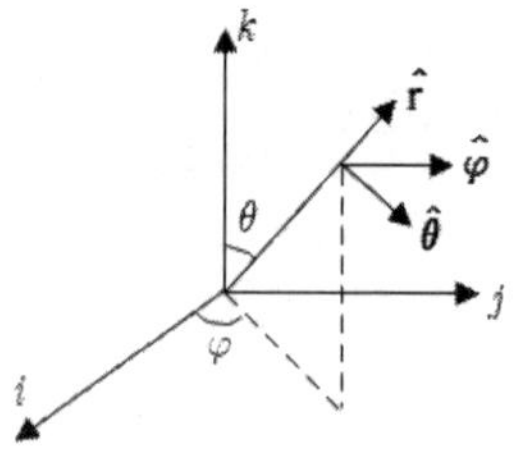

$$\begin{cases}\hat{r} = \sin\theta\cos\varphi\hat{i} + \sin\theta\sin\varphi\hat{j} + \cos\theta\hat{k}\\ \hat{\theta} = \cos\theta\cos\varphi\hat{i} + \cos\theta\sin\varphi\hat{j} - \sin\theta\hat{k}\\ \hat{\varphi} = -\sin\varphi\hat{i} + \cos\varphi\hat{j}\end{cases}$$

$$\begin{aligned}\dot{r} = &[(\cos\theta\cos\varphi\dot{\theta} - \sin\theta\sin\varphi\dot{\varphi})r + \sin\theta\cos\varphi\dot{r}]\hat{i}\\ &+ [(\cos\theta\sin\varphi\dot{\theta} + \sin\theta\cos\varphi\dot{\varphi})r + \sin\theta\sin\varphi\dot{r}]\hat{j}\\ &+ [(-\sin\theta\dot{\theta})r + \cos\theta\dot{r}]\hat{k}\end{aligned}$$

$$\rightarrow \dot{r} = \dot{r}\hat{r} + r\dot{\theta}\hat{\theta} + r\sin\theta\dot{\varphi}\hat{\varphi}$$

$$\rightarrow \ddot{r} = \ddot{r}\hat{r} + \dot{r}\dot{\hat{r}} + \dot{r}\dot{\theta}\hat{\theta} + r\ddot{\theta}\hat{\theta} + r\dot{\theta}\dot{\hat{\theta}} + \dot{r}\sin\theta\dot{\varphi}\hat{\varphi} + r\cos\theta\dot{\theta}\dot{\varphi}\hat{\varphi} + r\sin\theta\ddot{\varphi}\hat{\varphi} + r\sin\theta\dot{\varphi}\dot{\hat{\varphi}}$$

$$\begin{aligned}\dot{\hat{r}} &= \cos\theta\cos\varphi\dot{\theta}\hat{i} - \sin\theta\sin\varphi\dot{\varphi}\hat{i} + \cos\theta\sin\varphi\dot{\theta}\hat{j} + \sin\theta\cos\varphi\dot{\varphi}\hat{j} - \sin\theta\dot{\theta}\hat{k}\\ &= (\cos\theta\cos\varphi\hat{i} + \cos\theta\sin\varphi\hat{j} - \sin\theta\hat{k})\dot{\theta} + (-\sin\theta\sin\varphi\hat{i} + \sin\theta\cos\varphi\hat{j})\dot{\varphi}\end{aligned}$$

$$\rightarrow \dot{\hat{r}} = \dot{\theta}\hat{\theta} + \sin\theta\dot{\varphi}\hat{\varphi}$$

$$\begin{aligned}\dot{\hat{\theta}} &= -\sin\theta\cos\varphi\dot{\theta}\hat{i} - \cos\theta\sin\varphi\dot{\varphi}\hat{i} - \sin\theta\sin\varphi\dot{\theta}\hat{j} + \cos\theta\cos\varphi\dot{\varphi}\hat{j} - \cos\theta\dot{\theta}\hat{k}\\ &= (-\sin\theta\cos\varphi\hat{i} - \sin\theta\sin\varphi\hat{j} - \cos\theta\hat{k})\dot{\theta} + (-\cos\theta\sin\varphi\hat{i} + \cos\theta\cos\varphi\hat{j})\dot{\varphi}\end{aligned}$$

$$\rightarrow \dot{\hat{\theta}} = -\dot{\theta}\hat{r} + \cos\theta\dot{\varphi}\hat{\varphi}$$

$$\begin{aligned}\dot{\hat{\varphi}} &= -\cos\varphi\dot{\varphi}\hat{i} - \sin\varphi\dot{\varphi}\hat{j}\\ &= -(\sin^2\theta + \cos^2\theta)\cos\varphi\dot{\varphi}\hat{i} - (\sin^2\theta + \cos^2\theta)\sin\varphi\dot{\varphi}\hat{j}\end{aligned}$$

$$\rightarrow \dot{\hat{\varphi}} = -\sin\theta\dot{\varphi}\hat{r} - \cos\theta\dot{\varphi}\hat{\theta}$$

위에서 정한 $\ddot{r}$에 $\dot{\hat{r}}$, $\dot{\hat{\theta}}$, $\dot{\hat{\varphi}}$ 를 대입한다.

$$\begin{aligned}\ddot{r} = &\hat{r}\ddot{r} + \dot{r}(\dot{\theta}\hat{\theta} + \sin\theta\dot{\varphi}\hat{\varphi}) + \dot{r}\dot{\theta}\hat{\theta} + r\ddot{\theta}\hat{\theta} + r\dot{\theta}(-\dot{\theta}\hat{r} + \cos\theta\dot{\varphi}\hat{\varphi}) + \dot{r}\sin\theta\dot{\varphi}\hat{\varphi} + r\cos\theta\dot{\theta}\dot{\varphi}\hat{\varphi} + r\sin\theta\ddot{\varphi}\hat{\varphi}\\ &+ r\sin\theta\dot{\varphi}(-\sin\theta\dot{\varphi}\hat{r} - \cos\theta\dot{\varphi}\hat{\theta})\\ = &(\ddot{r} - r\dot{\theta}^2 - r\sin^2\theta\dot{\varphi}^2)\hat{r} + (\dot{r}\dot{\theta} + \dot{r}\dot{\theta} + r\ddot{\theta} - r\sin\theta\cos\theta\dot{\varphi}^2)\hat{\theta}\\ &+ (\sin\theta\dot{r}\dot{\varphi} + r\cos\theta\dot{\theta}\dot{\varphi} + \sin\theta\dot{r}\dot{\varphi} + r\cos\theta\dot{\theta}\dot{\varphi} + r\sin\theta\ddot{\varphi})\hat{\varphi}\end{aligned}$$

$$= (\ddot{\mathrm{r}} - \mathrm{r}\dot{\theta}^2 - \mathrm{r}\sin^2\theta\dot{\varphi}^2)\hat{\mathrm{r}} + (2\dot{\mathrm{r}}\dot{\theta} + \mathrm{r}\ddot{\theta} - \mathrm{r}\sin\theta\cos\theta\dot{\varphi}^2)\hat{\boldsymbol{\theta}} + (2\sin\theta\dot{\mathrm{r}}\dot{\varphi} + 2\mathrm{r}\cos\theta\dot{\theta}\dot{\varphi} + \mathrm{r}\sin\theta\ddot{\varphi})\hat{\boldsymbol{\varphi}}$$

$$\begin{cases} \hat{\mathrm{I}} \rightarrow \hat{\varphi} \rightarrow u = \mathrm{r}\sin\theta\dot{\varphi} \\ \hat{\mathrm{J}} \rightarrow -\hat{\theta} \rightarrow v = -\mathrm{r}\dot{\theta} \\ \hat{\mathrm{K}} \rightarrow \hat{\mathrm{r}} \rightarrow \mathrm{w} = \dot{\mathrm{r}} \end{cases}$$

$$\frac{d'\mathrm{v}'}{dt} = \frac{d'u}{dt}\hat{\mathrm{I}} + \frac{d'v}{dt}\hat{\mathrm{J}} + \frac{d'w}{dt}\hat{\mathrm{K}}$$

$$\ddot{\mathrm{r}} = A\hat{\varphi} + B(-\hat{\theta}) + C\hat{\mathrm{r}}$$

$\ddot{\mathrm{r}}$를 나타내는 위의 두 식을 비교하여 상수 A, B, C를 구한다.

$$\frac{d'u}{dt} = \frac{\partial \mathrm{r}\sin\theta\dot{\varphi}}{\partial t} + (u\frac{\partial u}{\partial x} + v\frac{\partial u}{\partial y} + w\frac{\partial u}{\partial z}) = \dot{\mathrm{r}}\sin\theta\dot{\varphi} + \mathrm{r}\cos\theta\dot{\theta}\dot{\varphi} + \mathrm{r}\sin\theta\ddot{\varphi}$$

$A = \mathrm{r}\sin\theta\ddot{\varphi} + 2\dot{\mathrm{r}}\sin\theta\dot{\varphi} + 2\mathrm{r}\dot{\theta}\cos\theta\dot{\varphi}$ 이므로,

$$\begin{aligned} \therefore A &= \mathrm{r}\sin\theta\ddot{\varphi} + 2\dot{\mathrm{r}}\sin\theta\dot{\varphi} + 2\mathrm{r}\dot{\theta}\cos\theta\dot{\varphi} + \underbrace{\frac{d'u}{\mathrm{dt}} - (\dot{\mathrm{r}}\sin\theta\dot{\varphi} + \mathrm{r}\cos\theta\dot{\theta}\dot{\varphi} + \mathrm{r}\sin\theta\dot{\varphi})}_{\text{0이지만 계산을 위해 더해줌}} \\ &= \frac{d'u}{dt} + \dot{\mathrm{r}}\sin\theta\dot{\varphi} + \mathrm{r}\dot{\theta}\cos\theta\dot{\varphi} \\ &= \frac{d'u}{dt} + \frac{wu}{\mathrm{r}} - \frac{v\mathrm{r}\sin\theta\cos\theta\dot{\varphi}}{\mathrm{r}\sin\theta} \\ &= \frac{d'u}{dt} + \frac{wu}{\mathrm{r}} - \frac{vu\cos\theta}{\mathrm{r}\sin\theta} \\ &= \boxed{\frac{d'u}{dt} - \frac{uv\tan\phi}{a} + \frac{wu}{a}} \end{aligned}$$

$$\begin{pmatrix} \phi = 90^\circ - \theta \\ \mathrm{r} = \mathrm{a} \end{pmatrix}$$

$$\frac{d'v}{dt} = -\frac{\partial \mathrm{r}\dot{\theta}}{\partial t} + (\mathrm{u}\frac{\partial \mathrm{v}}{\partial \mathrm{x}} + \mathrm{v}\frac{\partial \mathrm{v}}{\partial \mathrm{y}} + \mathrm{w}\frac{\partial \mathrm{v}}{\partial \mathrm{z}}) = -\dot{\mathrm{r}}\dot{\theta} - \dot{\mathrm{r}}\ddot{\theta}$$

$$\begin{aligned} \therefore B &= -(\mathrm{r}\ddot{\theta} + 2\dot{\mathrm{r}}\dot{\theta} - \mathrm{r}\sin\theta\cos\theta\dot{\varphi}^2) + \underbrace{\frac{d'v}{dt} - (-\dot{\mathrm{r}}\dot{\theta} - \mathrm{r}\ddot{\theta})}_{=0} \\ &= \frac{d'v}{dt} - \dot{\mathrm{r}}\dot{\theta} + \mathrm{r}\sin\theta\cos\theta\dot{\varphi}^2 \\ &= \boxed{\frac{d'v}{dt} + \frac{wv}{a} + \frac{u^2\tan\phi}{a}} \end{aligned}$$

$$\frac{d'w}{dt} = \frac{\partial \dot{\mathrm{r}}}{\partial t} + (\mathrm{u}\frac{\partial \mathrm{w}}{\partial \mathrm{x}} + \mathrm{v}\frac{\partial \mathrm{w}}{\partial \mathrm{y}} + \mathrm{w}\frac{\partial \mathrm{w}}{\partial \mathrm{z}}) = \ddot{\mathrm{r}}$$

$$\therefore C = \ddot{r} - r\dot{\theta}^2 - r\sin^2\theta\dot{\varphi}^2 + \underbrace{\frac{d'w}{dt} - \ddot{r}}_{=0}$$

$$= \frac{d'w}{dt} - \frac{v^2}{a} - \frac{u^2}{a}$$

$$= \boxed{\frac{d'w}{dt} - \frac{u^2+v^2}{a}}$$

원래 방정식에 대입하면,

$$\frac{d'\mathbf{v}'}{dt} = -2\Omega \times \mathbf{v}' - \frac{1}{\rho}\nabla p + \boldsymbol{g}_e + \nu\nabla^2\mathbf{v}'$$

$$\begin{cases} -2\Omega \times \mathbf{v}' = -(2\Omega w\cos\phi - 2\Omega v\sin\phi)\hat{\boldsymbol{i}} - 2\Omega u\sin\phi\hat{\boldsymbol{j}} + 2\Omega u\cos\phi\hat{\boldsymbol{k}} \\ \nabla p = \frac{\partial p}{\partial x}\hat{\boldsymbol{i}} + \frac{\partial p}{\partial y}\hat{\boldsymbol{j}} + \frac{\partial p}{\partial z}\hat{\boldsymbol{k}} \\ \boldsymbol{g}_e = -g\hat{\boldsymbol{k}} \ (g_e \text{는 무시}) \\ \nu\nabla^2\mathbf{v}' = (\nu\nabla^2 u)\hat{\boldsymbol{i}} + (\nu\nabla^2 v)\hat{\boldsymbol{j}} + (\nu\nabla^2 w)\hat{\boldsymbol{k}} \end{cases}$$

각 방향별로 다음 식을 얻는다. (′ 생략했음)

$$\begin{array}{|llll} \frac{du}{dt} - \frac{uv\tan\phi}{a} + \frac{uw}{a} & = -\frac{1}{\rho}\frac{\partial p}{\partial x} + 2\Omega v\sin\phi - 2\Omega w\cos\phi + \nu\nabla^2 u & \leftarrow east \\ \frac{dv}{dt} + \frac{u^2\tan\phi}{a} + \frac{vw}{a} & = -\frac{1}{\rho}\frac{\partial p}{\partial y} - 2\Omega u\sin\phi + \nu\nabla^2 v & \leftarrow north \\ \frac{dw}{dt} - \frac{u^2+v^2}{a} & = -\frac{1}{\rho}\frac{\partial p}{\partial z} - g + 2\Omega u\cos\phi + \nu\nabla^2 w & \leftarrow up \end{array}$$

여기서, 수직 방향 풍속이 매우 작으므로 ($w \approx 0$), 이에 대한 가속을 무시하고, 정역학 평형 (hydrostatic equilibrium) 조건으로 대체하여 단순화한다. 또한 수평 기압 경사를 지오포텐셜의 경사로 대체하면,

$$\left(\frac{\partial p}{\partial x}\right)_{z^*} = -\left(\frac{\partial p}{\partial z^*}\right)_x \left(\frac{\partial z^*}{\partial x}\right)_p$$

$$\left(\frac{\partial p}{\partial x}\right)_{z^*} = \rho g\left(\frac{\partial z^*}{\partial x}\right)_p \quad \dashrightarrow \quad \frac{1}{\rho}\left(\frac{\partial p}{\partial x}\right)_{z^*} = \left(\frac{\partial \Phi}{\partial x}\right)_p = \left(\frac{\partial \Phi}{\partial x}\right)_z$$

여기서 첫 번째 우변의 – 부호는 등압면이 아래로 갈수록 증가함을 고려했다.
따라서 로그기압 좌표계에서 수평 운동 방정식이 2장의 식 (2.1) 과 (2.2) 처럼 간단히 표현된다.

부록 2. 준-지균류 방정식 유도하기

부록 3. 오일러-평균에 대한 섭동으로 원형방정식 유도하기

부록 4. 준-지균류 오일러-평균 방정식 유도하기

부록 5. 선형섭동을 적용한 원형방정식 유도하기

부록 6. 잔류 남북풍에 대한 4개의 식을 2개의 식으로 축약하기

부록 7. Laplace 조석 방정식 유도하기

부록 8. 전도도(conductivity)의 단위 구하기

부록 9. 전리권과 자기권 간의 전기장 맵핑 식 구하기

부록 10. 연속방정식에서 Pederson 전도도 방정식으로 전환하기

위 부록의 유도수식들은 독자의 능력 향상을 위해 포함하지 않음. 단, 저자에게 이메일(yhkim@cnu.ac.kr)로 요청하면 제공받을 수 있음.

색 인

색 인

한글 (가나다 순)

영어 (ABC 순)